U0220888

国家出版基金项目
NATIONAL PUBLICATION FOUNDATION

石墨烯
化学与组装技术

"十三五"国家重点
出版物出版规划项目

曲良体 张志攀 编著

战 略 前 沿 新 材 料
——石墨烯出版工程
丛书总主编　刘忠范

Graphene:
Chemistry and Assembly

GRAPHENE
17

华东理工大学出版社
EAST CHINA UNIVERSITY OF SCIENCE AND TECHNOLOGY PRESS
·上海·

上海高校服务国家重大战略出版工程资助项目

图书在版编目(CIP)数据

石墨烯化学与组装技术 / 曲良体,张志攀编著.—
上海:华东理工大学出版社,2020.9
战略前沿新材料——石墨烯出版工程 / 刘忠范总主编
ISBN 978-7-5628-6093-8

Ⅰ.①石… Ⅱ.①曲… ②张… Ⅲ.①石墨-纳米材
料 Ⅳ.①TB383

中国版本图书馆 CIP 数据核字(2020)第 120260 号

内容提要

本书从石墨烯的发展史出发,深入浅出地介绍了石墨烯结构、特性、制备方法、化学修饰与功能化、微结构调控、组装技术,以及组装体在能量转换和储存等方面的应用,各章节之间的内容既相互关联,又有各自的侧重点,概括了科研工作者们这些年在石墨烯领域的知识沉淀。本书共6章,第1章为石墨烯物理与化学,第2章详细介绍了石墨烯的制备,第3章涉及石墨烯化学调控与功能化,第4章总结了石墨烯微结构调控,第5章介绍了石墨烯组装技术,第6章为石墨烯组装体在能量转换与存储器件中的应用。

本书可作为高等学校材料相关专业本科高年级学生、研究生的学习用书,以及教师、科技工作者和企业专业技术人员的参考书,尤其对从事石墨烯材料研究的科研人员将具有很好的指导意义。

项目统筹 / 周永斌　马夫娇
责任编辑 / 韩　婷
装帧设计 / 周伟伟
出版发行 / 华东理工大学出版社有限公司
　　　　　　地址:上海市梅陇路 130 号,200237
　　　　　　电话:021-64250306
　　　　　　网址:www.ecustpress.cn
　　　　　　邮箱:zongbianban@ecustpress.cn
印　　刷 / 上海雅昌艺术印刷有限公司
开　　本 / 710 mm×1000 mm　1/16
印　　张 / 26.75
字　　数 / 451 千字
版　　次 / 2020 年 9 月第 1 版
印　　次 / 2020 年 9 月第 1 次
定　　价 / 298.00 元

战略前沿新材料 —— 石墨烯出版工程
丛书编委会

总序　一

2004年，英国曼彻斯特大学物理学家安德烈·海姆（Andre Geim）和康斯坦丁·诺沃肖洛夫（Konstantin Novoselov）用透明胶带剥离法成功地从石墨中剥离出石墨烯，并表征了它的性质。仅过了六年，这两位师徒科学家就因"研究二维材料石墨烯的开创性实验"荣摘2010年诺贝尔物理学奖，这在诺贝尔授奖史上是比较迅速的。他们向世界展示了量子物理学的奇妙，他们的研究成果不仅引发了一场电子材料革命，而且还将极大地促进汽车、飞机和航天工业等的发展。

从零维的富勒烯、一维的碳纳米管，到二维的石墨烯及三维的石墨和金刚石，石墨烯的发现使碳材料家族变得更趋完整。作为一种新型二维纳米碳材料，石墨烯自诞生之日起就备受瞩目，并迅速吸引了世界范围内的广泛关注，激发了广大科研人员的研究兴趣。被誉为"新材料之王"的石墨烯，是目前已知最薄、最坚硬、导电性和导热性最好的材料，其优异性能一方面激发人们的研究热情，另一方面也掀起了应用开发和产业化的浪潮。石墨烯在复合材料、储能、导电油墨、智能涂料、可穿戴设备、新能源汽车、橡胶和大健康产业等方面有着广泛的应用前景。在当前新一轮产业升级和科技革命大背景下，新材料产业必将成为未来高新技术产业发展的基石和先导，从而对全球经济、科技、环境等各个领域的发展产生深刻影响。中国是石墨资源大国，也是石墨烯研究和应用开发最活跃的国家，已成为全球石墨烯行业发展最强有力的推动力量，在全球石墨烯市场上占据主导地位。

作为 21 世纪的战略性前沿新材料，石墨烯在中国经过十余年的发展，无论在科学研究还是产业化方面都取得了可喜的成绩，但与此同时也面临一些瓶颈和挑战。如何实现石墨烯的可控、宏量制备，如何开发石墨烯的功能和拓展其应用领域，是我国石墨烯产业发展面临的共性问题和关键科学问题。在这一形势背景下，为了推动我国石墨烯新材料的理论基础研究和产业应用水平提升到一个新的高度，完善石墨烯产业发展体系及在多领域实现规模化应用，促进我国石墨烯科学技术领域研究体系建设、学科发展及专业人才队伍建设和人才培养，一套大部头的精品力作诞生了。北京石墨烯研究院院长、北京大学教授刘忠范院士领衔策划了这套"战略前沿新材料——石墨烯出版工程"，共 22 分册，从石墨烯的基本性质与表征技术、石墨烯的制备技术和计量标准、石墨烯的分类应用、石墨烯的发展现状报告和石墨烯科普知识等五大部分系统梳理石墨烯全产业链知识。丛书内容设置点面结合、布局合理，编写思路清晰、重点明确，以期探索石墨烯基础研究新高地、追踪石墨烯行业发展、反映石墨烯领域重大创新、展现石墨烯领域自主知识产权成果，为我国战略前沿新材料重大规划提供决策参考。

参与这套丛书策划及编写工作的专家、学者来自国内二十余所高校、科研院所及相关企业，他们站在国家高度和学术前沿，以严谨的治学精神对石墨烯研究成果进行整理、归纳、总结，以出版时代精品作为目标。丛书展示给读者完善的科学理论、精准的文献数据、丰富的实验案例，对石墨烯基础理论研究和产业技术升级具有重要指导意义，并引导广大科技工作者进一步探索、研究，突破更多石墨烯专业技术难题。相信，这套丛书必将成为石墨烯出版领域的标杆。

尤其让我感到欣慰和感激的是，这套丛书被列入"十三五"国家重点出版物出版规划，并得到了国家出版基金的大力支持，我要向参与丛书编写工作的所有同仁和华东理工大学出版社表示感谢,正是有了你们在各自专业领域中的倾情奉献和互相配合,才使得这套高水准的学术专著能够顺利出版问世。

最后,作为这套丛书的编委会顾问成员,我在此积极向广大读者推荐这套丛书。

中国科学院院士

<!-- signature -->

2020 年 4 月于中国科学院化学研究所

总序 二

"战略前沿新材料——石墨烯出版工程":
一套集石墨烯之大成的丛书

2010 年 10 月 5 日,我在宝岛台湾参加海峡两岸新型碳材料研讨会并作了
"石墨烯的制备与应用探索"的大会邀请报告,数小时之后就收到了对每一位从
事石墨烯研究与开发的工作者来说都十分激动的消息:2010 年度的诺贝尔物理
学奖授予英国曼彻斯特大学的 Andre Geim 和 Konstantin Novoselov 教授,以表
彰他们在石墨烯领域的开创性实验研究。

碳元素应该是人类已知的最神奇的元素了,我们每个人时时刻刻都离不开
它:我们用的燃料全是含碳的物质,吃的多为碳水化合物,呼出的是二氧化碳。
不仅如此,在自然界中纯碳主要以两种形式存在:石墨和金刚石,石墨成就了中
国书法,而金刚石则是美好爱情与幸福婚姻的象征。自 20 世纪 80 年代初以来,
碳一次又一次给人类带来惊喜:80 年代伊始,科学家们采用化学气相沉积方法
在温和的条件下生长出金刚石单晶与薄膜;1985 年,英国萨塞克斯大学的 Kroto
与美国莱斯大学的 Smalley 和 Curl 合作,发现了具有完美结构的富勒烯,并于
1996 年获得了诺贝尔化学奖;1991 年,日本 NEC 公司的 Iijima 观察到由碳组成
的管状纳米结构并正式提出了碳纳米管的概念,大大推动了纳米科技的发展,并
于 2008 年获得了卡弗里纳米科学奖;2004 年,Geim 与当时他的博士研究生
Novoselov 等人采用粘胶带剥离石墨的方法获得了石墨烯材料,迅速激发了科学

界的研究热情。事实上，人类对石墨烯结构并不陌生，石墨烯是由单层碳原子构成的二维蜂窝状结构，是构成其他维数形式碳材料的基本单元，因此关于石墨烯结构的工作可追溯到20世纪40年代的理论研究。1947年，Wallace首次计算了石墨烯的电子结构，并且发现其具有奇特的线性色散关系。自此，石墨烯作为理论模型，被广泛用于描述碳材料的结构与性能，但人们尚未把石墨烯本身也作为一种材料来进行研究与开发。

石墨烯材料甫一出现即备受各领域人士关注，迅速成为新材料、凝聚态物理等领域的"高富帅"，并超过了碳家族里已很活跃的两个明星材料——富勒烯和碳纳米管，这主要归因于以下三大理由。一是石墨烯的制备方法相对而言非常简单。Geim等人采用了一种简单、有效的机械剥离方法，用粘胶带撕裂即可从石墨晶体中分离出高质量的多层甚至单层石墨烯。随后科学家们采用类似原理发明了"自上而下"的剥离方法制备石墨烯及其衍生物，如氧化石墨烯；或采用类似制备碳纳米管的化学气相沉积方法"自下而上"生长出单层及多层石墨烯。二是石墨烯具有许多独特、优异的物理、化学性质，如无质量的狄拉克费米子、量子霍尔效应、双极性电场效应、极高的载流子浓度和迁移率、亚微米尺度的弹道输运特性，以及超大比表面积，极高的热导率、透光率、弹性模量和强度。最后，特别是由于石墨烯具有上述众多优异的性质，使它有潜力在信息、能源、航空、航天、可穿戴电子、智慧健康等许多领域获得重要应用，包括但不限于用于新型动力电池、高效散热膜、透明触摸屏、超灵敏传感器、智能玻璃、低损耗光纤、高频晶体管、防弹衣、轻质高强航空航天材料、可穿戴设备，等等。

因其最为简单和完美的二维晶体、无质量的费米子特性、优异的性能和广阔的应用前景，石墨烯给学术界和工业界带来了极大的想象空间，有可能催生许多技术领域的突破。世界主要国家均高度重视发展石墨烯，众多高校、科研机构和公司致力于石墨烯的基础研究及应用开发，期待取得重大的科学突破和市场价值。中国更是不甘人后，是世界上石墨烯研究和应用开发最为活跃的国家，拥有一支非常庞大的石墨烯研究与开发队伍，位居世界第一，没有之一。有关统计数据显示,无论是正式发表的石墨烯相关学术论文的数量、中国申请和授权的石墨烯相关专利的数量,还是中国拥有的从事石墨烯相关的企业数量以及石墨烯产品的规模与种类,都远远超过其他任何一个国家。然而,尽管石墨烯的研究与开发已十六载,我们仍然面临着一系列重要挑战,特别是高质量石墨烯的可控规模制备与不可替代应用的开拓。

十六年来,全世界许多国家在石墨烯领域投入了巨大的人力、物力、财力进行研究、开发和产业化,在制备技术、物性调控、结构构建、应用开拓、分析检测、标准制定等诸多方面都取得了长足的进步,形成了丰富的知识宝库。虽有一些有关石墨烯的中文书籍陆续问世,但尚无人对这一知识宝库进行全面、系统的总结、分析并结集出版,以指导我国石墨烯研究与应用的可持续发展。为此,我国石墨烯研究领域的主要开拓者及我国石墨烯发展的重要推动者、北京大学教授、北京石墨烯研究院创院院长刘忠范院士亲自策划并担任总主编,主持编撰"战略前沿新材料——石墨烯出版工程"这套丛书,实为幸事。该丛书由石墨烯的基本性质与表征技术、石墨烯的制备技术和计量标准、石墨烯的分类应用、石墨烯的发展现状报告、石墨烯科普知识等五大部分共 22 分册构成,由刘忠范院士、张锦院士等一批在石墨烯研究、应用开发、检测与标准、平台建设、产业发展等方面的知名专家执笔撰写,对石墨烯进行了 360°的全面检视,不仅很好地总结了石墨烯领域的国内外最新研究进展,包括作者们多年辛勤耕耘的研究积累与心得,系统介绍了石墨烯这一新材料的产业化现状与发展前景,而且还包括了全球石墨烯产业报告和中国石墨烯产业报告。特别是为了更好地让公众对石墨烯有正确的认识和理解,刘忠范院士还率先垂范,亲自撰写了《有问必答:石墨烯的魅力》这一科普分册,可谓匠心独具、运思良苦,成为该丛书的一大特色。我对他们在百忙之中能够完成这一巨制甚为敬佩,并相信他们的贡献必将对中国乃至世界石墨烯领域的发展起到重要推动作用。

刘忠范院士一直强调"制备决定石墨烯的未来",我在此也呼应一下:"石墨烯的未来源于应用"。我衷心期望这套丛书能帮助我们发明、发展出高质量石墨烯的制备技术,帮助我们开拓出石墨烯的"杀手锏"应用领域,经过政产学研用的通力合作,使石墨烯这一结构最为简单但性能最为优异的碳家族的最新成员成为支撑人类发展的神奇材料。

中国科学院院士

成会明,2020 年 4 月于深圳

清华大学,清华-伯克利深圳学院,深圳

中国科学院金属研究所,沈阳材料科学国家研究中心,沈阳

丛书前言

  石墨烯是碳的同素异形体大家族的又一个传奇,也是当今横跨学术界和产业界的超级明星,几乎到了家喻户晓、妇孺皆知的程度。当然,石墨烯是当之无愧的。作为由单层碳原子构成的蜂窝状二维原子晶体材料,石墨烯拥有无与伦比的特性。理论上讲,它是导电性和导热性最好的材料,也是理想的轻质高强材料。正因如此,一经问世便吸引了全球范围的关注。石墨烯有可能创造一个全新的产业,石墨烯产业将成为未来全球高科技产业竞争的高地,这一点已经成为国内外学术界和产业界的共识。

  石墨烯的历史并不长。从 2004 年 10 月 22 日,安德烈·海姆和他的弟子康斯坦丁·诺沃肖洛夫在美国 *Science* 期刊上发表第一篇石墨烯热点文章至今,只有十六个年头。需要指出的是,关于石墨烯的前期研究积淀很多,时间跨度近六十年。因此不能简单地讲,石墨烯是 2004 年发现的、发现者是安德烈·海姆和康斯坦丁·诺沃肖洛夫。但是,两位科学家对"石墨烯热"的开创性贡献是毋庸置疑的,他们首次成功地研究了真正的"石墨烯材料"的独特性质,而且用的是简单的透明胶带剥离法。这种获取石墨烯的实验方法使得更多的科学家有机会开展相关研究,从而引发了持续至今的石墨烯研究热潮。2010 年 10 月 5 日,两位拓荒者荣获诺贝尔物理学奖,距离其发表的第一篇石墨烯论文仅仅六年时间。

"构成地球上所有已知生命基础的碳元素,又一次惊动了世界",瑞典皇家科学院当年发表的诺贝尔奖新闻稿如是说。

从科学家手中的实验样品,到走进百姓生活的石墨烯商品,石墨烯新材料产业的前进步伐无疑是史上最快的。欧洲是石墨烯新材料的发祥地,欧洲人也希望成为石墨烯新材料产业的领跑者。一个重要的举措是启动"欧盟石墨烯旗舰计划",从 2013 年起,每年投资一亿欧元,连续十年,通过科学家、工程师和企业家的接力合作,加速石墨烯新材料的产业化进程。英国曼彻斯特大学是石墨烯新材料呱呱坠地的场所,也是世界上最早成立石墨烯专门研究机构的地方。2015 年 3 月,英国国家石墨烯研究院(NGI)在曼彻斯特大学启航;2018 年 12 月,曼彻斯特大学又成立了石墨烯工程创新中心(GEIC)。动作频频,基础与应用并举,矢志充当石墨烯产业的领头羊角色。当然,石墨烯新材料产业的竞争是激烈的,美国和日本不甘其后,韩国和新加坡也是志在必得。据不完全统计,全世界已有 179 个国家或地区加入了石墨烯研究和产业竞争之列。

中国的石墨烯研究起步很早,基本上与世界同步。全国拥有理工科院系的高等院校,绝大多数都或多或少地开展着石墨烯研究。作为科技创新的国家队,中国科学院所辖遍及全国的科研院所也是如此。凭借着全球最大规模的石墨烯研究队伍及其旺盛的创新活力,从 2011 年起,中国学者贡献的石墨烯相关学术论文总数就高居全球榜首,且呈遥遥领先之势。截至 2020 年 3 月,来自中国大陆的石墨烯论文总数为 101 913 篇,全球占比达到 33.2%。需要强调的是,这种领先不仅仅体现在统计数字上,其中不乏创新性和引领性的成果,超洁净石墨烯、超级石墨烯玻璃、烯碳光纤就是典型的例子。

中国对石墨烯产业的关注完全与世界同步,行动上甚至更为迅速。统计数据显示,早在 2010 年,正式工商注册的开展石墨烯相关业务的企业就高达 1 778 家。截至 2020 年 2 月,这个数字跃升到 12 090 家。对石墨烯高新技术产业来说,知识产权的争夺自然是十分激烈的。进入 21 世纪以来,知识产权问题受到国人前所未有的重视,这一点在石墨烯新材料领域得到了充分的体现。截至

2018年底,全球石墨烯相关的专利申请总数为69 315件,其中来自中国大陆的专利高达47 397件,占比68.4%,可谓是独占鳌头。因此,从统计数据上看,中国的石墨烯研究与产业化进程无疑是引领世界的。当然,不可否认的是,统计数字只能反映一部分现实,也会掩盖一些重要的"真实",当然这一点不仅仅限于石墨烯新材料领域。

中国的"石墨烯热"已经持续了近十年,甚至到了狂热的程度,这是全球其他国家和地区少见的。尤其在前几年的"石墨烯淘金热"巅峰时期,全国各地争相建设"石墨烯产业园""石墨烯小镇""石墨烯产业创新中心",甚至在乡镇上都建起了石墨烯研究院,可谓是"烯流滚滚",真有点像当年的"大炼钢铁运动"。客观地讲,中国的石墨烯产业推进速度是全球最快的,既有的产业大军规模也是全球最大的,甚至吸引了包括两位石墨烯诺贝尔奖得主在内的众多来自海外的"淘金者"。同样不可否认的是,中国的石墨烯产业发展也存在着一些不健康的因素,一哄而上,遍地开花,导致大量的简单重复建设和低水平竞争。以石墨烯材料生产为例,2018年粉体材料年产能达到5 100吨,CVD薄膜年产能达到650万平方米,比其他国家和地区的总和还多,实际上已经出现了产能过剩问题。2017年1月30日,笔者接受澎湃新闻采访时,明确表达了对中国石墨烯产业发展现状的担忧,随后很快得到习近平总书记的高度关注和批示。有关部门根据习总书记的指示,做了全国范围的石墨烯产业发展现状普查。三年后的现在,应该说情况有所改变,随着人们对石墨烯新材料的认识不断深入,以及从实验室到市场的产业化实践,中国的"石墨烯热"有所降温,人们也渐趋冷静下来。

这套大部头的石墨烯丛书就是在这样一个背景下诞生的。从2004年至今,已经有了近十六年的历史沉淀。无论是石墨烯的基础研究,还是石墨烯材料的产业化实践,人们都有了更多的一手材料,更有可能对石墨烯材料有一个全方位的、科学的、理性的认识。总结历史,是为了更好地走向未来。对于新兴的石墨烯产业来说,这套丛书出版的意义也是不言而喻的。事实上,国内外已经出版了数十部石墨烯相关书籍,其中不乏经典性著作。本丛书的定位有所不同,希望能够全面总结石墨烯相关的知识积累,反映石墨烯领域的国内外最新研究进展,展示石墨烯新材料的产业化现状与发展前景,尤其希望能够充分体现国人对石墨烯领域的贡献。本丛书从策划到完成前后花了近五年时间,堪称马拉松工程,如果没有华东理工大学出版社项目团队的创意、执着和巨大的耐心,这套丛书的问世是不可想象的。他们的不达目的决不罢休的坚持感动了笔者,让笔者承担起了这项光荣而艰巨的任务。而这种执着的精神也贯穿整个丛书编写的始终,融入每位作者的写作行动中,把好质量关,做出精品,留下精品。

本丛书共包括22分册,执笔作者20余位,都是石墨烯领域的权威人物、一线专家或从事石墨烯标准计量工作和产业分析的专家。因此,可以从源头上保障丛书的专业性和权威性。丛书分五大部分,囊括了从石墨烯的基本性质和表征技术,到石墨烯材料的制备方法及其在不同领域的应用,以及石墨烯产品的计量检测标准等全方位的知识总结。同时,两份最新的产业研究报告详细阐述了世界各国的石墨烯产业发展现状和未来发展趋势。除此之外,丛书还为广大石墨烯迷们提供了一份科普读物《有问必答:石墨烯的魅力》,针对广泛征集到的石墨烯相关问题答疑解惑,去伪求真。各分册具体内容和执笔分工如下:01分册,石墨烯的结构与基本性质(刘开辉);02分册,石墨烯表征技术(张锦);03分册,石墨烯材料的拉曼光谱研究(谭平恒);04分册,石墨烯制备技术(彭海琳);05分册,石墨烯的化学气相沉积生长方法(刘忠范);06分册,粉体石墨烯材料的制备方法(李永峰);07分册,石墨烯的质量技术基础:计量(任玲玲);08分册,石墨烯电化学储能技术(杨全红);09分册,石墨烯超级电容器(阮殿波);10分册,石墨烯微电子与光电子器件(陈弘达);11分册,石墨烯透明导电薄膜与柔性光电器件(史浩飞);12分册,石墨烯膜材料与环保应用(朱宏伟);13分册,石墨烯基传感器件(孙立涛);14分册,石墨烯宏观材料及其应用(高超);15分册,石墨烯复合材料(杨程);16分册,石墨烯生物技术(段小洁);17分册,石墨烯化学与组装技术(曲良体);18分册,功能化石墨烯及其复合材料(智林杰);19分册,石墨烯粉体材料:从基础研究到工业应用(侯士峰);20分册,全球石墨烯产业研究报告

（李义春）；21 分册，中国石墨烯产业研究报告（周静）；22 分册，有问必答：石墨烯的魅力（刘忠范）。

　　本丛书的内容涵盖石墨烯新材料的方方面面，每个分册也相对独立，具有很强的系统性、知识性、专业性和即时性，凝聚着各位作者的研究心得、智慧和心血，供不同需求的广大读者参考使用。希望丛书的出版对中国的石墨烯研究和中国石墨烯产业的健康发展有所助益。借此丛书成稿付梓之际，对各位作者的辛勤付出表示真诚的感谢。同时，对华东理工大学出版社自始至终的全力投入表示崇高的敬意和诚挚的谢意。由于时间、水平等因素所限，丛书难免存在诸多不足，恳请广大读者批评指正。

刘忠范

2020 年 3 月于墨园

前　言

　　作为自然界中最重要的元素之一,碳元素参与了自然界中的众多反应,同时人类的衣食住行乃至自身的繁衍生息都离不开碳元素。在材料科学领域,近年来碳材料的相关研究十分活跃,各种基于碳的纳米结构和材料层出不穷。作为碳纳米材料家族中的新成员,石墨烯自从被 Geim 和 Novoselov 首次发现后就受到了全世界的广泛关注,成为时代的"新宠儿"。石墨烯作为一种由碳原子以 sp^2 杂化形成的六角蜂巢型二维原子晶体,拥有其他材料无可比拟的独特性质。石墨烯是已知强度最高的材料之一,其理论杨氏模量达 1.06 TPa,固有的拉伸强度为 130 GPa。本征石墨烯在室温下的载流子迁移率高达 200 000 $cm^2 \cdot V^{-1} \cdot s^{-1}$,理论值为 10^6 $cm^2 \cdot V^{-1} \cdot s^{-1}$,远超过传统硅材料。此外,石墨烯在已知碳材料中拥有最高的热导率(高达 5 300 $W \cdot m^{-1} \cdot K^{-1}$)、优异的光学特性和巨大的比表面积(2 630 $m^2 \cdot g^{-1}$),这些特征使其在柔性电子器件、纳电子器件、光子传感器、集成电路、高性能复合材料及多种能量转换和存储器件中拥有广阔的应用前景。

　　由于石墨烯资源丰富、基础研究实力强大和相关产业化发展迅速,中国一直是石墨烯研究和应用开发领域最为活跃的国家之一。目前,全球石墨烯专利超过半数来自中国,且中国科研工作者发表的相关学术论文数量居于世界第一。此外,在产业化方面,中国有望将石墨烯批量应用于手机触摸屏、导电浆料、防腐涂层及二次电池等领域。毫无疑问,石墨烯会走进人们的生活并带动全球新技术新产业的发展。然而,理论上的可行并不能确保石墨烯产业化一帆风顺。一方面,实验室和工业批量制备的石墨烯仍存在很多结构和特性方面的缺陷,距离各项理论值仍有较大差距;另一方面,由于成本等问题,石墨烯目前仍未有重大规模化产业应用,需要更多科研工作者加入到探索石墨烯的队伍中来。

本书从石墨烯的发展史出发,深入浅出地介绍了石墨烯的结构、特性、制备方法、化学修饰与功能化、微结构调控、组装技术以及组装体在能量转换和储存等方面的应用,各章节之间的内容既相互关联,又有各自的侧重点,概括了科研工作者们这些年在石墨烯领域的知识沉淀。此外,本书着重于介绍化学手段调控石墨烯表面化学、微观和宏观结构,详细阐述了石墨烯的化学特性、修饰方法及其形成介观-微观-宏观组装体过程中涉及的表界面相互作用、组装原理和技术,适合于石墨烯领域各个层次、阶段的研究人员学习和阅读。

感谢刘忠范院士对本书内容的指导。感谢课题组高雪、高昆、王嘉琪、梁含雪、韩雨洋、李增领、钟贵林、卢冰和邵长香等同学对本书内容的收集整理工作。感谢华东理工大学出版社对本书出版的大力支持,无诸君,事难成。感谢国家自然科学基金中意合作项目 NSFC‐MAECI(51861135202)的资助。

需要指出的是,尽管编者已尽最大努力,但由于石墨烯领域卷帙浩繁且日新月异,书中难免有疏漏和不足,恳请各位读者批评指正。

编著者

2019 年 4 月　于北京良乡

目　录

第 1 章

石墨烯物理与化学

1.1　石墨烯发展史

　　碳元素位于元素周期表第二周期第四主族,是地球上最主要的元素之一。碳在地壳中的含量为 0.026%,形成的化合物种类多达 400 多万种,是地球上化合物种类最多的元素。自然界中的碳存在的形式丰富多样,既可以以单质形式存在,比如金刚石、石墨等;也可以以化合物形式存在,比如二氧化碳、碳酸盐等。碳元素不仅是构成自然界物质的重要元素,也是构成人类生命体不可或缺的元素。总之,碳元素所展现出的重要作用使人们对其的研究愈发深入。

　　碳单质的晶体结构多种多样,由于碳原子之间成键方式的不同,其物理化学性质也不尽相同。早在 1985 年,美国莱斯大学的 Smalley 等首次发现足球状的富勒烯 C_{60} 分子,并因此获得了 1996 年的诺贝尔奖(Kroto, 1985)。随后,来自日本 NEC 公司的饭岛澄男于 1991 年在 *Nature* 上发表了关于一维碳纳米管研究的论文(Iijima, 1991),开辟了碳纳米结构的新领域。关于石墨烯的研究也一直存在,石墨烯的结构与碳纳米管和富勒烯存在一定的关联,它卷曲环绕成管状即为单壁碳纳米管(Carbon Nanotube, CNT),进一步封闭成笼则形成富勒烯分子(图 1-1)。但石墨烯又与它们不同,石墨烯只有一个原子层厚,是一种由碳原子以 sp^2 杂化排列组成的致密的六方蜂窝状晶格结构的材料,可以理解为从石墨中提取出的单个原子层即为石墨烯。

　　直到 2004 年,英国曼彻斯特大学的安德列·海姆(Andre Geim)与康斯坦丁·诺沃肖洛夫(Kostya Novoselov)合作才首次从石墨中剥离出单层的石墨烯

图 1-1　石墨烯不同结构示意图[1]

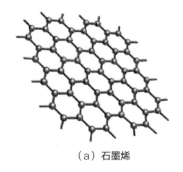

（a）石墨烯　　　　　　　　　　（b）石墨

 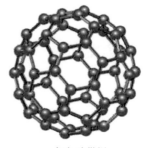

(c) 碳纳米管　　　　　　　　　　(d) 富勒烯

(Graphene)，两人也因此被授予 2010 年的诺贝尔物理学奖。他们使用的方法非常简单，利用胶带从高定向热解石墨（High Oriented Pyrolytic Graphite，HOPG）表面反复剥离得到单层的石墨烯（机械剥离法）（Novoselov，2004）。尽管这种制备方法成功率低且不易规模化生产，但得到的石墨烯结构比较完整。图 1-2 为机械剥离法制备得到的单层石墨烯的表征图。后来 Geim 等研究了层数仅为 1～3 层的少层石墨烯样品，发现石墨烯在二维半导体方面具有独特的电子性质。不仅如此，石墨烯还被发现有其他多种独特的性质，这些研究引起了人们对石墨烯的巨大兴趣，使得石墨烯材料在短短十几年间得到快速发展。

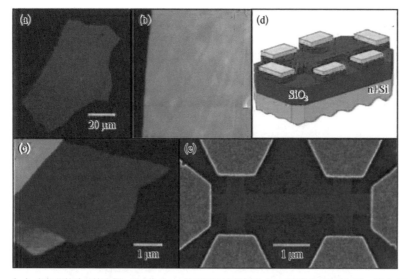

图 1-2 机械剥离法制备的单层石墨烯及其器件（Novoselov，2004）

　（a）在氧化的硅晶片顶部，厚度为 3 nm 的多层石墨烯薄片（在正常的白光照射下）；（b）石墨烯边缘附近的 2 μm× 2 μm 区域的原子力显微镜图像；（c）单层石墨烯的原子力显微镜图像；（d）以二氧化硅为衬底的石墨烯器件的示意图；（e）石墨烯器件的扫描电子显微镜图像

虽然石墨烯是在 2004 年才制备出来,但其相关研究可追溯到几十年前。早在 1947 年,加拿大的理论物理学家 Wallace 就已经在理论上研究了石墨烯的电子结构,那时候石墨烯还被称为单层石墨(Wallace,1947)。直到 1987 年,法国的 Mouras 首次提出"石墨烯"这一名词,并用其代替单层石墨这一说法(Hamwi,1987)。1975 年,路易巴斯德大学的 Lang 通过热化学分解方法在单晶铂表面上合成了少量的石墨,但由于当时缺乏有效的表征手段,无法证实产物是单层石墨(Lang,1975)。1995 年,美国德州大学的 Ruoff 课题组通过等离子刻蚀方法定向热解石墨,得到约为 600 层的石墨产物(Ruoff,1995)。

2010 年的诺贝尔物理学奖使 Geim 声名大振,被冠以"石墨烯之父"的美称。但是很多人熟悉他却不是因为他发现了石墨烯,而是由于 2000 年悬浮青蛙实验获得的"搞笑诺贝尔奖",而这都是源于一个"冲动"的行为。Geim 无意中发现,将磁铁放在热水管里可以防止水垢的形成,基于此,他把水倒进了运行功率最大的电磁铁中。这在很多物理学家看来简直是一个疯狂的举动,但正是这一看似疯狂的举动,为 Geim 带来了新的发现:倒进去的水并没有因为重力落到地上,而是停留在了磁铁的中心。基于发现的这种抗磁性原理,Geim 将一只青蛙悬浮在了半空中,这一有趣的发现被载入到了很多学校的物理课本中。接着,利用自己养的仓鼠宠物,Geim 发表了关于磁悬浮的论文。这一发明被评为最受欢迎的"搞笑诺贝尔奖"十大成果之一。这并不是 Geim 唯一的"奇思妙想",虽然大多数奇想以失败收场,但若没有这些疯狂的想法,石墨烯的发现恐怕要推迟很多年。

自 2004 年石墨烯被制备出来以后,如何高效制备石墨烯引起了科研工作者的重视。目前,已经开发出多种制备方法,主要分为自上而下和自下而上两大类。自上而下剥离出石墨烯,除了上文中提到的 Geim 的透明胶带法,还可以使用液相剥离法,即通过化学作用对石墨进行剥离,直接在溶液中得到稳定的石墨烯(Dresselhaus,2002),这种方法成本低廉且易于量产,但其产物的二维结构并不完美,限制了该方法的推广。除此之外,还有一种实验室颇为常见的方法——将石墨进行氧化得到氧化石墨烯(Graphene Oxide,GO)后再将其进行还原得到石墨烯,该方法具有两个优势:一是采用廉价的石墨作为原料,通过低成本的化学反应得到产率较高的还原氧化石墨烯;二是氧化石墨烯亲水性较强,可以形成稳定的胶体水溶液，进而通过溶液工艺组装宏观结构。这两方面都促进了石墨烯的大规模应用。

另一种应用广泛的制备薄层石墨烯的方法是自下而上生长法，其中最具代表性的是化学气相沉积法（Chemical Vapor Deposition，CVD）。通常使用甲烷作为碳源，在铜、镍等基底上可生长大面积石墨烯薄膜。这些薄膜主要是单层石墨烯，并且石墨烯在铜表面上是连续分布的（Li，2009）。CVD方法得到的石墨烯在电子迁移率、透光度等物理性能上与机械剥离法得到的石墨烯相当，但制备的石墨烯存在严重的缺陷和孔洞，薄膜的结构稳定性较低，想要通过CVD制备高质量的石墨烯薄膜具有一定的难度。此外，有机物也可以作为前驱体，在其上自下而上生长石墨烯。这种方法对前驱体分子有严格的选择，大的分子不容易溶解，并且由于其较大的相对分子质量会发生一定的副反应。

目前，质量较高的石墨烯和各种功能化修饰石墨烯已经在实验室甚至工厂实现制备，这为石墨烯的理论研究和实际应用提供了便利。然而，阻碍石墨烯大规模应用的因素很多，例如石墨烯制备的成本控制和性能的精确调控等。曼彻斯特大学的石墨烯研究院收集了上百家商业公司生产的石墨烯，并对其进行了各种表征，发现大多数为石墨微片[2]。市场上的石墨烯质量参差不齐是石墨烯发展缓慢的重要原因。只有充分考虑石墨烯的物理性质与具体应用，才能够促进石墨烯在各个领域的飞速发展。

1.2 石墨烯结构与特性

1.2.1 石墨烯的电子能带结构

结构上，石墨烯是由碳原子以 sp^2 杂化排列组成的单层片状结构，为典型的二维原子晶体材料。如图 1-3(a) 所示，石墨烯为六边形蜂窝状结构，每个晶胞中包含两个碳原子。不同于传统的二维结构，石墨烯仅有一个原子层厚，其 π 和 π^* 轨道之间不发生相互作用，互不干扰。1947 年，Wallace 最先通过理论计算证明了石墨烯的独特结构[图 1-3(b)](Wallace，1947)。本征石墨烯无带隙结构，即禁带宽度为零。石墨烯的 π 轨道键合成价带，π* 轨道键合成导带，价带与导带相交于六个点，这些交点通常称为狄拉克点(Dirac Point，DP)或者中立点。如图 1-3(c)和图 1-3(d)所示，由于这六个点高度对称，他们可以归结为独立的一对点，即 K 和 K'。在电子传输过程中，石墨烯的能带具有线性色散特性，可以看成在狄拉克点处相接触的两个锥体。与其他材料相比，零带隙使得石墨烯的电子和空穴等载流子的跃迁变得容易。值得注意的是，只有单层和双层的石墨烯才是零带隙结构。

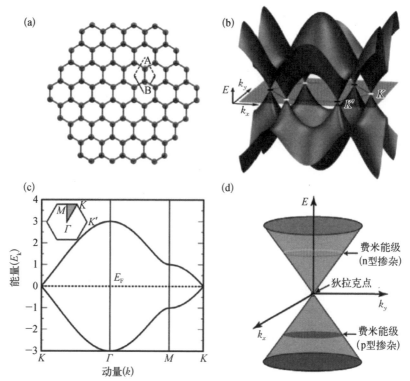

图 1-3 石墨烯能带结构示意图[3]

（a）石墨烯为每个晶胞有两个原子（A 和 B）的六边形蜂窝晶格；（b）石墨烯的 3D 能带结构；（c）石墨烯电子态色散关系；（d）将低能带结构近似为在狄拉克点处相接触的两个锥体

1.2.2 石墨烯特性

石墨烯独特的结构使其具有诸多优异的特性，例如高比表面积、突出的机械性能、优异的导热性和导电性、高透明度、高载流子迁移率等。石墨烯的高透明性、导电性和强大的机械性能等特点使其可用于柔性电子器件中；其稳定性和不可渗透性的特点又使其可用于保护涂层；其高比表面积、优异导电性等特点又使其在能源存储领域发挥重要作用。总之，诸如此类将石墨烯不同性质相互组合应用于新的领域的例子屡见不鲜。石墨烯还有很多待研究的性质，相信未来在更多的领域都将会有重要应用。

1. 电学性质

石墨烯具有优异的传输载流子的能力。室温下，石墨烯的电子迁移率高达 2.5×10^5 cm$^2 \cdot$ V$^{-1} \cdot$ s^{-1}。石墨烯电子迁移率的大小与基底有着很大的关系，基底的性质和纯度将对电子迁移率产生巨大影响。在绝缘体（如无定形二氧化硅）基底上，石墨烯的迁移率明显较低。目前来看，利用外延生长法和 CVD 法制备的石墨烯通常具有较低的迁移率，大约为 10^3 cm$^2 \cdot$ V$^{-1} \cdot$ s^{-1}（Dimitrakopoulos，2010）。利用悬浮法制备的石墨烯由于可消除石墨烯与基底的相互作用，因此电子迁移率可高达 2×10^5 cm$^2 \cdot$ V$^{-1} \cdot$ s^{-1}（Bolotin，2008），比磷化铟晶体管的迁移率高 10 倍。尽管石墨烯本身具有优异的电学性能，但在电子器件中，载流子必须先注入石墨烯，然后再通过金属接点进行收集。这些金属接点可能会引入额外的能量势垒，进而影响石墨烯器件的性能。石墨烯和金属通常具有不同的功函数，它们之间发生电荷转移时产生的偶极层导致了石墨烯的掺杂以及石墨烯能带的弯曲，进而使电子传输变得杂乱无章。

与传统半导体不同，本征石墨烯不存在带隙。通常非相对论电子是以指数衰减的方式穿过势垒，但能量高于 $2mc^2$（狄拉克能隙）的相对论电子会直接穿过势垒，这种类型的隧道效应被称为 Klein 隧道效应。本征石墨烯没有带隙的特征使得石墨烯晶体管在栅极诱导的低能垒（100 MeV）和弱电场（10^5 V $\cdot$ cm^{-1}）条件下仍能发生 Klein 隧道效应，使基于石墨烯的 p - n 结变得透明。同时，本征石墨烯制备的晶体管也不会完全关闭，这造成器件的开/关比（I_{on}/I_{off}）非常低，进而产生相当大的静电损耗功率（Liu，2011）。改进的主要方法是增大石墨烯带隙，例如石墨烯纳米带（Graphene Nanoribbons，GNR）或者石墨烯量子点

(Graphene Quantum Dot，GQD)这类的石墨烯低维结构可利用量子限域效应打开带隙。此外,其他能带调控技术也在发展中。理论研究表明,在六方相氮化硼和六方相氮化硼/Ni上的石墨烯带隙大小可以达到0.5 eV,在碳化硅表面的石墨烯带隙可以达到0.52 eV(Liew，2003)。总之,石墨烯在室温下高载流子迁移率、能够外延生长及进行带隙调控的特性使得其成为未来电子电路发展的重要材料。

2. 光学性质

无论是在基础研究还是技术应用研究方面,石墨烯的光学性质一直是研究的热点。假设石墨烯中的电子只发生了垂直(κ守恒)跃迁,那么根据菲涅尔方程($G_0 = e^2/4\hbar$)可以推导出石墨烯的透光率 $T = (1 + \pi\alpha/2)^{-2} \approx 1 - \pi\alpha \approx 0.977$,其中 α 为精细结构常数。由此可见,单层的石墨烯可以透过约97.7%的入射光,只吸收2.3%的光,且透光率不依赖于入射光的波长。

当入射光子能量高于0.5 eV时,石墨烯与光具有一定的相互作用。由于在 $2\Delta E_F$(ΔE_F 为在外场诱导下费米能级的移动)范围内不能发生带间吸收,可以通过外部栅极场来调节石墨烯对光的吸收[图1-4(a)(b)][4]。光激发的电子-空穴对通过电子-电子带内散射和声子发射,在约100 fs(飞秒)内实现热化达到新的费米-狄拉克分布平衡,随后在几皮秒内进行带间载波弛豫和热声子迁移(Wan，2018)。由于共振荧光发生快速弛豫,所以在石墨烯中无法观察到共振荧光。

除上述线性光学性质外,石墨烯还具有非线性光学特性。例如,大多数超短脉冲激光器都是建立在锁模技术基础上,其中非线性光学元件(可饱和吸收器)可以将激光器的连续波输出转换成一系列超短的光脉冲。目前使用的半导体可饱和吸收镜的调谐范围很窄,并且制造起来较为复杂。而石墨烯具有很宽的非线性光吸收范围,已被证明是一种优良的可饱和吸收体,成为被动锁模的重要材料(Sun，2010)。

尽管没有带隙,石墨烯仍然可以用作光电探测器中的有源元件。石墨烯受到光激发会产生电子-空穴对,但电子和空穴会很快复合。如果在石墨烯上施加

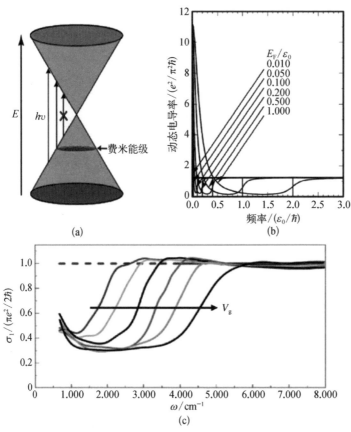

图 1-4 通过外部栅极场来调节石墨烯对光的吸收[4]

（a）（场）掺杂的单层石墨烯中的光学跃迁的示意图，当激发（光子）能量小于差值 2Δ（E_F-E_{Dirac}）时，转换被禁止；（b）E_F能量变化引起的光吸收变化的理论预测；（c）通过施加栅偏压（V_g），观察到单层石墨烯的红外光吸收随场掺杂而变化

偏压，则会产生大量的暗电流，并且在电流的流动中有明显的散粒噪声。解决这一问题主要通过金属和石墨烯的接触并构建类肖特基势垒来产生内置电场，此时在金属和石墨烯接触点附近进行光激发，可观察到净电流用于光电探测（Mueller，2009）。石墨烯的宽波长吸收范围和高载流子迁移率，使其在光电传感器件中具有重要的应用意义。

3. 机械性质及热学性质

石墨烯是一种良好的导热体，在热传导方面可超越碳纳米管，室温下单层石墨烯的热导率（理论值）高达 5 300 W·m^{-1}·K^{-1}。随着电子器件尺寸的不断缩小和电路中功率密度的增加,散热问题已经成为新一代集成电路和三维电子设备设计的关键问题,而石墨烯的高导热性能使其成为电子器件中热管理领域的优秀材料。

加州大学河滨分校的 James 等首先利用光热拉曼法对石墨烯的热性能进行了研究(Ghosh,2008)。实验结果表明,室温下剥离高定向热解石墨获得的高质量大面积石墨烯的热导率约为 3 000 W·m^{-1}·K^{-1},远远大于石墨的热导率。热导率对石墨烯层数和尺寸具有依赖性,同时石墨烯的电子热导率远远小于晶格热导率。得克萨斯大学奥斯汀分校的 Cai 等发现 CVD 制备的高质量悬浮石墨烯的热导率在 350 K 时约为 2 500 W·m^{-1}·K^{-1},在 500 K 时约为 1 400 W·m^{-1}·K^{-1},这些数值都比室温下的块状石墨的热导率大得多(Cai,2010)。其他光热拉曼实验中测得悬浮石墨烯热导率为 1 500~5 000 W·m^{-1}·K^{-1}(Jauregui,2010)。引起热导率结果不同的原因在于热导率随着温度升高而减小,此外不同尺寸和几何形状的悬浮石墨烯中应变分布的差异也可能影响热导率参数。

尽管不同实验中测得的热导率数值有一定差异,悬浮或部分悬浮石墨烯的热导率值与石墨烯理论热导率值更接近,这是因为悬浮液减少了石墨烯与基板的热耦合以及散射到基板上的缺陷和杂质。同时,悬浮液还有助于形成平面内热波阵面,这保证了测量数值是与石墨烯本身相关的数据而不是石墨烯/基底界面的数据。在实际应用中,基底上负载的石墨烯热导率数值要低一些。例如二氧化硅/硅上石墨烯在室温下的热导率约仅为 600 W·m^{-1}·K^{-1},但仍高于硅(145 W·m^{-1}·K^{-1})和铜(400 W·m^{-1}·K^{-1})的热导率(Seol,2010)。佐治亚理工学院 Murali 等采用电加热方法,发现厚度少于 5 层、宽度为 16 nm~52 nm 的石墨烯纳米带在室温下的热导率为 1 000~1 400 W·m^{-1}·K^{-1}(Murali,2009)。

4. 磁学性质

理论上石墨烯的衍生物和纳米结构具有多样的磁学性质,缺陷在其中起至关重要的作用,研究表明石墨烯受到辐照时会形成拓扑和接合缺陷进而引起局部电子不成对自旋使其具有铁磁性(Esquinazi,2003)。此外,空位缺陷或氢化过程也可以使石墨烯产生磁性(Yazyev，2007)。当缺陷出现在石墨烯晶格中相同的六方亚晶格时，石墨烯呈铁磁性，而缺陷处于不同亚晶格时会使其呈反铁磁性。另外，单原子缺陷也可以引起石墨烯基材料的铁磁性。空穴、掺杂原子(例如硼或氮)和吸附原子也可能使石墨烯产生磁性。此外，通过石墨烯堆叠层之间的旋转能够产生 van Hove 奇点，它的存在也可以导致磁性。

　　除上述结构引发磁性外，化学处理也可以在石墨烯中引入磁性。法国的 Delamar 等在石墨烯的单个碳中心上进行了自由基功能化，并对其电学和磁学性质进行了系统的研究，发现功能化后的石墨烯，当电流沿着锯齿型边缘通过时，可以产生铁磁性(Delamar，1992)。除此之外，将本身具有磁性的物质通过化学修饰嵌入到石墨烯中，得到的石墨烯材料也可以具有磁性。另外，退火温度的不同也会影响石墨烯的磁性。南开大学的陈永胜课题组用肼的水溶液部分还原氧化石墨烯，然后在氩气氛中不同温度下退火制备得到了具有铁磁性的石墨烯。图 1-5 显示了这种材料在 400℃［石墨烯-400，(a)］和 600℃［石墨烯-600，(b)］退火后测量的磁滞回线，样品的饱和磁化值在减去抗磁性背景之后分别为 0.004 emu·g^{-1} 和 0.020 emu·g^{-1}，这种铁磁性是由于自旋单元(缺陷)的远距离耦合引起的[5]。普渡大学的 Rout 等在无催化剂存在下，利用微波等离子体化学气相沉积法，在硅衬底上生长的石墨花瓣阵列具有铁磁性，这是由于少层石墨烯样品中包含更多的缺陷(边缘处的自由旋转和断裂键)(Rout，2011)。综上所述，

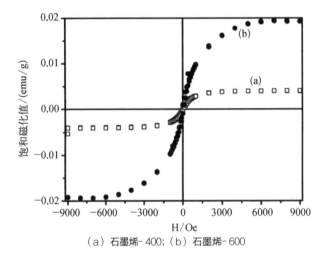

（a）石墨烯-400；（b）石墨烯-600

图 1-5　300 K 时磁化滞后环循环图[5]

石墨烯化学与组装技术

缺陷与边缘效应通常是石墨烯铁磁性的来源。然而,曼彻斯特大学的 Sepioni 等在不同有机溶剂中剥离高定向热解石墨制备的石墨烯纳米晶体在任何温度下都没有表现出铁磁性,仅在低温下表现出弱的顺磁性(Sepioni, 2010)。这说明石墨烯的磁性理论仍不完备,进一步从理论及实验上理解这一问题将会极大推动石墨烯在磁学及自旋电子学方面的应用。

1.3　石墨烯化学反应性

石墨烯能参与多种化学反应,由于 π 键的共轭结构,石墨烯既可以作为电子给体也可以作为电子受体,这使得对石墨烯的化学修饰变得比较容易。从石墨烯的电子结构及化学反应性出发,将能更好地理解石墨烯的化学反应性。

1.3.1　石墨烯电子能带结构对化学反应性的影响

依据休克尔分子轨道理论,加州大学河滨分校的 Bekyarova 等提出了石墨烯紧束缚近似模型,并将石墨烯能带结构与苯、烯丙基和三亚甲基甲烷双基的能级相比较(图 1-6)。石墨烯的功函数(约为 4.6 eV)决定了休克尔分子轨道理论中非键合分子轨道的能级,进而确定了石墨烯的前线轨道[最高占据分子轨道

图 1-6　在紧束缚（HMO）理论水平下的石墨烯的电子能带结构与苯、烯丙基和三亚甲基甲烷双基的 HMO 能级[6]

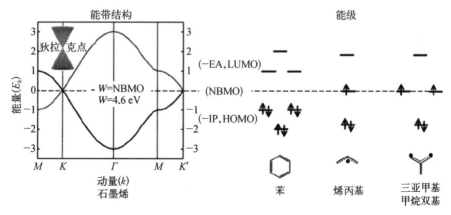

(HOMO)和最低未占分子轨道(LUMO)]。石墨烯狄拉克点的简并前线轨道等决定了石墨烯的化学反应性(Sarkar,2011)。

1.3.2　石墨烯共价官能化

石墨烯可以通过自由基加成反应实现功能化。最常用的反应是利用芳基重氮盐(例如重氮四氟硼酸盐衍生物)将芳基直接在石墨烯的 sp^2 碳网络上完成共价接枝[7]。石墨烯向重氮盐提供电子,导致自由基芳基部分容易接枝到石墨烯 sp^2 碳网络中,还原氧化石墨烯(reduced Graphene Oxide,rGO)与氯苯、硝基苯、甲氧基苯和溴苯都能发生自由基加成反应(Lomeda,2008)。

石墨烯的环加成反应与大多数典型的有机反应不同,在该过程中并没有生成阴离子或阳离子的中间体,而是电子以循环方式移动,同时发生键断裂和键合形成,这种类型的反应也被称为周环反应。环状加成反应已经在富勒烯和碳纳米管上成功进行,这为石墨烯的环加成提供了经验。根据加成环的原子数,石墨烯的环加成官能化包括四种类型:形成[2+1]三元环的环加成、形成[2+2]四元环的环加成、形成[3+2]五元环的环加成和形成[4+2]六元环的环加成[7]。最早的将石墨烯的 sp^2 碳网络官能化的方法之一是[2+1]环加成反应,此反应中典型的中间体是卡宾。二氯卡宾由于具有高反应性而成功地与石墨烯的 sp^2 碳网络结合[7,8]。在该反应中,单线态卡宾(一种亲电子试剂)自发地与 sp^2 碳原子反应,卡宾的空 p 轨道(LUMO)与 C=C 的 π 键(HOMO)相互作用,卡宾的电子对(HOMO)与 C=C 的 $π^*$ 反键轨道(LUMO)相互作用(Bettinger,2006)。因此,二氯卡宾破坏了石墨烯的 π 共轭结构,改变了石墨烯的电子性质,使其从金属性变为半导体。此外,不同分子的引入也会改变石墨烯的一些特点,例如极性氯原子的引入也增加了石墨烯在有机溶剂中的溶解度,环丙烷加合物可以调节石墨烯的能隙。

亲核加成也适用于石墨烯体系。宾格尔反应的起源是环丙烷化学修饰富勒烯反应。在碱(例如1,8-二氮杂双环[5.4.0]十一碳-7-烯或氢化钠)的存在下,利用卤化物衍生物软化丙二酸二乙酯。由于这个反应容易发生,因此已经实际应用到石墨烯的化学修饰中。在四卤甲烷和碱的混合物中通常会原位产生卤化物-丙二酸酯，碱基从卤化物-丙二酸酯中提取质子以提供烯醇化物，随后在石墨烯碳骨架上与 C═C 键发生亲核取代。所得碳负离子随后发生亲核取代卤化物原子，经由分子内闭环提供环丙烷加合物[7]。

氢化反应是在石墨烯基面上研究得最彻底的共价加成反应。通过氢分子在热灯丝上分裂或暴露于氢基等离子体中得到原子氢光束，以原子氢光束制备氢化石墨烯（Guisinger，2009）。石墨烯基面的两侧都能够发生反应，当只有一面被氢化时，那么由于外部应力的不平衡，石墨烯片会卷成管（Elias，2009）。当石墨烯的每个碳原子都与一个氢原子产生共价键合时，得到完全氢化的石墨烯（"石墨烷"）[9]。完美的石墨烷在应变达到 30% 以上时会表现出弹性，表面粗糙度也比石墨烯高（Topsakal，2010）。氢化使石墨烯的杂化轨道从 sp^2 变为 sp^3，自旋轨道增加了两个数量级，变得与金刚石的结构相似，C—C 单键得到了伸长（Castro，2009）。由于氢原子的加入，石墨烯的电子结构发生改变，产生带隙。氢化程度越高，石墨烯的带隙越大。氢化石墨烯的光学性质与原始石墨烯不同，例如，石墨烷在紫外区就开始进行光吸收，在可见光区域变得完全透明[10]。

石墨烯的氟化与氢化相似，氟原子通过单键连接到碳上。然而，与石墨烯中的 C—H 键相比，这种键具有反向偶极子和更强的结合强度[10]。C—F 键的结合能低于 C—H 键的结合能，因此，比起石墨烯，更倾向于形成石墨氟（也称氟化石墨烯）。石墨烯双面发生氟化时，最稳定的结构是与石墨烯的椅型构象类似的交替构象。氟原子的加入会使石墨烯产生带隙，当考虑电子-电子相互作用时，通过计算得到石墨氟的带隙为 7.4 eV，是最薄的绝缘体（Ahin，2011）。与石墨烷类似，氟化石墨烯也具有独特的光学性能，与石墨烯相比，部分氟化的石墨烯显示出更高的透明度。氟化石墨烯在可见光频率下几乎是透明的，并且只吸收蓝色区域的光。

氧化反应是石墨烯最重要的化学反应之一。氧原子与石墨烯的加成反应比氟化或氢化反应更复杂，因为氧原子可以形成两个共价键。将石墨烯进行氧化的化学方法一般有三种：第一种是用强氧化剂如浓硫酸、浓硝酸或高锰酸钾直接氧化石墨烯（Subrahmanyam，2008）；第二种是通过 Hummers（Hummers，1958）、

Staudenmaiers(Staudenmaiers,1898)或电化学方法来氧化石墨(Peckett,2000)，然后剥落得到氧化石墨烯；第三种氧化过程是纵向切割和解开碳纳米管(Kosynkin,2009)。氧化石墨烯是石墨烯的氧化产物，是最重要的石墨烯衍生物之一。氧化石墨烯富含多种含氧官能团，基面上的官能团主要是环氧和羟基，边缘部分主要是羧基。也因此，氧化石墨烯具有优良的亲水性，可稳定分散于水溶液中(表1-1)。

石墨烯的共价官能化反应如表1-1所示。

表1-1 石墨烯的共价官能化反应[7, 11, 12]

反应类型	机 理	反 应 过 程	结 果
自由基反应	石墨烯向重氮盐提供电子	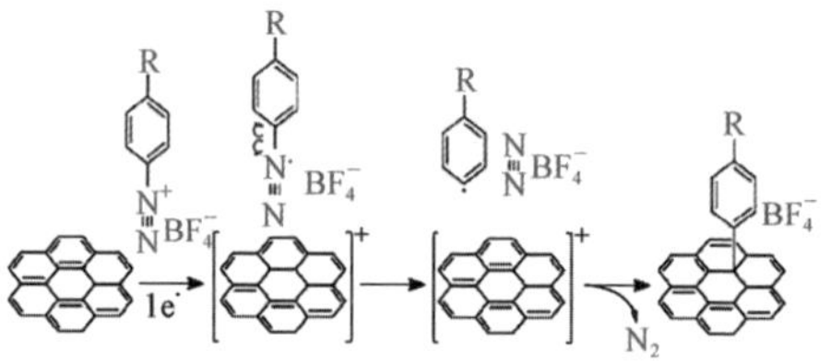	石墨烯电导率提高
[2+1]环加成反应	形成卡宾中间体	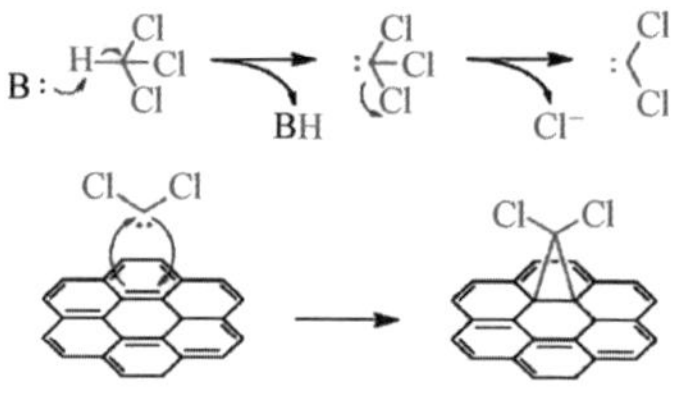	使石墨烯变为半导体，增加了在有机溶剂中的溶解度
宾格尔环丙烷化反应	形成碳负离子发生亲核取代，分子内闭环	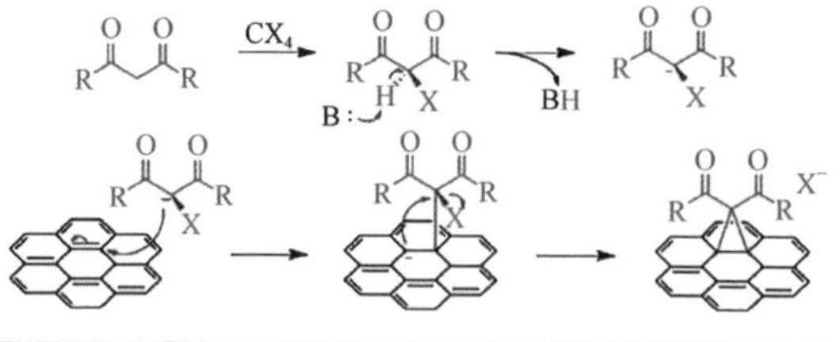	石墨烯形成了带隙
氢化反应	生成石墨烷	使用原子氢光束制备氢化石墨烯	石墨烯物理、化学性质均发生改变
取代反应	生成氟化石墨烯	(1)用合适氟化剂(例如 XeF₂)处理石墨烯；(2) 氟化石墨的化学或机械剥离	石墨烯透明度提高
氧化反应	生成氧化石墨烯	(1)强氧化剂直接氧化；(2) 电化学方法氧化石墨；(3) 纵向切割碳纳米管	石墨烯表面有大量含氧官能团

石墨烯化学与组装技术

1.3.3　石墨烯非共价官能化

石墨烯的非共价官能化一般通过 π-π 堆积、疏水化、氢键或静电相互作用来实现。与共价官能化不同,石墨烯的非共价官能化保持了石墨烯的结构和性质。

本征石墨烯和还原氧化石墨烯都具有共轭结构和疏水性,容易在溶剂中团聚。用共轭化合物对石墨烯进行功能化修饰可以得到石墨烯片的稳定悬浮液(Huang,2009)。共轭化合物(如萘、蒽、芘、卟啉及其衍生物等)通常具有聚芳香环,共轭聚芳族环通过 π-π 堆叠与石墨烯片的 sp^2 网络作用,可以将石墨烯片稳定在溶剂中[13]。例如,5,10,15,20-四(1-甲基-4-吡啶鎓)卟啉(TMPyP)分子可以通过 π-π 堆积和静电相互作用修饰在 rGO 单层片上。这两个组分之间的强相互作用迫使 TMPyP 的分子展平。经 TMPyP 功能化后的 rGO 片可以稳定地分散在水中。

将生物大分子固定在石墨烯片上是另一种非共价官能化石墨烯的手段。例如,用两亲聚乙二醇糖基化(聚乙二醇化)聚合物修饰 rGO 片,能增强石墨烯在生物系统中的稳定性(Yang,2010)。其他的生物分子包括酶、糜蛋白酶、蛋白质、胰蛋白酶等也可固定在石墨烯片上(Wang,2013;Jiang,2014)。石墨烯的高比表面积和生物相容性扩展了其在生物领域的应用范围。

对石墨烯进行化学修饰的手段有很多,化学修饰后的石墨烯,尤其是氧化石墨烯,是获得石墨烯功能衍生物的重要前体。在本书的第 3 章中将会对石墨烯的化学反应以及功能化进行详细的论述。

1.4　石墨烯微结构化与宏观组装结构

尽管单层石墨烯性能出色,如何使微观乃至宏观尺度材料具有同样的优异性能一直是石墨烯应用领域的一个难题。将石墨烯微结构化,并进行单层/少层石墨烯从介观、微观到宏观体的组装是解决这一问题的有效方法。图1-7展示了石墨烯由微观到宏观的组装途径，通过对微观的石墨烯量子点、纳米带和网格结构进行化学功能化或与高分子及金属等材料复合，组装成宏观的石墨烯纤维、薄膜和泡沫结构等[14]。

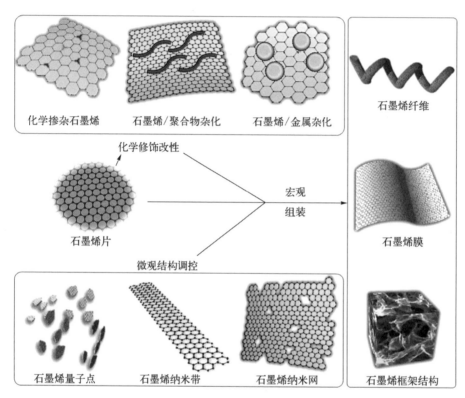

图1-7 从化学修饰和微结构调控出发，实现石墨烯纳米片组装成宏观的纤维、薄膜和泡沫结构的示意图[14]

化学掺杂石墨烯　　石墨烯/聚合物杂化　　石墨烯/金属杂化　　　石墨烯纤维

化学修饰改性

石墨烯片　　　　　宏观组装　　　　石墨烯膜

微观结构调控

石墨烯量子点　　　石墨烯纳米带　　　石墨烯纳米网　　　石墨烯框架结构

1.4.1 石墨烯微结构化

　　石墨烯量子点本质上是尺寸仅为几纳米的单层或少层石墨烯，兼具石墨烯以及量子点的独特性质，表现出生物毒性低、水溶性好、化学惰性、光致发光稳定、易于表面修饰等优点。由于本征态石墨烯是一种零带隙的准金属，它在电子器件和半导体器件中的应用受到很大限制。石墨烯量子点可以通过量子限域效应和边缘效应打开石墨烯带隙，对其电学和光学性能进行调

石墨烯化学与组装技术

控。例如,室温下在石墨烯量子点中可以观察到库仑阻塞(Coulomb Blockade)现象,这为实现单电子隧穿并构建单电子晶体管提供可能(Stampfer,2008)。同时,当石墨烯量子点俘获的电子数为奇数个(比如1个)时,它能够实现电控局部自旋效应,可用于量子信息处理(Dayen,2008)。此外,石墨烯量子点优异的光学性能使其成功地应用于生物成像和传感等领域。

除石墨烯量子点外,纳米带状石墨烯同样可以打开石墨烯带隙。石墨烯纳米带是沿着石墨烯平面的特定晶体取向切割得到的带状结构石墨烯。石墨烯纳米带的性质强烈地依赖于边缘宽度和边缘原子结构(Son,2006)。理论研究发现扶手椅型边缘石墨烯纳米带通常都是半导体,其能带隙大小与带宽成反比。相反,锯齿型边缘的纳米带通常都是金属特性的,并且在费米能级附近具有局部边缘态。密度泛函理论计算表明,锯齿型边缘的纳米带具有非常独特的自旋结构(Okada,2001),其两边可以呈反铁磁取向[1-8(a)]。图1-8(b)显示了纳米带的能带结构和相应的电导曲线,纳米带的带隙结构可以通过外部电场来控制。在没有电场的情况下,纳米带中存在带隙,费米能级附近的电导为零。但在有限场的情况下,电子自旋向下时纳米带不存在带隙而变为半金属性,因此可以利用这种性质实现完全的自旋极化电导。石墨烯纳米带独特的电子特性使其成为集成电路的优异材料。

图1-8 石墨烯纳米带的(a)基态自旋密度图和(b)电导曲线图[15, 16]

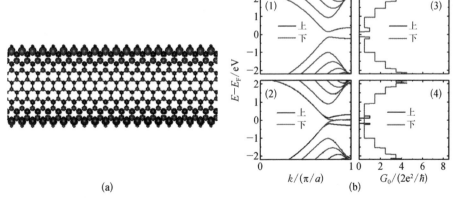

(a)具有锯齿型边缘的石墨烯纳米带的基态自旋密度图,红色和蓝色分别代表旋转上下密度的等值面;(b)不存在(1)或存在(2)电场(0.33 V·Å⁻¹)和相应的电导曲线(3)(4)

尽管石墨烯纳米带具有一定的带隙，然而在实际应用中，纳米带的固有特性限制了其驱动电流，会影响器件性能。为了消除这些影响，通常需要将多个纳米带精确编排，形成密集组织的阵列。威斯康星大学的 Kim 等采用石墨烯纳米网（Graphene Nanomesh，GNM）结构，有效地将带隙引入大片石墨烯中以形成半导体网状结构（Kim，2010）。他们得到的石墨烯纳米网是高度互联的石墨烯纳米带网络类似物，由单层或几层具有高密度纳米孔阵列的石墨烯组成。石墨烯纳米网带隙产生原理与石墨烯纳米带相似，包括量子限域效应、边缘粗糙度引起的局部效应和库仑电荷的贡献[17]。

　　石墨烯纳米网制造的场效应晶体管器件由于气体杂质的物理吸收和边缘氧化，通常显示出 p 型晶体管行为。石墨烯纳米网场效应晶体管可以提供较大的电流，它比拥有大量导电通道的单个石墨烯纳米带器件的电流高约 100 倍，同时具有可调节的开 / 关比。如图 1-9 所示，石墨烯纳米网的平均颈部宽度约为 7 nm 时，最高开 / 关比为 100。应该注意的是，在较大的石墨烯纳米网器件中实现类似开 / 关比的要求比在较小的单个石墨烯纳米带器件中要困难得多，因为每个导电通道需要足够小以提供大的开 / 关比。

　　另一方面，在石墨烯结构中碳原子呈现蜂窝状密集堆积状态，因此在受到外界应力时，会发生起皱现象。2007 年，曼彻斯特大学的 Meyer 等发现由于二维晶体的不稳定性，石墨烯本质上并不平坦，片层容易发生起皱现象（Meyer，2007）。形成的褶皱具有较低的电导率，会影响石墨烯的电学及光学等诸多性能，因此控制石墨烯的起皱程度具有重要意义。

　　褶皱石墨烯是一类半导体，说明在褶皱石墨烯中存在带隙，并且带隙的大小随着褶皱尺寸的增大而减小。褶皱石墨烯的场增强因子随着褶皱顶部曲率的增加而增加。褶皱的形成对石墨烯的功函数影响不大，但会降低石墨烯的电子电位和电离电位。南京航空航天大学的郭万林课题组于 2012 年利用第一性原理计算研究了褶皱石墨烯的电子效应[18]，发现当对褶皱石墨烯注入电子或者外加电场时，石墨烯会发生相应的电学响应。当向石墨烯注入正负电荷时，在褶皱的顶部会发生电子的积累与消耗。当存在外加电场时，褶皱石墨烯的功函数会下降，褶皱处的最高占据轨道和最低未占轨道的电子分布和局部态密度得到明显

　　　　　　　　　　　　　　　　　　　　　　　石墨烯化学与组装技术

图1-9 石墨烯纳米设备的室温电特性[17]

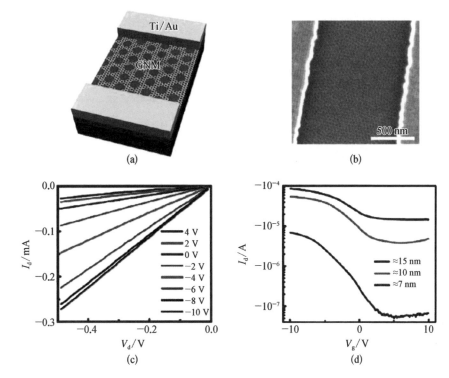

（a）石墨烯纳米网场效应晶体管的示意图；（b）由具有周期性的纳米网构成的 GNM 器件的扫描电子显微镜图像；（c）对于沟道宽度为 λ^2 且通道长度为 1 mm 的 GNM 器件，在不同栅极电压下记录的漏极电流（I_d）对漏源电压（V_d）；（d）对于具有不同颈部宽度的 GNM，在 V_d = 100 mV 时的传输特性

的改善。基于以上特性，褶皱石墨烯可作为理想的场发射电子源。

除了电学性质，褶皱的形成也会影响石墨烯导热的各向异性。褶皱的程度不同，石墨烯的导热性也不同，这主要与平均键长伸长率、应力梯度增量等有关。同时，褶皱的形成能够减少石墨烯与基底之间的相互作用，从而避免了热导率的降低。利用褶皱石墨烯的热学各向异性，可以改善纳米尺寸的热管理和热电装置的导热性能。

1.4.2　石墨烯宏观组装结构

二维石墨烯可以通过组装形成各种宏观结构，进而有效地调控其光学、电学和机械等性能。由于本征石墨烯纳米片在众多溶剂中分散性差，不便于直接进行宏观组装,因此通常以分散性良好的氧化石墨烯作为前驱体进行组装,制备石墨烯宏观组装结构。一方面,氧化石墨烯纳米片的二维平面结构和富含含氧官能团的特征使其可以通过各种技术方法组装成具有多层级的宏观结构,还原后得到具有重量轻、机械性能好、导电性能优异的石墨烯组装体。另一方面,石墨烯框架具有不同的宏观尺寸和形状、大表面积和高孔隙率,是各种功能客体纳米材料(如金属、金属氧化物和聚合物)的理想载体,大大丰富了石墨烯的功能并拓宽其实际应用。因此,通过这种方式,多级结构和多功能组分的协同作用赋予石墨烯基宏观组装体具有更加广阔的应用空间。

1. 石墨烯纤维

最初,由于石墨烯片的尺寸和形状不规则,因此将氧化石墨烯或石墨烯有效组装成一维宏观石墨烯结构并非易事。但经过多年研究,目前已经发展了多种成熟的制备石墨烯纤维的方法:湿法纺丝法、电泳纺丝法、模具法、薄膜旋涂法和卷曲法。清华大学的朱宏伟课题组曾尝试在有机溶剂中将化学气相沉积法制备的二维石墨烯薄膜拽成纤维状石墨烯(Li, 2011)。该纤维状石墨烯具有多孔和皱褶结构,可用于组装柔性固态超级电容器。后来,浙江大学的高超课题组用湿法纺丝技术制备了氧化石墨烯纤维[19],还原后的石墨烯纤维的电导率高达 2.5×10^4 S·m^{-1}。

另一种有效的组装方法是氧化石墨烯的水热处理法。此方法是通过石墨烯之间强大的层间 π-π 堆积,在石墨烯网络中发生石墨烯片的自发组装。北京理工大学曲良体课题组开发了一种简单物理限域的方法制备石墨烯纤维[20]。他们利用内径为 0.4 mm 的玻璃管道作为反应器,将 8 mg·mL^{-1} 的氧化石墨烯水悬浮液注入玻璃管道中,密封管道两端后在 230℃ 下烘烤 2 h。最后,生成了与管道尺寸类似的石墨烯纤维。由于水热过程引起了石墨烯层的密集堆积,组装得到的石墨烯纤维的强度高达 180 MPa。石墨烯纤维具有柔韧性高、导电性好、结构稳定等特点,在功能性纺织品、传感器、可穿戴电子产品等领域具有重要应用前景。

2. 石墨烯薄膜

由于非共价相互作用,氧化石墨烯纳米片在界面上自聚集的过程中可形成有序的膜状结构。根据膜的微结构的不同,基于石墨烯的膜主要分为多孔石墨烯层、组装石墨烯层压体和石墨烯基复合物三种,如图 1 - 10 所示。

图 1 - 10 石墨烯基膜的主要类型[21]

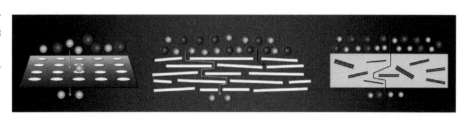

（a）多孔石墨烯层　　　　　　（b）组装石墨烯层压体　　　　　　（c）石墨烯基复合物

Sint 等利用负电荷对石墨烯层进行了孔隙化,得到了具有直径为 5 Å 的纳米孔的多孔石墨烯层(Sint,2008)。利用分子动力学模拟研究了离子(Li^+、Na^+、K^+、Cl^+ 和 Br^-)通过石墨烯单层的影响,发现纳米孔有利于阳离子的通过。利用具有正电荷的氢封端处理纳米孔则有利于阴离子的通过。他们的研究证明了纳米多孔石墨烯单层作为离子分离膜在脱盐和储能方面应用的可行性。

尽管多孔单层石墨烯膜在水净化和气体分离方面显示出巨大的潜力,但是精确、大面积和高密度的穿孔使得多孔石墨烯层的实际应用仍是一个难题。石墨烯衍生物可以组装成有序的宏观结构,例如,氧化石墨烯片可以高度堆叠形成层压体结构(Compton,2010)。此外,氧化石墨烯纳米片可以通过石墨的化学氧化和超声波剥离法大量生产,并且氧化石墨烯上的含氧官能团提供了进一步官能化的活性位点,增强了电荷与离子分子的特定相互作用。这些特征有效地促进了石墨烯基膜的轻量化和大规模生产(Mi,2014)。

Gao 等将氧化石墨烯纳米片用物理方法结合到藻酸钠基质中得到了复合膜结构(Shen,2015)。氧化石墨烯纳米片的含氧基团、结构缺陷、边缘狭缝和非氧化区域等特性,使其对水分子具有高的选择性和传输速率。暨南大学的李丹课题组通过过滤含有化学转化的石墨烯和聚合物的水分散体,提出了一步制备多功能聚合物基水凝胶膜的通用方法[22]。化学转化石墨烯作为膜和成孔导向剂以及物理交联剂，一系列水溶性聚合物可通过超分子相互作用形成纳米多孔水凝胶膜。将互联的化学转化石墨烯网络作为坚固且多孔的支架，通过控制掺入的聚合物的化学性质和浓度，进而对纳米膜结构进行微调以适应不同的应用。这项工作为设计和制造适用于各种应用的新型自适应超分子膜提供了一个简单而通用的平台。

3. 石墨烯三维网络

将纳米级石墨烯自组装成具有三维多孔网络结构的宏观材料可以在很大程度上将单个石墨烯的性质转化为宏观材料的性质，具有三维互联网络的宏观石墨烯结构不仅集成了单个石墨烯纳米片的独特性质，还具有自己特有的特征，例如低重量、高孔隙率、大表面积等，因此具有三维互联网络的石墨烯结构展现出可广泛应用的巨大潜力。此外，它们还可以作为理想网格，进行其他功能材料的沉积，以实现基于其分层结构和多组分的协同增强性能。

清华大学的石高全课题组于 2010 年首次制备了三维石墨烯宏观结构，即石墨烯水凝胶。该石墨烯水凝胶由高浓度的氧化石墨烯水分散液通过一步水热法自组装制备而得（Xu，2010）。在还原之前，氧化石墨烯片由于其强亲水性和静电排斥作用而均匀地分散在水中。当水热还原时，氧化官能团显著减少，基本恢复了石墨烯的 π 共轭结构。π 轭结堆积相互作用与疏水效应相结合促使柔性还原氧化石墨烯片材在三维空间中部分重叠并互相连接，以产生足够的物理交联位点，用于形成多孔骨架。

中国科学院金属研究所的成会明等使用镍或铜泡沫作为模板来生长具有互联网络结构的三维石墨烯泡沫（Chen，2011）。所得到的独立式石墨烯泡沫体显示出 5 mg·cm^{-3} 的超低密度和 850 m^2·g^{-1} 的高比表面积，成为最轻的气凝胶之一。石墨烯泡沫表现出约 10 S·cm^{-1} 的高电导率，这比化学衍生法得到的石墨烯高出约 6 个数量级（Dai，2012）。除了金属基底之外，陶瓷模板也已经用于三维石墨烯材料的化学气相沉积生长。

1.5 石墨烯的应用

  石墨烯众多优异的性能引起了科学家的极大关注,各种新应用层出不穷。据 Web of Science 数据库统计,自石墨烯发现以来,其相关学术文献逐年增加,至 2018 年底已达 245 867 篇(图 1 - 11)。不同性质、结构的石墨烯基材料在多个领域发挥着突出的作用,本节主要从电子、能源、环境、催化、分离、医药卫生这六个方面对石墨烯的应用进展进行简单概述。

图 1 - 11 Web of Science 数据库统计 2004—2018 年关于石墨烯的论文数

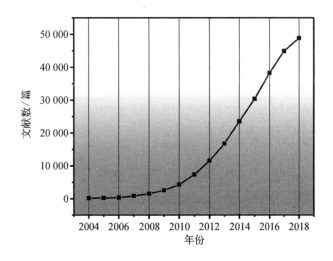

  石墨烯出色的电子迁移率、热导率等性能使其在晶体管、集成电路和可穿戴电子器件等领域占有一席之地。石墨烯纳米带具有带隙和高载流子迁移率,可以在二氧化硅基底上制备石墨烯纳米带的场效应晶体管(Chen,2008)。随着人们对器件设备的需求发生变化,便携式电子产品领域受到了广泛的关注。Bao 等利用石墨烯/碳纳米管的优异性能,开发出一种结晶的非晶半导体聚合物薄膜,电子迁移率高达 $1.3\ cm^2\cdot V^{-1}\cdot s^{-1}$,并且在拉伸条件下仍然具有良好的电性能[23]。晶体管安装在人体手臂上,经过各种常规运动后,仍能保持较高的电荷载流子迁移率。清华大学的 Ren 课题组开发了一种基于石墨烯的智能人工喉而发

出声音[24]。人工喉的材料是多孔石墨烯,其高热导率和低热容率可以发出100 Hz～40 kHz的广谱声。并且石墨烯的多孔结构还可以捕获喉部深处的微妙振动,通过压电电阻效应成功地接收声音信号。此外,由于强韧而富有弹性的石墨烯网状结构,石墨烯气凝胶具有超弹性、优异的循环性和高导电性,因此可用来制作可穿戴的压力传感器。附着在手腕和手指上的传感器在不同频率的弯曲过程中显示出稳定的电流信号,甚至可以用来检测人体的脉搏跳动的微弱力,可以作为监测人体运动的有前景的可穿戴设备(Li, 2018)。

随着生产生活对能源的需求日益增加,能源转化和存储成为关键问题。石墨烯具有独特且优异的电化学性能,在能量存储与转化方面,特别是光伏器件、太阳能电池、燃料电池、驱动器和超级电容器等方面具有很大的应用前景。在光伏器件中,由于石墨烯的高透明度与高导电性,可以用作透明导电膜和对电极(Luo, 2012)。在燃料电池方面,改性石墨烯可同时作为氧气还原反应(Oxygen Reduction Reaction, ORR)催化剂和负载催化剂的载体发挥重要作用。另外,石墨烯在各种新型二次电池中有着广泛的应用。例如在锂离子电池中,石墨作为传统的负极材料,理论比容量仅为372 mAh·g^{-1}(Martinet, 2016)。而三维石墨烯具有高导电性和较大的比表面积,可以与其他活性物质形成复合材料以提升整个器件的性能。

此外,石墨烯高比表面积和导电特性非常适合电容器的应用。以三维石墨烯为例,网络结构的形成可以有效地防止石墨烯片堆叠而具有高比表面积。此外相互连接的多孔石墨烯结构可以实现快速的电子和离子传输。这些特点都使得石墨烯在超级电容器领域发挥重要的作用。如图1-12所示,聚吡咯-石墨烯泡沫作为电极材料组装的可压缩超级电容器,具有良好的稳定性[25]。

除了能源领域外,石墨烯也在环境领域发挥着重要的作用,主要应用于水中污染物的吸附、检测水性重金属离子、光催化降解环境污染物、催化产氢和水分解这几个方面。石墨烯能够通过物理化学作用吸附水中的杂质,从而达到净化水的目的。与活性炭和其他碳同素异形体一样,石墨烯因其大的比表面积而成为水性污染物的优良吸附剂,特别是氧化石墨烯中含有羧基、羟基等官能团,通过静电或配位相互作用结合金属阳离子从而对包括小分子、重金属离子、染料、

石墨烯化学与组装技术

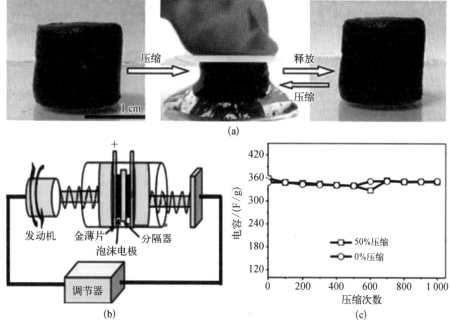

图 1-12 聚吡咯-石墨烯泡沫制造超级电容器[25]

压缩　释放　压缩

1 cm

(a)

发动机　金薄片　分隔器　泡沫电极

调节器

(b)

电容/(F/g)

50%压缩
0%压缩

压缩次数

(c)

（a）聚吡咯-石墨烯泡沫的压缩及恢复过程；（b）基于聚吡咯-石墨烯泡沫的超级电容器可压缩性能测试装置；（c）多次压缩过程中电容的变化趋势

农药及芳香族污染物在内的众多污染物进行吸附。

　　近年来随着石墨烯技术的发展，使用非金属的碳材料代替金属负载的催化剂已经取得了巨大的进展。石墨烯大的比表面积使其成为优秀的二维催化剂载体，局部共轭结构使其作为催化剂具有更强的吸附能力，优异的热、电等性能增加了催化剂的寿命。石墨烯材料作为催化剂可以催化有机、偶联、电化学、光化学等多种反应，但本征石墨烯是零带隙结构，因此催化效率较低。然而，氧化石墨烯和还原氧化石墨烯由于具有大量的含氧官能团，不仅可以高效地催化各种有机反应，并且也可以通过过滤的方法除去。例如，氧化石墨烯能够以高产率（＞92%）和良好的选择性催化从苄醇到苯甲醛的氧化反应。此外，石墨烯与纳米金属离子复合可以催化典型的偶联反应。例如，金和氧化石墨烯纳米复合材料作为催化剂，对氯苯与芳基硼酸的 Suzuki-Miyaura 偶联反应表现出异常高的催化活性（产率高达 98%）（Zhang，2011）。除此之外，石墨烯还可以作为催化剂催化电化学反应，比如在燃料电池中（如氢气/氧气或甲醇/氧气电池），含氮石墨烯(N-石墨烯)可以催化氢气电化学转化为水或催化甲醇转化为水和二氧化碳,为含金属光催化剂提供了合适的替代品(Yeh,2010)。目前,石墨烯基催化剂已广泛应用于污染物的光降解、光催化析氢和光催化消毒。众所周知,二氧化钛是光催化的优秀催化剂,将二氧化钛和石墨烯相结合,得到的新材料具有更好的催化性能(Li,2011)。例如,二氧化钛和氧化石墨烯或者氧化石墨烯的纳米复合材料可作为 rGO 和亚甲基蓝(MB)、苯、甲基橙(MO)、罗丹明 B(RhB)降解反应的高性能光催化剂。尽管石墨烯作为催化剂有众多的优势,但是仍然存在一定的问题,例如催化机理不明确、石墨烯片层间易发生堆叠、复合催化剂中纳米粒子尺寸不可控等问题。在今后的研究中解决了这些问题,将会极大地推动石墨烯催化工业的发展。

石墨烯在分离领域也发挥重要作用。石墨烯仅有一个原子厚度,具有优秀的机械强度和化学稳定性等,使其成为特定离子分离的重要工具,主要表现在脱盐、脱水、毒物排斥等几个方面。以二维的石墨烯膜为例,Huang 等采用真空抽吸法在陶瓷中空纤维上制备氧化石墨烯膜,通过渗透蒸发法将水与碳酸二甲酯的混合物进行了分离[26]。此外,单层独立石墨烯中的纳米级孔可以有效地将盐与水分离,用于海水淡化系统[27]。Rollings 等通过电脉冲方法产生的直径为 20 nm 的石墨烯纳米孔优先允许阳离子通过,选择性超过 100%,证明了石墨烯纳米孔的离子选择性[28]。

石墨烯同时具有较好的生物相容性,在医药卫生方面也发挥着重要的作用,主要应用于构建新型纳米载体和生物成像两个方面。单层石墨烯显示出超高的表面积,已被广泛用于构建药物和基因传递的新型纳米载体。在纳米石墨烯的表面上生长各种无机纳米粒子,得到具有优异的光学和磁学特性的功能性石墨烯基纳米复合材料,其可用于多模态成像和成像引导的癌症治疗[29]。在过去的十年中,基于纳米粒子的药物传递系统已被广泛用于研究治疗癌症,大大提高了治疗效率,同时减少了传递过程中带来的毒副作用。此外,石墨烯优异的光学性质不仅可以用作药物和基因传递的载体,还可以用于生物医学成像。具有强荧光的半导体量子点可以和水溶性多肽功能化的还原氧化石墨烯结合,获得的纳米复合材料可以很好地保留量子点的荧光,可用于细胞成像[30]。与目前在纳米医学中的其他无机纳米材料相比，石墨烯可以大规模制备，成本低，具有超高表面积，可用于药物装载和生物共轭，并且具有在生物医学成像和光疗法中卓越的光学性质。在生物学和临床医学在内的各个生物医学领域，石墨烯将推动包括癌症治疗等在内的各方面发展[31]。

第 2 章

石墨烯的制备

单层石墨烯最初是由石墨材料中剥离出来的单原子层厚度的二维晶体。通常，由两个或三个石墨层组成的石墨烯被称为双层或三层石墨烯，五层以上至十层的石墨烯通常被称为少层石墨烯，而更多层的石墨烯则称为多层石墨烯、石墨烯薄片。

至今，科研人员已经发明出多种制备石墨烯的方法，其中，氧化还原法[32]和化学气相沉积法[33]是目前较为常用的制备方法；其他一些方法如电化学法[34]和溶剂热法（Wang，2009）等也见诸报道，但仍需进一步深入研究。图2-1中总结了常见的石墨烯制备方法。

图2-1 石墨烯制备方法概况

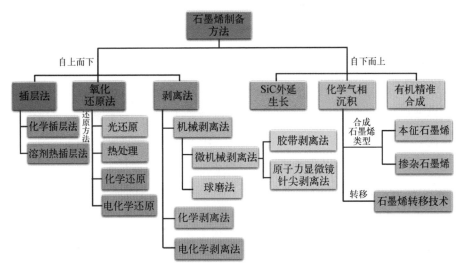

在自上而下的制备方法中，机械剥离法最早用来制备石墨烯。石墨的层间距和层间键能分别为3.34 Å[①]和2 eV·nm^{-2}，在机械剥离中对应约300 nN·μm^{-2}的外力即可将一个单原子厚度的石墨烯层与石墨本体分开（Zhang，2005）。因此，简单地使用透明胶带在石墨材料表面上产生的应力就能够粘下一层或几层

①　1 Å=10^{-10} m。

石墨烯。2004年,英国曼彻斯特大学的 Novoselov 和 Geim 通过胶带在 Si/SiO$_2$ 基板上反复粘贴,首次获得单层石墨烯[35]。原子力显微镜(Atomic Force Microscopy,AFM)照片(图2-2)显示该方法可以同时制备不同层数的石墨烯。基于类似的原理,使用具有一定弹性系数的原子力显微镜悬臂产生剪切应力也可剥离高定向热解石墨来制备石墨烯(Zhang,2005),但该方法仅能制备出最薄为 10 nm 的石墨薄片,不能进一步用来制备单层或双层石墨烯。

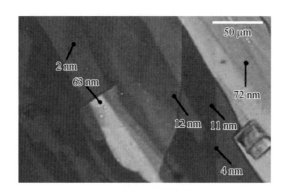

图2-2 通过原子力显微镜测量的各种厚度的石墨膜[35]

　　由于机械剥离法制备的石墨烯缺陷少,它可直接用于场效应晶体管(Field Effect Transistor,FET)器件,但这种方法的成功率和重复性极低,基本无法用来制备大面积石墨烯样品。此外,利用胶带剥离法虽然相对容易获得单层或少层石墨烯,但产量很低,从而极大地限制了其在电子器件领域的实际应用。因此,寻找可以规模化制备高质量石墨烯的方法是石墨烯研究领域的重要任务之一。迄今,研究人员发展了一系列制备石墨烯的化学方法,包括氧化还原法、化学剥离法、化学气相沉积法和 SiC 外延法等。特别是近年来,新的石墨烯制备方法层出不穷。本章将着重介绍这些化学制备方法并讨论它们的优缺点。

2.1　氧化还原法

2.1.1　原理

　　氧化还原法是将石墨、强氧化剂和浓缩强酸进行混合,使石墨在一定条件下被氧化进而得到边缘具有羧基（—COOH）、羟基（—OH）、羰基（C＝O）等含氧官能团的氧化石墨[图2-3(a)]。由于在层间引入了含氧基团，氧化石墨层间的范德瓦尔斯力会相应减弱，水分子能很容易地插入氧化石墨的层间，使氧化石墨的层间距增大。其次，含氧官能团的引入使氧化石墨具有亲水性，可以更好地分散在水中形成悬浮液（Fan，2008）。氧化石墨的层间距比石墨的层间距大，为0.6～1.2 nm，因此更容易被超声作用或其他外力剥离形成单层氧化石墨薄片，即氧化石墨烯。氧化石墨烯可以作为制备石墨烯的前驱体，通过还原处理去除其表面的含氧官能团即可得到石墨烯，整个过程如图2-3(b)所示。这种方法操作简便、产率高，可以制备出单层或多层的石墨烯，因此在实验室和工业生产中被广泛应用。下面将详细介绍从氧化石墨烯制备石墨烯的技术路线，包括氧化石墨的制备、剥离和还原方法。

图2-3

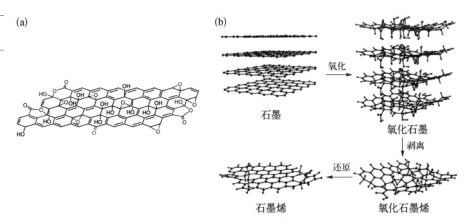

（a）氧化石墨单层的结构模型[只考虑五元和六元的醇（蓝色）、叔醇（紫色）、羟基（黑色）、环氧（红色）和酮（绿色）官能团，相对比例可能是115（羟基和环氧基）：3（内消旋O—C—O）：63（石墨的sp^2碳）：10（内酯＋酯＋羧基）：9（酮羰基）]，这里的模型只显示了这些官能团的化学连接，而非立体定位[32]；（b）氧化还原法制备石墨烯的原理流程图[36]

2.1.2 氧化石墨烯的发展历史

1859年，Brodie首次使用发烟硝酸和$KClO_3$混合物多次氧化天然石墨制备氧化石墨（Brodie，1859），开辟了制造氧化石墨的先河。该方法可以制备出氧化程度高的氧化石墨,但其耗时长且危险性极大。随后,Staudenmaier 在 Brodie 研究的基础上,采用发烟硝酸、浓硫酸和 KClO₃ 的混合物作为氧化剂来改善反应的友好性。尽管取得了一定的效果,但这种方法仍十分耗时,同样具有相当的危险性(Staudenmaier,1898)。1930 年,Hoffman 等进一步发展了 Staudenmaier-Hoffman-Hamdi 方法,他们用一周时间将 KClO₃ 缓慢地加入浓硫酸、63% 的浓硝酸和石墨的混合物中,并将生成的 ClO_2 气体用惰性气体(N_2 或 CO_2)带走,这使得该反应的危险性相较于前两种方法小很多(Hoffman,1930)。划时代的进展出现在 1967 年,Hummers 等将粉状石墨加入浓硫酸、$NaNO_3$ 和 $KMnO_4$ 的无水混合物中,温度控制在 45℃ 以下,不到 2h 就可以制备出氧化石墨,真正地实现了其相对安全与快速的制备过程(Hummers,1967)。在单层石墨烯被发现后,人们又将目光投向了这一古老的领域,新的氧化石墨制备方法屡见报道。2006 年,Rouff 等通过将氧化石墨与异氰酸酯混合,在氧化石墨层间引入酰胺基并对其进行剥离制备了可在极性非质子溶剂中均匀分散的异氰酸酯修饰的氧化石墨烯(Rouff,2006),在氧化石墨的还原方法上面也有创新。中国科学院长春应用化学所(下文简称"长春应化所")的董绍俊等报道了一种简单、高效、低成本的电化学还原方法来生产石墨烯,其 O/C 原子比小于 6.25%,与其他还原方式制备出石墨烯的 O/C 原子比相对比,这种方法要低很多(Zhou,2009),同时,将这种方法和喷涂技术联合,还能可控地在导电或者非导电介质上制备出不同厚度、大面积和具有特定形状的石墨烯膜。同年,莱斯大学的 Ajayan 等用 $NaBH_4$ 热还原氧化石墨得到石墨烯(Gao,2009),这种方法能极大地恢复石墨烯基面上共轭 π 键结构,得到可分散于 DMF 中、表面含氧官能团少的高导电性石墨烯。天津大学的张凤宝等发现在温和的条件下,剥离的氧化石墨烯可以在浓碱溶液(NaOH)中快速还原(Fan,2008),这种方法提供了在水中合成具有优良分散性石墨烯的绿色途径,为工业化生产石墨烯铺平了道路,使这一领域焕发了新的青春。

2.1.3 氧化石墨的制备

制备氧化石墨主要有三种化学方法,即化学氧化法、电化学氧化法和碳纳米管剖开法。化学氧化法是直接利用强酸和强氧化剂(浓硫酸、发烟硝酸及 $KMnO_4$ 等)与石墨反应(Subrahmanyam,2008),在反应过程中,强酸的分子插入石墨层间,导致层间距增大,随后强氧化剂与石墨反应,在层间生成一系列含氧基团而得到氧化石墨。电化学氧化法则以棒状石墨作为阳极和阴极,在酸性电解质中进行电解。阳极在外电压的作用下受到侵蚀形成胶体碳和碳浆,将产物干燥后即可得到氧化石墨(Peckett,2000)。碳纳米管剖开法是通过化学和等离子体刻蚀的方法纵向切开碳纳米管(Jiao,2009),碳纳米管解链后形成细长石墨烯带(Chen,2007)。本小节将主要介绍化学氧化法。

根据不同的反应体系,化学氧化法主要有 Brodie 法(Hofmann,1930)、Staudenmaier 法(Staudenmaier,1898)和 Hummers 法(Hummers,1958),后人又在 Hummers 法的基础上做了一些改进,得到了一系列的改进 Hummers 法。

(1)Brodie 法

Brodie 采用发烟硝酸体系(Hofmann,1930),以 $KClO_3$ 作为氧化剂,将石墨加入其中。开始时温度要维持在 0℃左右,之后升温并不停搅拌。这种方法制备的氧化石墨的氧化程度低,需要多次重复才能提高氧化程度。因此整个过程极为耗时,反应过程中还会产生有毒气体(如 ClO_2),同时由于加入了 $KClO_3$ 作为氧化剂,反应危险性很大。

(2)Staudenmaier 法

Staudenmaier 法是在 Brodie 法的基础上进行改进(Staudenmaier,1898),采用浓硫酸体系,以发烟硝酸和 $KClO_3$ 作为氧化剂,反应温度一直维持在 0℃左右,石墨的氧化程度随着反应时间的增长而变大。这种方法和 Brodie 法一样十分耗时,且仍需多次重复来得到氧化程度高的氧化石墨,同样无法避免例如 Cl_2 和 ClO_2 等有害气体的大量生成。

(3)Hummers 法

Hummers 法将 $NaNO_3$ 和石墨加入浓硫酸中,进行冰水浴使体系温度维持在 0℃左右,缓慢并小心地加入 $KMnO_4$,不断搅拌,使体系的温度一直小于 20℃ (Hummers,1958)。升温并维持一段时间后加水,反应体系不断产生气泡,温度升高之后加入温水和 H_2O_2 溶液进行稀释和还原。随着 H_2O_2 溶液的加入,体系由棕黑色变为金黄色,再经过过滤、水洗并干燥即可得到氧化石墨烯。与前两种方法相比,该方法所用时间较短,产物的氧化程度高,因此它是目前普遍使用的方法之一。

（4）改进 Hummers 法

针对 Hummers 法的各种改进可以提高制备氧化石墨的产量及结构、形貌调控。Masukazu 等先将天然石墨在 2900℃ 下高温提纯,再通过加入 $NaNO_3$、$KMnO_4$ 和浓硫酸等进行一系列氧化,可以制备出薄层颗粒厚度为几纳米、平均宽度为 20 μm 的氧化石墨薄层颗粒（Hirata,2004）。

莱斯大学的 Tour 等也对 Hummers 法做了一系列改进（Marcano,2010）。为了提高氧化过程的效率,他们采用 H_2SO_4/H_3PO_4 体系（体积比为 9∶1）,在制备过程中不会大量放热和生成有毒气体,且由于制备过程中在 H_3PO_4 和相邻的二元醇间形成了五元磷酸酯环,得到的氧化石墨结构更加规整。

复旦大学的叶明新等利用过氧化苯甲酰（BPO）对石墨进行氧化,由于石墨层间生成了含氧基团使得其亲水性增加并减弱了层间的范德瓦尔斯力,可以将氧化石墨完全剥离为氧化石墨烯薄片（Jiao,2010）。同时反应中产生的 CO_2 也可以对氧化石墨进行剥离,反应机理如图 2-4 所示。该方法没有加入额外的溶剂,而是利用低熔点的 BPO（103～106℃）作为溶剂和氧化剂,反应温和且快速,具有大规模生产石墨烯的潜力。

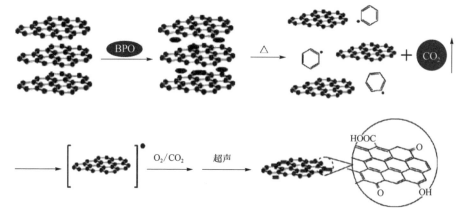

图 2-4 BPO 氧化法制备氧化石墨烯的机理图[37]

　　　　　　　　　　　　　　　　石墨烯化学与组装技术

总之,由于氧化方法的不同将直接影响到氧化石墨的结构和性质,因此选择合适的氧化方法对于制备氧化石墨烯乃至高质量的石墨烯十分重要。同时,发展绿色环保的氧化方法,减少氧化石墨制备过程中的环境污染也是当前该方法的发展方向。

2.1.4　氧化石墨的剥离

和石墨相似,氧化石墨也是层状结构。但与石墨相比,氧化石墨的层间距较大,层间的范德瓦尔斯力较小,因此,对氧化石墨施加较弱的外力,即可使氧化石墨层间发生分离得到单层或多层的氧化石墨烯薄片。常用的剥离方法有超声剥离(Ramesh,2004)、机械剥离(Jeon,2012)和热解膨胀剥离(杨永岗,2008)等。

(1)超声剥离

超声剥离是对氧化石墨悬浮液用超声波处理一定时间进行剥离的方法。由于氧化石墨中含有羧基(—COOH)等含氧基团,因此具有很好的亲水性。超声波在氧化石墨的悬浮液中疏密相间地传播,液体内局部出现拉应力,把液体"撕开"形成空穴,称为空化。空化作用不断冲击氧化石墨,使氧化石墨剥落为氧化石墨烯。

印度科学研究所的 Sampath 等对质量分数为 0.05%的氧化石墨悬浮液用超声分散,分散后的悬浮液可以维持几个星期没有沉淀(Ramesh,2004)。美国西北大学的 Nguyen 等将制备的氧化石墨超声分散后使用原子力显微镜表征,他们发现这些薄片具有均一的厚度(约 1 nm),而且没有比 1 nm 更厚或更薄的片层出现,这说明通过超声能够完整地将氧化石墨剥离为单独的氧化石墨烯薄片[37]。

尽管超声法可以快速地剥离出单层氧化石墨烯,但它也会对氧化石墨烯的表面结构造成一定破坏,使其缺陷增多,因此仍需在超声的时间和功率方面进行优化[38]。

(2)机械剥离

机械剥离是利用机械力对氧化石墨烯进行剥离的一种技术。其中的力学机理值得深入研究,因为它对于优化剥离过程进而实现石墨烯的大规模制备极为重要。在剥离氧化石墨时,力分为正交力和剪切力。正交力可以克服氧化石墨层间的范德瓦尔斯力,而剪切力可以使氧化石墨两层之间发生滑动,因此控制和优化正交力和剪切力可制备高质量的氧化石墨烯。

在一系列机械剥离方法中,球磨法是一种可以较好产生剪切力的方法,它分为干球磨法(Jeon,2012)和湿球磨法(Fu,2015)。Baek 等发现在 H_2、CO_2、SO_3 等物质的存在下,利用相似的干式球磨法也可制备出含有不同官能团的石墨烯纳米片,这种石墨烯纳米片极易分散在各种极性溶液中,发挥其优异的电学性能(Jeon,2012)。同时,该方法简单、环保且成本低。江原大学的 Choi 等报道了基于球磨法制备出高性能氧化镍/还原氧化石墨烯的纳米复合材料,他们利用球磨机将氧化石墨和 Ni 粉粉碎,可以直接得到复合材料(Kahimbi,2017)。在湿球磨法方面,桂林理工大学的韦春等将改进 Hummers 法制备的氧化石墨和去离子水混合进行球磨,30 h 后氧化石墨被完全剥离,并且由于机械化学效应,球磨过程有效去除了氧化石墨烯表面的羰基和环氧基等含氧官能团(Fu,2015)。

球磨法虽然简单、便捷,但多用于制备小尺寸的石墨烯片,对于制备大面积石墨烯的方法仍需进一步探究。

(3)热解膨胀剥离

热解膨胀剥离是指对氧化石墨在高温下进行热解处理制备氧化石墨烯的方法(杨永岗,2008)。高温下,氧化石墨层间的含氧基团(—COOH 等)会分解生成 H_2O 和 CO_2。当这些气体的生成速率大于它们的释放速率时,层间会产生压力,当压力大于层间的范德瓦尔斯力时,层与层之间会分离得到氧化石墨烯。普林斯顿大学的 Aksay 等报道了一种通过氧化石墨的热膨胀来大量制备功能化单层石墨烯的方法(McAllister,2007),他们将氧化石墨放在一端密封的石英管中,另一端用橡胶塞密封并通入一段时间氩气,之后迅速将石英管插入预热到 1 050℃的管式炉中维持 30 s,即可得到单层率约为 80% 的氧化石墨烯的样品。和超声剥离法相比,热解膨胀剥离过程中氧化石墨烯上的含氧基团脱落得少,因此制备的氧化石墨烯含氧基团多,更容易被改性。

2.1.5　氧化石墨烯的还原

对氧化石墨烯进行还原是制备石墨烯极为重要的一步,其还原方法包括化学还原[32],[37]、电化学还原、热处理和光还原。通过对还原条件进行控制和优化，可以制备出高质量的石墨烯。下面对这些方法进行介绍。

1. 化学还原

化学还原法通常是使用还原剂［如 $NaBH_4$[32]、水合肼（Fan，2008）、二甲肼（Rafiee，2011）等］还原氧化石墨烯。最早报道的而且最常用的还原剂是水合肼[37]。大多数强还原剂或多或少都会和水发生反应（如 $LiAlH_4$ 会和水发生强烈的反应），但水合肼却不会，这使它成为首选还原剂。化学还原的最终目的是制备出和机械剥离法获得石墨烯结构相似的还原石墨烯。尽管这种方法被广泛应用，但是水合肼和氧化石墨烯的反应机理尚不明确，有一种可能的机理是肼使氧化石墨烯上环氧基开环[37]，该反应产物可以进一步形成氨基氮杂环丙烷并通过二酰亚胺的热消除反应形成双键，进而在氧化石墨烯中实现石墨烯共轭结构的还原（Mueller，1970；Lahti，1983），如式（2-1）所示。

$$\overset{O}{\triangle} + H_2N-NH_2 \longrightarrow \overset{HO}{\underset{H_2N}{\overset{NH}{|}}} \xrightarrow{-H_2O} \overset{}{\underset{N-NH_2}{}} \xrightarrow{-N_2H_2} \qquad (2-1)$$

在结构上，通过肼还原氧化石墨烯得到的产物和它的前驱体完全不同。通常在温度为 80～100℃ 时向氧化石墨烯分散液中加入肼会有黑色沉淀生成，这可能是石墨烯薄片表面的极性减低而引起其疏水性增强所导致的[37]。产物比表面积为 $466\ m^2 \cdot g^{-1}$，远低于完全剥离的石墨烯比表面积的理论数值（约为 $2\,620\ m^2 \cdot g^{-1}$）（Chae，2004）。造成这种现象的原因是多重的，一方面超声过程中有可能并未完全将氧化石墨剥离为氧化石墨烯，另一方面氧化石墨烯片层也可能在还原过程中相互堆叠生成了石墨烯聚集体，从而使比表面积显著低于理论数值。同时，还原产物的 C/O 比显著升高，还原氧化石墨烯的 C/O 比为 10.3：1，而氧化石墨烯则低至 2.7：1。同时，还原氧化石墨烯的交叉极化魔角旋转 ^{13}C 核磁共振谱中并没有归属于含氧基团的可辨别的信号，只有一个宽峰出现在 $\delta = 117$ pm，这可能是来自于不同类型的烯烃信号（He，1996；Lerf，1997）。还原氧化石墨烯 X 射线光电子能谱（X‐ray

Photoelectron Spectroscopy，XPS)谱图中的羰基、环氧基、羧基的信号强度远比氧化石墨烯的强度小，如图 2-5 所示，同时 C—C 和 C—O 的信号强度也明显降低。高度还原的石墨烯样品体电导率[(2 400 ± 200)S·m^{-1}]远高于氧化石墨[(0.021 ± 0.002)S·m^{-1}]，并且接近石墨的数值[2 500 ± 20)S·m^{-1}][37]。此外，拉曼光谱能够进一步给出还原氧化石墨烯的结构信息。在氧化石墨烯的拉曼光谱中，D峰(和系统的有序/无序有关)和 G 峰(和堆叠结构有关)振动的强度比常用来判定石墨烯样品的层数和堆叠情况，高的 D/G 比表明强烈的剥离/无序程度。有趣的是还原氧化石墨烯的拉曼光谱中D/G比相对氧化石墨烯是增大的，意味着还原过程中石墨烯 sp^{2}共轭区域尺寸的减小。这看起来与还原氧化石墨烯的高导电性相矛盾，目前尚无完美的理论能解释这一现象，一个合理的推测是水合肼的还原过程尽管降低了 sp^{2}共轭区域的空间尺寸，但却显著增加了这些共轭区域的数量，进而提升了材料导电性。使用无水肼进行实验也可以得到与上述实验现象相似的结果(Tung，2009)。

图 2-5

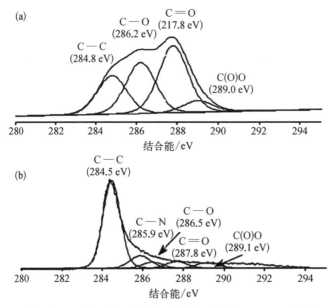

（a）氧化石墨烯和（b）水合肼还原的氧化石墨烯的 C-1s XPS 谱图[38]

　尽管肼还原是一种有效的化学还原方法，但它最明显的缺点就是引入了杂原子。这是因为肼在高效除去含氧官能团的同时，N 原子可以与氧化石墨烯表面官能团形成腙、胺、氮杂环丙烷或者其他类似结构(表 2-1)(Shin，2009)。这些残余的 C—N 基团可以作为 n 型掺杂剂,这会对还原氧化石墨烯的电子结构产生很大的影响(Kang,2007)。去除这些含 N 杂质并没有例如热解和水解这类简单的途径,但使用水合肼还原氧化石墨的方法可以使还原产物中的 C/N 比低至 16.1∶1[37]。

表 2 - 1 使用 NaBH₄ 或 N₂H₄ 作为还原剂的还原氧化石墨烯薄膜的薄层电阻和元素组成[38]

NaBH$_4$			N$_2$H$_2$			
总C/O比	C(1s)峰的杂碳成分/%	薄层电阻/(kΩ·□⁻¹)	总C/O比	C(1s)峰的杂碳成分/%	N(1s)峰强度/%	薄层电阻/(kΩ·□⁻¹)
2.8	74.1	—	2.8	74.1	—	—
4.3	27.9	—	3.9	26.4	1.3	690 000
4.9	16.2	79	4.5	19.0	2.1	12 000
5.3	13.4	59	5	18.6	2.6	3 460
—	—	—	6.2	14.5	2.4	780

最近的研究表明 NaBH$_4$ 是一种比水合肼效率更高的还原剂(Shin,2009)。尽管 NaBH$_4$ 可以与水反应,但从动力学角度来说,该过程速率很慢,因此新鲜配制的 NaBH$_4$ 溶液仍可有效地还原氧化石墨烯。NaBH$_4$ 对 C=O 键的还原十分有效,但对环氧化合物和羧酸的还原却相对温和。由 NaBH$_4$ 还原的氧化石墨烯方阻可低至 59 kΩ·□⁻¹,显著小于肼还原的氧化石墨烯的方阻数值(780 kΩ·□⁻¹),同时其 C/O 比也更高(13.4∶1 对比肼还原的 6.2∶1)。除了上述还原剂外,其他常见的还原剂有对苯二酚(Wang,2008)、H$_2$(Wu,2009)和强碱性溶液(Boehm,1962)。用 H$_2$ 还原制备氧化石墨烯的效率很高,其 C/O 比可达(10.8～14.9)∶1,而用对苯二酚和碱性溶液还原的效率低于肼和 NaBH$_4$。此外,硫酸或者其他强酸也可对石墨烯表面进行脱水还原[32]。

使用还原剂通过还原反应制备石墨烯是一种重要的合成方法,该方法的限制性主要在于肼和 NaBH$_4$ 等还原剂本身。此外,化学还原法虽然可以高效地还原氧化石墨烯,但是制备出的石墨烯仍具有一定的缺陷,无法应用在场效应晶体管等对石墨烯电学性能要求较高的器件中。

2. 电化学还原

电化学还原是一种极具潜力的去除氧化石墨烯中含氧基团的方法。尽管人们很早就知道电化学方法可以在化学还原的石墨烯上沉积涂覆金属纳米粒子（Sundaram，2008），但直到近些年才有工作报道电化学还原方法用于改变氧化石墨烯的自身结构（Zhou，2009）。中国科学院的董绍俊等在导电基底上沉积氧化石墨烯薄膜时将电极放置在基底的两端，并在磷酸钠缓冲液中进行线性伏安扫描来还原氧化石墨烯。元素分析结果表明，还原产物中 C/O 比为 23.9：1，薄膜的电导率约为 8 500 S·m^{-1}。这种方法的还原机理还不是很清楚，可能的机理如式（2-2）所示，反应途径中缓冲溶液里的 H$^+$ 起着决定性作用。电化学还原方法特色鲜明，它不使用危险化学药剂，能够温和且有效地还原含氧基团，同时也避免了副产物的产生。但是电化学还原方法目前还不能制备面积较大的样品，并且沉积在电极上的还原氧化石墨烯一定程度上会阻碍溶液中氧化石墨烯在电极上的还原，这限制了该方法在规模化制备石墨烯中的应用。

$$氧化石墨烯 + aH^+ - be^- \longrightarrow 还原氧化石墨烯 + cH_2O \qquad (2-2)$$

3. 热处理

对氧化石墨进行热处理也可以得到还原氧化石墨烯。热处理不使用还原剂来除去氧化石墨烯表面的含氧基团，而是通过加热使氧化石墨在高温下变成热力学稳定的石墨烯。热力学实验表明，在 1 050℃ 下加热氧化石墨能使其层间的环氧基和羟基位点分解出 CO_2 而产生层间压力。当压力足够大时，层和层之间迅速膨胀而被剥离得到石墨烯。基于状态方程可以得出，温度为 300℃ 时产生的层间压力为 40 MPa，温度为 1 000℃ 时层间的压力为 130 MPa，由哈梅克常数（Hamaker constant）可知，只需要 2.5 MPa 即可将两片氧化的石墨薄膜分离。热处理法制备的还原氧化石墨烯比表面积为 600~900 m^2·g^{-1}，且单层率为 80%（McAllister，2007）。由于热处理是通过气体的释放对氧化石墨进行剥离，这可能会使得到的还原氧化石墨烯有一定的结构损伤（Kudin，2008），实验中约有 30%（质量分数）的氧化石墨在剥离过程中消失，同时还原氧化石墨烯上会留下空位和拓扑缺陷（Schniepp，2006）。这些缺陷会缩短弹道传递路程并引入散射点，显著影响其电学性能。尽管有这些缺点，但是热处理制备的还原氧化石墨烯体电导率仍可达 1 000～2 300 S · m^{-1},说明热还原过程能够实现石墨烯电子共轭结构的整体恢复。

4. 光还原

光还原方法主要利用光子的能量使 C—O 键和 C =O 键发生断裂,从而除去氧化石墨烯上的含氧基团。这种方法具有环保、可控性高、重复性好和反应条件温和等特点,特别适合用来制备图案化的石墨烯。

在此领域,美国西北大学的 Huang 等首次在室温无化学试剂的条件下实现了氧化石墨烯的闪光还原(Cote, 2009)。闪光的瞬间通过光热效应触发氧化石墨烯的脱氧反应,同时使用光掩模可以在柔性衬底上很容易地制作叉指电极阵列的导电图案。采用氧化石墨烯/聚苯乙烯混合物作为前体可以改善导电图案的分辨率和机械耐久性,闪光照射后的区域表面电阻从 2×10^8 Ω · □$^{-1}$ 降至 9.5 kΩ · □$^{-1}$,表面疏水性也更为显著。吉林大学的孙洪波等率先采用飞秒激光还原氧化石墨烯,并实现石墨烯微电路的直接刻印[39]。图 2-6 是飞秒激光还原氧化石墨烯制备石墨烯微电路的示意图,首先将金电极加热蒸发到玻璃晶片上,之后旋涂上氧化石墨烯溶液,通过飞秒激光器根据预编程图案还原氧化石墨烯薄膜来制备石墨烯微电路。他们通过这种方法成功创建了具有良好导电性的各种复杂图案,同时通过改变飞秒激光器的输出功率可以很容易地在一定范围内调节石墨烯微电路的电阻率,因此这种方法为石墨烯在电子微器件中的应用打开了大门。

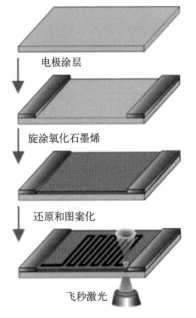

图2-6 飞秒激光还原氧化石墨烯制备石墨烯微电路示意图[39]

电极涂层

旋涂氧化石墨烯

还原和图案化

飞秒激光

此外,新加坡国立大学的 Sow 等用波长为 532 nm 的聚焦激光束扫描沉积在 SiO$_2$/Si 基底上的氧化石墨烯薄膜,可以在绝缘基底上制备窄至 1 μm 的导电条带和图案,还原后其电导率至少增加两个数量级至 3.6×10^3 S · m^{-1},载流子迁移率为 1~10 cm^2 · V^{-1} · s^{-1}(Tao, 2012)。

2.1.6 总结

氧化还原法从发现至今一直受到人们的青睐,成为实验室中制备石墨烯的常用方法。它可以获得稳定的石墨烯悬浮液,解决了石墨烯难以分散在溶剂中的问题。但该方法也存在一些明显的缺点,如制备出的石墨烯相对较厚并含有较多缺陷,其表面具有褶皱且含氧官能团无法完全去除等,这些因素显著影响了石墨烯的电学性能,限制其在电子器件中的应用,因此,氧化还原法制备的还原氧化石墨烯一般适用于对结晶质量要求不高的领域。尽管如此,氧化还原法因其工艺简单且相对成熟,仍是未来低成本大批量制备石墨烯的首选方法之一。

2.2 插层/剥离法

上述的机械剥离法和氧化还原法都是制备石墨烯的常用方法,但是这两种方法或多或少都存在一些不足。例如在石墨烯液晶器件的研究中,机械剥离法制备的石墨烯性能较好,能用来充当透明导电涂层,但是其产率太低,无法进行大规模商业化生产。氧化还原法制备出的石墨烯导电性较差,同样也不能被用于器件制备(Stankovich, 2006)。近年来发展的插层法和剥离法则综合了机械剥离法和氧化还原法的优点(Hernandez, 2008),可以用来大规模制备高质量石墨烯,对石墨烯的工业化生产起到了很大的推动作用。

2.2.1 插层法

石墨的层状结构决定了当有大于层间范德瓦尔斯力的外力对其相邻两层进行拉扯时,上下石墨层会发生分离而得到石墨烯。这个外力可以是外加于石墨层的机械力,这就是前面提到的机械剥离法。同时,这个外力还可以是因在石墨层间插入分子或原子而产生的向外的斥力,它使插层后的石墨很容易在超声或高温下进行层间分离得到石墨烯(Fu,2011),这种制备方法通常称为石墨插层法。插层法有很多类型,本小节将介绍比较常用的两种方法,即化学插层法和溶剂热插层法。

化学插层法又叫液相插层法。该方法是将天然鳞片石墨和液态插层物质混合,使插层物质进入石墨层间,降低石墨层间作用力,得到插层石墨,插层物质一般为有机酸或无机酸。之后进行超声或离心等操作,即得到石墨烯。这种方法简便、快捷,可以实现石墨烯的大规模制备。斯坦福大学的戴宏杰等报道了应用"剥离-再插层-膨胀"的方法制备石墨烯[40]。他们以部分剥离的商业膨胀石墨为原料,经过短暂的高温处理和用发烟硫酸预插层后,将四丁基氢氧化铵(TBA)作为插层剂加入插层石墨的 DMF 分散液中。上述分散液和聚乙二醇修饰的磷脂(1,2-二硬酯酰-sn-甘油-3-磷酰乙醇胺-聚乙二醇 5 000-单甲醚,DSPE-mPEG)DMF 溶液混合并超声后得到均一的分散液,离心后便可得到悬浮在DMF 中的大量石墨烯薄片(图 2-7)。原子力显微镜测试表明这种方法合成的

图 2-7 化学插层法制备单层石墨烯

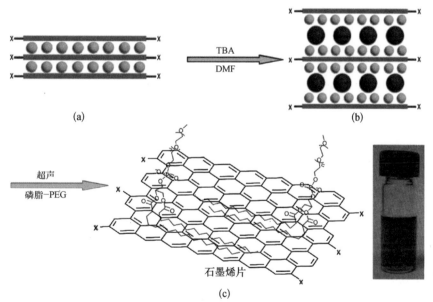

(a) 在层间插入硫酸分子(蓝色小球)的膨胀石墨的示意图;(b) 插入石墨中的 TBA(蓝色大球)的示意图;(c) 被 DSPE-mPEG 分子包被的石墨烯片的示意图和石墨烯片 DSPE-mPEG/DMF 溶液的照片[40]

石墨烯约 90% 为单层，平均尺寸和平均高度分别为 250 nm 和 1 nm。透射电子显微镜（Transmission Electron Microscope，TEM）和电子衍射结果显示，制备出的单层石墨烯与机械剥离法制备的石墨烯结构特征十分相似（Meyer，2007），这说明该方法获得的石墨烯结晶度高、质量好。

溶剂热插层法是指将插层剂、溶剂和石墨混合后，水热反应一段时间再进行超声和离心等操作制备石墨烯的方法。北京大学的侯仰龙等利用高度极化的有机溶剂乙腈和膨胀石墨进行溶剂热插层（图 2-8）[41]，乙腈和石墨烯之间的固有偶极-诱导偶极相互作用可以有效地促进石墨的剥离，得到的单层和双层石墨烯在不需要额外添加稳定剂的条件下就能通过离心的方法很好地分散在溶液中。拉曼光谱和电子衍射光谱测试表明这些石墨烯不存在大的结构缺陷，因此这种溶剂热辅助剥离方法为大量制备高质量石墨烯开辟了一条有效途径。

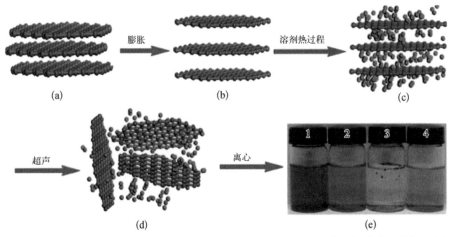

图 2-8 乙腈中石墨烯片的溶剂热辅助剥离和分散的示意图

（a）原始可膨胀石墨；（b）膨胀石墨；（c）将乙腈分子插入膨胀石墨夹层中；（d）分散在乙腈中的剥离石墨烯片；（e）在有无水热辅助和不同的转速条件下获得的四个样品的光学图像[41]

除了化学插层法和溶剂热插层法外，还有微波辅助插层法等其他插层法。氯化铁和硝基甲烷作为插层剂和石墨反应制备出可在微波炉中低温（水的沸点附近）剥离的插层石墨（Fu，2011），该方法的原理是通过加热使 CH_3NO_2 快速分解产生 NH_3、HCOOH、NO_2、H_2O 和 CO_2 等气体（Piermarini，1989），这些气体向外产生压力大于层间范德瓦尔斯力时，就会发生石墨层间的剥离得到石墨烯。

作为一种温和的氧化剂,氯化铁促进了硝基甲烷的插层(Soneda,1993),同时由于反应温度较低,该方法获得的石墨烯相比于高温下制备的石墨烯结构完整性更好(Li,2008)。

综上所述,插层法是通过在石墨层间插入其他分子或原子,使得石墨层间距离增大,发生层与层之间分离来制备石墨烯。该方法相对其他方法成本低、简单和便捷,可以大规模制备石墨烯,但是插层的时候引入的其他基团可能会影响石墨烯的电学性能,因此需要对具体的体系进行相应的优化。

2.2.2 剥离法

剥离法是直接把石墨或石墨衍生物如膨胀石墨(Hamilton,2009)或氟化石墨插层物(Lee,2009)加入特定的溶剂中,借助超声和离心等作用制备出微米级大小的单层或多层石墨烯分散液。其中超声的目的是使石墨在外界振动的条件下剥离为石墨烯,离心的目的是去除溶液中的大块石墨。都柏林圣三一学院的Hernandez等从石墨烯和溶剂表面能匹配的角度对溶剂的选择做出了解释(Hernandez,2008)。当使用 N-甲基-吡咯烷酮(NMP)(Khan,2010)或邻二氯苯(Hamilton,2009)这类表面能和石墨烯相近的化合物作为溶剂时,可以很好地剥离石墨烯;而使用乙醇、丙酮、水等这类表面能远小于石墨烯的小分子作为溶剂时,剥离反应的效率不高。

总体而言,这种剥离方法操作简单,制备出的石墨烯缺陷少,能够保证石墨烯的电学性能。

1. 有机溶剂

2008年,Novoselov等将天然石墨和二甲基甲酰胺(DMF)混合并进行长时间超声得到了石墨烯的悬浮液(Blake,2008)。DMF可以很好地分散并浸润石墨烯,进而防止其团聚(Gómez-Navarro,2007)。离心除去较厚的石墨片后,剩下的分散液只包含亚微米的单层和少层石墨烯,单层石墨烯比例可达50%以上。同年,都柏林圣三一学院的Coleman等参考了化学剥离碳纳米管的原理,也在

DMF 中将石墨剥离,得到了浓度可达 0.01 mg · mL^{-1} 的石墨烯分散液(Hernandez,2008)。透射电子显微镜和拉曼光谱显示他们得到的是单层和层数小于 5 的少层石墨烯。除 DMF 之外,在 N,N-二甲基乙酰胺、γ-丁内酯和 1,3-二甲基-2-咪唑烷酮(DMEU)中进行的剥离实验证实了石墨烯在与其表面能相近的溶剂中剥离效果较好。制备出的石墨烯分散液可以通过喷涂、真空过滤或滴涂的方式沉积成薄片,进一步在分散液中加入聚合物可以形成聚合物复合分散液,能够用来制备透明电极传感器和导电复合材料。在这项工作的基础上,Coleman 等又通过长时间(长达 462 h)低功率的超声剥离法制备了浓度可达 1.2 mg · mL^{-1} 的高浓度石墨烯分散液,产率为 4%(Khan,2010)。透射电镜图像显示制备的石墨烯尺寸随着超声时间的增长而减小(与超声时间的平方根成反比),同时其拉曼 D 峰的强度随超声时间延长而增大(与超声时间的平方根成正比)。这种石墨烯分散液可以用水多次稀释而不会有沉淀或石墨烯聚集物生成。

2008 年底,牛津大学的 Warner 等报道了以 1,2-二氯乙烷为溶剂对石墨进行剥离的方法。他们在 1,2-二氯乙烷中加入石墨并超声,之后进行离心去除大的石墨片,得到浅棕色石墨烯分散液(Warner,2008)。通过透射电镜测试发现,该方法制备出的石墨烯层数为 1~6 层,片层直径为 100~500 nm。由于 1,2-二氯乙烷沸点相比于 NMP 等有机溶剂较低,因此可以很容易地除去来获得表面更加清洁的石墨烯薄片。2009 年,莱斯大学的 Tour 等将热膨胀石墨、高定向热解石墨及微晶石墨分别加入在不同的有机溶剂中(苯、甲苯、邻二氯苯、二甲苯、氯苯和吡啶),发现这些石墨只有在邻二氯苯中才能均匀分散,经过超声和离心后,分散液可以稳定存在数月之久(Hamilton,2009)。邻二氯苯作为溶剂具有如下的优势:首先,邻二氯苯是富勒烯的常用反应溶剂,而且是单壁碳纳米管的稳定分散溶剂[可能是因为有效的 π-π 相互作用(Bahr,2001)];其次,邻二氯苯是高沸点芳香族化合物,它与很多化学反应兼容;第三,Coleman 等提出溶剂表面能在 40~50 mJ · m^{-2} 时分散石墨的效果较好,而邻二氯苯的表面能为 36.6 mJ · m^{-2},十分接近这一数值(Hernandez,2008)。这种方法简单、高产,可以在邻二氯苯溶液中分散不同类型的石墨,制备出尺寸为 100~500 nm 大片单层石墨烯。

　　　　　　　　　　　　　　　　　　　　　　　石墨烯化学与组装技术

Bourlinos 等进一步研究了全氟化芳香化合物六氟苯、八氟甲苯、五氟苯腈和五氟吡啶对石墨烯的分散性(表 2-2)[42]。他们将石墨粉加入上述溶剂中进行超声,将得到的胶体溶液放置 5 天以去除不溶性杂质,最后收集剩余澄清溶液,溶液中石墨烯浓度为 0.05～0.1 mg·mL^{-1},产率为 1%～2%。这些溶液透明且具有很高的稳定性,常温下至少可以放置一个月没有变化,各溶剂的分散性顺序为八氟甲苯≈五氟吡啶<六氟苯<五氟苯腈。

表 2-2 使用全氟化芳族溶剂使石墨液相剥落后获得的胶态分散体[42]

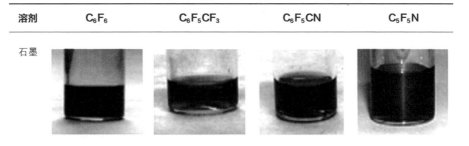

溶剂	C$_6$F$_6$	C$_6$F$_5$CF$_3$	C$_6$F$_5$CN	C$_5$F$_5$N
石墨				

图 2-9 分散在添加或不加 NaOH 有机溶剂中的石墨烯片[43]

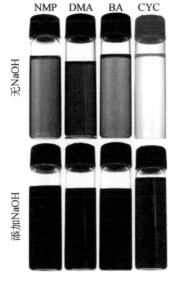

此外,在有机溶剂中加入辅助剂也会使石墨的剥离达到更好效果。华东理工大学的王健农等发现在不同的有机溶剂中加入 NaOH 可以大幅度提高石墨烯的剥离产率[43]。如图 2-9 所示,在 NMP 中加入 NaOH 后,石墨烯溶液浓度是不加 NaOH 时的 3 倍,而对于环己酮该效应更明显,相应的浓度差可达 20 倍。这种现象很可能是因为 NaOH 插入石墨层中增大了石墨的层间距进而提高了剥离效率。

剥离法在大规模、低成本制备高质量石墨烯方面显示出了极大的优越性,且所得到的石墨烯直接分散在溶剂中,有利于对石墨烯的进一步修饰和加工应用。但有机溶剂本身的毒性和高成本等缺点限制了该方法的发展,采用水相体系则是解决这一问题的途径。

2. 表面活性剂/水溶液体系

由于水的表面能($72.75 \text{ mJ} \cdot \text{m}^{-2}$)显著高于石墨烯,一般在水中加入十二烷基苯磺酸钠和胆酸钠等表面活性剂来降低水的表面能以匹配石墨烯。2009 年,Coleman 等首次报道了使用表面活性剂十二烷基苯磺酸钠水溶液来剥离石墨制备出大量层数少于 5 层的少量单层石墨烯(Lotya,2009)。由于石墨烯薄片会被表面活性剂分子包覆而在薄片间产生库仑斥力,因此制备的石墨烯不容易发生团聚。这种分散液比较稳定,可以通过真空过滤形成薄膜,也可以通过喷涂制备出石墨烯薄片。高分辨率透射电子显微镜和拉曼光谱表征结果证实了石墨烯的基面上仅有一些很小的缺陷。同年年底,该研究组以胆酸钠代替十二烷基苯磺酸钠改进了他们的工作,用胆酸钠/水作为溶剂剥离制备的石墨烯的直接电导率可以达到 $1.5 \times 10^4 \text{ S} \cdot \text{m}^{-1}$,且在被折弯的条件下石墨烯的导电性仍十分稳定(De,2010)。透射电镜图像显示这种方法制备出的石墨烯绝大多数为单层(Hernandez,2008),且相比于还原氧化石墨烯具有更少的缺陷,但溶剂中石墨烯大量聚集时会导致后续产物的粗糙化和导电性的降低。因此,Englert 等使用一种高水溶性的基于二萘嵌苯的两亲分子作为表面活性剂,它能和石墨片层进行有效 π-π 堆叠并增加疏水作用,制备稳定石墨烯分散液(Englert,2009)。

总之,插层法和剥离法可以批量制备出缺陷少、电学质量高的石墨烯,相较于机械剥离法和氧化还原法有一定的优势。但插层法和剥离法同样存在很多不足,例如分散液中的石墨烯浓度仍旧不高,有机溶剂价格高、毒性大,表面活性剂不易和石墨烯分离,长时间超声会使石墨烯片尺寸变小等,因此未来这一领域的方向是使用低毒的廉价溶剂和易于分离的表面活性剂来高效地插层剥离石墨。

2.3 电化学法

除了上述方法外,电化学方法也是一种快速且绿色温和地合成石墨烯和石墨烯薄膜的方法(Su,2011)。从反应机理看,电化学法制备石墨烯分为两大类:一类是利用电化学法还原氧化石墨烯,另一类是利用电化学方法剥离石墨制备石墨烯。

2.3.1 电化学剥离法

电化学剥离主要发生在具有窄电化学窗口液体(例如水)和宽电化学窗口液体(如室温离子液体)的混合物中。通过在液相体系中选择不同的离子液体,新加坡国立大学的 Loh 等提出了电化学剥离的理论(Lu,2009):(1)电极处的水电解产生羟基和氧自由基;(2)氧自由基在边缘部位和缺陷部位腐蚀石墨阳极,导致边缘薄片的展开;(3)离子液体阴离子嵌入边缘薄片内并引发电极扩张;(4)一些石墨片层沉淀形成石墨烯。在上述过程中,水的电解和离子液体阴离子的嵌入对石墨烯的制备起决定性作用。其中,窄电化学窗口液体的选择不仅限于水,无机酸溶液也可以直接作为电解液制备石墨烯(Su,2011)。下面将分别介绍在不同类型的电解液中电化学剥离制备石墨烯的方法。

1. 离子液体/水电解液

2008 年,东北师范大学的罗芳等通过一步电化学法制备了离子液体修饰的单层石墨烯[34]。他们用高纯度石墨棒作为电极来电解咪唑离子液体/水混合体系。如图 2-10 所示,阳极石磨棒在电解过程中被腐蚀,液体中的阳离子在阴极被还原形成自由基,和石墨烯片中的 π 电子结合,形成咪唑鎓离子修饰的石墨

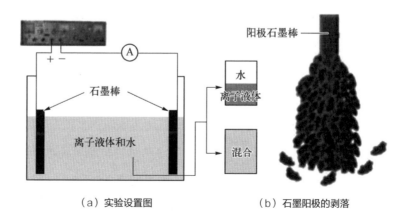

图 2-10 电化学法制备石墨烯

（a）实验设置图　　　　（b）石墨阳极的剥落

烯。在电解池底收集黑色沉淀,洗涤和超声后即可得到厚度约为 1.1 nm 的改性石墨烯。该方法绿色环保,改性后的石墨烯纳米片在 DMF 中可以良好地分散。

使用相似的方法,Wei 等利用亲水性离子液体,1-丁基-3-甲基咪唑四硼氟酸盐的水溶液制备石墨烯(Wei, 2012)。以柔性石墨作为工作电极,电化学过程将石墨电极剥离为海绵状,由于产生的石墨烯会分散于水中,溶液的颜色也由透明变为深棕色。普朗克高分子研究所的 Feng 等进一步将稀 H_2SO_4 引入咪唑类离子液体/水体系作为反应液[44],通过电化学剥离制备出高电导率的石墨烯。这种大尺寸(约 10 μm)石墨烯大多为单层或三层,C/O 比为 12.3,电导率可以达到 5.9×10^4 S·m^{-1},缺陷密度仅约为 0.009%,并具有良好的分散性(在 DMF 中浓度可达约 1 mg·mL^{-1}),可在各种基底上用来制备大面积和高导电性的石墨烯薄膜。

2. 无机酸电解液

除了用离子液体/水体系外,无机酸溶液也可以作为电解液高效地制备石墨烯。台湾"中央研究院"的 Li 等使用天然石墨片和高定向热解石墨作为电化学剥离的电极测试了 HBr、HCl、HNO_3 和 H_2SO_4 等无机酸溶液作为电解质制备石墨烯的过程(Su, 2011),发现只有 H_2SO_4 溶液才具有理想的剥离效率。当 H_2SO_4 溶液作为电解液时,整个剥离过程可以在几分钟内完成,但这同时会产生缺陷密度大的石墨烯薄片,因为 H_2SO_4 本身也会导致石墨的氧化。向 H_2SO_4 溶液中加入 KOH 降低电解质溶液的酸度可以减少这种氧化。使用上述方法可以制备出具有较大侧向尺寸(几到几十微米)的双层石墨烯,其电子迁移率可达 17 cm^2·V^{-1}·s^{-1}。同时这种石墨烯具有超高透明性(约 96% 透光率),在简单的 HNO_3 处理后其方阻小于 1 kΩ·$\square^{-1}$,优于氧化还原法和插层剥离法制备的石墨烯薄膜。由自组装石墨烯片制备的透明导电薄膜具有优异的导电性(在 96% 透明度下薄层方阻约为 210 Ω·$\square^{-1}$),在石墨烯油墨和柔性电子领域具有良好的应用前景。

2.3.2 电化学还原法

电化学还原方法是通过电流对氧化石墨烯进行还原,它不需要使用氧化剂、还原剂或者有毒溶剂,因此避免了提纯的问题,可以用来简单、快速地大规模合成高质量的石墨烯纳米片。

南京大学的夏兴华等报道了一种简单的电化学还原法用来在阴极电位下电化学还原剥离氧化石墨,大规模制备高质量石墨烯纳米片[44]。电化学还原装置以及电化学还原前后石墨电极和氧化石墨悬浮液的光学照片如图 2 - 11 所示。傅里叶变换红外光谱测试表明这种方法从氧化石墨烯表面彻底去除了各种含氧官能团,获得的石墨烯纳米片可以用于构建生物传感器来监测多巴胺。

图 2 - 11 电化学
还原实验装置

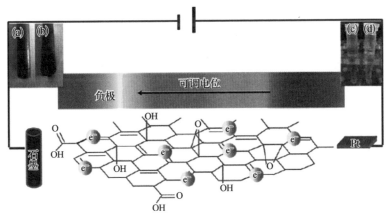

电化学还原之前(a)(c)和之后(b)(d)的石墨电极与 GO 悬浮液的实验装置图示和光学图像。
在石墨电极上,剥落的 GO 分散体的电化学还原电位为 1.5 V vs. SCE[44]

此外,中国科学院的董绍俊等也独立报道了简单高效的电化学方法来制备高 C/O 比的石墨烯薄膜(Zhou,2009)。随着电化学还原反应的进行,在阴极尖端附近出现一个黄褐色/黑色和近似圆形的区域,这可能是由氧化石墨烯电化学还原所得的石墨烯膜中碳原子 π 共轭体系的恢复所致。这种方法可以将不同图案形貌的石墨烯膜沉积在各种绝缘或导电基底的表面上,如柔性塑料、ITO 玻璃、玻璃碳电极和金等。

作为一种新兴的绿色高效制备石墨烯的方法，电化学法越来越受到人们的关注。与机械剥离法相比，电化学方法制备的石墨烯层数更少，二维片层尺寸更大；与氧化还原法相比，该方法无毒绿色，且制备出的石墨烯导电性好，缺陷密度小。例如，使用氧化还原法得到的石墨烯，当透射率低于80%时，其方阻为$1\sim100\ \mathrm{k\Omega \cdot \square^{-1}}$（Wang，2011；Eda，2008）；当透射率达到95%时，其方阻为$18\sim31\ \mathrm{M\Omega \cdot \square^{-1}}$（Wang，2008；Wu，2008）。相比较而言，电化学法制备的石墨烯在96%的透射率下，方阻可以控制在$0.015\sim0.21\ \mathrm{k\Omega \cdot \square^{-1}}$内（Su，2011；Wang，2011），可广泛用于储能、生物传感器和柔性电子器件等领域。但该方法也存在一些问题，如通过电化学还原法制备的石墨烯的层数较难控制，使用离子液体电解质的成本较高等。因此，电化学制备石墨烯这一方法还需进行深入研究，根据反应过程优化反应条件，克服不足，实现其产业化应用。

2.4　有机精准合成

自下而上合成石墨烯的方法包括化学气相沉积法（CVD）和有机精准合成法。CVD法将在后续章节讨论，本节主要讨论从芳香小分子开始通过有机反应一步步合成多环芳烃（Polycyclic Aromatic Hydrocarbon，PAH）和石墨烯纳米带的方法。

PAH可视为是由sp^2杂化的碳原子组成的二维石墨碎片，它广泛存在于煤矿、木材及其他有机物燃烧后的残渣和环境污染物中（Clar，1972；Goh，1973）。从结构上看，石墨烯实际上是PAH类分子的一种，因此制备石墨烯可以先通过合成小分子的PAH后，再通过偶联反应形成大的结构进而合成石墨烯。然而，大分子量、分析纯级别的功能化PAH种类非常少，直到20世纪前期才由Scholl和Clar首次制备并表征了PAH类分子（Clar，1972）。随着现代合成方法和分析技术的飞跃发展，目前人们已能在温和的条件下高效制备出不同的PAH并分析它们的几何构型、能量和磁性（Harvey，1997）。例如核磁共振谱中的化学位移和抗磁化率可以用来评价PAH的芳香性，而量子化学计算以及XRD谱图可预测PAH的结构特性(Mitchell，2001)。根据 Clar 的芳香性六隅体规则，PAH 可以通过单环系统的循环进行制备，例如应用三维树枝状或超支化聚苯分子内的脱氢环化和平面化可以合成不同尺寸的 PAH(Simpson，2004)。对于给定的 PAH 系统，不同的同分异构体的稳定性随着系统内六元环的增加而上升(Clar，1972)，因此全苯环型多环芳烃(PBAH)通常具有高稳定性、高熔点和低化学活性。

PAH 中比较典型的例子是苯并菲和六苯并蒄(HBC)的衍生物。由于 HBC 具有的 D_{6h} 对称性和大面积的 π 共轭系统(共轭面积是苯并菲的 3 倍)，它被称为"超级苯"，精准有机合成方法制备石墨烯的常用前体 HBC 是 PABH 的一种典型代表，包括 42 个碳原子(Watson，2001)。1958 年，慕尼黑大学的 Clar 和同事首次合成了 HBC(Clar，1959)，此后 Halleux(Halleux，1958)和 Schmidt(Hendel，1986)等报道了合成 HBC 的其他方法，但这些合成的方法产量很低。近年来，普朗克高分子研究所的 Müllen 等发明了一种新的方法(Wu，2007)，他们用二价铜盐(如 $CuCl_2$)和 $AlCl_3$ 催化剂在分子内氧化脱氢环化六苯基苯制备 HBC，该方法后来延伸到合成不同大小和形状的更复杂的 PAH(Stabel，1995)。例如以 $FeCl_3$ 或 $Cu(OTf)_2$ - $AlCl_3$ 作为催化剂对树枝状六苯基苯进行氧化脱氢环化可以制备不同大小和形状的类石墨烯分子，如式(2-3)所示，具有取代基的二苯乙炔(1)在 $Co_2(CO)_8$ 的催化下进行环三聚反应生成六苯基苯(2)，之后在不同的Scholl 条件下将化合物(2)脱氢环化，便可以得到 HBC(3)。使用该方法，不仅HBC 的产率很高(Kübel，2000)，取代基为六重对称烷基(Herwig，1996)、苯烷基(Fechtenkötter，2010)和烷基酯的 HBC 产率也很高。

$$(2-3)$$

R=H、烷基、苯烷基、烷基酯

具有不同取代基的 HBC 衍生物可以通过其他方法合成。如式(2-4)所示，通过使用合适的四苯基环戊二烯酮的衍生物(4)和二苯乙炔取代物(5)进行 Diels-Alder 反应，可以制备出六苯基苯(6)的沉淀，进一步和 FeCl₃ 氧化脱氢环化制备出取代基不同的 HBC 衍生物(7)(Wu，2007)。

$$(2-4)$$

这些树枝状的低聚苯可以随后通过氧化脱氢环化生成平面结构的石墨烯，例如核内包含 90(8)(Wu，2004)、96(9a～f)(Tomović，2004)、132(10)(Friedlein，2003)、150(11)(Wu，2004)和 222(12)(Simpson，2000)个碳原子的石墨烯分子，并且可在这些石墨烯分子上连接不同的取代基(图 2-12)。分子模型计算得出 C90 盘状物(8)是非平面的，这是由于五元环的加入使分子呈碗状结构(Wu，2004)(Boorum，2001)。石墨烯 C132(10)具有 D_{2h} 对称性，环上的叶绿基链使其在有机溶剂中有一定溶解度。石墨烯 C222(12)是目前为止合成最大的 PAH 化合物(Simpson，2000)，固态 UV-vis 吸收光谱表明其在紫外可见光谱区有一个漫长的吸收带(250～1 400 nm)，说明在石墨烯盘之间有强相互共轭和 π-π 堆叠作用。

随着石墨烯分子的变大，在二维方向上实现结构的进一步扩展变得越来越困难，但仍可以在某一个维度上将这种共轭结构延伸形成带状石墨烯结构。基于相同的合成方法，他们制备了一系列包含 60 个、78 个和 114 个碳原子的石墨烯纳米带[图 2-13(13a～c)](Iyer，1998)。与共轭聚合物中有效共轭长度变化规律类似，随着离域 π 键数目的不断增加，这些石墨烯纳米带吸收光谱中的最大波长随着分子长径比的增加而发生红移。通过可溶的分支状聚苯

石墨烯化学与组装技术

图 2 - 12 具有不
同对称性的大石墨
烯分子

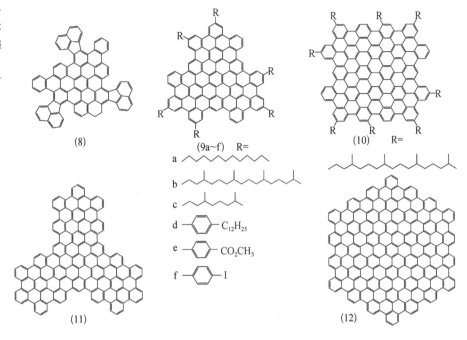

图 2 - 13 一维延
伸石墨烯纳米带[45]

[图 2 - 13(14a)]的分子内氧化脱氢环化也可以制备出一维的石墨烯带 [图 2 - 13(14b)](Wu, 2003)。尽管这种一维石墨烯带溶解性很差,但其在固态 UV - vis 吸收光谱中可以观察到一个宽吸收带(最大吸收波长为 800 nm),证明其结构中含有高度延伸的共轭骨架。高分辨透射电子显微镜图像显示这种石墨烯带中存在着两个不同的区域:一个区域包含有序的石墨层结构,层距离约为 3.8 Å;另一个区域表现为无序性,这种无序性可能是因为在沉淀过程中石墨烯带的随机堆积造成的。

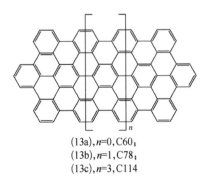

(13a),n=0,C60;
(13b),n=1,C78;
(13c),n=3,C114

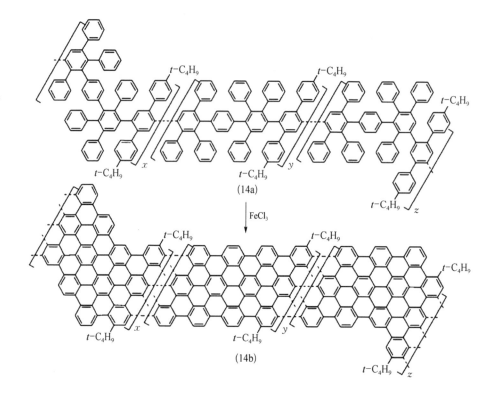

(14a)

$\downarrow$ FeCl$_3$

(14b)

　　精准有机合成方法制备的类石墨烯分子的外围构型对其电子性质和化学活性有极其重要的影响。根据 Clar 的芳香性六隅体规则,具有扶手椅式或凹形边缘的全苯环型类石墨烯分子通常表现出极高的稳定性(Clar,1972),而有着"类并苯"和"醌型"边缘的类石墨烯分子能量更高,显示出高化学活性(Wu,2004;Stein,1987)。例如在具有凹形边缘的石墨烯分子中[图 2 - 14(15～18)](Dötz,2000),由于共轭芳香环的存在,凹形位置上质子的共振会显著地向 ^{1}H NMR 的低场移动。

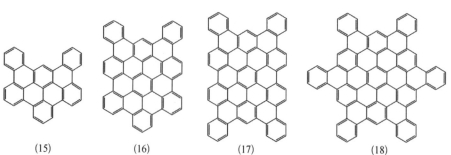

(15)　　　　(16)　　　　(17)　　　　(18)

图 2 - 14　几种具有凹形边缘的类石墨烯分子

此外,有着部分锯齿型边缘的类石墨烯分子[图 2 - 15(19a,b)(20)(21)]也有报道(Wang,2004)。研究结果表明,在全苯环类石墨烯分子中引入 2 个、4 个或 6 个额外的 π 电子中心会影响它们的电子性质,化学活性和二维、三维的自组装。例如化合物 19a 的最大吸收峰(λ_{max} = 380 nm)相对 HBC(λ_{max} = 359 nm)红移;对化合物 19b 的单晶分析表明,由于叔丁基之间的相互作用,整个分子是弯曲的,这种非平面性也阻碍了柱状聚集体的形成(Wu,2004);有着锯齿型延伸结构类石墨烯分子(化合物 20 和 21)的吸收光谱相对于 PAH(锯齿型结构)也会发生红移。这些研究工作加深了人们对类石墨烯分子性质的认识,同时在合成这些化合物的过程中总结出的合成方法及策略对精准制备新的石墨烯分子有着重要的参考意义。

图 2 - 15 具有锯齿型边缘的石墨烯分子

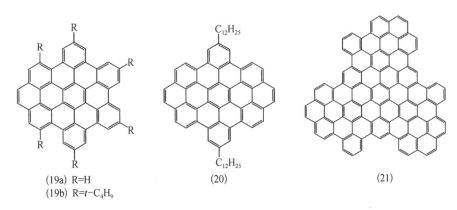

(19a) R=H
(19b) R=t-C$_4$H$_9$
(20)
(21)

综上所述,类石墨烯分子可以通过自下而上的方法实现精准合成。树枝状低聚苯的有效氧化环化脱氢可以制备出有着不同大小和形状的类石墨烯分子,同时过渡金属催化的耦合反应扩大了二维石墨烯盘状分子的尺寸,并可以实现不同热力学性质的类石墨烯分子的精准合成。这些结构确定的化合物比随机旋涂法或滴涂法制备的薄片要规整很多,因此在固液界面上这些盘状分子的有序自组装有望实现分子尺寸电子器件的制备。在未来的工作中,这种类石墨烯分子的合成与形状调控依旧是重要的研究内容。开发和改进合成策略,实现从平面的结构到非平面的结构(例如碗状结构),从全碳化合物到含有杂原子的类石墨烯分子的系统性合成与研究仍需要大量的工作。

2.5　化学气相沉积法

高温下基于化学气相沉积(CVD)方法在金属表面合成石墨烯是一种非常重要的合成方法。CVD法最早可以追溯到20世纪60年代,它早期用于合金的改性和半导体薄片的制备,近年来随着碳纳米材料的发展,CVD法广泛应用于碳纳米管的合成中(Yudasaka,1995)。类似地,使用CVD法也可在过渡金属基底上合成大面积的石墨烯薄片[46]。其中,铜基底因制备石墨烯面积大且缺陷少而成为常用的CVD生长基底。成均馆大学的Bae等使用CVD方法在铜衬底上合成对角线长大于30 in[①]的单层石墨烯(Bae,2010)。CVD法生长的石墨烯可以直接用在场效应晶体管中,同时在使用HNO_3对其进行化学掺杂后,其方阻可以与ITO玻璃电极相媲美,这使CVD法生长的石墨烯薄膜有望用来替代ITO作为透明导电材料。

2.5.1　化学气相沉积法的基本原理

CVD法制备石墨烯是将含碳源气体(如甲烷或乙炔)或液体的蒸气引入反应室,在还原性气体(如H_2)的作用下,于金属基底表面沉积出石墨烯薄膜的方法。这种方法中石墨烯的生长机理可以分为两种[47,48]:一种是渗入析出机制,另一种是表面生长机制。渗入析出机制是指碳源在高温下裂解为碳原子并渗入高溶碳量的金属基底(如Ni、Co)内部,低温时,基底内的碳原子渗出并在基底表面成核,进而生长出石墨烯薄片;表面生长机制则刚好相反,它是指对于低溶碳量的金属基底(如Cu),碳源在高温下裂解为碳原子吸附在基底的表面成核,逐渐形成石墨烯岛,石墨烯岛长大后形成石墨烯薄膜(图2-16)。因此,石墨烯在不同金属基底上的生长机制受到很多因素的影响,如金属的溶碳量、晶型和

---

① 1英寸(in)=2.54厘米(cm)。

图2-16 基于不同生长机制的加入C同位素的石墨烯薄膜中C同位素可能的分布示意图

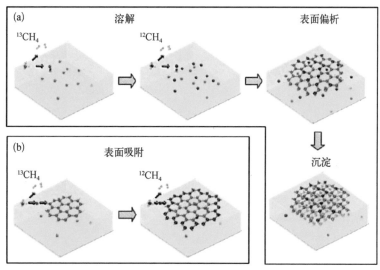

（a）具有随机混合（可能由于表面分离或沉淀产生）同位素的石墨烯；（b）具有分离同位素（可能通过表面吸附产生）的石墨烯[47]

生长温度等。

　　CVD法制备石墨烯的一般步骤如下：将金属片基底（如Cu箔）放入反应室中，通入保护气（H_2/Ar 或 H_2/N_2）并加热一段时间；随后将保护气换成碳源气体，并在高温下持续通入一段时间直至反应完成；再通入保护气一段时间至反应室冷却到室温，即可得到沉积在金属片上的石墨烯。石墨烯在CVD生长过程的调控主要体现在三个方面：前驱体、生长基底和生长条件。前驱体包括碳源和其他气体，常见的碳源分为气态、液态和固态三种。气态碳源主要为烃类，如甲烷和乙烯等，其中最常用的是甲烷，液态碳源主要为无水乙醇，而固态碳源主要为高分子含碳材料。常见的CVD生长基底大多为Ni[33,47]、Cu（Li，2009）和Ru（Martoccia，2008）等过渡金属及部分合金如Pt-Rh（Gao，2010）。部分金属氧化物如MgO（Rummeli，2010）也可以作为生长基底，但氧化物作为基底制备的石墨烯面积很小，品质不高。生长条件主要包括温度和压力，决定了石墨烯的厚度和尺寸。总而言之，使用CVD法制备石墨烯时需要对前驱体、生长基底和生长条件进行筛选和比较。如何稳定快速地制备出高质量的石墨烯一直是CVD方法需解决的核心问题。

2.5.2 化学气相沉积法进展

CVD 法制备石墨烯最早是使用多晶 Ni 膜作为基底。2008 年,美国麻省理工学院的 Kong 等将沉积于 Si/SiO$_2$ 基板上的多晶 Ni 膜放置在高度稀释的碳氢化合物气体中,在常压、温度为 900~1 000℃ 条件下生长出平方厘米级别的大面积石墨烯薄膜[33]。这些薄膜由 1~12 层单层石墨烯组成,单层或双层区域的侧面尺寸可以达到 20 μm。多晶 Ni 膜中 Ni 单晶颗粒的尺寸为 1~20 μm,这些单晶颗粒表面有原子级别的平面和台阶[图 2-17(a)],因此石墨烯在单个 Ni 颗粒表面的生长就像在单晶基底表面上生长一样。这种方法制备的石墨烯薄膜在整个区域内都是连续的[图 2-17(b)],即使在最薄的地方也会有单层石墨烯的存在,其二维电导率在 0.2 mS 左右,而且制得石墨烯的大小只受到 Ni 基底和 CVD 反应室的尺寸限制。但该方法也具有一些缺点,例如制备的石墨烯晶粒很小,石墨烯表面的很多褶皱会影响其电学性能。

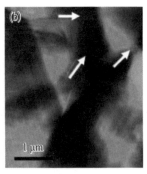

图 2-17　气相沉积法合成的石墨烯 AFM 图像

（a）退火后具有原子级平坦的平台和台阶的 Ni 晶粒的表面的 AFM 图像；（b）采用多晶 Ni 为基底,以 CVD 法制备的石墨烯膜的 AFM 图像,在凹槽边缘的波纹（由白色箭头指出）表明薄膜生长横跨晶粒之间的间隙[33]

解决上述问题的关键在于金属生长基底的选择。和 Ni 膜相比,Cu 箔的碳溶解度低,因此比 Ni 膜更容易长出单层石墨烯。2009 年,得克萨斯仪器公司 Colombo 等首次报道以 Cu 箔作基底通过低压 CVD 法制备大面积的石墨烯(Li, 2012)。随后 Bae 等也以 Cu 箔为基底,用辊对辊式生产方法和湿化学掺杂法制备出近 30 in 的单层石墨烯薄片(Bae,2010),其透光率为 97.4%,方阻低至 125 Ω·□$^{-1}$,并显示出了半整数的量子霍尔效应,这表明制的石墨烯电学质量很高。

采用 Cu 作为基底以 CVD 法制备石墨烯时大多使用低压条件(50～5 000 Pa)(Li,2009),由于低压过程对反应设备和反应条件要求较高,这在一定程度上限制了 CVD 法用于工业化生产石墨烯。为了探究压力的影响,麻省理工学院的 Kong 等研究了不同压力下石墨烯在 Cu 箔上生长的动力学因素(Bhaviripudi,2010)。他们发现,在温度相同时常压、低压(0.1～1 Torr①)和超真空(10^{-4}～10^{-6} Torr)条件下石墨烯 CVD 生长的机制并不相同,这导致了在大面积基底上生长的石墨烯均一性不同。例如,常压下使用不同甲烷浓度的混合气流以制备石墨烯时,在较高的甲烷浓度(5%～10%)下,石墨烯的生长是不均匀的,很多区域内形成的是多层石墨烯。这种多层石墨烯的形状随着混合气流中 H$_2$ 组分的含量而改变,同时常压 CVD 中甲烷浓度高时石墨烯在 Cu 表面的生长并不是像低压 CVD 过程那样受到限制。但是降低混合气流中甲烷浓度可以生长出单层石墨烯,比如甲烷浓度(体积分数)在(1～20)×10^{-4} 变化时,生长出的单层石墨烯比可达 96%。

中国科学院的高力波等对常压下石墨烯在 Cu 箔上生长过程中 H$_2$ 浓度对其生长过程和质量进行了一系列研究[48]。降低混合气体中的 H$_2$ 浓度可以提高制备的石墨烯膜质量,当不通入 H$_2$ 进行制备时,石墨烯可以在 1 min 内完成生长[图 2-18(a)],其在 550 nm 时的透光率为 96.3%,方阻小于 350 Ω·□$^{-1}$。这种石墨烯的品质比在 Ni 膜上生长的石墨烯好很多,甚至可以和低压下在 Cu 箔上制备出的品质最佳的石墨烯薄膜相媲美。当 H$_2$ 和 Ar 的流量均为 150 SCCM② 时,石墨烯在 Cu 箔上的生长是分步进行的,首先生成石墨烯岛[图 2-18(b)],之后这些石墨烯岛进行二维生长并连接在一起形成连续的薄膜[图 2-18(c)(d)](Li,2009;Li,2012)。缺陷主要出现在石墨烯岛之间碳原子连接的地方,这是由于 H$_2$ 浓度高的情况下甲烷的分解率降低,导致碳原子的供应降低,进而影响到石墨烯的成核和石墨烯岛之间的连接;同时,高温下溶入的 H$_2$ 在低温下释放

---

① 1 托(Torr)≈133.322 帕斯卡(Pa)。
② SCCM:标准毫升/分钟。

会导致褶皱的生成。最近,中国科学院的刘立伟等利用基于分子热运动的静态常压 CVD 系统在 Cu 箔上迅速生长出连续且均匀的石墨烯膜(Xu, 2017),其生长速率可达为 1.5 μm·s^{-1},同时这些石墨烯膜在室温下具有高光学均匀性和高载流子迁移率(6 944 cm^2·V^{-1}·s^{-1})。总之,使用 Cu 箔可以在常压下制备出品质较高的石墨烯薄膜,而且由于 Cu 箔作为基底时具有压力要求条件低、生长速率快、不需要 H$_2$ 等优点,因此采用 CVD 法制备石墨烯时,铜箔仍是人们的最佳选择之一(Cattelan,2013;Li,2012)。

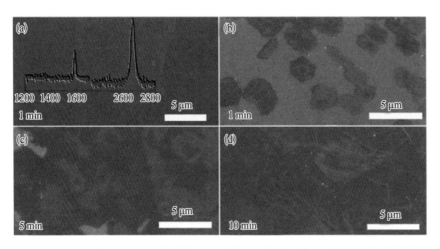

图 2 - 18　生长时间对石墨烯薄膜结构的影响

(a) 不使用 H$_2$ 制备 1 min 的石墨烯膜的 SEM 图像,插图显示了从 Cu 表面上的任意位置取得的典型的拉曼光谱,证实了单层石墨烯的形成;(b)~(d)制备时间为 1 min、5 min 和 10 min 下石墨烯薄膜的 SEM 图像(H$_2$ 和 Ar 的流量均为 150 SCCM)[48]

采用 Cu 箔为基底,北京大学刘忠范课题组通过化学气相沉积的方法制备了 Bernal 堆积双层石墨烯(Yan,2011)。通过引入第二生长过程,打破了石墨烯在铜箔上生长的自限制,且具有伯纳尔堆叠的双层区域覆盖率可高达 67%。使用该石墨烯制备的双栅石墨烯晶体管在栅极电压下表现出典型的可调谐传输性能。此外,大多数化学气相沉积方法均存在不可控的碳沉淀效应,导致石墨烯的不均匀生长。通过合理设计二元金属合金,有效抑制碳沉淀过程,可激活均匀单层石墨烯的自限生长机制(Dai,2011)。例如,Ni - Mo 合金可以催化碳源分解和石墨烯生长,同时可捕获溶解的碳并形成稳定金属碳化物进而失活。该方法具有100%的表面覆盖率和对生长条件变化的极好耐受性,其简单性和可扩展性促进了石墨烯的研究和工业应用。

2.5.3 化学气相沉积法制备杂原子掺杂石墨烯

本征石墨烯在燃料电池和电容器等电化学器件中并不具有最优的催化和电化学性能,因此,人们使用杂原子(N、S、B和P等)对石墨烯进行掺杂来引入带电位点,使石墨烯的电荷密度和自旋重新分配,进而调控石墨烯的电学、化学、光学以及磁学性能,拓宽石墨烯的应用范围,使其在电子器件和电化学器件中发挥更大的作用。例如,基于N掺杂和S掺杂石墨烯的场效应晶体管表现出高效的n型载流子传输行为,电子迁移率可分别达到$80.1 \sim 302.7 \ cm^2 \cdot V^{-1} \cdot s^{-1}$和$2.6 \sim 17.1 \ cm^2 \cdot V^{-1} \cdot s^{-1}$(Wei, 2009;Xue, 2012),而B掺杂的石墨烯器件则显示出强烈的p型传输行为(Cattelan, 2013)。诸如N^+和S^+的带电位点也有利于O_2吸附并获得电子,这使得掺杂N或S的石墨烯在氧气还原反应(Oxygen Reduction Reaction, ORR)中表现出极高的催化活性、稳定性和对甲醇交叉影响的高忍耐性,在氧气检测、燃料电池、金属空气电池和超级电容器等器件方面有着广泛的应用前景。在一系列杂原子掺杂的石墨烯中,N和S掺杂的石墨烯应用最为广泛。

1. N掺杂

北京理工大学的曲良体等首先利用改进的CVD方法合成了N掺杂的石墨烯薄片[49],他们在SiO_2/Si基底上涂上一层Ni膜,然后将含氮的反应气体引入反应室中并持续通入碳源进行N掺杂石墨烯的生长。随后在Ar气的保护下,将样品迅速地从炉中心移出,即可得到生长在Ni膜上的N掺杂石墨烯。这种石墨烯可以很容易地通过溶解Ni基底的方法从基底上分离下来并转移到其他基底上进行表征和研究。图2-19(a)显示了一个面积约为$4 \ cm^2$的漂浮在水上的N掺杂石墨烯薄片。与CVD法合成的其他石墨烯类似,N掺杂石墨烯只有一层或几层原子厚度,也是柔软透明的。图2-19(b)是N掺杂石墨烯的原子力显微镜扫描图,从图中可以看出,N掺杂石墨烯因其自身的柔性而产生了褶皱。进一步的高度测试显示其层间厚度为 0.9~1.1 nm[图 2-19(c)]。随后，莱斯大学的 Tour 等将吡啶作为 N 和 C 的唯一来源，利用 CVD 法生长出 N 掺杂的单层石墨烯 (Jin，2011)。高分辨透射电镜图像和拉曼光谱结果证实这种 N 掺杂石墨烯是均一的和单层的，同时 N 掺杂石墨烯清楚地表现出 n 型半导体的传输行为。上述两种方法均是在高温条件下使用 CVD 方法合成 N 掺杂石墨烯，其 N 的平均含量为 1.2%~4%。

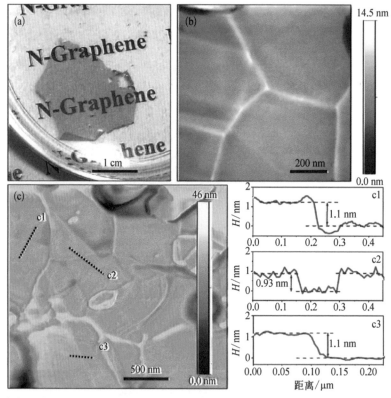

图 2-19　N 掺杂石墨烯

（a）通过溶解在酸性水溶液中除去 Ni 层后漂浮在水上的透明的 N-石墨烯薄膜的数字照片图像；（b）（c）N-石墨烯薄膜的 AFM 图像和沿着 AFM 图像中标记的线的相关高度分析[40]

　　使用高温制备掺杂石墨烯不利于节能和工业化生产，因此随后的研究将重心转移到低温合成 N 掺杂石墨烯上来。中国科学院的刘云圻等在 300℃下通过吡啶分子在 Cu 箔上的自组装成功地合成了间断性的 N 掺杂石墨烯(Xue，2012)。然而，低温 CVD 方法制备出的 N 掺杂石墨烯中的 N 含量太低，影响了其性能,如何低温制备 N 含量高的掺杂石墨烯仍然是一个极具挑战的课题。哈尔滨工业大学的王振龙等的研究为解决这一问题奠定了基础,他们报道了一种低温 CVD 合成 N 掺杂石墨烯的新方法,这种方法利用多卤芳香族化合物作为前驱体,通过自由基反应制备出掺杂石墨烯[50]。如图 2-20 所示,这一生长过程包括了通过自由基的耦合反应(Ullmann 反应)(Ullmann, 1903)来形成芳基-芳基键和 C—杂原子(如 C—N)键,进而自下而上生长成一个带有 N 掺杂的石墨烯网络结构。这种方法制备出的 N 掺杂石墨烯具有很高的 N 含量(原子比为 7.3%),甚至超过了上述高温 CVD 方法制备的掺杂石墨烯中 N 的含量。同时这种方法制备出的 N 是和 C 交错排列的石墨相氮,而高温 CVD 合成的 N 掺杂石墨烯中的 N 是以吡啶 N 或吡咯 N 形式存在[49]。因此,这种方法制备的 N 掺杂石墨烯相比其他方法而言有更好的电学性能,同时在电化学催化领域也有很好的表现。

图 2-20 自由基反应制备掺杂石墨烯

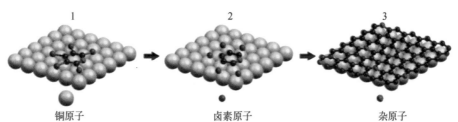

铜原子   卤素原子   杂原子

通过自由基反应在铜箔上生长杂原子掺杂的石墨烯,及通过使用多卤代芳香族化合物作为前驱体进行自由基反应制备掺杂石墨烯的示意图[50]

2. S 掺杂

理论计算表明在石墨烯中掺入 S 同样可以改变石墨烯的价带结构并进一步调节载流子输运性能。然而,合成含 S 量高、电性能优异的大面积 S 掺杂石墨烯是非常大的挑战,这是因为 S 原子的半径比 C 原子大得多。掺杂过程涉及 C—C 键和 C—S 键的竞争反应,考虑到 C—C 键(346 kJ·mol^{-1})和 C—S 键(272 kJ·mol^{-1})键能的差异(Garey, 1984),高温下更倾向于形成稳定的 C—C 键进而抑制了 S 原子掺杂过程(Li, 2009),所以高温 CVD 合成的掺杂石墨烯中 S 的含量很少。同时由于 C—S 键稳定性较差,在高温下容易断裂,所以 S 原子也难以并入石墨烯晶格。兰州大学高辉等尝试了在950℃下使用己烷和硫粉作为CVD法前驱体合成S掺杂石墨烯(Gao, 2012)，但S在石墨烯表面聚合并形成了簇状结构，因此他们得到的产物只是石墨烯和吸附在石墨烯表面的S簇而不是S掺杂石墨烯。之后，哈尔滨工业大学的王振龙等利用四溴噻吩作为前驱体在300℃的低温下成功合成了大面积的S掺杂石墨烯[50]，然而这种石墨烯中S的含量和载流子迁移率不高。为了解决这一问题，奥尔胡斯大学的Wang等做了一系列工作(Chen, 2017)，他们利用固态有机物$C_{12}H_8S_2$作为前驱体，在1 020℃下生长出大面积的S掺杂石墨烯，前驱体$C_{12}H_8S_2$作为唯一的固体源同时提供了C和S。$C_{12}H_8S_2$到S掺杂石墨烯的演变过程与聚氨酯丙烯酸盐合成N掺杂石墨烯过程类似，$C_{12}H_8S_2$在高温加热时形成了含有C和S的自由基，这些自由基在Cu箔和H_2气流中变得更加活泼，它们发生激烈的反应并层层叠加形成S掺杂的石墨烯。使用该方法制备的石墨烯，S和C均匀分布在其中，并且S没有在石墨烯表面聚集，这说明该方法有效地合成了S掺杂石墨烯。

除了N掺杂、S掺杂，其他非金属元素例如B、P的掺杂也会改变本征石墨烯的结构和性质，使其在电子器件和电化学器件领域发挥更加重要的作用。就ORR而言，B掺杂打破石墨烯材料的电中性以产生有利于O_2吸附的带电位点，因此会提高ORR活性。而P元素与N元素价电子数相同，作为掺杂元素而言，在掺杂石墨烯中有着类似的化学性质。此外，多种元素共掺杂的石墨烯也在燃料电池领域显示出极大的应用潜力，并预计有助于在可持续能源生成系统设备方面的制造。

2.5.4　石墨烯的转移技术

由于多数实验和应用需要将石墨烯放置在特定的基底而非生长基底上进行表征和研究，因此发展石墨烯转移技术并将CVD生长的石墨烯从生长基底转移到其他不同的基底(如Si/SiO_2等)是必不可少的一步。但是，任何转移方法都会或多或少引入污染或对石墨烯造成损坏，找到污染小的无损的转移技术是石墨烯制备研究中急需解决的难题。

对于仅有一层或几层原子厚度的石墨烯来说,如何保证转移过程中石墨烯薄膜不破损是首要问题。基底刻蚀法是最常用的方法之一。例如将 Cu 箔上 CVD 法生长的石墨烯转移可以采用下列两种方法:(1)使用硝酸铁溶液将 Cu 箔溶解后,将另一种基底放在溶液中和石墨烯进行"连接",之后将其从溶液中取出;(2)由于 Cu 箔的两面均会生长出石墨烯,因此选择在一面上涂覆一层聚二甲基硅氧烷(PDMS)或聚甲基丙烯酸乙酯(PMMA),之后用硝酸铁溶液刻蚀掉 Cu 箔后可以获得 PMMA/石墨烯,将 PMMA/石墨烯转移到目标基底后,再用丙酮溶解掉 PMMA,即实现石墨烯的转移。相比而言,第一种方法很简单,但是这种方法转移的石墨烯常常是不完整的;用第二种方法转移的石墨烯则有更少的孔洞和缺陷(可小于总面积的 5%)(Pirkle,2011)。

用相似的方法同样也可以转移生长在 Ni 基底上的石墨烯,图 2-21 总结了转移生长在该基底上石墨烯的大致过程[46]。通常,Ni 可以被强酸(如 HNO₃)刻蚀,但该过程中产生的 H₂ 会破坏石墨烯的完整性。因此,一种方法是

图 2-21 大型图案化的石墨烯薄膜的合成、刻蚀和转移过程

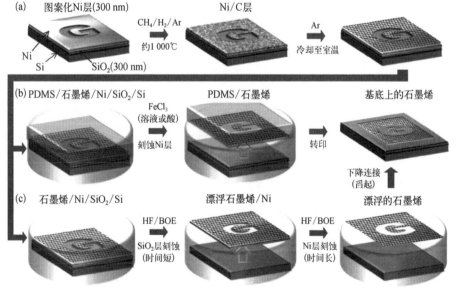

(a)在薄 Ni 层上合成图案化的石墨烯薄膜;(b)用 FeCl₃(溶液或酸)进行刻蚀并使用 PDMS 印模转移石墨烯膜;(c)使用 BOE 或 HF 溶液进行刻蚀并转移石墨烯薄膜[46]

使用氯化铁溶液在不生成气态产物或沉淀物的情况下缓慢刻蚀 Ni 层，Ni 基底被刻蚀后从基底上分离出的石墨烯薄膜会漂浮在溶液表面，并可以转移到任何种类的基底上。另一种方法就是使用缓冲氧化物刻蚀剂（Buffered Oxide Etch，BOE）或 HF 溶液刻蚀 SiO_2 层，图案化的石墨烯和 Ni 层一同漂浮在溶液表面上，转移到基底后，剩余的 Ni 层可以与 BOE 或 HF 溶液进一步反应除去。

尽管基底刻蚀法可以有效地转移石墨烯，但在转移石墨烯过程中由于 PMMA 和石墨烯之间的强相互作用使得溶解 PMMA 的溶剂（如丙酮）不可避免地残留在石墨烯表面，会造成一定的污染，这就降低了石墨烯的电学性能等（Pirkle，2011）。因此，彻底去除残留物对改善石墨烯器件的电学和光电特性至关重要。为解决这一问题，人们使用乙酸、氯仿和甲酰溶液的各种湿化学处理法来代替传统的丙酮溶液（Her，2013），同时也发展了诸如热退火（Choi，2015）、电流诱导退火（Moser，2007）、激光清洗处理（Jia，2016）、氧气等离子体处理（Lim，2012）（Robinson，2011）和紫外臭氧处理（Sun，2017）等新方法。但这些方法一般都涉及复杂的过程，同时结果缺乏重现性。最近，亚洲大学的 Ahn 等提出了用电子束轰击方法来有效去除石墨烯转移过程中用到的 PMMA（Son，2017）。使用这种方法得到的石墨烯制备的场效应晶体管电学性能明显改善，其狄拉克位置非常接近零栅偏压，远优于使用丙酮和乙酸处理 PMMA 的方法。同时，这种方法转移的石墨烯中空穴和电子的迁移率的平均值分别高达 6 770 $cm^2 \cdot V^{-1} \cdot s^{-1}$ 和 7 350 $cm^2 \cdot V^{-1} \cdot s^{-1}$，空穴迁移率最大可达到 17 000 $cm^2 \cdot V^{-1} \cdot s^{-1}$，这比传统使用丙酮处理 PMMA 方法获得的石墨烯迁移率的数值大 7 倍。这一结果表明，尽管 CVD 方法可以高效、大面积地制备石墨烯，但如何将石墨烯完好无缺地进行转移对相关器件的性能至关重要，这也是未来需要努力的方向。综上所述，CVD 方法的出现为工业化制备大面积、低缺陷的均一石墨烯铺平了道路，同时也为石墨烯的表面修饰和功能化提供了新的思路。由于 CVD 方法既可以合成石墨烯，又可以对石墨烯进行一系列改性，预期将在石墨烯的舞台上发挥越来越重要的作用。

2.6 其他方法

2.6.1 SiC外延生长法

SiC外延生长就是利用高温使得SiC中的硅原子升华,留下碳原子以一定的形式进行重排,生成位于SiC基底上的石墨烯。这种方法可以用式(2-5)概括。

$$SiC(固态) \longrightarrow Si(气态) + C(固态,石墨烯) \qquad (2-5)$$

早在1961年,Badami等就报道了在真空高温退火时六方晶系SiC晶体的石墨化(Badami,1962)。在这样的退火条件下,SiC晶体顶部发生热分解,硅原子升华,表面上留下的碳原子重新排列,形成了石墨层(Van,1975;Forbeaux,2000)。20世纪70年代,Van Bommel等发现在超高真空和高温(800℃)条件下,SiC表面会生成石墨烯层,且石墨的生长速度和表面端基有关。相比于Si端基的(0001)面,其在C端基(000-1)面上的生长速度要快得多(Van,1975)。SiC外延生长法可重复性高,可以实现大面积石墨烯的规模生产。与CVD法相比,由于SiC本身就是半导体,因此SiC外延生长法制备出的石墨烯不需要进行转移,可以直接制作电子器件;此外,使用CVD法必须严格控制碳源气体的量来控制石墨烯的质量,而SiC外延生长则不需要,因为SiC本身就是碳源,所以SiC外延法更具发展前景。

SiC外延生长法中石墨烯形成的动力学以及石墨烯产物的结构和性能取决于反应压力和气氛类型(Hass,2008;Tromp,2009)。在合适的条件下,石墨烯在六方SiC晶片的Si面上的生长是可控的(Van,1975;Forbeaux,2000),能够在晶片上形成均匀覆盖和均一结构的石墨烯。在这一过程中,石墨烯的生长开始于SiC的顶层表面并向内进行(Emtsev,2008;Hannon,2011),大约每三个Si—C双层(约0.75 nm)分解可以形成一个石墨烯层(约0.34 nm)。最初形成的缓冲层中碳原子排列方式和石墨烯相同,但不存在sp^2结构并且碳原子和下面的硅原子之间的共价键仍然存在(Emtsev，2008)，因此该层是绝缘的，且不显示石墨烯的电学性质，随后在原来的碳层下方出现新的缓冲层，并迅速转换形成石墨烯。第二个石墨烯层以相同的方式生长，但在第二层之后，石墨烯的形成速率急剧下降(Tanaka，2009)，这是因为分解后的 SiC 层抑制了 Si 的进一步升华，硅原子不得不扩散到石墨烯的缺陷处(如孔或晶界)或者样品的边缘处才能逸出。因此，SiC 外延生长法生长的石墨烯可以通过调控反应条件来控制石墨烯的层数。例如在高真空条件下，SiC 的石墨化起始于相对较低的温度(1 100～1 200℃)，这时碳原子不能充分移动，只能在 SiC 表面上形成厚度约 6 层的具有缺陷的石墨烯膜(Hannon，2008)。相比之下，在压力为 1 atm 的惰性气氛(Ar)中，Si 的升华速率明显降低，而石墨化的起始温度则高达 1 450～1 500℃，因此碳原子更易流动来形成更高质量的单层或者双层厚度石墨烯薄膜(Emtsev，2009)。IBM 公司 T. J.Watson 研究中心的 Dimitrakopoulos 等使用乙硅烷处理六方 SiC 表面并在 Ar 气氛下进行石墨化(Dimitrakopoulos，2011)，以(0001)硅面外延生长直径达 2 in 的石墨烯。相干性测试表明，晶片上五个不同的直径为 1 in 圆形区域内得到的低能电子衍射图案完全相同，并且样品在载流子密度约为 4×10^{11} cm^{-2} 时显示出接近 5 000 cm^2·V^{-1}·s^{-1} 的高霍尔迁移率(Dimitrakopoulos，2011)。原子力显微镜图像证明生长在 H$_2$ 刻蚀预处理后的 SiC 表面的石墨烯[图 2-22(a)]样品表面没有凹坑[51]，但存在明显的高度平台[图 2-22(b)]。利用不同层数石墨烯拉曼光谱中 2D 峰位置的差异[图 2-22(c)]，得到的石墨烯拉曼光谱 2D 峰强度分布图显示其大部分(粉色和红色区域)为单层石墨烯[图 2-22(d)]，而与平台边缘相关的蓝色区域则为双层石墨烯。这一结果表明第二个石墨烯层的生长是在 SiC 平台边缘开始的，与之前实验现象相吻合。

在六方 SiC(0001)面上外延生长的石墨烯的表面形态和电学性质取决于晶片表面的切割角度(Dimitrakopoulos，2011)。例如在切割角度高于 0.28°的晶片上生长的石墨烯同切割角低于 0.1°晶片上生长的石墨烯相比具有更小的邻位梯度，进而显示出更低的霍尔迁移率。德国马克斯·普朗克固体物理和材料研究所的 Riedl 等和其他研究小组的工作证明(Riedl，2009)，在 700℃ H$_2$ 气氛下退火六方 SiC(0001)Si 面上生长的外延石墨烯会破坏缓冲层和 SiC 双层之间的共价

图 2-22

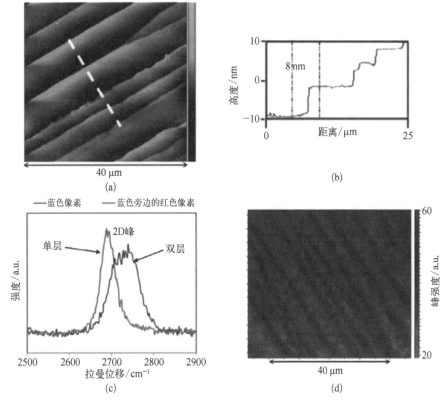

（a）在 1575℃、76Torr、Ar 气流流动 30 min 的条件下生长在无坑 SiC 表面上的石墨烯的 AFM 高度图像，在石墨化之前对 SiC 进行氢蚀刻；（b）在（a）中沿着白色虚线的 AFM 横截面示意图；（c）石墨烯的 2D 拉曼峰图；（d）图中的红色/红色像素对应于单层石墨烯，而较宽的蓝色峰值对应于（d）图中的蓝色像素，和双层石墨烯对应

键，从而将缓冲层转化为石墨烯，这大大降低了其 n 型掺杂程度及迁移率对温度的强烈依赖性（Speck，2011）。

　　另外，由于石墨烯在 4H—SiC(000-1)C 面上的生长更快，这使得在生长过程中对石墨烯的层数和厚度的控制十分困难，所得到的多层膜中石墨烯层数不均匀，表面存在褶皱，同时样品的低能电子衍射图案显示石墨烯层/畴的方位角取向具有很大的变化。如图 2-23 所示，在 4H—SiC(000-1)上生长的平均厚度为 4 层的两种不同石墨烯样品的低能电子衍射图案表明[52]，尽管在两个样品衍射图案中都出现了对应于石墨烯晶胞的强衍射点，但是衍射图案中同时存在着衍射弧，说明两个样品中石墨烯都存在着方位角无序现象。这种方向上的各向异性体现在每个石墨烯样品中都有其特定的方位取向,但这种取向在不同样品中是不一致的。例如图2-23(a)衍射弧中最大强度出现在偏离 SiC [1000]晶向±2.2°位置上,而在图2-23(b)中,这一偏离角度在8°～9°。显然,这些特定的方位取向与样品的制备条件有关(MacDonald,2011;Luican,2011)。

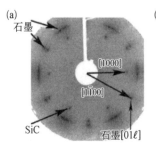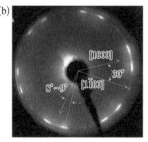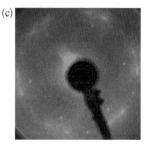

图2-23 来自两个不同样品的 LEED 图案,在 4H—SiC (000-1)上生长的平均厚度均为 4 个石墨烯层

(a) 在 103 eV 记录的 LEED 图案[52];(b)(c): 分别从另一个样品同一地点记录的 76 eV 和 135 eV 的 LEED 模式[51];添加(c)图是为了清楚地显示石墨烯和 SiC 斑点的相对位置,因为后者在(b)图中的较低能量的 LEED 图像中是微弱的

总而言之,SiC 外延生长法是制备用于半导体器件中的石墨烯的重要方法,它和 CVD 方法的竞争远未结束。同时,SiC 外延法仍需解决下列问题,例如怎样精准控制石墨烯层数,提高石墨烯质量并实现石墨烯的大规模制备;怎样选择SiC 类型、晶体取向来达到对外延生长的石墨烯的掺杂和调控等。

2.6.2 溶剂热法

溶剂热法是利用有机溶剂和原料在高温高压条件下合成石墨烯的方法,它能够达到克级的生产规模。实验室常用的原料是乙醇和钠,这种方法可以通过低温快速热解钠和乙醇的溶剂热产物,然后对多孔碳材料进行温和超声制备出单层石墨烯,是一种利用反应体系自身产生压力来制备石墨烯的有效方法。新南威尔士大学的 Choucair 等将钠和乙醇以 1∶1 的物质的量比加入反应釜中,在220℃下保持 72 h,得到石墨烯前驱体[53]。将该材料快速热解,剩下的产物进行水洗、真空过滤并真空烘干即可得到产物石墨烯。透射电镜图像[图2-24(a)(b)]显示石墨烯片尺寸可超过微米尺度（$10^{-7} \sim 10^{-5}$ m），同时超声前样品的扫描电镜（Scanning Electron Microscope，SEM）图像[图2-24(c)(d)]表明溶剂热产物热解获得的块状石墨烯是由单层石墨烯形成泡沫状的多孔结构，因此它可以在乙醇中通过超声处理而得到单层石墨烯。

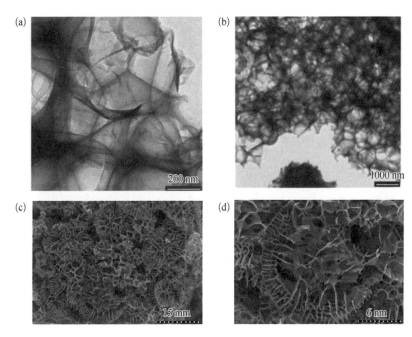

图2-24

（a）（b）凝聚的石墨烯片的TEM图像，固有的片状结构显示了错综复杂的长距离褶皱阵列，各个片材相对不透明度是片材间界面区域重叠的结果，其横向尺寸上延伸超过微米长度范围；（c）（d）石墨烯的SEM图像，整个图像由单个石墨烯片组成，保持多孔结构[53]

上述方法虽然能够实现克级规模制备石墨烯，但产物的电导率很低，严重限制了其在电子器件等方面的应用。斯坦福大学的戴宏杰等利用溶剂热还原氧化石墨烯的方法制备出高电导率、低氧化程度的高质量石墨烯（Wang，2009）。他们发现在180℃下溶剂热还原氧化石墨烯的方法比其他还原方法能更有效地降低石墨烯中的含氧基团数量和缺陷，进而获得二维电阻在10 kΩ左右的石墨烯。

综上，溶剂热法具有简单便捷、原料易获取和产量高等优势，这种从非石墨前驱体中大量、低成本制备石墨烯的方法使我们离石墨烯规模化应用更近一步。但利用乙醇和钠作为原料制备出的石墨烯缺陷较多、电导率较差,因此使用溶剂热法和其他制备石墨烯的方法结合,取长补短,将成为未来石墨烯制备的发展趋势。

2.6.3 烷基锂还原法

在研究插层/剥离法制备石墨烯过程中,人们很早就发现酸或碱金属可以嵌入石墨层间进而通过超声等方法实现石墨的剥离。但这种没有功能化的剥离石墨烯不会分散在有机溶剂中,很容易再次聚集析出(Ramesh,2003;Viculis,2003)。烷基锂是锂的衍生物,通式为 RLi,其中 R 为直链或支链的烷基、环烷基或芳基,该试剂具有一定的还原性。加州大学河滨分校的 Haddon 等通过氟化石墨与烷基锂发生化学反应制备了可溶于有机溶剂的石墨烯,其过程大致分为两步(图 2-25)[54]:首先对氟化石墨进行改性使部分碳原子的杂化方式由 sp^3 变为 sp^2,得到功能化石墨烯;再经过高温退火,功能化石墨烯表面的长链烷基分解,sp^2 杂化进一步成为碳原子的主要成键方式。拉曼光谱显示退火后产物的 G 带向高频移动,I_D/I_G 强度比随着石墨化的进行而增加(Ferrari,2000),这表明退火过程恢复了 sp^2 结构的 C 网络。X 射线衍射分析表明,原始氟化石墨层间距为 0.61 nm,退火后出现了和石墨层间距(0.34 nm)相对应的

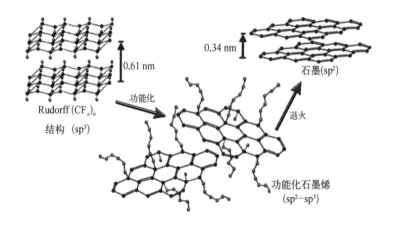

图 2-25 烷基锂还原法制备石墨烯[54]

　　　　　　　　　　　　　　　　　　　石墨烯化学与组装技术

峰,证明了纳米石墨晶体的形成。尽管这种方法可通过简单退火来恢复石墨烯的电学性质(Stankovich, 2006),但它无法做到对石墨烯层数的精确控制,应用非常有限。

2.6.4 激光诱导法

除了上述各种制备方法,莱斯大学的 Tour 等最近使用 CO_2 红外激光照射商用聚酰亚胺(PI)薄膜制备三维网状多孔石墨烯的新方法[图 2 - 26(a)][55]。在这一过程中,sp^3 杂化的碳原子在脉冲激光照射时会通过光热作用转化为 sp^2 碳原子,因此激光诱导形成的石墨烯表现出高导电性。同时利用计算机控制激光路径,可轻易写入各种几何形状[图 2 - 26(b)]。常规光刻技术制造微型图案时会受到掩模和操作条件的限制,而这种激光直接照射的方法可以一步形成 3D 石墨烯层,在制作大面积设备时具有可扩展性和成本效益。

图2-26 使用CO₂激光器以3.6 W功率写入商业 PI 薄膜制备 LIG 图案

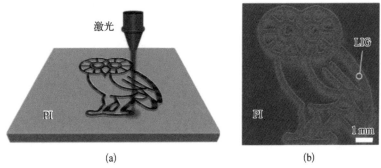

(a) (b)

(a) LIG 的合成过程示意图;(b) 猫头鹰形状的 LIG 的 SEM 图像,明亮部分对应于 LIG,被周围 PI 基底包围[55]

该研究组进一步研究发现,调整激光辐射能量可以对制备的石墨烯形貌进行调控。无论激光功率如何,启动碳化过程都需要约 5 J·cm⁻² 的辐射能量。增加辐射能量时,制备的石墨烯形态从片材逐渐变为纤维并最终变为液滴。当辐射能量大于 40 J·cm⁻² 时,这种方法可以获得石墨烯纤维。此外,该研究组还使用激光技术将木材转化为多孔石墨烯(Ye, 2017)。具有较高木质素含量的木材更利于生成高质量石墨烯,同时木材表面的石墨烯图案因其高电导率(方阻约为 $10\ \Omega \cdot \square^{-1}$)可以用来制备各种高性能器件。

2.7   总结和展望

　　截至目前,通过自上而下和自下而上的方法,科研人员已经建立起相对完整的石墨烯制备体系,每种方法在不同专业领域有着不同的应用前景。使用胶带的机械剥离法首次制备了单层石墨烯,该方法操作简单、成本低,但是缺乏同一结构的重现性和大规模合成的可行性。相似地,化学合成方法可在较低温度下大量制备石墨烯并进行功能化,并且不需要对石墨烯进行转移,但这类方法制备的石墨烯缺陷较多,影响了石墨烯的电学性质。相比之下,CVD 法已经成为工业上制备大面积高质量石墨烯的可行方法,它能够在各种基底上获得各种形态的石墨烯。然而,这种方法成本高昂,并且不能直接在聚合物基底上生成石墨烯,需要对石墨烯进行转移,而在转移中可能会污染石墨烯,并大大增加石墨烯的缺陷密度,因此仍需进一步地研究使这一生长过程中对石墨烯层数量和电学及光学性能进行更有效的控制。SiC 外延生长法制备出的石墨烯具有高纯度,也表现出良好的电学性质,但其在不同基底上缺乏重现性,因此这种方法在批量制备用于电子设备中的石墨烯时仍受到极大的限制。

　　从合成路线到生长机制,从优异的特性到可能的应用,尽管这些问题仍在学术界中有争论,科学家们过往十数年在石墨烯合成领域的工作成果是令人惊叹的。表 2-3 列出了不同石墨烯合成方法的对比和总结。所有方法都不是完美的,每种制备方法都在其各自领域具有优点和缺点,仍需进一步扬长避短,通过工艺参数控制和生长机理研究来制备大面积高质量石墨烯。石墨烯的制备是所有石墨烯相关研究的基础,需要科研人员持续在这个高速发展的领域内耐心地耕耘来书写新的篇章!

　　　　　　　　　　　　　　　　　　　　　　　　　石墨烯化学与组装技术

表2-3　石墨烯合成方法总结和对比

方法	前体	价格	电学质量	层数	片层尺寸	产量	优点	缺点	应用	出处
机械剥离	石墨	低	高	一层至多层	约10 μm	低	低成本、易于制备、可获得高质量石墨烯	无法大规模制备、产量低、制备的石墨烯尺寸小	基础科学研究	Novoselov, 2004
CVD法	碳氢化合物	高	高	一层至多层	>100 μm	低	可制备大面积高质量石墨烯、可对石墨烯进行修饰	工艺和条件苛刻，价格昂贵，制备的石墨烯需转移	光子学、纳米电子学、透明导电层、传感器等	[46]
SiC外延	SiC晶片	高	高	一层至多层	>50 μm	低	石墨烯薄片较均匀、面积大	不易控制形态和层数，能耗高，不易对石墨烯进行掺杂和调控	高频晶体管等电子器件	[51,52,58]
氧化还原	石墨	低	低	一层至多层	几十至100微米	高	快速、产量高、成本低，可制备稳定的石墨烯悬浮液	还原程度低，制备出的石墨烯缺陷大，制备周期长，石墨烯的端化学特性不佳	涂料，油漆/油墨，复合材料，透明导电层，能量储存，生物应用	[36,37]
剥离/插层	石墨	低	高	一层至多层	较小碎片达数十微米	高	产量高，制备的石墨烯缺陷少，可大规模制备	溶剂价格高，毒性大，表面活性剂残留，石墨烯尺寸较小	涂料，油漆/油墨，复合材料，透明导电层，能量储存，生物应用	[40－43]
电化学法	石墨	低	高	一层至多层	几百纳米至10微米	低	快速、绿色、温和，制备的石墨烯缺陷密度小	石墨烯层数难控制，价格较高	生物应用(葡萄糖敏感器)、电催化、光催化	[34,44]
有机合成	PAHs	高	高	一层	<20 nm	高	可精准合成一定结构和大小的石墨烯	反应过程复杂，产率不高，不方便转移，副反应多	半导体、微电子领域	[45]
溶剂热	乙醇、钠	低	低	一层	100 nm~10 μm	高	简单方便，原料易获取，产量高，污染小，操作简单	石墨烯电导率低，缺陷多	复合材料，电子器件，电池、传感器，催化	[53]
烷基锂还原	烷基锂、氟化石墨	低	低	一层至多层	1.6 μm	高	制备的石墨烯分散性好，不易聚集	过程复杂，产量受限	复合材料	Ramesh, 2003; Viculis, 2003

第 3 章

石墨烯化学调控与
功能化

本征石墨烯表面不存在功能化基团，它既不亲水也不亲油，这就使得其难以溶解或分散在常见溶剂中。同时，石墨烯分子内高度共轭的电子结构令其片层间存在着强烈的 $\pi-\pi$ 相互作用。经过化学氧化法得到的氧化石墨烯表面具有大量诸如羟基、羧基和环氧基等含氧官能团，这些官能团的存在使其在水、DMF、NMP、四氢呋喃和乙二醇等极性溶剂中的分散性显著提高[56]。除了通过氧化石墨烯的形式对本征石墨烯进行衍生外，还可以使用如氢化反应、氟化反应、锂化反应等过程来实现石墨烯的共价改性。此外，还可以通过 $\pi-\pi$ 作用、氢键作用和静电作用对石墨烯进行非共价改性以及通过化学掺杂来实现电学等性能的调控，因此，本章将详述常用的石墨烯化学调控与功能化的策略和方法。

3.1　氧化石墨烯的修饰

氧化石墨烯是最常用的石墨烯功能化衍生物，它表面诸多的含氧基团为其功能化修饰提供了大量的活性位点，经过修饰的石墨烯衍生物能表现出不同于氧化石墨烯的物理化学性能。下面根据氧化石墨烯不同的反应基团分别介绍相关的修饰反应。

3.1.1　基于羧基的反应

氧化石墨烯边缘的羧基是较为活泼的反应位点，可以参与如酯化反应、酰胺化反应等众多化学反应。为了提高反应效率，常加入氯化亚砜（$SOCl_2$）（Paredes，2008）、1-乙基-3-（3-二甲基氨基丙基）碳二亚胺（EDC）（Niyogi，2006）、二环己基碳化二亚胺（DCC）（Liu，2008）、2-（7-氧化苯并三氮唑）-$N，N，N'，N'$-四甲基脲六氟磷酸酯(HATU)(Veca,2009)等活化剂来促进反应的进行。例如,可以将从四氢呋喃或其他的非亲核试剂中剥离得到的氧化石墨烯首先与SOCl₂反应生成酰氯,然后通过与醇或胺的偶联进行活化。也可以使用DCC或者EDC对极性溶剂(例如DMF或NMP)中剥离的氧化石墨烯进行活化,随后在少量的N,N-二甲基氨基吡啶(DMAP)的催化下与醇或胺进行偶联(图3-1)。进一步通过过滤或者离心后,不仅能够分离修饰的氧化石墨烯产物和小分子亲核试剂,还可以获得分子量不同的低聚物和聚合物[57,58]。

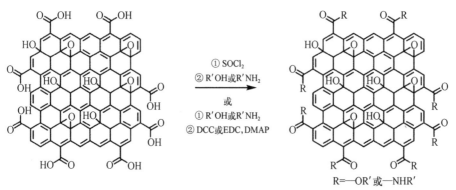

图3-1 基于羧基的氧化石墨烯反应

使用SOCl₂或者碳化二亚胺活化氧化石墨烯边缘的羧基,随后与醇或者胺进行缩合反应[58]

上述反应中,胺是常用的亲核试剂。美国加利福尼亚大学河滨分校纳米科学与工程中心Haddon研究小组使用十八胺制备了长链烷基修饰的氧化石墨烯,这种修饰后的石墨烯可均匀分散于四氯化碳和四氢呋喃等有机溶剂(Niyogi,2006)。类似地,具有光学/电学活性的卟啉和富勒烯分子也可以通过酰氯与氨基的反应引入到氧化石墨烯上[58]。南开大学的陈永胜课题组将氧化石墨烯酰氯化后,使用带氨基的四苯基卟啉或富勒烯吡咯烷得到能够分散于DMF或其他极性溶剂的卟啉或富勒烯修饰的氧化石墨烯(合成过程如图3-2所示)。紫外-可见吸收光谱测试和元素分析测试表明,由于每个卟啉分子与874个碳原子相连,每个分子通过共价键的形式与104个左右的碳原子相连。估算两个富勒烯分子之间的平均距离约为3 nm,卟啉分子之间的平均距离约为23 nm。在纳秒和皮秒范围内,通过激光Z扫描测量修饰的氧化石墨烯在穿过紧密聚焦光束的焦平面时的透射率,以此来得到 Z 扫描曲线。随着样品不断接近焦点,光束强度增加,非线性效应增加,这使得反向饱和吸收、双光子吸收和非线性散射的透射率下降。卟啉修饰后的石墨烯相比于氧化石墨烯,卟啉的透射率曲线中的倾角最大,在焦点时,卟啉修饰后的石墨烯、卟啉和氧化石墨烯的透射率分别下降到44.8%、75.6%和93.8%。因此,卟啉修饰后的石墨烯具有更好的非线性光学性质,可用于光电子领域(Xu, 2009)。

图 3-2 修饰氧化石墨烯的制备过程示意图[59]

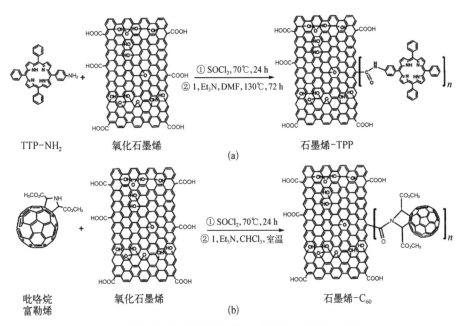

(a) 卟啉修饰的氧化石墨烯;(b) 富勒烯修饰的氧化石墨烯

除胺类分子外,醇类分子也可以作为修饰试剂进行类似的反应(Liu,2009;Zhang,2009;Yang,2012;Stankovich,2006;Feng,2013;Robinson,2011)。韩国科学技术院化学和生物研究中心的 Kim 课题组首先将氧化石墨烯通过氯化亚砜进行活化,随后与炔丙醇发生酯化反应,得到炔键修饰的氧化石墨烯。炔键修饰的氧化石墨烯通过配体交换过程可以与 CuPt 纳米粒子进行共价连接,可以在水相中催化对邻苯二胺的氧化反应(Zhang,2009)。

与氯化亚砜类似,EDC 也可以用来活化羧基来完成氧化石墨烯的修饰反应。在 EDC 存在的条件下,新加坡南洋理工大学李林等利用壳聚糖与羧基反应生成酰胺键来接枝氧化石墨烯,在此过程中添加 N-羟基丁二酰亚胺(NHS)可增强产物的稳定性。壳聚糖接枝的氧化石墨烯具有良好的水溶性和生物相容性,因此适合作为载体用于药物和基因输送(Bao,2011)。

此外,Ruoff 课题组发现氧化石墨烯边缘羧基还可以与有机异氰酸酯反应生成酰胺。经异氰酸酯修饰的氧化石墨烯亲水性下降,剥离后可稳定分散在极性非质子性溶剂中。红外光谱和元素分析测试表明,氧化石墨烯羧基和羟基与异氰酸酯反应分别生成酰胺和氨基甲酸酯。这种方法可以通过控制异氰酸酯活性或反应时间来得到不同修饰程度的氧化石墨烯,而且还可以使用含有氰基、酮基、叠氮基和磺酰基的异氰酸酯来为进一步表面功能化修饰提供反应位点(Yang,2012)。

除上述小分子外,聚合物也可以对氧化石墨烯的表面进行修饰。聚合物修饰石墨烯的方法通常分为接枝法(Graft-onto)和嫁接法(Graft-from)两种类型。其中,接枝法利用端基是高活性基团的高分子链与氧化石墨烯发生反应,从而将聚合物直接接枝到氧化石墨烯上。例如首先使用 DCC 和 1-羟基苯并三唑对氧化石墨烯进行活化,并在 DMAP 的催化下与聚乙烯醇进行酯化反应,得到能稳定分散在二甲基亚砜或热水中的经过聚乙烯醇修饰的氧化石墨烯[60],反应过程如图 3-3 所示。总体来说,接枝法可以在修饰反应前对聚合物的结构进行充分表征得到其确切的结构。但是由于位阻效应的影响,接枝法反应的产率较低,在

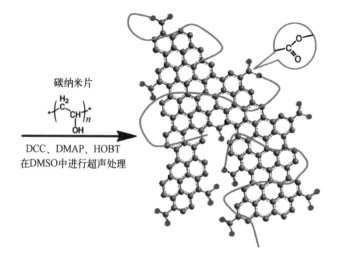

碳纳米片

DCC、DMAP、HOBT
在DMSO中进行超声处理

图 3-3 PVA 的羟基与氧化石墨烯纳米片中的羧酸部分发生酯化反应[60]

较高反应温度和较长反应时间下,石墨烯表面接枝成功的聚合物分子数量相对较少。

与接枝法不同,嫁接法是在氧化石墨烯表面引入特定的官能团,然后以此为反应位点通过原位聚合反应生成聚合物修饰的氧化石墨烯。复旦大学卢红斌课题组首先借助偶联剂将胺基引到石墨烯表面,随后将胺基和羟基溴化并通过原子转移自由基聚合反应(Atom Transfer Radical Polymerization,ATRP)在氧化石墨烯原位合成了聚甲基丙烯酸 N,N-二甲氨基乙酯(PDMAEMA),这种方式修饰的氧化石墨烯由于带有极性基团,使其在水和极性溶剂如 DMF 中的分散性明显提高(Tian,2011)。具有羧基的聚二甲基丙烯酸乙二醇酯-甲基丙烯酸聚合物颗粒(PEGDMA-co-MAA)以氢键的形式沉积在氧化石墨烯的片层上(图 3-4),电子显微镜图像证实了表面具有聚合物颗粒的石墨烯片层倾向于团聚在一起,这是由于单个的聚合物微球体可以与 PDMAEMA 链相互作用并相

图 3-4 通过 ATRP 反应在氧化石墨烯上原位合成 PDMAEMA 及进一步修饰过程[61]

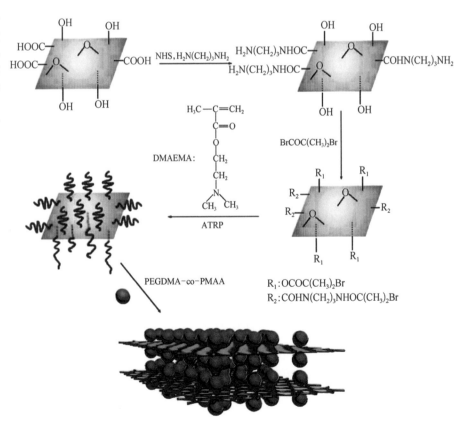

连。这说明不同类型的功能化材料可以负载在聚合物颗粒上,为研究功能性聚合物/氧化石墨烯复合材料提供了新方法[61]。

3.1.2　基于羟基的反应

与羧基类似,氧化石墨烯表面的羟基也可以通过 DCC 活化偶联来实现修饰。华东理工大学陈彧课题组采用 S-正十二烷基-S'-(2-异丁酸基)三硫代碳酸酯(DDAT)与氧化石墨烯表面的羟基偶联,偶联产物可作为可逆加成-断裂链转移反应(Reversible Addition-fragmentation Chain Transfer,RAFT)的链转移试剂来接枝聚合(N-乙烯基咔唑)到氧化石墨烯上。这种聚合物修饰的氧化石墨烯材料数均分子量 M_n 为 8.05×10^3,带隙约为 2.49 eV,并在有机溶剂中显示出良好的溶解性(Yang,2009)。

氧化石墨烯表面的羟基还可以与三烷氧基硅烷(Zhang,2011;Hou,2010;Ou,2013)或者烷基三氯硅烷(Yao,2013)发生甲硅烷基化反应从而在氧化石墨烯表面引入烷基链。相对于 DCC 修饰过程中产生的副产物尿素,采用硅烷试剂来修饰氧化石墨烯的过程中仅产生乙醇或 HCl 气体这类容易除去的副产物。修饰后的氧化石墨烯不仅在水中具有较好的溶解性,而且还可以通过共价交联剂3-氨丙基三甲氧基硅烷逐层连接到固体载体上获得高稳定的多层超薄薄膜。与传统的通过静电作用逐层相连的薄膜相比,这种共价键结合的多层石墨烯薄膜有着更好的稳定性和重现性,用作电极材料时,厚度可控,电学性能可调,重现性好(Zhang,2011)。蒙特克莱尔州立大学 Hou 及其同事利用 N-(三甲氧基硅丙基)乙二胺三乙酸钠盐与氧化石墨烯的羧基、羟基等含氧基团发生甲基硅烷化反应(Hou,2010)。随后,硅烷化的氧化石墨烯片层还原后得到层状结构的乙二胺四乙酸修饰后的氧化石墨烯薄膜(EDTA-rGO),其厚度可通过调节溶液的浓度来改变。厚度约为45 μm 的 EDTA-rGO 薄膜的电导率可达(90 ± 38)S·m^{-1}。虽然经过修饰后的 EDTA-rGO 的电导率低于 rGO 的电导率,但还是远远高于其他经过修饰的氧化石墨烯材料的电导率。此外,氧化石墨烯表面的羟基还可以与 N,N-二甲基乙酰胺二甲基发生缩醛反应。羟基与1,1-二甲氧基-N,N-二甲基乙胺(DMDA)缩合形成乙烯基醚中间体,随后与氧化石墨烯表面的碳发生 Eschenmoser-Claisen [3,3]重排反应生成 C—C 键(图3-5)。虽然通过这种方式形成的 C—C 键数量相对较少,但 C—C 键比酯键、酰胺键等更稳定,因此这种方法可直接用于功能化石墨烯,简化了反应的过程,也提高了反应的效率[58]。

图3-5 氧化石墨烯先经过缩合反应后发生 Eschenmoser-Claisen [3,3]重排反应[58]

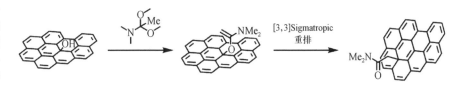

3.1.3 基于环氧基的反应

氧化石墨烯表面的环氧基也可以通过开环反应参与功能化修饰。环氧基在比较温和的条件下和亲核试剂发生开环反应,常用的亲核试剂有各种脂肪胺、芳香胺和高分子胺类。如图3-6所示,新加坡国立大学 Peter 研究小组先将氧化石墨烯在二氯苯中进行剥离,然后在较为温和温度下使用十八烷基胺(ODA)对氧化石墨烯表面的环氧基进行开环反应,得到在有机溶剂中分散性较好的功能化 ODA—GO 的纳米片层。ODA—GO 的厚度从单层到几十层不等,涂膜后再进行高温还原,可以制成石墨烯纳米片[62]。

图3-6 氧化石墨烯纳米片在有机溶剂中与十八烷基胺的反应过程示意图[62]

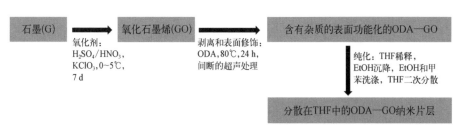

如图3-7所示,除杂原子亲核试剂外,碳负离子也可以作为亲核试剂打开环氧基。美国麻省理工学院 Swager 课题组发现丙二腈的钠盐可以与氧化石墨烯中 sp^3 杂化的碳原子形成 C—C 键。由于氧化石墨烯上羧基也可以与

碳负离子发生反应,通常使用过量的丙二腈钠盐来确保环氧基开环反应的完成[63]。红外光谱、X射线光电子能谱和粉末X射线衍射能谱都证明反应后氧化石墨烯上引入了丙二腈基团。这些表面的丙二腈基团可以进一步用NaH去质子化,随后与疏水性的碘代十六烷或者与亲水性的1,3-丙磺酸内酯反应来调控氧化石墨烯在溶剂中的分散性。除丙二腈阴离子外,其他碳负离子的亲核试剂(如有机锂和有机铜试剂等)则无法进行上述反应,这很可能是因为它们的强碱性直接导致氧化石墨烯的还原或脱氧反应的发生(Collins,2011)。

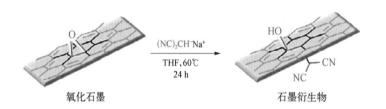

氧化石墨   石墨衍生物

图3-7 丙二腈阴离子添加到氧化石墨烯反应示意图[63]

3.2 化学掺杂石墨烯

本征石墨烯是零带隙的准金属(Rourke,2011)。图3-8是石墨烯的能带结构及其在狄拉克点附近的放大图[64],对石墨烯进行掺杂时会改变狄拉克点和费米能级的相对位置。p型掺杂使费米能级低于狄拉克点,而n型掺杂恰恰相反,石墨烯的费米能级会高于狄拉克点。常见的石墨烯化学掺杂方法有表面转移掺杂和取代掺杂两种。在表面转移掺杂中,带有吸电子基团的分子吸附在石墨烯分子表面,大多形成p型掺杂,而带有给电子基团的分子吸附后大多形成n型掺杂。在取代掺杂中,p型掺杂主要是在石墨烯的晶格中引入比碳原子的价电子少的原子,如硼原子等;而n型掺杂则主要是引入比碳原子的价电子多的原子,如氮原子等。本节将主要介绍这两大类掺杂方法。

图 3-8　石墨烯的
价带与导带图

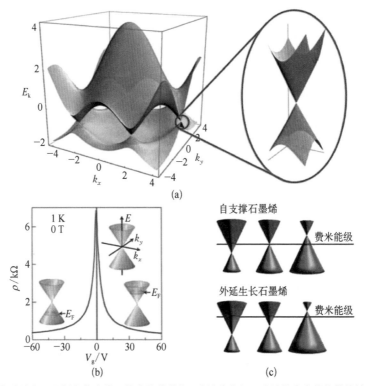

（a）左边为石墨烯在蜂窝状网格中的带结构，右边为靠近一个狄拉克点的能带的放大图[64]；
（b）单层石墨烯中的双极电场效应[65]；（c）掺杂状态下狄拉克点相对费米能级的变化[66]

3.2.1　表面转移掺杂

　　表面转移掺杂是由于石墨烯和吸附在石墨烯表面的掺杂剂之间发生了电子
转移而引起的（Gierz，2008），因此表面转移掺杂又被称为吸附掺杂。通常情况
下，表面转移掺杂并不会破坏石墨烯的结构，并且大多数是可逆的。电荷转移方
向主要是由掺杂剂的 HOMO 和 LUMO 的态密度以及石墨烯的费米能级的相对
位置决定的。如果最高占据分子轨道高于石墨烯的费米能级，那么电子将从掺
杂剂转移到石墨烯上，此时，掺杂剂为电子给体，石墨烯为电子受体；如果最低未
占分子轨道低于石墨烯的费米能级，情况则相反，电子从石墨烯转移到掺杂剂
上，此时掺杂剂为电子受体，石墨烯为电子给体（Oh，2014）。

1. p 型掺杂

2004 年,俄罗斯科学院的 Morozov 课题组第一次发现二维结构的石墨烯晶体在强烈的双极场效应下可以独立稳定地存在,水蒸气和 NO$_2$ 使本征石墨烯形成 p 型掺杂(Novoselov,2004)。石墨烯的电阻值在水蒸气的环境下减小,而在脱离水蒸气环境时又恢复到原始状态。类似地,当石墨烯处于 NO$_2$ 的环境下,其电阻值同样迅速下降(Schedin,2007)。场效应晶体管测试表明,NO$_2$ 在石墨烯中引入空穴并在不改变载流子迁移率和其传输曲线形状的情况下使最小电导率点向正栅压方向移动。NO$_2$ 掺杂的石墨烯在 150℃ 下经过退火处理后可以恢复原状(Schedin,2007)。德国汉堡大学 Wehling 课题组对 NO$_2$ 掺杂机理的研究表明(Hwang,2007),无论 NO$_2$ 以何种构型吸附,其费米能级均比石墨烯狄拉克点大约低 0.4 eV。因此,NO$_2$ 分子是一个强的吸电子基团,可以接受石墨烯给予的一个电子进而形成石墨烯的 p 型掺杂(Wehling,2008)。

在石墨烯表面吸附其他电子受体也可以使其形成 p 掺杂。例如,四氟-四氰基对苯二醌二甲烷(F4 - TCNQ)是一种强电子受体(Blochwitz,1998;Zhou,2001;Takenobu,2005;Jung,2009),高分辨率光电子能谱证明,在外延生长的石墨烯表面吸附 F4 - TCNQ 时(Chen,2007),电子从石墨烯转移到 F4 - TCNQ 从而形成 p 型掺杂石墨烯,同时在 F4 - TCNQ/石墨烯界面处形成 F4 - TCNQ 中的电子积累层和石墨烯中的电子耗尽层(Pinto,2009;Coletti,2010)。其他电子受体如四氰乙烯(TCNE)(Lu,2008)和 1,3,6,8 -芘四碳酸四钠盐(TPA)(Dong,2009)也可以使石墨烯 p 掺杂,但因富勒烯分子吸电子的能力较差,所以外延生长的石墨烯和富勒烯之间不存在明显的电荷转移过程,无法使石墨烯 p 掺杂。

除了上述有机分子以外,像金这类有着强吸电子能力的金属吸附在外延生长的石墨烯表面时也能作为石墨烯的电子受体,使狄拉克点进入未占据状态并诱导石墨烯形成 p 型掺杂。密度泛函理论表明电荷转移是由功函差异和金属基底与石墨烯之间的化学作用引起的(Giovannetti,2008)。当高于石墨烯的功函数约为 0.9 eV 时,较低的金属的功函数便能吸引石墨烯中的电子并诱导石墨烯产生空穴形成 p 掺杂。

2. n 型掺杂

当石墨烯表面吸附如乙醇和氨气等这类电子给体时,石墨烯获得多余的电子而形成 n 型掺杂。当掺杂剂逐渐消失时,石墨烯的电导率将会下降并恢复到原始状态。由于氨气与石墨烯的结合能力更强,因此氨气相对于乙醇来说更难除去。同 p 型掺杂石墨烯情况类似,n 型掺杂仅会影响石墨烯的狄拉克点的位置而不会使石墨烯的电子迁移率变差(Novoselov,2004)。

钾掺杂的石墨烯也有类似的结果(Chen,2008;Romero,2009),但随着掺杂浓度的增加,钾掺杂石墨烯的电子迁移率降低,电子和空穴的不对称性增加,这些现象很可能是由较少的带电杂质及高浓度的掺杂引起的(Chen,2008)。由于掺杂的钾原子是限制载流子迁移的带电杂质散射体,且钾原子化学活性极高,所以难以在器件上使用这种掺杂方法。带有给电子基团的芳香族分子也可以形成 n 掺杂的石墨烯。南洋理工大学陈鹏研究小组发现,利用芳香类的 1,5 -萘二胺、9,10 -二甲基蒽、9,10 -二溴蒽和 1,3,6,8 -芘四磺酸四钠修饰单层石墨烯时,这些芳香族分子可以通过芳环与石墨烯之间强烈的 π-π 相互作用与石墨烯结合。场效应晶体管测试表明,这些芳香族化合物中若有给电子基团,则会引起石墨烯的 n 型掺杂(Dong,2009)。此外,一些自由基的吸附也可以导致石墨烯的 n 型掺杂。韩国科学技术研究院 Kim 课题组采用 4 -氨基-2,2,6,6 -四甲基哌啶氧化物自由基(TEMPO)来实现单层石墨烯的 n 型掺杂。TEMPO 包括两个官能团:氨基($-NH_2$)和 NO 自由基。由于电子构型的影响,NO 自由基通过氧原子与石墨烯的相互作用强于氨基通过孤对电子与石墨烯的作用。由于分子一侧的氮原子被庞大的基团所阻隔,未配对电子从氮原子转移到氧原子使其更富电子,因而 TEMPO 可以作为掺杂剂使石墨烯 n 掺杂(Choi,2009)。

除了上述小分子外,聚合物电子给体也可以对石墨烯进行 n 型掺杂。例如聚乙烯亚胺吸附到石墨烯上可以形成 n 型掺杂(Farmer,2008),同时出现空穴传导和电子传导的不对称性。当聚乙烯亚胺掺杂石墨烯时,源漏电导-栅压(G_{ds}-V_g)曲线中电压向负栅压移动,这主要是由于石墨烯电极中存在着电子注入,从而导致空穴传导被抑制。这种聚乙烯亚胺掺杂后的载流子传输的不对称性与重氮化处理后的结果类似,它并不是某一种掺杂剂特有的,而是由于掺杂剂中的电荷量决定了电子传导或者空穴传导被抑制。在 SiC(Berger,2006;Ohta,2006)或者 SiO$_2$ 上(Romero,2008;Wehling,2008)外延生长的石墨烯也可以实现 n 型掺杂,其掺杂效应可能取决于石墨烯与基底的相互作用。

3.2.2 取代掺杂

取代掺杂,是用不同价电子数的原子(例如 N 和 B)来取代石墨烯晶格中 sp^2 杂化的碳原子,这是半导体材料中最广泛采用的掺杂方法。相比碳原子来说,氮原子拥有一个多余价电子而硼原子缺少一个价电子。当硼原子掺杂石墨烯时会形成 p 型掺杂(Lherbier,2008;Martins,2007)。印度尼赫鲁先进科学研究中心 Waghmare 课题组使用电弧放电法在 H$_2$、He、B$_2$H$_6$ 存在下合成 B 掺杂的石墨烯电极(Panchakarla,2009)。X 射线光电子能谱证明 B 在石墨烯中以 sp^2 杂化的方式存在,其掺杂程度为 1.2%～3.1%,这与电子能量损失谱测得的1.0%～1.4%略有不同。由于 B 的掺杂,其拉曼 D 带和 G 带的强度比(I_D/I_G)高于未经掺杂的石墨烯,并且 G 带向高频方向移动。B 掺杂的石墨烯有着较高的电导率,通过计算发现 p 型掺杂石墨烯的费米能级在狄拉克点以下 0.65 eV。

与上述相反,采用氮原子掺杂的石墨烯一般呈 n 型掺杂。中国科学院化学研究所刘云圻等使用 NH$_3$ 作为氮源,通过 CVD 的方法可以生成单层或者是多层 N 掺杂的石墨烯薄层[68]。电学测试证实 N 掺杂石墨烯表现出 n 型掺杂的特性,如图 3 - 9(b)～(d)所示,同本征石墨烯相比,N 掺杂石墨烯在场效应晶体管中表现出较低的电导率、较低的电子迁移率(为 200～450 cm^2 · V^{-1} · s^{-1})和较大的开关电流比。

如图 3 - 10 所示[69],氮原子还可以通过氧化石墨烯在氨气中退火来掺杂到石墨烯晶格中[69]。在这一过程中,氨气与氧化石墨烯中的含氧基团进行反应,从而生成氮掺杂的石墨烯,与此同时氧化石墨烯被还原。在 300～1 100℃退火过程中,掺杂程度在 3%～5%。当退火温度达到 500℃时,掺杂度稳定性达到最

图 3-9

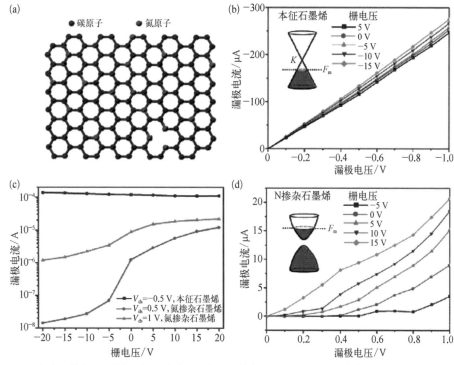

（a）N 掺杂石墨烯的示意图；（c）石墨烯和 N 掺杂石墨烯的传输特性；（b）（d）石墨烯和 N 掺杂的石墨烯的 PET 器件在不同的 V_g 下的 I_{ds}-V_{ds} 特性[68]

高,约为 5%。N 掺杂的还原氧化石墨烯的电导率高于在 H_2 气氛下退火还原的氧化石墨烯的电导率。同时,N 掺杂石墨烯的狄拉克点在真空下处于负栅压区域,并且在退火后,狄拉克点进一步向负值方向继续移动,证明了体系的 n 掺杂特性[图 3-10(c)]。

图 3-10

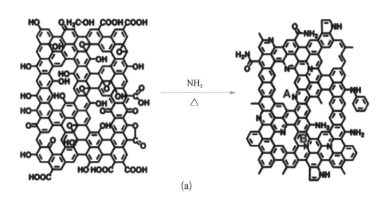

（a）

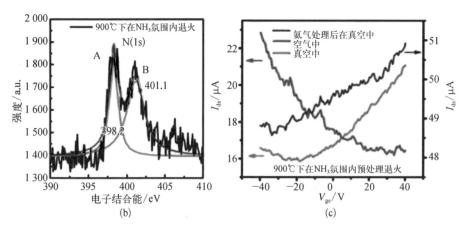

（a）GO 的结构示意图和在退火过程中 GO 与氨气反应；（b）在 900℃时，在 NH₃下退火后的高分辨率的氮原子（1s）的 XPS 谱图；（c）使用氨气退火（900℃）GO 片层制备成的单个 GO 器件的电流-栅极电压（I_{ds}-V_{gs}）测试曲线[66]

类似地，斯坦福大学戴宏杰课题组通过在氨气中退火制备了氮取代掺杂石墨烯纳米带（Dai，2010）。他们发现在真空中退火石墨烯纳米带时，由于边缘部分剩余的氧原子的 p 型掺杂使其狄拉克点的栅压为 5～20 V；而在氨气中退火时，石墨烯纳米带边缘活性较强的碳原子可以与氨反应生成 C—N 键。在抽去被吸附和多余的氨气后，制备出的石墨烯纳米带的狄拉克点相对于在真空中退火的石墨烯纳米带相差 20 V 左右，说明形成共价键的氮原子起着 n 型掺杂剂的作用。由于主要的掺杂位点处于石墨烯纳米带的边缘且平面上没有其他的带电杂质，因此 N 掺杂石墨烯纳米带中载流子的迁移率几乎与未经掺杂的石墨烯纳米带相同。

此外，N 掺杂的石墨烯也可以通过电弧放电法（Li，2009；Li，2010）和氨气等离子体处理石墨烯（Lin，2010）的方法进行制备。北京大学施祖进课题组采用石墨烯与石墨烯之间的直流电弧放电法来大规模地合成 N 掺杂的多层石墨烯，其中 NH₃（同时也作为氮源）和 He 这两种气体作为缓冲气体使用。石墨烯片层为 2～6 层，大小为 100～200 nm。这种多层石墨烯可通过简单的热处理来进行纯化，片层中氮原子的含量可以通过改变氨气的含量来进行调整。直流电弧放电主要是依靠两个纯石墨棒电极靠近时，发生放电形成等离子体（Li，2010）。这种通过电弧放

　　　　　　　　　　　　　　　　　　　　　　石墨烯化学与组装技术

电法生成氮掺杂的多层石墨烯片层相比于富勒烯和碳纳米管来说不需要严格的真空环境。而台湾清华大学陈柏文课题组采用氨气等离子体分步进行 N 掺杂,这种方法不仅可以较好地控制掺杂密度,而且石墨烯片层上的官能团可以在空气中或高温条件下稳定存在。负载在 Ni 泡沫的石墨烯首先经过氨气等离子处理后,借助盐酸来转移到聚甲基丙烯酸甲酯(PMMA)上。在 PMMA 上通过刻蚀使石墨烯片与 Ni 泡沫分离,随后转移到硅片上,通过丙烷和焙烧来除去残余的 PMMA,再经过氨气等离子处理,随后含有 N 的自由基与 C 晶格以共价键的方式稳定地结合在一起,并在退火后保持稳定状态(Lin, 2010)。

综上所述,化学掺杂能够调节石墨烯的电学性质。对表面转移掺杂来说,由于被吸附的化学物质可以从石墨烯表面脱附,并且被吸附物可以与活性分子如 O_2、H_2O 进行反应,因此以这种形式修饰过的石墨烯并不会长期稳定存在。而对于取代掺杂的石墨烯来说,由于引入的原子可以与石墨烯的碳原子网络以共价键的形式结合在一起,故而以取代掺杂方式存在的石墨烯更为稳定。由于化学物质在石墨烯表面的覆盖率和杂原子在石墨烯中掺入的数目难以实现精确地控制,因此掺杂后的石墨烯重现性较低。目前仍需更为精确的方法来制备均匀和可重复的掺杂石墨烯。

3.3 石墨烯的共价与非共价改性

如图 3-11 所示,石墨烯通过共价或是非共价修饰的方法可以实现官能团化[70]。石墨烯片层边缘悬空的基团比基面的基团更容易与各种化学基团发生共价键合反应[图 3-11(a)],例如 3.1 节中讨论的基于氧化石墨烯的修饰过程。以这种方式修饰后的石墨烯在溶剂中分散性显著增加,同时也提供了进一步功能化的反应位点。石墨烯基面的共价化[图 3-11(b)]容易引起 π-π 共轭体系的失衡,而非共价功能化可以保持石墨烯的原子和电子结构[图 3-11(c)]。石墨烯上两个不对称平面[图 3-11(d)]的功能化可以使石墨烯具有一定的超分子的性质[图 3-11(e)]。石墨烯分子的平面结构主要由 sp^2 形式杂化的不饱和的碳原子组成,因此这种碳原子理论上可以进行共价加成将碳原子轨道转变为 sp^3 杂化。但在碳原子轨道的转变过程中,平面结构的芳香族碳原子可以转变为长方形的几何形状,这种状态的碳原子键长比前者有所增加。结构功能化修饰的缺点是容易造成几何的失真,更容易遇到高能量的阻碍。对于石墨烯的共价功能化来说,通常需要高能量的反应物,例如氢原子、氟原子、强酸或者是自由基等,这就使得整个改性过程更加困难。

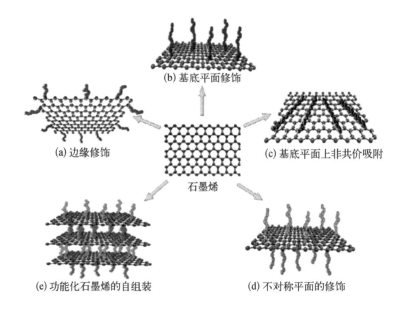

图 3 - 11　石墨烯的化学修饰[70]

(b) 基底平面修饰

(a) 边缘修饰

(c) 基底平面上非共价吸附

石墨烯

(e) 功能化石墨烯的自组装

(d) 不对称平面的修饰

3.3.1　共价改性石墨烯

1. 氢化反应

石墨烯表面反应研究得最为透彻的共价加成反应就是氢化反应(Zhou,2012;Pumera,2013;Reatto,2013;Zhao,2012)。氢化石墨烯可使用氢原子束来进行制备,在这个过程中一般使用热灯丝解离氢分子或者使石墨烯暴露于氢原子的等离子体中(Guisinger,2009;Luo,2009)。反应后碳原子的杂化类型由 sp^2 杂化变为 sp^3 杂化,从而导致氢化石墨烯中 C—C 键的伸长。氢原子倾向与石墨烯基面的两侧发生反应。如果只有一面被氢化，由于应力的不平衡，石墨烯片状结构将会卷成管状结构（Yu，2007）。完全发生氢化反应的石墨烯被称为"石墨烷"，并且每一个石墨烷的碳原子通过共价键与氢原子相连，在这种结构中，石墨烯片层形成弯曲扣住的结构。图3-12展示了三种稳定的石墨烷——椅式、马鞍式和船式，以及椅式和船式的同分异构体[71]。计算表明，三种同分异构体中，椅式结构最稳定。在图3-12的椅式结构中，氢原子被交替地吸附在石墨烯片层的上方和下方。马鞍式结构也被称为"之"字形或者"搓衣板"结构，比船式结构更为稳定。这种马鞍式结构的同分异构体由交替的之字形链作为骨架，氢原子以向上或者向下的方式进行填充。

图3-12 石墨烷结构[71]

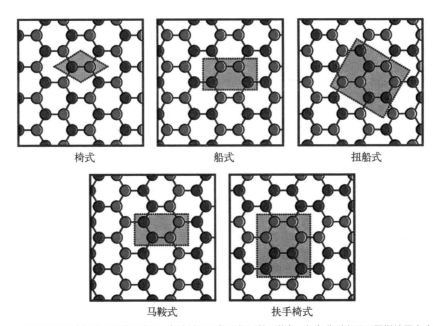

椅式　　　　　　　船式　　　　　　　扭船式

马鞍式　　　　　　扶手椅式

石墨烷的五个同分异构体示意图，每个碳原子都是相同的，蓝色、红色分别表示石墨烯片层上表面和下表面结合的氢原子

　　氢原子的引入可能会彻底改变石墨烯原有的电子结构和性质。完全氢化的石墨烯分子有较宽的带隙，然而不同的计算方法给出不同的带隙宽度。根据Green函数和库仑屏蔽势计算（GW近似值）的带隙为5.4 eV（Lebegue，2009）。随着石墨烯氢化程度的降低，带隙宽度可以减小。氢化的石墨烯与石墨烯相比

具有独特的光学性能。由于芳香键被单键代替，氢化反应增加了石墨烯片层的弹性。完美的石墨烷能在应变小于30%时保持其弹性，这也使得石墨烷比石墨烯的表面粗糙度更高(Topsakal，2010)。

2. 杂原子反应

(1) 氟化反应

石墨烯的氟化反应与氢化反应类似。氟原子通过单键与碳原子相连，但与C—H键相比，C—F键具有反向的偶极(Samarakoon，2011)。同时，C—F键的键能低于C—H键的键能，因此与形成石墨烷相比，形成饱和的氟代石墨烯更为容易。当石墨烯的一面暴露在氟原子的环境中时，最大的氟化率为25%(C_4F)(Robinson，2010)。对于双面氟化石墨烯来说，最稳定的结构就是类似于石墨烷的椅式结构(Ribas，2011)。石墨烯的氟化反应主要是通过两种方式实现：① 选择合适的氟化试剂如 XeF_2 等(Robinson，2010；Ribas，2011；Nair，2010)来处理石墨烯；② 氟化石墨的化学或者机械剥离(Zbořil，2010)。理论计算发现，氟化石墨烯是绝缘体，其最小直接带隙约为3.1 eV(Samarakoon，2011)。当考虑电子与电子间的相互作用时，GW 计算出的带隙将增加到 7.4 eV(Sahin，2011；Leenaerts，2010)。

(2) 氧化反应

氧化反应是修饰石墨烯最重要的化学反应之一。相比于氟化反应、氢化反应来说，石墨烯的氧化反应更为复杂，因为氧原子与碳原子之间形成双键结构而不是单键。氧化石墨烯是最常见的石墨烯的氧化产物，前面已详述其制备过程与性质，此处不再赘述。

值得注意的是，虽然人们提出了一些氧化石墨烯的结构模型，但是由于氧化石墨烯是一种分子量分散度很高的材料，所以它的结构难以准确定义。目前为止，大多数科研工作者认可的氧化石墨烯的模型是由 Lerf 和 Klinowski 提出的(图 3 - 13)(Lerf，1998)。氧化石墨烯表面的官能团主要是环氧基和羟基，羧基主要位于基面的边缘位置。这种结构已经过固态核磁的验证(Cai，2008)。理论计算表明，在基面上具有饱和环氧基团的氧化石墨烯的带隙大于 3 eV

石墨烯化学与组装技术

（Boukhvalov，2008）。以环氧基团修饰双层石墨烯的顶层能使其恢复单层石墨烯中的半金属型电子结构（Nourbakhsh，2011）。

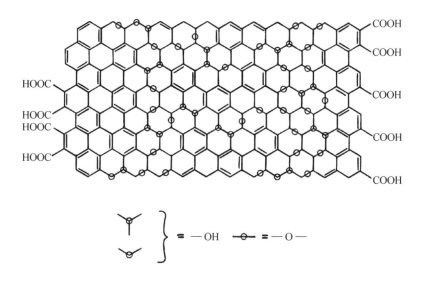

（3）叠氮化反应

当石墨烯与芳基重氮盐这类电子受体发生叠氮化反应时，π 电子可以从石墨烯基面转移到芳基重氮盐上，从而实现石墨烯基面的电位及石墨烯电导率的调控（Sharma，2010；Sinitskii，2010；Liu，2009；Koehler，2009；Huang，2011）。当硝基苯通过叠氮反应连接到外延石墨烯的基面时，功能化的石墨烯片极易溶于如 DMF、DMAc 和 NMP 等极性非质子溶剂中。反应后石墨烯基面上的硝基可以进一步还原成胺基，能与羟基自由基、羧基和酰氯等基团进一步反应从而实现石墨烯后续的功能化。韩国成均馆大学 Lee 课题组首先通过自组装技术和叠氮化反应将 4-巯基苯基重氮四氟硼酸盐（MBDT）自发地固定在还原氧化石墨的 π 共轭骨架上，并用单层金纳米粒子以共价键的方式连接到 MBDT 的硫醇基团上，进而实现 MBDT 作为 π 共轭双功能分子桥连接金纳米粒子和还原氧化石墨烯。以这种结构制备的存储器件电流-电压特性表现出明显的非线性滞后现象，可以稳定写入-多次读出-清除-再次写入循环超过 1 000 s，并且保留时间超过 700 s（Cui，2011）。

叠氮化反应获得的修饰石墨烯性质取决于初始石墨烯基底。使用外延生长的石墨烯作为基底时,叠氮化反应的过程中可以形成无缺陷的和表面无环氧基的修饰石墨烯,它可以用来制造传感器、探测器和其他电子设备。而对于经过化学改性后的石墨烯来说,两个基面都可以进行叠氮化反应,但修饰后的石墨烯仍有一定的缺陷和氧化基团,其电导率明显低于叠氮化修饰的外延生长的石墨烯。

3. 环加成反应

同富勒烯和碳纳米管类似,石墨烯也可以发生环加成反应,并以此来调节石墨烯的带隙和溶解性。下文将介绍石墨烯以 sp^2 杂化形式参与的环加成反应。

（1）[2+1]环加成

[2+1]环加成是最早用来修饰石墨烯 sp^2 碳的方法之一,它一般通过环丙烷化反应或氮杂环丙烷化反应两种方式进行。相应地,环丙烷化反应通常以二氯卡宾的插入来实现,而氮杂环丙烷化反应则通过氮烯中间体来进行。

① 环丙烷化反应

环丙烷化反应是指二氯卡宾中的卡宾被引入到石墨烯 sp^2 杂化的碳网络中。卡宾是通过氯仿混合物在强碱(NaOH)中发生 α-消除来获得。这种方法产生的卡宾通常以单线态卡宾的形式存在,同时由于卡宾有着高化学活性,它会通过协同的方式与石墨烯中 sp^2 杂化的碳原子发生环丙烷化反应,如图 3-14(a)(b)所示[73]。新加坡南洋理工大学 Pumera 研究小组利用氯仿、氢氧化钠和苄基三乙基氯化铵的混合物来作为相转移的催化剂,在还原氧化石墨烯上接枝二氯卡宾[图 3-14(c)][74]。

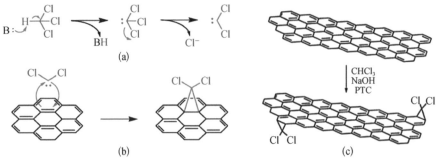

图 3-14 环丙烷化反应

（a）二氯卡宾与氯仿形成的机理;（b）石墨烯与二氯卡宾环丙烷化反应[73];（c）二氯卡宾环丙烷化反应来使石墨烯功能化[74]

② 氮杂环丙烷化反应

氮杂环丙烷化反应一般通过氮烯中间体来进行。这种中间体是卡宾的类似物,如图 3-15 所示,通常由叠氮基团的热分解或者光分解产生具有较高反应活性的单线态氮烯,它随后在石墨烯 sp² 杂化骨架上发生环加成反应来形成氮杂环丙烷化合物。

图 3-15 叠氮化物分解形成氮烯并环化加成到石墨烯上的机理[75]

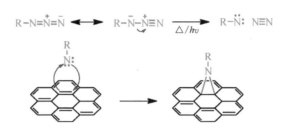

2009 年,韩国科学技术院 Kim 及其同事首次报道了在外延生长的石墨烯 sp² 碳骨架上实现氮杂环丙烷化反应。该团队在外延生长的石墨烯上加入叠氮三甲基硅烷,并通过热处理产生了具有活性的氮基自由基中间体,随后发现氮烯自由基以共价键的形式与外延石墨烯键合。这种官能团的修饰对于石墨烯杂化材料的带隙改变有着深远的影响(Choi,2009)。随后,波特兰州立大学 Yan 及其同事通过热学和光化学活化来引发石墨烯碳骨架上的氮杂环丙烷化反应(Liu,2010)。他们将含有长链烷基、环氧乙烷和全氟烷基链的全氟苯基叠氮化物引入到剥离的石墨烯上,并以此改变了修饰石墨烯材料在水中和有机溶剂中的溶解性。结果表明,采用烷基和全氟烷基链修饰过的石墨烯材料在邻二氯苯中高度可溶,而环氧乙烷修饰过的石墨烯材料可在水相中溶解至少 24 h。

在另一项研究中,波特兰州立大学 Yan 及其同事采用氮杂环丙烷化反应以共价键的形式连接二氧化硅基底和石墨烯片来制备多种石墨烯图案(Yan,2010)。光照射区域的全氟苯基叠氮化物活化后生成的单线态全氟苯基乙烯与石墨烯的碳骨架发生[2+1]环加成反应进而将石墨烯片固定在基底上。原则上只有单层石墨烯片层能以共价键的形式与基底结合,因此不管沉积石墨烯的初始厚度有多少,都能通过超声处理和溶剂洗涤的方式去除过量的石墨烯片层。拉曼光谱和原子力显微镜测试表明,图案化的石墨烯厚度可以低至 4~6 层,这种图案化的技术也能成功地应用于载玻片、金属氧化物和金属薄膜等多种基底上。

莱斯大学 Barron 课题组通过[2+1]环加成的氮杂环丙烷化反应,使用苯丙氨酸侧链来修饰剥离的石墨烯,并以此来改变其在水中的溶解性(图 3-16)。由于苯丙氨酸链上包含羧基和氨基,这为石墨烯的进一步功能化提供了额外的反应位点[76]。

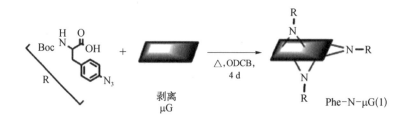

图 3-16 通过添加氮烯与苯丙氨酸官能团化来修饰石墨烯[76]

(2) [2+2]环加成

如图 3-17 所示,石墨烯 sp^2 杂化的碳骨架上四电子的环加成反应一般用芳炔或者苯炔中间体以消去-加成反应的形式发生。芳炔的形成通常需要比较苛刻的条件(强碱等),但是氟化物诱导的邻三甲硅基苯酚三氟甲磺酸酯的分解反应条件相对温和。氟离子的存在促进了 F—Si 键的形成并诱导了脱硅烷化反应来形成碳负离子。三氟甲磺酸酯基团的进一步消除即可得到苯炔,随后其对石墨烯碳骨架中碳碳双键的亲核进攻导致[2+2]环加成反应的发生。

图 3-17

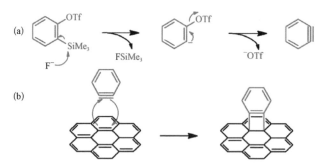

(a) 通过氟化物诱导的分解方法的机理和(b) 石墨烯与苯炔的环加成反应[75]

兰州大学马建泰课题组基于上述环加成反应修饰石墨烯,将不同基团取代的苯基以共价键的形式连接到石墨烯的碳骨架上,如图 3-18 所示[77]。热重分析表明这种方法制备的经修饰后的石墨烯中平均每 17 个碳原子会有 1 个参与官能团化反应。修饰后的石墨烯在 DMF、1,2-二氯苯、乙醇、氯仿和水中有着较好的溶解性,几周内没有出现明显的沉淀。

图 3- 18

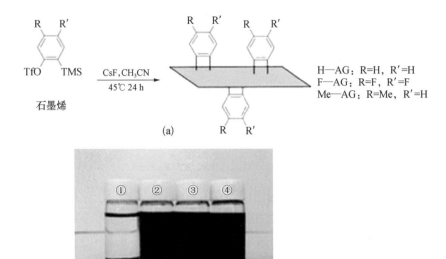

（a）通过苄基环加成反应来使石墨烯功能化；（b）石墨烯和杂化石墨烯在 DMF 中的图像，① 石墨烯，② F 苯基修饰的石墨烯（F—AG），③ 甲苯基修饰的石墨烯（Me—AG），④ 苯基修饰的石墨烯（H—AG）[77]

（3）[3＋2]环加成

石墨烯向五元环方向发展的[3＋2]环加成可以通过 1,3 -偶极和石墨烯之间的六电子环加成来实现,该反应既是已广泛应用在富勒烯化学中的普拉托反应,也称为 1,3 -偶极环加成(图 3 - 19)。1,3 -偶极子一般是不稳定的亚甲胺叶立德,它常由 N -甲基甘氨酸(肌氨酸)和羰基化合物通过简单的脱羧反应获得。

图 3- 19

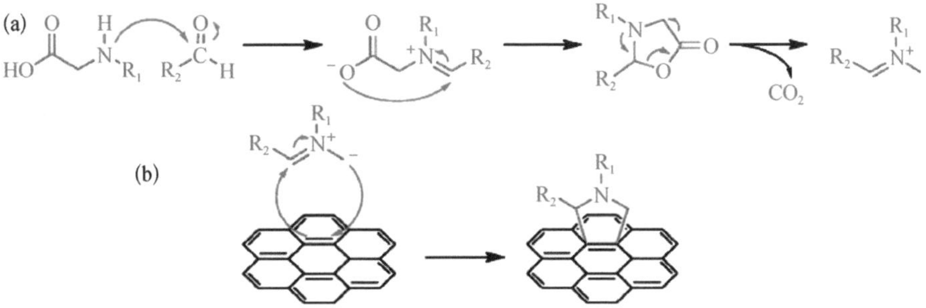

（a）N -甲基甘氨酸形成亚甲胺叶立德的机理和（b）石墨烯与偶氮甲碱叶立德的 1,3 -偶极环加成[75]

希腊德谟克利特国家科学研究中心的 Georgakilas 及 Bourlinos 首先证明偶氮甲碱叶立德能通过 1,3-偶极环加成反应,并在剥离石墨烯的 sp² 碳骨架上发生[3+2]环加成反应。热重分析表明平均每 40 个碳原子会有一个碳原子参与上述反应,修饰后的石墨烯可以高度分散在乙醇溶液中并且可以至少保持一个月不发生团聚现象[78]。意大利里雅斯特大学 Prato 认为 1,3-偶极环加成反应不仅仅发生在石墨烯的边缘,还发生在石墨烯的基面上。首先剥离的石墨烯在 DMF 中进行功能化处理,发生两种反应:1,3-偶极环加成反应和羧基的酰胺缩合反应。剥离的石墨烯连接的长烷基链脱去保护以暴露游离的氨基部分,来作为金纳米颗粒配合物(AuNPs)的配体(Templeton,1999),游离的氨基可作为识别反应位点的对比标记物。TGA 分析表明平均每 128 个碳原子中有一个碳原子官能团化。基于树枝状大分子的研究,Prato 及其同事对比了 1,3-偶极环加成和直接酰胺缩合反应的官能团(Castillo,2011)。通过引入 AuNPs 来说明官能团化的程度,发现只有边缘和平面的官能团化可以通过 1,3-偶极环加成的方法。荷兰格罗宁根大学 Feringa 等进一步利用 1,3-偶极环加成反应在石墨烯骨架上引入了四苯基卟啉(TPP)和四苯基卟啉钯(PdTPP),如图 3-20 所示,热重分析显示平均每 240 个碳原子有一个碳原子被 TPP 或者 PdTPP 修饰。TPP 或 PdTPP 修饰后石墨烯的荧光光谱均显示出猝灭效应,这表明石墨烯与卟啉分子存在能量或电子转移过程(图 3-20)[79]。

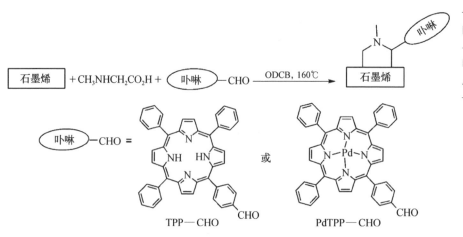

图 3-20　石墨烯与 TPP—CHO、PdTPP—CHO 反应过程[79]

（4）［4＋2］环加成

［4＋2］环加成反应，即 Diels-Alder 反应，是有机反应中最著名的成环反应。该反应涉及二烯（富电子）和亲二烯体（缺电子）之间的相互作用，仅当二烯以顺式构象稳定存在时，反应才能顺利进行。同时，对于亲二烯体而言，只有在吸电子基团（苯基、氯原子）共轭存在下，反应才能进行。

美国加利福尼亚大学 Haddon 及其同事在 Diels-Alder 反应中证明了石墨烯能同时具有作为二烯和亲二烯体的双重特性[80,81]，如图 3-21 所示。当石墨烯作为二烯时，他们使用四氰乙烯和马来酸酐作为亲双烯体，通过拉曼光谱和傅里叶变换红外光谱分析了温度对于环加成反应的成功率和可逆性的影响。同时，石墨烯还可以与 9-甲基蒽和 2,3-二甲氧基-1,3-丁二烯发生 Diels-Alder 加成反应，证实了它可以作为亲双烯体参与［4＋2］环加成（图3-21）。

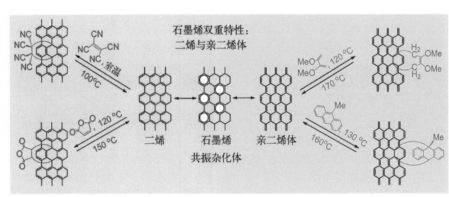

图3-21 石墨烯分别作为二烯和亲二烯体的反应[81]

4. 取代反应

石墨烯具有富电子的特性，根据这一特点能够基于亲电取代反应实现石墨烯碳骨架的官能团化。因此，石墨烯对于强亲电体有着较高的反应活性，取代反应主要有傅里德-克拉夫茨反应和锂化反应。

（1）傅里德-克拉夫茨反应

傅里德-克拉夫茨反应，又称傅克酰化反应，它是将芳基酮引入到石墨烯基面上的唯一方法。典型的傅克酰化反应通常使用氯化铝等路易斯酸作为催化剂，形成酰基阴离子的中间体，随后通过傅克酰化反应将其引入到石墨烯碳网络上（图3-22）。新加坡南洋理工大学 Pumera 课题组（Chua，2012）及 Baek 等（Choi，2010）根据傅克反应提出的温和反应条件成功地在多聚磷酸（PPA）/P_2O_5 存在下，利用4-氨基苯甲酸与石墨烯发生酰化反应。

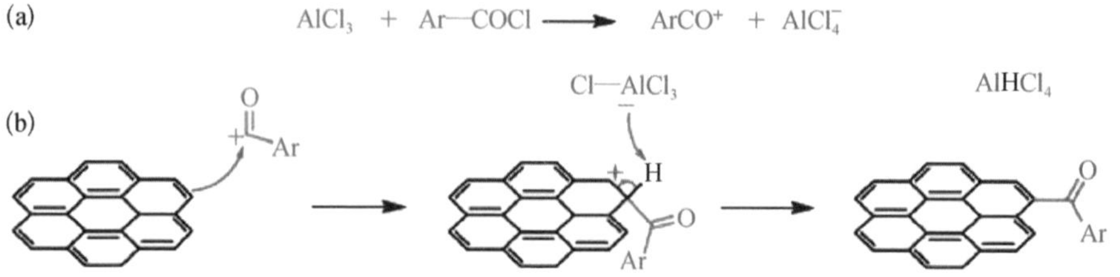

（a）酰基阴离子形成机理及（b）通过傅克酰化反应将其引入到石墨烯碳网络上[75]

图3-22

（2）锂化反应

与简单的芳香族（Ar—H）化合物相比，金属芳香族化合物（Ar—M）反应活性更高，能够进一步与亲电试剂反应生成取代的芳香族化合物（图3-23）。

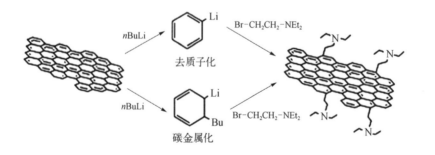

图3-23　应用锂化反应制备取代的芳香烃

中国科技大学闫立峰及其同事使用上述方法制备了三乙胺修饰的石墨烯并将其用作固态碱性催化剂[82]，如图3-24所示。催化乙酸乙酯的水解反应时，修饰的石墨烯的催化活性是1 mol/L NaOH 的1.5倍（67%水解率），并且在五次循环测试中平均水解率可达60.5%。

图3-24　基于亲电子取代的石墨烯上氨基的接枝反应[82]

3.3.2 非共价改性石墨烯

石墨烯的非共价键功能化一般是通过 π-π 作用、氢键作用、静电作用和离子键作用,利用一些有机小分子物质、稠环芳香烃等来对石墨烯的表面进行修饰,从而实现石墨烯的改性处理。这种方法既没有破坏石墨烯本身的结构,也可以使石墨烯表面进行活化从而使其更容易与其他材料相结合。

1. π-π 作用

石墨烯的共轭 π 键可以与含有共轭体系的有机分子,例如芘及其衍生物等,发生较强相互作用。氧化石墨烯的 π-π 相互作用与石墨烯相似,含氧官能团主要位于石墨烯片层边缘,如图 3-25 所示。

图 3-25 氧化石墨烯的 π-π 相互作用[83]

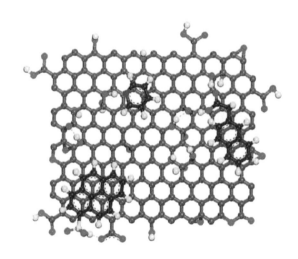

清华大学的石高全课题组利用芘丁酸来对石墨烯进行非共价修饰,形成芘丁酸-石墨烯复合物可以稳定地分散在水中。芘丁酸修饰后的石墨烯经过滤后,形成厚度约为 1.7 nm 的芘丁酸-石墨烯薄膜,其电导率约为 $200\ S \cdot m^{-1}$,为氧化石墨烯的 7 倍。这种方法为制备功能化石墨烯提供了一种思路,可以使用具有平面芳香环的有机分子来制备功能化的石墨烯分散体(Xu, 2008)。随后该课题组使用磺化聚苯胺修饰石墨烯,得到官能团化的石墨烯片层在高浓度下

（>1 mg・mL^{-1}）可以稳定分散在水中。分散在水中的磺化聚苯胺修饰的石墨烯可以稳定地存在 2 周,甚至在分散液中滴加1.0 mol/L的盐酸调节 pH 为 1~2 也始终保持稳定分散的状态(Bai,2009)。还原氧化石墨烯被磺化聚苯胺充分地分散,这主要是由于磺化聚苯胺骨架和石墨烯基面之间强烈的 π-π 相互作用(Bourdo,2008)。课题组还采用无毒的抗坏血酸钠作为还原剂,在温和的实验条件下通过还原氧化石墨烯的方法制备孔径在亚微米到微米之间自组装的石墨烯水凝胶。氧化石墨烯的还原促进了石墨烯片层之间的疏水作用和 π-π 相互作用,这是石墨烯水凝胶 3D 自组装的动力来源。石墨烯自组装水凝胶有导电性能好(1 S・m^{-1})、机械性能稳定、电化学性能优异等特点,可在低温下通过绿色化学的途径进行制备,这在生物技术领域有着潜在的应用,如细胞支架、酶固定和生物催化等领域(Sheng,2011)。

类似地,芘-1-磺酸钠盐(PyS)和芘四羧基二亚胺(PDI)与芘一样具有较大的平面芳香环结构,在保持石墨烯表面的电子共轭体系的同时,可以通过 π-π 作用与石墨烯疏水表面形成较强的结合。德国马普高分子所 Feng 和 Müllen 等利用芘-1-磺酸钠盐(PyS)和芘四羧基二亚胺(PDI)来修饰石墨烯,发现经过修饰后的石墨烯在水中可以均匀稳定地分散,并且电导率增加到 139 S・m^{-1}(Su,2009)。除了芘衍生物外,北京大学侯仰龙课题组发现具有高度共轭体系的四氰基对二醌二甲烷(TCNQ)阴离子与石墨烯片通过 π-π 相互作用可有效阻止石墨烯片堆积,使石墨烯能够稳定分散在水或有机溶剂的体系中,如图 3-26 所示[84]。

2. 氢键作用

石墨烯经过氧化后,表面具有较多的羟基、羧基等含氧基团,这些基团易与其他物质生成氢键,因此可以利用氢键作用来对石墨烯进行改性。

英国布里斯托大学 Mann 等利用石墨烯与 DNA 之间的氢键作用,将石墨烯稳定均匀地分散在水中,同时实现了石墨烯表面的 DNA 分子修饰,这种方式在生物医学方面有着广阔的应用前景(Patil,2009)。南开大学陈永胜等利用超声的方法将盐酸阿霉素(DXR)修饰在氧化石墨烯上,每毫克氧化石墨烯上 DXR 负载量可达2.35 mg,这主要是因为氧化石墨烯表面的羧基和羟基可以与 DXR 中的羟基与氨基

图 3 - 26 TCNQ
阴离子修饰后石墨
烯 分 散 体 的 示 意
图[84]

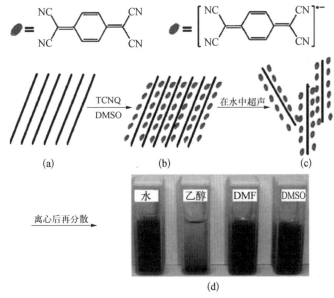

（a）在1000℃下加热可膨胀石墨；（b）借助 DMSO 将 TCNQ 插入石墨；（c）持续超声处理后，TCNQ 阴离子稳定的石墨烯在水中；（d）分散在不同溶剂（水、乙醇、DMF、DMSO）中，TCNQ 阴离子吸附石墨烯的照片

形成氢键，同时氧化石墨烯的共轭体系也可以与 DXR 的醌类结构通过 π-π 作用紧密结合，这为氧化石墨烯作为药物传输载体开拓了道路[85]，如图 3-27 所示。

3. 静电作用

石墨烯或者氧化石墨烯的表面具有很多的负电荷，所以可以利用阴阳离子之间的相互作用力，即静电作用，来使石墨烯稳定、均匀地分散在溶液中[86]。韩国高丽大学 Suh 等采用离子液体聚合物与石墨烯或氧化石墨烯混合，来实现石墨烯在有机溶液中的分散，其中，离子液体聚合物的相对分子质量必须要严格控制（$M_w \approx 170\,000$），才能使石墨烯稳定地分散其中。如果使用离子液体单体，石墨烯则容易发生聚集。石墨烯表面边缘的羧基或羟基与离子液体聚合物产生较大的静电相互作用，或者是与溶液中部分阴离子相结合，从而使石墨烯稳定存在于溶液中（Kim，2010）。法国波尔多大学 Pénicaud 等采用碱金属盐[常用三元的钾盐，$K(THF)_x C_{24}$（THF 为四氢呋喃，$x = 1 \sim 3$）]来插入石墨烯层中，依靠钾离子与石墨烯边缘的羧基的离子作用，随后在 NMP 中自发地剥离出来，最后石墨

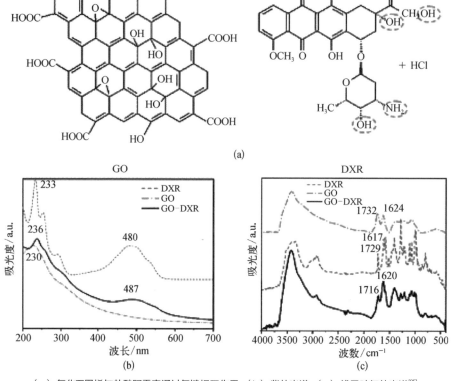

（a）氧化石墨烯与盐酸阿霉素通过氢键相互作用；（b）紫外光谱；（c）傅里叶红外光谱[85]

烯在溶液中产生带状物质（Dresselhaus，1981；Beguin，1979；Vallés，2007），总体来说，该方法操作较为简单，方法温和，不需要使用超声的手段，避免产生较大的块状石墨烯（Vallés，2008）（图3-28）。

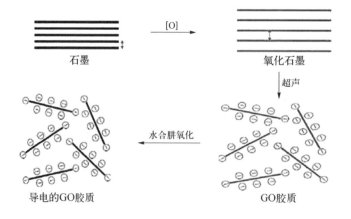

图 3-27

图3-28 静电作用改善石墨烯分散性[86]

3.4　石墨烯功能复合物

石墨烯具备优异的电学、热学、力学和光学性质，可用于构建具有各种特殊性能的石墨烯基功能材料。大多数基于石墨烯的复合材料具有二元组分，除石墨烯外，复合材料的第二组分一般是高分子、有机小分子化合物、金属、金属化合物或其他碳纳米材料（例如碳纳米管或富勒烯等）。复合材料的结构可以分为三种类型：① 石墨烯片层形成连续相，纳米颗粒附着于石墨烯上，第二组分一般是无机纳米结构，例如金属、金属化合物纳米颗粒或碳纳米管等；② 石墨烯片层作为纳米填料分散在第二组分（通常是高分子）的连续基体中，这种复合材料中石墨烯的含量相对较低[<10%（质量分数）]；③ 还有一种结构介于以上两种复合材料之间，石墨烯和第二种组分都是连续相，逐层自组装形成复合结构。第一种复合材料通常用于催化、吸附和传感，因为超薄石墨烯片可以提供大比表面积，纳米颗粒可以贡献各种活性位点。第二种复合材料具有良好的机械性能和高电导率，石墨烯片作为高纵横比的导电纳米填料可以大大提高复合材料的机械、电学和热学性能。第三种复合材料具有大的比表面积，可促进化学或电化学反应在界面上进行。本节将重点介绍制备石墨烯基复合材料的方法。

3.4.1　石墨烯与有机高分子复合

近年来，高分子复合材料的研究一直是材料科学领域的研究热点。将填料与高分子基体共混，在保持高分子材料自身质量轻、稳定性好、加工性好等优势的同时，提升其性能并赋予其新功能。由于石墨烯的各种特性，功能化高分子/石墨烯复合材料愈发引人关注。

1. 高分子/石墨烯复合材料的制备方法

将石墨烯分散在高分子基体中能够显著改进复合材料的性能。到目前为止,聚乙烯醇(PVA)、聚丙烯腈(PAN)、聚苯乙烯(PS)、聚偏氟乙烯(PVDF)、聚氨基甲酸酯(PU),以及聚吡咯(PPy)、聚乙撑二氧噻吩(PEDOT)、聚苯胺(PANI)等高分子的石墨烯复合材料均有性能改进的报道,主要是通过溶液共混法、熔融共混法以及原位聚合法制备。

(1) 溶液共混法

经过化学改性或氧化的石墨烯(GO)一般在溶剂中分散性很好,所以溶液共混法成为制备石墨烯基复合材料最直接且最常用的方法之一。制备步骤一般是石墨烯和高分子在溶剂中分散,通过搅拌或超声作用共混,然后挥发溶剂或加入不良溶剂使它们共沉淀得到复合材料。石墨烯及其衍生物是否能均匀分散于高分子的溶液中是溶液共混法制备复合材料的关键。使用溶液共混法可制备出GO与PS、PC、聚酰亚胺(PI)及聚甲基丙烯酸甲酯(PMMA)等多种高分子的复合材料。例如,GO容易在超声作用下形成水相的悬浮液,与水溶性高分子溶液混合后,通过真空抽滤的方法可以制备形态上与GO纸相似的复合膜。清华大学石高全课题组将GO与高分子凝胶促进剂混合,经过凝胶化、干燥和还原之后得到具有超强机械性能和高电导率的复合膜。含有4%(质量分数)微量高分子凝胶促进剂的还原氧化石墨烯(rGO)膜的拉伸强度、断裂伸长率(ε_b)和韧性分别为(382 ± 12)MPa、(4.31 ± 0.08)%和(7.50 ± 0.40)MJ·m^{-3},分别是纯rGO膜的2.30、1.93和4.52倍。同时这种薄膜具有高电导率[(337 ± 12)S·cm^{-1}],几乎与纯rGO薄膜[(350 ± 13)S·cm^{-1}]相当[87]。上海交通大学的肖谷雨课题组通过溶剂热还原GO和PVDF混合分散体的方法制备石墨烯/聚偏二氟乙烯(G/PVDF)气凝胶[88]。他们将GO分散在水/DMF混合溶剂中,并与溶在DMF中的PVDF均匀混合,最后经过溶剂热处理和冷冻干燥得到复合气凝胶。这种方法制得的PVDF/石墨烯气凝胶展现了超疏水和超亲油的性质,可用于水油分离。美国西北大学的Brinson课题组将GO分散液与PVA水溶液共混,利用真空辅助的自组装技术制了均匀且高度有序的PVA/石墨烯复合材料[89]。由于GO和PVA之间的氢键作用有利于应力传导,所以复合材料的杨氏模量和拉伸强度与纯PVA和纯GO相比得到了极大的提高。

加入甲醇可以将聚环氧乙烷(PEO)/GO复合物从溶液中沉淀出来,制成

PEO/GO复合材料,这种方法也可以用于合成PVA/GO和Nafion/GO复合膜。将高分子/GO复合材料浸入肼溶液一段时间,可以转化成相应的rGO/石墨烯复合膜。此外,还可以在含有高分子组分的溶液中还原GO来制备复合膜。例如,在GO与聚苯乙烯磺酸钠(PSS)、DNA、Nafion、PAM或PVA的含水混合物中,用肼还原GO,使用过滤或蒸发的方法除去溶剂,即可获得相应的高分子/石墨烯复合材料,最终得到的复合材料中石墨烯含量可以通过两种组分的进料比来控制。用肼还原GO时,水溶性高分子能作为防止石墨烯片聚集的稳定剂。在这一过程中需要注意以下问题:在高分子和GO之间的相互作用力很强时,会导致在溶液混合的过程中发生沉淀。例如由于PAM中的氨基与GO片上羧基之间的强相互作用,PAM与GO溶液混合时会出现上述沉淀现象,使用超声波长时间处理悬浮液的方法可以解决这一问题。另外GO的浓度也会影响混合物的均匀程度,高浓度的GO溶液(> 3 mg·mL^{-1})会与许多水溶性高分子形成水凝胶,如果水凝胶不是所需的产物,凝胶的高黏度会增加进一步加工的难度,因此通常选用稀释的GO溶液作起始原料。

除水相体系外,理论上只要石墨烯和高分子能均匀分散在同一溶剂中,通过蒸发或过滤的方法移除溶剂就能获得复合物,因此溶液共混法也可以用于在有机溶剂中制备脂溶性高分子/石墨烯复合材料。因为DMF是GO和许多高分子的良好溶剂,所以是使用最广泛的溶剂之一。此外,使用脂溶性侧链化学修饰GO还有助于形成稳定的有机分散体。美国西北大学的Stankovich课题组用异氰酸处理GO,使其可溶于非极性溶剂的同时不溶于水[90]。再将改性的GO与PS在DMF中混合,用二甲基肼在溶液中还原,最后向DMF溶液中加入甲醇使PS/石墨烯复合物沉淀。

去除溶剂也是成功制备高分子/石墨烯复合材料的关键。通常使用的溶剂去除方法是不良溶剂沉淀、蒸发和过滤。高分子/石墨烯复合材料的DMF和四氢呋喃(THF)溶液的沉淀剂是水和短链醇类。由于沉淀是一个快速过程,石墨烯片在复合材料中的取向很难控制,对高分子加固不利,但对复合材料的导电性几乎没有影响。蒸发和过滤的方法已经被广泛用于生产薄复合膜,一般会在低于溶剂沸点的温度下进行蒸发避免形成气泡。例如,PVA/石墨烯共混物水溶液在 35～60℃下干燥数日可得到复合膜,PMMA/石墨烯复合物的 DMF 溶液在空气中 100℃下干燥可制备成复合膜。石墨烯片在复合材料中的取向可以在干燥过程中进行控制,但是这种调控机制在高黏度溶液中会受到限制。控制石墨烯片在复合膜中取向的另一种方法是引入剪切力。例如 PS/石墨烯复合膜可以通过旋涂相应 DMF 溶液的方法来制备,在这一过程中利用强烈的剪切力和高转速能实现 GO 片的高度取向。使用氧化铝多孔滤膜也能控制石墨烯片的取向。石墨烯/高分子共混物溶液进行真空抽滤时,部分高分子链能穿过滤膜的孔。由于滤膜中的通道慢慢被沉积的石墨烯片覆盖,这一过程很快就受到阻碍,在定向流动的帮助下,石墨烯片逐渐在滤膜上平行组装,高分子链被捕获在石墨烯片材之间,小的溶剂分子缓慢通过石墨烯片之间,产生固体复合膜,这个过程也被称为真空辅助自组装。

(2) 熔融共混法

熔融共混法也叫做机械混合法,先将石墨烯和熔融的高分子在双螺杆挤出机中共混,再调节挤出螺杆的转速、共混时间和温度等参数。这种方法无需溶剂,只使用机械剪切力分散填料,通过高温和强剪切力就可以获得相对均匀的分布,工艺简单、成本低,是目前工业上制备复合材料的主要方法。但这种方法中填料的分散程度是远不如溶液共混法和原位聚合法的。

中国科学院宁波材料技术与工程研究所的郑文革课题组通过熔融共混法制备了 PS/石墨烯复合物[91]。石墨烯和 PS 之间的相互作用显著增强,PS 功能化的石墨烯的量增加,在一些溶剂中表现出良好溶解性。功能化的石墨烯上的 PS 链可以有效地防止石墨烯片聚集,所制备的复合材料均匀分散,电性能也有所改善。但熔融共混法还存在很多缺陷,比如由于高分子黏度大,石墨烯片层之间范德瓦尔斯力强,石墨烯很难均匀分散在高分子基体中。共混过程中的剪切力会破坏石墨烯片层。另外,由于热膨胀处理的石墨烯体积密度低,烘干粉末比较困难,还存在加料困难的问题。

(3) 原位聚合法

原位聚合法能够使石墨烯在高分子中有很好的分散性,这种方法主要涉及两个步骤:单体与石墨烯(及其衍生物)的混合,以及由催化剂或引发剂在合适条件下引发的聚合反应。浙江大学的高超课题组将 GO 与己内酰胺混合后加入氨基己酸,再热处理和搅拌几个小时后得到尼龙 6/石墨烯复合材料[92],复合材料中石墨烯负载量为 0.1%(质量分数)时,拉伸强度增加了 2.1 倍,杨氏模量增加了 2.4 倍。香港科技大学的金章教课题组使用肼原位还原 GO,获得了高度稳定的水性环氧树脂/rGO 分散体[93],形成具有层状结构的复合材料,这种材料在 rGO 含量为 2%(质量分数)时电导率达到 10^{-3} S·cm^{-1},对于抗静电涂层,电磁干扰屏蔽和热导体等许多实际应用而言都已足够。含有 1.5%(质量分数)的 rGO 时,复合材料的杨氏模量和强度与不含石墨烯的材料相比分别增加约 70% 和 500%。溶解性较低和稳定性较差的导电高分子与石墨烯的复合物一般也用原位聚合法制备。新加坡国立大学的 Wu 课题组先将苯胺单体与 GO 在水中混合,然后加入氧化剂使苯胺聚合,经过肼还原后就制得 PANI/石墨烯复合物,PANI 纤维吸附在石墨烯表面上或填充在石墨烯片之间[94]。当这种材料用作超级电容器电极时,可以提供高比电容,在充电-放电过程期间有良好的循环稳定性,在 0.1 A·g^{-1} 的电流密度下比电容高达 480 F·g^{-1}。东华大学的秦宗益课题组先将苯胺和吡咯单体与 GO 混合[95],使用氧化剂化学聚合苯胺和吡咯,得到共高分子/石墨烯复合物。在 1 mol/L Na$_2$SO$_4$ 电解质中,共聚物/rGO 的比电容在扫描速率为 1 mV·s^{-1} 时为 541 F·g^{-1}。

乳液聚合是制备脂溶性高分子/石墨烯复合材料的有效方法。使用苯乙烯在水中与 GO 原位乳液聚合,可制备 PS/GO 复合材料,这种方法还可以制备 PMMA/GO 和苯乙烯-丙烯酸丁酯共聚物/GO 复合材料。

电化学聚合方法也可以用来制备高分子/石墨烯复合材料。南京师范大学的蒋晓青课题组将浸有电解质的滤纸夹在覆盖有 GO/苯胺的两个 FTO 电极之间来制造双电极电池[96],向电池施加交流电压,在电压循环期间,沉积在一个电极上的 GO 被还原为石墨烯,在另一个电极上苯胺被氧化成 PANI,重复电压循环,GO/苯胺膜完全转化为石墨烯/PANI 复合材料。这种复合材料可以做成电化学测试的独立电极,具有很好的导电性和极高电容值(在 100 mV·s^{-1} 的扫描速率下为 195~243 F·g^{-1})。北京化工大学的唐光诗课题组提出过两步电化学过程制备 PPy/石墨烯材料的方法[97],首先采用电化学聚合法在基体上制备

PPy/GO复合材料,然后电化学还原PPy/GO得到PPy/rGO复合材料。循环伏安测试表明,得到的PPy/rGO对三碘化物的还原表现出优异的催化性能,以PPy/rGO作为对电极的染料敏化太阳能电池能量转换效率为6.45%。

此外,使用软模板法还可以充分利用高分子与石墨烯片的相互作用从而形成新型结构的复合材料。上海交通大学冯新亮课题组制备了一种表面是导电高分子的二维图案化石墨烯。他们将两亲嵌段共聚物引入GO体系,使其在GO表面自组装,吡咯和苯胺在GO纳米片上聚合,除去嵌段共聚物胶束后得到了介孔导电高分子/石墨烯复合物[98,99]。

2. 高分子/石墨烯复合材料的性质

（1）导电性

石墨烯片层可以为电子迁移提供路径,在高分子基体中加入石墨烯作为填料可显著提高高分子的导电性。随着石墨烯填料的增加,高分子的导电性呈现非线性提高。由于石墨烯本身具有高导电性,石墨烯填料可以在比较低的负载分数下达到逾渗阈值,形成导电网络,使复合材料导电性急剧上升。目前已制成导电的石墨烯复合乙烯基、聚丙烯酸、聚酯、聚氨酯、环氧树脂、天然和合成橡胶等,这些材料可以用作电磁屏蔽、抗静电涂层和传导涂料。图3-29中对比了不同方法制备的不同高分子/石墨烯复合材料的逾渗阈值[101],逾渗阈值出现在一个很宽的范围内,原位聚合法制备的复合材料平均逾渗阈值高于溶液共混法制备的复合材料,这是因为石墨烯片层与高分子链的接触程度会影响逾渗阈值,原位聚合使高分子更好地包覆在石墨烯片层的表面,阻碍了石墨烯之间的接触。以上两种方法的逾渗阈值平均值都低于熔融共混法,因为这两种方法一般比熔融共混法的填料分散性更好。

Ruoff课题组报道聚苯乙烯与异氰酸盐处理过的GO混合,随后用二甲肼还原,制得的复合材料的逾渗阈值为0.1%（体积分数）,这个值与单壁碳纳米管或多层碳纳米管复合材料相当。功能化的石墨烯在高分子基体中分散性比较好,当石墨烯含量增加到1%（体积分数）时,复合材料电导率可达1 S·m⁻¹。中国科学院金属研究所的成会明课题组直接用CVD的方法在金属镍泡沫上生长石

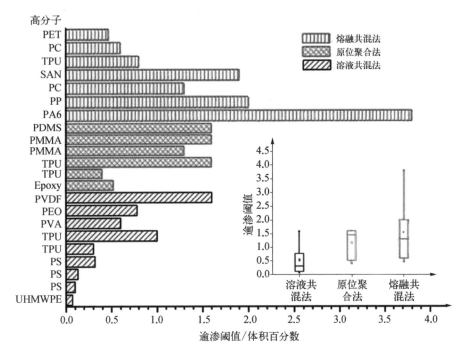

图 3-29　不同方法制备的不同高分子/石墨烯复合材料的逾渗阈值[100]

墨烯[101],刻蚀去除金属骨架,最后在三维石墨烯骨架中填充聚二甲基硅氧烷(PDMS),由于 CVD 法制备的石墨烯具有很高的导电性,且石墨烯泡沫具有相互连通的石墨烯网络,可作为载流子的快速传输通道,因此在复合材料中石墨烯泡沫负载仅为 0.5%(质量分数)时,复合材料电导率也能达到 1 000 S · m^{-1}。

(2) 机械性能

石墨烯具有很高的强度和很大的比表面积,在高分子基体中加入少量石墨烯就能大幅提升拉伸强度和弹性系数,机械性能的增强程度与石墨烯的结构及其表面改性、高分子基体和制备方法等因素有关。

对于高分子基体方面,美国明尼苏达大学的 Macosko 课题组比较了不同高分子基体对复合材料机械性能的影响[102],在石墨烯含量相同的情况下,随着石墨烯分散性的提高,复合材料的模量增大,不同高分子基体模量提高程度不同。比如在聚硅氧烷泡沫中添加 0.25%(质量分数)热还原的石墨烯时,其模量增加 200%;在聚甲基丙烯酸甲酯中添加 0.01%(质量分数)热还原的石墨烯时,其模量增加 33%。与玻璃态的高分子基体相比,弹性高分子基体的模量提高更加显著。

对石墨烯表面改性,增加石墨烯及其衍生物与高分子的界面作用,可以提高复合材料的机械性能。庆熙大学的 Shanmugharaj 课题组使用碳链长度不同的脂肪胺修饰 GO,然后通过熔融共混的方法制成聚丙烯 /GO 复合材料,在分别加入 1%(质量分数)的己胺、癸胺、十六烷基胺和十八烷基胺改性时,复合材料的杨氏模量与原始的聚丙烯 /GO 复合材料相比分别增加约 10%、24%、31% 和 47%,拉伸强度值增加约 8.5%、13.1%、19.2% 和 29.4%。通过重氮加成反应和自由基聚合将聚苯乙烯链与石墨烯片层连接,再与聚苯乙烯混合,复旦大学的卢红斌课题组制得了聚苯乙烯 /石墨烯复合材料,当复合材料中含有 0.9%(质量分数)石墨烯时,其拉伸强度可提高 70%,杨氏模量可提高 57%。四川大学的黄光速课题组用硅烷改性剂对 GO 进行修饰,得到天然橡胶 /石墨烯复合材料。在加入 0.3%(质量分数)的石墨烯时,复合材料的拉伸强度提高 100%,模量提高 66%,这是因为 GO 在硫化的过程中会接枝在天然橡胶分子链上,基体与填料之间的界面作用明显增强,而且石墨烯在天然橡胶中是均匀分散的。

复合材料的制备方法也会对其机械性能造成影响。比如,使用原位聚合方法制备的聚酰胺 /石墨烯复合材料,在 0.1%(质量分数)的石墨烯添加量下,拉伸强度和杨氏模量比聚酰胺分别增加 2.1 倍和 2.4 倍。南开大学的黄毅课题组直接以 GO 为填料[103]、水作为溶剂来制备聚乙烯醇 /GO 复合材料,由于 GO 的含氧官能团和聚乙烯醇链上羟基之间的氢键作用,在 GO 负载量为 0.7%(质量分数)时,复合材料的拉伸强度提高了 76%,杨氏模量提高了 62%。

(3) 热学性能

石墨烯的片层结构能为复合材料提供更低的界面热阻并显著提高复合材料的导热性和热稳定性。以环氧树脂为基体的高分子 /石墨烯复合材料是常用的研究体系之一。纯环氧树脂热导率仅为 $0.2 \ W \cdot m^{-1} \cdot K^{-1}$,复合材料的热导率可提升至 $5.8 \ W \cdot m^{-1} \cdot K^{-1}$,但需要 20%(质量分数)甚至更高的填料负载才能达到。采用胺甲硅烷基修饰石墨烯的方法可以使复合材料的热导率比纯环氧树脂提高 20%。对比几种不同碳填料对环氧树脂热导率的影响,石墨烯作为填料的复合材料热导率是单壁碳纳米管的 2.5 倍,这是因为石墨烯片层结构的比表面积更大,表面的含氧基团也会更好地与环氧树脂基体发生作用。

石墨烯不仅能提高高分子基体复合材料的导热性,还能提高其热稳定性。氧化石墨烯中残留的含氧基团与高分子基体之间有氢键作用,限制了分子链运动,大大提高了石墨烯与高分子基体之间的载荷传输。美国西北大学的 Brinson 课题组通过溶液共混法将 PMMA 与石墨烯混合制成复合材料,加入 0.05%(质量分数)rGO 后,玻璃化转变温度提高了 30℃;在 PAN 基体中添加 1%(质量分数)石墨烯后,玻璃化转变温度提高了 40℃[104]。

3. 典型高分子-石墨烯复合材料

(1)导电高分子与石墨烯复合

导电高分子的发现使得非金属能够用于替代导体和半导体中的金属成分。与其他导电无机材料相比,导电高分子具有固态导电性、柔韧性、可加工性和低成本等优点。同时,还可以在导电高分子中加入添加剂,进一步增加其导电性来满足特定需求,石墨烯正是提高导电高分子电学和力学性能的良好填料。

① 聚吡咯/石墨烯复合材料

聚吡咯是最常见的导电高分子之一,它容易合成,导电性高,适用于超级电容器等电学器件。聚吡咯的主要缺点是在电容器充电/放电期间由于膨胀和收缩导致高分子纤维机械破裂,导致循环稳定性较差。合成聚吡咯/石墨烯复合材料可以减少高分子的机械破裂,改善循环稳定性。

聚吡咯/石墨烯复合材料可以通过先将 GO 和吡咯单体原位聚合,再用肼将 GO 还原成石墨烯的方法来制备。由于 GO 和聚吡咯层之间有 π-π 相互作用,与纯聚吡咯样品相比,聚吡咯/GO 复合材料的电导率大幅度增加,这主要是由于石墨烯能够提供大的比表面积和优异的导电网络,并且在进行化学还原之后电导率进一步增加。Dolui 课题组在 GO 的存在下原位聚合吡咯来合成聚吡咯/GO 复合材料(Konwer,2011),随着 GO 比例从 5%(质量分数)增加到 10%(质量分数),复合材料的电导率从 41.2 S·cm^{-1} 增加到 75.8 S·cm^{-1},远高于纯聚吡咯膜(1.18 S·cm^{-1})和聚吡咯/CNT 复合材料(约 10 S·cm^{-1})。在 10%(质量分数)的 GO 负载下,比电容可增加到 421.42 F·g^{-1},这表明在聚吡咯基质中的 GO 有效促进了静电界面层的形成。改变合成方法可以用更少的石墨烯得到较高的电导率。例如在吡咯原位聚合过程中,添加 1%(质量分数)的石墨烯和0.4%(质量分数)的 PSS 可有效改善复合材料的导电性,其电导率可达到32.55 S·cm^{-1}。

除上述方法外,另一种制备方法是先用水合肼化学还原 GO,然后在石墨烯悬浮液中聚合吡咯单体来制备复合材料。聚吡咯分子以缠结结构包围石墨烯,通过氢键和 π-π 相互作用相结合。因此,即使石墨烯的含量比较低,复合材料也具有较好的电容性能和循环稳定性。

聚吡咯/GO 复合材料还可以采用电化学方法制备。将吡咯在 GO 的悬浮液中电氧化,阴离子 GO 表面带有负电官能团,作为弱电解质,在吡咯电聚合过程中作为对离子包埋在复合材料中,同时 GO 被电化学还原,形成聚吡咯/石墨烯复合材料。通过这种方法可获得自支撑的多孔复合材料[图 3-30(c)],其中聚吡咯均匀地沉积在二维 GO 片表面[图 3-30(a)(b)],用于超级电容器时表现出良好的电化学性能以及循环稳定性。

图 3-30

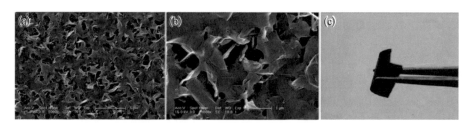

(a)(b) 聚吡咯/石墨烯复合材料的 FESEM 图像;(c) 柔性聚吡咯/石墨烯复合材料的照片[105]

② 聚苯胺/石墨烯复合材料

聚苯胺也是常用的导电高分子之一,它具有较好的电学和光学性能,但是其热稳定性较低,且骨架刚性较强,在工业领域的应用也受到一定限制。与石墨烯制备复合材料是其改性的可行之路。

通过简单的真空过滤法即可将聚苯胺纳米纤维夹在石墨烯层之间制备复合膜。这种聚苯胺/石墨烯复合膜因其层状夹心结构有着高比表面积,兼具自支撑特性和柔韧性。同时,聚苯胺/石墨烯复合膜的电导率为 5.5×10^2 S·m^{-1},远高于聚苯胺/炭黑(1.38 S·cm^{-1})和聚苯胺/多壁碳纳米管(1.75×10^{-2} S·cm^{-1})

等相关复合材料。

苯胺与石墨烯混合后加入过硫酸铵来制备石墨烯/聚苯胺复合材料,复合材料表面呈现聚苯胺/石墨烯相互交织的网络结构。当苯胺与石墨烯之比为1:2时,复合材料比电容为300~500 F·g^{-1},在100次循环测试中保持稳定。另外,使用原位聚合法直接涂覆聚苯胺的石墨烯片具有蠕虫状形态和皱纹结构,比电容在0.3 A·g^{-1}的电流密度下可达361 F·g^{-1},在1 000次循环之后,电容降至其原始值的82%。

层状石墨烯喷雾干燥形成的多孔微球也可用作原位聚合生长聚苯胺纳米线阵列的基体。这些石墨烯微球相互连接形成了导电网络结构,提高了聚苯胺的导电性。附着于石墨烯片上的聚苯胺具有纳米线状形态,直径和长度取决于苯胺单体的浓度。复合材料在30 A·g^{-1}的电流密度下比电容为201 F·g^{-1},10 000次循环后降至其原始值的87.4%。

③ 聚乙炔/石墨烯复合材料和聚乙撑二氧噻吩/石墨烯复合材料

石墨烯可通过简单的氮烯化学反应与聚乙炔进行共价功能化,从而提升其在溶剂中的溶解度。反应发生在聚乙炔主链的活性叠氮基团和石墨烯之间,所制备的聚乙炔/石墨烯复合材料可溶于不同的有机溶剂。制备水溶性石墨烯的另一种方法是使用有季铵盐侧链的聚乙炔引发GO的化学还原,由于π-π相互作用和材料之间的静电作用,季铵盐侧链可吸附在石墨烯片上,提高了复合材料在水中的溶解度。

聚乙撑二氧噻吩(PEDOT)也是一种常见的导电高分子。它具有高度的可塑性、可加工性和较低的生产成本,但是这种材料在电子器件中的应用受到其相对较低的导电性和较差的机械性能的限制。使用原位聚合和气相聚合的方法可以提高它的电导率,但难以提高机械强度。为解决这一问题,韩国科学技术院的Seo课题组先将GO旋涂在基底上,使用水合肼还原GO后再旋涂PEDOT。随后以臭氧处理PEDOT的表面使其具有亲水性,再旋涂另一层GO并使用水合肼还原,最终制备了石墨烯/PEDOT/石墨烯复合膜(图3-31)[106]。由于石墨烯片是堆叠到PEDOT层上的,所以这种复合膜十分均匀,其电导率可达12 S·cm^{-1},高于原始PEDOT膜的电导率(6 S·cm^{-1}),同时在1.0%的应变下应力为65 MPa。

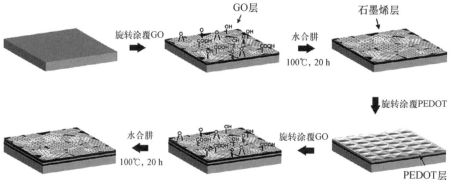

图 3-31 石墨烯/PEDOT/石墨烯复合膜的制备工艺示意图[107]

旋转涂覆GO　　GO层　　石墨烯层　　水合肼 100℃, 20 h

旋转涂覆PEDOT

水合肼 100℃, 20 h　　旋转涂覆GO　　PEDOT层

电化学聚合也可用于制备 PEDOT/GO 复合膜。在含有 GO 和 EDOT 单体的水溶液中,使用循环伏安法可以在玻碳电极的表面上均匀沉积具有高褶皱松散结构的复合膜。这种复合膜具有较高的比表面积,用于电化学传感时可促进溶液和电极界面间的电子转移。长庚大学的孙嘉良课题组先将石墨烯在硫酸/硝酸混合物中处理,用碳布过滤悬浮液,然后使用涂覆石墨烯的碳布作为电沉积的基底。在 1.2 V 的电压下,使 PEDOT 在复合材料上生长。研究人员发现石墨烯涂覆的碳布上有 PEDOT 微粒,并且比碳布上直接沉积 PEDOT 密度更高。PEDOT/石墨烯/碳布的电容值高达 714.93 F·g^{-1},比纯 PEDOT 高约 6 个数量级(Chu,2012)。

(2) 其他高分子与石墨烯复合

① 聚苯乙烯/石墨烯复合材料

使用常规的溶液共混法可以合成聚苯乙烯/GO 复合材料,用异氰酸酯单体处理氧化石墨剥离合成的 GO 可获得异氰酸酯/GO,将它和聚苯乙烯溶液混合即可获得聚苯乙烯/GO 复合材料。由于改性 GO 自身仍有残余的亲水性,影响了 GO 片和聚苯乙烯基体之间的相容性。使用原位微乳液聚合技术可以降低这种不相容性的影响。石墨烯在表面活性剂(如十二烷基硫酸钠)的作用下形成微乳液,然后将苯乙烯单体和引发剂加入混合物中引发聚合反应即可形成聚苯乙烯/石墨烯复合膜。在这一过程中,首先生成的是几十纳米粒径的聚苯乙烯功能化石墨烯纳米颗粒,聚苯乙烯可以进一步通过 π-π 相互作用增强其

126　　　　　　　　　　　　　　　　　　　　　　　　　石墨烯化学与组装技术

在石墨烯上的锚定,因此这些纳米颗粒与聚苯乙烯基质有更好的相容性和更强的相互作用来改进热性能和增强导电性。原位微乳液聚合的方法还可以用来制备自组装石墨烯/碳纳米管/聚苯乙烯复合材料。在这种互联的纳米复合材料网络中,石墨烯片提供了很大的表面积,碳纳米管作为复合膜中的导线,提供导电路径,降低薄层电阻,从而改善了聚苯乙烯薄膜的热性能和机械性能。

此外,悉尼大学的 Gomes 课题组也通过乳液聚合法制备了聚苯乙烯/石墨烯纳米复合材料(Mahbub,2013)。他们用十二烷基硫酸钠作为稳定剂,超声剥离石墨得到均匀分散的石墨烯片,用苯乙烯原位乳液聚合法合成了高分子/石墨烯复合材料。从 TEM 图像中可以看到形成的聚苯乙烯纳米球是直接涂覆在石墨烯片上的,含有 1.0%(质量分数)石墨烯的聚苯乙烯/石墨烯复合材料的电导率为 3.4×10^{-4} S·m^{-1},远远大于纯聚苯乙烯(10^{-10} S·m^{-1})。

② 聚乙烯醇/石墨烯复合材料

由于聚乙烯醇(PVA)的骨架和 GO 的含氧官能团之间的强相互作用,所以相对于石墨烯,GO 能够在 PVA 基体内有更好的分散,还原后能使复合材料的机械强度、电导率和热稳定性等大幅度地提高。香港理工大学李亮课题组先将 PVA 与 GO 混合,然后向混合物中加入肼来还原 GO,制得 PVA/石墨烯复合材料(Yang,2010)。这种复合膜具有较好的强度和韧性,在 3.5%(质量分数)的石墨烯含量下拉伸模量和应力分别提高了 16% 和 32%。同时,南开大学的陈永胜课题组在 PVA/GO 复合材料中仅添加 0.7%(质量分数)的 GO 就可将拉伸强度和杨氏模量分别提高 76% 和 62%(Liang,2009),这些机械性能的显著增强可以归因于 GO 在 PVA 基质中的均匀分散和各组分之间的协同作用。

此外,日本神户大学的 Nishino 课题组先用溶剂浇筑法制备 PVA/GO 复合材料,随后进行单轴拉伸。当拉伸倍率为 3 倍时,膜的厚度为 60 μm(Morimune,2014)。PVA/GO 纳米复合材料的杨氏模量随着 GO 含量的增加而增加。负载 1%(质量分数)GO 时,复合材料的杨氏模量比 PVA 膜高出 160%。当 GO 含量为 5%(质量分数)时,复合材料的拉伸强度最高值为 392 MPa,比 PVA 薄膜高出 37 倍。GO 的掺入大大抑制了复合材料的溶胀比,添加 1%(质量分数)的 GO

时,膨胀率减少42%,这主要是因为有取向的 GO 片有效抑制了 PVA 的分子运动,进而延缓了复合材料自身的膨胀。

③ 聚对苯二甲酸乙二酯/石墨烯复合材料和聚甲基丙烯酸甲酯/石墨烯复合材料

聚对苯二甲酸乙二醇酯(PET)/石墨烯复合材料可以通过熔融共混法制备,石墨烯能均匀分散在 PET 基体中而没有形成大的团聚体,复合材料的电导率相对于 PET 大幅提升。在 3.0%(体积分数)的石墨烯含量下,电导率可达到 2.11 S·cm^{-1}。注射成型技术也可以用来制备 PET/石墨烯复合材料。当石墨烯添加量为 15%(质量分数)时,复合材料的杨氏模量提高到 8 GPa,远高于纯 PET(2.8 GPa)。

聚甲基丙烯酸甲酯(PMMA)是常用的工程高分子材料,Rouff 课题组发现负载 1%(质量分数)rGO 的 PMMA 弹性模量提高 28%(Potts,2011)。韩国全北大学的 Lee 课题组使用原位聚合方法制备了 GO 高度分散于 PMMA 中的复合材料(Kuila,2011),添加 3%(质量分数)的 GO 时,复合材料的电导率为 1.5 S·cm^{-1},同时石墨烯的添加提高了复合材料的储能模量和玻璃化转变温度。北京科技大学的袁文霞课题组使用溶液共混方法制备 PMMA/石墨烯复合材料(Zeng,2012),复合材料负载 1.0%(质量分数)GO 时,其玻璃化转变温度与纯 PMMA 相比增加了 37℃(大约提高了 40%),热膨胀系数下降了 68%。浙江工业大学的杨晋涛课题组将 GO 片和 PMMA 混合,再将 GO 片原位聚合制备了 PMMA/石墨烯复合材料(Yang,2012),含有 1.0%(质量分数)的石墨烯复合材料的玻璃化转变温度为 141.9℃,明显高于 PMMA 的玻璃化转变温度(134.1℃)。除了将石墨烯纳米片沉积到 PMMA 颗粒上,汉阳大学的 Kim 课题组将石墨烯以三明治的形式夹在两层 PMMA 绝缘层之间制备了透明柔性存储器件,ON/OFF 切换可达到 1.5×10^5 个循环(Son,2010)。

④ 聚偏氟乙烯/石墨烯复合材料

与大多数氟化碳氢化合物一样,聚偏氟乙烯(PVDF)是疏水性的,但 PVDF 膜的致密表层使其难以形成超亲水性表面,向 PVDF 中添加石墨烯可以调节复合材料的物理性质。有文献已经报道了基于 PVDF/石墨烯复合材料的超疏水水表面。将非溶剂蒸气(甲醇或水)扩散到 PVDF/石墨烯/DMF 悬浮液中,然后冷冻形成复合材料,干燥后形成多孔材料。石墨烯的添加会影响 PVDF 的结晶,形成纳米尺度的表面粗糙度和超疏水表面。

制备 PVDF/GO 复合材料时可以采用先溶液混合,然后热压成型或溶液浇铸的方法。GO 表面上的羧基官能团与 PDVF 骨架上氟原子之间相互作用,促进了 GO 片在 PVDF 基体中的分散。GO 负载量为 0.1%~0.5%(质量分数)时,PVDF/石墨烯复合材料电导率随着 GO 负载量增加而增大。

⑤ 聚丙烯腈/石墨烯复合材料

聚丙烯腈(PAN)是一种重要的高分子,常用作制备碳纤维的前体材料。东华大学的吕永根课题组研究了 GO 加入 PAN 对碳纤维产量的影响(Wu,2012),GO 片通过氢键与 PAN 基质相互连接,提升了复合材料的热稳定性,在 300℃以下,GO/PAN 复合材料是稳定的,而 PAN 样品的质量会下降 5%;在 300℃以上,含 0.5%(质量分数)GO 的复合材料质量损失总是低于纯 PAN 样品。江南大学的魏取福课题组使用复合法和静电纺丝工艺制备了 PAN/GO 复合材料的纳米纤维(Wang,2013),GO 的量显著影响复合物纤维的形貌,随着 GO 负载量的增加,复合纳米纤维的平均直径减小,表面逐渐变得粗糙且不规则。

韩国科学技术研究院的 Lee 课题组使用 DMF 溶剂静电纺丝制备 PAN/GO 纤维(Joh,2014),1 200℃下碳化后,再在 325℃的空气中活化以产生纹理和多孔结构。GO 含量在 10%(质量分数)及以下时,复合材料具有较窄直径(140~165 nm)和相对光滑的表面,而 GO 含量为 15%(质量分数)的复合材料直径更大(235 nm)且表面更粗糙。含有 15%(质量分数)GO 的复合材料的比表面积为 613 $m^2 \cdot g^{-1}$,用于超级电容器电极时,其比质量电容可达 191.2 $F \cdot g^{-1}$。此外,他们将分散于二甲基亚砜中的 GO 掺入溶解于 DMSO 中的 PAN 中,使用常规溶液流延法制备复合膜,并在 250℃空气中热处理 3 h 来稳定 PAN(Lee,2012)。热处理同时部分还原了 GO 作为导电填料,PAN/GO 复合膜的电阻率显著下降,PAN 薄膜的电阻率为 10^{11} $\Omega \cdot cm^{-1}$,而含 10%(质量分数)GO 的 PAN/GO 薄膜的电阻率为 2×10^3 $\Omega \cdot cm^{-1}$。

3.4.2　石墨烯与无机物复合材料

在过去的几十年中,形状、尺寸、结晶度和功能可控的无机纳米材料广泛应用于电子、光学和能量转换与存储器件中。为了进一步提高其性能,科研人员将无机纳米粒子与石墨烯及其衍生物复合,其方法通常分类为非原位复合和原位结晶。本小节总结了石墨烯与无机纳米粒子复合材料的典型合成方法。

1. 石墨烯与无机物复合材料的制备

（1）非原位复合法

石墨烯-纳米颗粒复合材料可以通过将纳米颗粒非原位组装到石墨烯表面的方法来制备。在这种方法中,预先制备的无机纳米粒子通过共价键、范德瓦尔斯力、氢键、静电力或 π - π 相互作用附着到石墨烯片表面。与原位生长法相比,这种方法虽然需要更多时间和步骤,但可以更好地控制石墨烯上纳米粒子的尺寸、形状和密度。

由于 GO 表面上含有大量含氧基团,所以它是共价连接多种纳米颗粒的首选材料。香港理工大学的范金土课题组首先用原硅酸四乙酯和（3-氨基丙基）-三乙氧基硅烷修饰 Fe_3O_4 纳米颗粒,在其表面上引入氨基,然后这些氨基与 GO 表面上的羧基基团反应,制备成 GO/Fe_3O_4 复合材料（He,2010）。类似地,硫化镉量子点可以在氨基官能化后与酰氯化的 GO 进行酰胺化反应来共价固定在 GO 上。贵金属纳米粒子如 Au 纳米粒子也可以被共价连接到石墨烯上,加拿大西安大略大学（现韦士敦大学）的 Workentin 课题组先以 3-芳基-3-（三氟甲基）-二氮杂环丙烯官能团修饰 4 nm Au 纳米粒子（Ismaili,2011）,然后光照修饰的 Au 纳米粒子和 GO 混合物时,Au 纳米粒子末端二氮丙啶基团失去氮生成的高反应活性卡宾能与 GO 上进行加成或插入反应形成共价连接。

除共价键外,π - π 相互作用也常用来制备石墨烯与无机物的复合物。芘基团与石墨烯具有强烈的 π - π 相互作用,1-芘丁酸功能化的石墨烯带有负电荷,它能通过静电相互作用吸附带正电荷的纳米粒子,形成石墨烯/Au、石墨烯/

CdSe 等多种复合材料。同时,芘改性的石墨烯片对纳米粒子具有高负载能力,因此控制两种组分的进料质量比,可调节组装在石墨烯片上的纳米粒子的量。

（2）原位结晶法

① 化学还原法

通过使用化学试剂（如乙二醇,柠檬酸钠和硼氢化钠）还原金属盐（如 $HAuCl_4$、$AgNO_3$ 和 K_2PtCl_4）的方法可以实现石墨烯上原位生长无机化合物。GO 表面上带负电的官能团通过静电相互作用吸附带正电的金属离子成核生长为金属纳米颗粒,进一步还原 GO 可以提升复合物的电学性能。此外,通过控制 GO 和 rGO 表面含氧基团的密度,还可以调控石墨烯/纳米颗粒复合材料上纳米颗粒的密度。虽然这种方法高效且易于实施,但所得复合材料上的金属纳米颗粒形态难以精确控制,颗粒尺寸分布较宽。

目前,化学还原法主要用于制备石墨烯/贵金属纳米粒子复合材料。将金纳米粒子前体 $HAuCl_4$ 与剥离的 GO 和柠檬酸钠混合,获得石墨烯/Au 纳米粒子复合材料。类似地,将 GO 与 $AgNO_3$ 混合,然后用 $NaBH_4$ 还原,就能制得石墨烯/Ag 纳米粒子复合材料。或者将石墨烯与氯铂酸（H_2PtCl_6）或氯钯酸（H_2PdCl_4）混合,然后分别用乙二醇还原,也可以制备铂或钯纳米粒子与石墨烯复合物。另外,利用两步还原法可制备石墨烯与双金属纳米颗粒的复合材料,实现多组分之间的协同作用。中国科学技术大学的俞书宏课题组制备了乙二醇功能化的稳定 GO,在室温下加入 H_2PtCl_6 和 $CoCl_2$ 搅拌,然后用 $NaBH_4$ 还原 H_2PtCl_6、$CoCl_2$ 和 GO,制备成 GO/PtCo 双金属纳米粒子的复合材料[108]。与 Pt 纳米粒子和石墨烯/Pt 纳米粒子复合材料相比,石墨烯/PtCo 双金属纳米颗粒复合材料表现出更好的稳定性和耐退化性,并且在 pH 为 9.6 的缓冲溶液中对鲁米诺-H_2O_2 化学发光系统显示出很好的催化效果。

② 电化学沉积法

电化学沉积是一种简单、快速且绿色的技术,改变电极条件可调控沉积纳米颗粒的尺寸和形状。马来亚大学的 Golsheikh 课题组对含有 GO 的银氨溶液在三电极系统进行循环伏安扫描（Golsheikh,2013）,制备了石墨烯/Ag 纳米颗粒复合材料,Ag 纳米颗粒尺寸为 20 nm 左右。普渡大学的 Fisher 课题组以多层

GO 作为工作电极,浸入含有 H_2PtCl_6 和 Na_2SO_4 的溶液中,在不需要任何其他试剂或热处理的情况下就能实现 GO 的还原和 Pt 纳米粒子的沉积,而且通过调整脉冲电流的强度能精确控制沉积在石墨烯电极上的 Pt 纳米粒子的密度、尺寸和形态[109]。

对于非贵金属纳米粒子的石墨烯/纳米粒子复合材料,南洋理工大学的张华课题组使用 rGO 作为工作电极沉积了 Cu 纳米颗粒(Wu,2011)。在 rGO 上 Cu 的沉积是受到传质过程控制的,rGO 上的成核是瞬时还是逐步发生的取决于电解质初始浓度。他们还进一步研究了 Cl^- 掺杂的 n 型 Cu_2O 纳米粒子在石墨烯上的电化学沉积过程。使用电化学方法,在 rGO 电极上引入 Cl^- 来沉积高质量的 n 型掺杂 Cu_2O,电解质中氯前体的量对 rGO 电极上沉积的 Cu_2O 晶体的表面覆盖率具有直接影响,而且影响 $Cl-Cu_2O$ 中 Cl^- 掺杂浓度和光捕获效率。

③ 热蒸发法

热蒸发法也是一种常用的石墨烯基无机纳米复合材料的制备方法。这种方法成本低,不需要使用化学试剂并且可以规模化制备。国家纳米科学中心的孙连峰课题组系统地研究了石墨烯层数对沉积的 Au 纳米颗粒粒度和密度的影响。他们发现随着石墨烯层数的增加,Au 纳米颗粒密度增大,尺寸减小。这种现象可以归因于:(a)沉积的 Au 在不同的石墨烯表面上扩散速率是不一样的,而扩散速率决定了 Au 的成核和生长;(b)石墨烯的表面自由能取决于层数,它控制石墨烯和蒸发的 Au 之间的相互作用,进而影响 Au 在石墨烯表面上的吸收、脱附和扩散[110]。

④ 水热法

水热法利用高温和高压诱导纳米晶体生长,同时热还原 GO,因此获得的复合材料不需要后退火和煅烧。尽管高温和长反应时间可能影响部分 GO 还原,但大多数情况下,反应中仍会添加还原剂以确保 GO 的完全还原。

水热法通常用来合成石墨烯/金属氧化物(例如 ZnO、TiO_2、Fe_3O_4、SnO_2)纳米粒子复合材料。这些复合材料中纳米颗粒能抑制石墨烯的团聚和重新堆积,同时石墨烯组分会增加电子电导率和比表面积,因此电化学活性更高。以无水 $FeCl_3$ 为铁源、乙二醇(或二甘醇和乙二醇的双溶剂)作为还原剂和溶剂,使用一步水热法可将直径为 7 nm 的 Fe_3O_4 纳米颗粒密集而均匀地沉积在石墨烯上。这种复合材料具有优异的导电性和机械强度,同时具有磁性。水热法还可以用于在石墨烯上引入各种硫化物量子点,例如 CdS、ZnS、Cu_2S、MoS_2 和 Sn_3S_4 等。半导体量子点通常有聚集倾向,利用石墨烯片的高比表面积可以稳定这些量子点。福州大学的徐艺军课题组使用简单的一步水热法制备 CdS 纳米粒子并还原了 GO,进而获得了石墨烯/CdS 纳米粒子复合材料(Zhang,2012),可作为催化剂用于可见光驱动的光催化反应。

⑤ 溶胶-凝胶法

溶胶-凝胶法是制备金属氧化物结构材料和薄膜涂层的常用方法,它一般以金属醇盐或氯化物作为前体通过一系列水解和缩聚反应来制备石墨烯与 TiO_2、Fe_3O_4 和 SiO_2 等无机物氧化物的复合材料。以二氧化钛为例,典型前驱体是 $TiCl_3$、异丙醇钛和丁醇钛,根据不同水解条件可以制备 TiO_2 纳米棒、纳米颗粒或大孔-介孔骨架结构。溶胶-凝胶法的关键优势在于 GO 表面的羟基可以作为水解的成核位点,金属氧化物纳米结构能直接与 GO 化学键合形成稳定的结构。

2. 石墨烯/金属纳米粒子复合材料

拥有优异的物理和化学性质的贵金属纳米颗粒近年来在电子、催化、传感等方面的应用取得了重大进展,但昂贵的成本限制了它们的实际应用。由于石墨烯拥有优异的性质和独特的二维平面结构,使它成为负载 Au、Ag、Pt、Pd 等多种金属纳米材料的理想载体。由于这种结合方式可以得到比金属本身更优越的复合材料,减少贵金属的使用量,因此具有很高的经济价值,同时石墨烯还可以防止表面能较高的金属纳米颗粒发生不可逆团聚。

(1) 石墨烯/Au 复合材料

石墨烯/Au 复合材料可通过电化学沉积、化学还原等方法制备。南京师范大学的蔡称心课题组直接将金纳米颗粒沉积在石墨烯表面制备成石墨烯/Au 复合材料(Hu,2010),这种材料具有很高的催化活性,控制 $HAuCl_4$ 前驱体的含量和沉积时间可调整纳米金颗粒的形状和大小。上海交通大学的胡国新课题组使用热蒸发的方法在石墨烯表面沉积金纳米粒子(Xu,2011),由于不同表面沉积上的金扩散系数不同,石墨烯层数和自由能不同,随着石墨烯层数增加,粒子尺寸增大。同时,石墨烯层数控制着石墨烯和金原子的相互作用,影响石墨烯表面对金纳米粒子的吸收、解析和扩散。

天津大学的范晓彬课题组在十二烷基硫酸钠存在的情况下,通过还原氯金酸在石墨烯上修饰了金纳米颗粒(Li,2010)。这种石墨烯/Au复合材料可以在有氧条件下作为水相体系中Suzuki反应的有效催化剂,催化活性与市售的乙酸钯(Ⅱ)相当。研究表明,复合物的催化活性受金纳米粒子尺寸的影响,在石墨烯上负载3 nm Au纳米颗粒(质量分数为8%)时,催化活性高于负载7.5 nm Au纳米颗粒(质量分数为21%)。中国科学院长春应用化学研究所的唐纪琳课题组利用柠檬酸钠将GO转化为rGO,在一锅法反应中制得石墨烯/Au复合材料(Zhang,2011)。其中,柠檬酸钠可与石墨烯表面上的残余含氧官能团形成氢键,破坏石墨烯之间的π-π相互作用并防止团聚体的形成。同时,附着在石墨烯表面的柠檬酸钠可以作为Au纳米粒子原位生长的成核中心。这种合成路线具有以下优点:① 柠檬酸钠可用作还原剂来还原GO,同时稳定相应的还原产物;② 石墨烯/Au复合材料中的Au纳米粒子具有良好的尺寸分布;③ Au纳米粒子可以在石墨烯表面均匀分布而且不团聚。

(2) 石墨烯/Ag复合材料

上海交通大学胡国新课题组使用肼还原GO,然后将银离子引入到溶液中,石墨烯分散液中未反应的肼用于进一步还原银离子以获得银纳米粒子,形成稳定的胶体水溶液,胶体可以通过真空过滤、喷涂和逐层组装等方式加工成膜[111]。真空过滤得到的纸状石墨烯/Ag膜光泽好、反射率高、柔韧性好。这种方法可以在不需高分子或表面活性剂的情况下形成稳定的水溶液,实现了低成本溶液处理技术来大规模生产石墨烯/Ag复合材料。同时,石墨烯/Ag薄膜可以加速界面电子转移过程,可应用于电催化和电化学传感器中。韩国仁荷大学的Park课题组使用化学还原法在石墨烯片上沉积了粒径为2~5 nm的银纳米颗粒(Kim,2010),并通过氧化聚合法制备Ag纳米粒子修饰的石墨烯/聚吡咯纳米复合物。从循环伏安图上看(图3-32),Ag纳米粒子修饰的石墨烯比原始石墨烯具有更高的电催化活性。此外,与石墨烯/聚吡咯复合物相比,Ag修饰的石墨

　　　　　　　　　　　　　　　　　　　　　　　　石墨烯化学与组装技术

烯/聚吡咯复合物作为超级电容器电极时响应更快,比电容更高。沉积在石墨烯上的 Ag 纳米颗粒有效改善了石墨烯/聚吡咯的电化学性能,促进了石墨烯和聚吡咯之间电荷的转移。

图 3-32 石墨烯和 Ag 修饰的石墨烯的循环伏安曲线

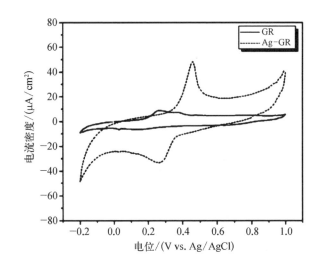

此外,新加坡国立大学的 Zhao 课题组通过将银纳米颗粒沉积在 GO 片表面的方法来制备石墨烯/Ag 复合材料(Lu, 2011)。这种方法具有如下两个优点:① 在 GO 的支撑下,银纳米颗粒能够在水溶液中保持良好分散性;② 银纳米颗粒与 GO 的协同作用可产生抗菌活性。实验结果表明,石墨烯/Ag 复合材料对大肠杆菌表现出优异的抗菌性能,这是因为 GO 中有含氧官能团,可与大肠杆菌细胞膜的脂多糖链之间形成氢键,促使 GO 纳米片黏附到大肠杆菌细胞上并阻止细胞摄入营养素,最终导致细胞死亡。与 GO 相比,石墨烯/Ag 复合材料表面电荷的减少极大地促进了大肠杆菌细胞和石墨烯/Ag 颗粒之间的接触,一方面提高了 GO 的抗菌活性,另一方面 Ag 纳米粒子与细胞的直接接触也增强了银纳米颗粒的抗菌活性。

(3)石墨烯/Pt 复合材料

北卡罗来纳大学教堂山分校的 Samulski 课题组利用甲醇还原氯铂酸和石墨烯制备出石墨烯/Pt 复合材料(Si, 2008),这一过程中,加入表面活性剂可以防止铂纳米粒子的团聚,Pt 微晶也可以阻挡石墨烯片的堆积,所以石墨烯/Pt 复合材料具有高比表面积,在超级电容器和催化中具有潜在的应用前景。兰州大学的王春明课题组在乙二醇-水溶液中还原氯铂酸(Li, 2010),将 Pt 纳米颗粒沉积在 GO 片上,在 Pt 沉积过程中,GO 上的大部分氧化官能团被去除,进而形成石墨烯 / Pt 复合材料。与多壁碳纳米管 / Pt(MWCNTs / Pt)催化剂相比,石墨烯 / Pt 复合材料在甲醇的电氧化反应中对 CO 毒化显示出了更好的耐性。筑波大学的 Nakamura 课题组将铂的前体与石墨烯片混合分散在乙醇中,经过干燥、热处理等过程制得石墨烯 / Pt 复合材料(Yoo, 2009),在石墨烯纳米片上形成了尺寸小于 0.5 nm 的铂纳米粒子。圣母大学的 Kamat 课题组使用石墨烯作为 Pt 纳米粒子的载体材料(Seger, 2009),使用氢硼化物还原 H_2PtCl_6,将铂纳米颗粒沉积在石墨烯片上,部分还原的 GO / Pt 纳米粒子催化剂通过滴铸或电泳沉积的方法以薄膜形式沉积在玻璃碳和碳纸上,经过热处理后,电化学活性表面积可增大 80%。

(4) 石墨烯 / Pd 复合材料

Pd 是一种可用于有机反应的催化剂,在 GO 上分散 Pd 的材料可表现出高催化活性。塞格德大学的 Mastalir 课题组使用 10% 的 $Pd(NH_3)_4(NO_3)_2$ 溶液作为前体溶液,加入 GO 溶液中,前体在 H_2 中还原,得到 GO / Pd 复合材料(Mastalir, 2008)。他们第一个发现在炔烃液相加氢反应中石墨烯 / Pd 复合材料有高催化活性和选择性,反应在 8~15 min 内完全转化,并且(Z)-烯烃立体选择性超过 98%。清华大学的王训课题组制备了负载 Pd 纳米粒子的 GO(0.1 mol%[①]Pd),将其作为催化剂来催化碘苯和丙烯酸甲酯的 Heck 反应时,反应选择性约为 92%,转化率为 100%(Tang, 2010)。

3. 典型的石墨烯与金属化合物的复合材料

(1) 石墨烯 / 金属氧化物复合材料

① 石墨烯 / TiO_2 复合材料

二氧化钛来源丰富且成本低,它可以作为高效稳定的环境友好型光催化剂。金红石型和锐钛型 TiO_2 带隙能分别为 3.0 eV 和 3.2 eV,因此 TiO_2 只能利用波长小于 380 nm 的紫外光进行光催化。而石墨烯可以吸收可见光,这意味着石墨

---

① mol% 为物质的量百分数。

烯/TiO₂复合材料有望突破其光谱上的限制。

2008年,圣母大学的Kamat课题组[112]首次制备出石墨烯/TiO₂复合材料,他们将使用Hummers法制备的GO加入TiO₂悬浮液中,随后超声处理30 min,最终制得涂有TiO₂纳米颗粒(粒径为2~7 nm)的GO片层,对复合物进行紫外光照射时,颜色由棕色变为黑色,说明由碳质结构内的π网络部分恢复而引起了GO的还原,这一工作为制备具有光学活性的石墨烯/TiO₂复合材料开辟了新路径。随后,复旦大学崔晓莉课题组以钛酸四丁酯和GO为起始原料(Zhang,2010),采用溶胶-凝胶法合成了一系列二氧化钛和石墨烯片复合材料,在紫外可见光照射下,复合材料的光催化析氢反应的光催化活性与石墨烯含量和煅烧气氛有关。斯坦福大学的戴宏杰课题组通过两步法实现在GO片材上直接生长TiO₂纳米晶体(Liang,2010),所制备的复合材料中TiO₂与GO片之间有很强的相互作用,在降解罗丹明B染料的过程中展现出较高的光催化活性。

除光催化特性之外,石墨烯/TiO₂复合材料还表现出电化学活性的增加。西北太平洋国家实验室的Liu课题组使用阴离子硫酸盐表面活性剂在水溶液中稳定分散石墨烯,同时促进TiO₂纳米晶体在石墨烯片上的原位生长制备了石墨烯/TiO₂复合电极(Wang,2009)。由于石墨烯网络嵌入TiO₂电极使其导电性提高,所以与纯TiO₂相比,这种复合材料在高倍率下比容量增加了一倍多。

② 石墨烯/ZnO复合材料

ZnO是一种宽带隙(3.2~3.4 eV)半导体,它具有与TiO₂相似的能带隙和物理性质,但它的电子迁移率更高,大块ZnO的电子迁移率为205~300 $cm^2 \cdot V^{-1} \cdot s^{-1}$,单个纳米线时可达1 000 $cm^2 \cdot V^{-1} \cdot s^{-1}$[113],而且其透明特性适合光电子器件的应用。山西大学的韩高义课题组将GO分散在乙醇中作为载体(Fu,2012),以乙酸锌和氢氧化锂为反应物,制备了GO/ZnO复合材料,再在不同温度下进行热处理,得到石墨烯/ZnO复合材料。表征结果表明,石墨烯片的两面都覆盖着ZnO颗粒,ZnO的晶格常数和带隙不同于纯ZnO纳米颗粒。他们测试了这种复合材料光催化降解亚甲基蓝的活性,发现在200℃下制备的石墨烯含量为2.5%的复合材料活性最高(为纯ZnO的3倍)。这种复合物经过5次重复使用仍可保持80%的初始活性,而且在每个循环使用时间内,亚甲基蓝的降解率都比纯ZnO

要高。澳大利亚迪肯大学的 Sun 课题组采用自组装和原位光还原的方法合成了 rGO/ZnO 复合纳米材料,实现了 ZnO 在石墨烯表面的良好分散和高密度负载。他们将这种复合材料用于在水中去除有机污染物,与 ZnO 纳米颗粒相比,该复合材料对罗丹明 B 的吸附容量和降解活性都有很大提高,同时它还表现出优异的循环性能。在模拟日光照射下,几个循环后,有机污染物去除率高达 99%(Wang,2012)。谢里夫理工大学的 Akhavan 课题组基于电子从光激发的 ZnO 纳米颗粒转移到 GO 的原理,将化学剥离法合成的 GO 薄片分散在 ZnO 纳米颗粒悬浮液中制备部分还原 GO/ZnO 复合材料(Akhavan,2011)。在紫外-可见光照射 2 h 后,复合物石墨烯中 C—OH、C=O 和 O=C—OH 键的相对浓度比照射之前减小了 80%,证实了上述光还原过程,因此进一步改变光催化过程中的紫外线照射时间可以调节 GO 层的电导率。

③ 石墨烯/MnO_2 复合材料

石墨烯/MnO_2 复合材料是超级电容器电极的优良材料。MnO_2 因其高理论比电容、低成本、环境友好性和天然丰度而被认为是可用于高性能超级电容器最有前景的赝电容材料之一,但是二氧化锰电极电子和离子电导率不好,而且在循环过程中会发生电化学溶解,导致功率密度和循环性能有限。由超薄的二维石墨烯片组成的石墨烯粉末除了具有高导电性、优异的机械性能、良好的电化学稳定性和高表面积外,还具有以介孔和大孔为主的柔性多孔结构,可以提供大比表面积,用于水合物离子的快速传输,在含水电解质中获得比较高的双层电容,另外,石墨烯优异的导电性使得纳米结构的石墨烯/MnO_2 复合材料在非对称电容器中有望用作电极。中国科学院金属研究所的成会明课题组通过液相组装石墨烯片和 α-MnO_2 纳米线来制备石墨烯/MnO_2 复合材料(Wu,2010),将石墨烯片和石墨烯/MnO_2 复合材料作为不对称电容器的两极时,这种器件在 0~2.0 V 的高压区能可逆循环,能量密度为 30.4 W·h·kg^{-1},高于其他 MnO_2 型不对称电容器。斯坦福大学的鲍哲南课题组开发了一种"导电包裹"方法,大大提高了石墨烯/MnO_2 纳米结构电极的超级电容性能(Yu,2011)。当用碳纳米管或导电高分子对石墨烯/MnO_2 纳米结构进行三维导电包裹时,电极的比电容(考虑活性材料的总质量)最高可达 380 F·g^{-1},此外,这些三元复合电极还具有优异的循环性能,在 3 000 次循环中电容保持率高于 95%。

石墨烯/MnO_2复合材料也可以用在锂离子电池中。圣母大学的 Kamat 课题组发现,由于 rGO 的电子储存特性,Li^+ 更加迅速地扩散到插层位置,并且在放电期间具有更大的电容效应(Radich,2012)。rGO 复合的 MnO_2 长纳米线(>5 μm)在测试中表现出最好的性能,在 0.4 C 倍率下,20 个循环后仍保持 150 mAh·g^{-1} 的比容量,但 rGO 会提高 MnO_2 中杂质相的结晶度,说明与这种材料不可逆性的挑战依然存在。

④ 石墨烯/Fe_3O_4复合材料

磁性氧化铁(如磁赤铁矿 γ-Fe_2O_3 或磁铁矿 Fe_3O_4)纳米粒子由于其磁性、低毒性和生物相容性引起了很大的关注。用磁性氧化铁纳米粒子修饰石墨烯可使石墨烯具有磁性,使得该复合材料在生物医学、磁能储存、磁流体、催化和环境修复等领域都有良好的应用前景。

天津医科大学的杨晓英课题组采用简单有效的化学沉积法制备超顺磁性 GO/Fe_3O_4复合材料(Yang,2009),研究了控制靶向药物传递时抗癌药物盐酸阿霉素与复合材料的结合情况,其中盐酸阿霉素负载量高达 1.08 mg·mg^{-1}。石墨烯/Fe_3O_4复合材料可以很好地分散在水溶液中,在酸性条件下,它们可以聚集并在外部磁性的作用下定向移动;在碱性条件下,复合材料的聚集体可以再分散,并形成稳定的悬浮液。中国科学技术大学的俞书宏课题组先使乙酰丙酮铁(Ⅲ)高温分解(Cong,2010),然后用 Fe_3O_4 纳米颗粒修饰 GO 片层,通过有效控制 rGO 片上磁铁矿的覆盖密度和纳米粒子大小,实现了复合材料的可调磁性,这种方法创建了一类具有独特性能的新型石墨烯基复合材料,可用于核磁共振成像或蛋白质分离。香港理工大学的范金土课题组通过两步法制成表面修饰 Fe_3O_4 纳米颗粒的 GO,首先用原硅酸四乙酯和 3-氨基丙基三乙氧基硅烷修饰 Fe_3O_4,在表面引入氨基(He,2010)。然后 Fe_3O_4 的氨基与 GO 的羧基反应,形成 GO/Fe_3O_4复合材料,这种复合材料对亚甲基蓝和中性红阳离子染料的吸附量分别高达 190.14 mg·g^{-1} 和 140.79 mg·g^{-1},除此之外也可以用于制备磁性 GO 膜。若将 $NaBH_4$ 作为还原剂,可以将 GO/Fe_3O_4复合材料还原形成石墨烯/Fe_3O_4复合材料。复旦大学的叶明新课题组以 N-甲基吡咯烷酮为溶剂,使三乙酰丙酮化铁与 GO 在 190℃水热反应(Shen,2010),将磁铁矿纳米颗粒附着于 GO 制成 GO/磁性纳米颗粒复合物。浙江大学的高超课题组将 GO 和 $FeCl_3$ 分散于二甘醇,在加热的条件下加入 NaOH 的二甘醇溶液,最终得到石墨烯/Fe_3O_4 复合材料(He,2010),该合成方法高效、绿色、可控,Fe_3O_4 纳米粒子的平均直径(1.2~6.3 nm)、石墨烯纳米片上 Fe_3O_4 纳米粒子的覆盖密度(5.3%~57.9%)以及石墨烯/Fe_3O_4 复合材料的饱和磁化强度(0.5~44.1 emu·g^{-1})[①]均可通过调整进料比控制。由于制备的石墨烯/Fe_3O_4 复合材料具有良好的溶解性,通过溶液加工技术可进一步制备石墨烯/Fe_3O_4 与聚氨酯的柔性多功能复合膜,这种复合材料电导率为 0.7 S·m^{-1},可用于磁共振成像、电磁干扰屏蔽和微波吸收等领域。

尽管科研人员在石墨烯/Fe_3O_4 纳米粒子复合材料方面做了大量工作,但仍存在一些挑战和问题:石墨烯和纳米粒子的协同性能很少体现,功能化石墨烯纳米片材料的溶解性/分散性仍需提高。另外,制备方法相对复杂,纳米粒子尺寸及其在石墨烯上覆盖密度的精准控制仍是难题。

⑤ 石墨烯/SnO_2 复合材料

SnO_2 可以作为锂离子电池的负极材料,但 SnO_2 在充放电的过程中存在明显的体积变化,循环稳定性较低。石墨烯基材料与 SnO_2 复合后可以显著改善这一问题。日本产业技术综合研究所的 Honma 课题组为了制造具有分层结构的纳米多孔电极材料,将乙二醇溶液中的石墨烯纳米片在金红石 SnO_2 纳米颗粒存在下重新组装(Paek,2009)。这种方法制备的石墨烯/SnO_2 负极材料可逆容量为 810 mAh·g^{-1},同时其循环性能明显好于原始的 SnO_2 纳米颗粒。在嵌锂过程中,石墨烯能够限制纳米 SnO_2 的体积膨胀,因此 SnO_2 和石墨烯之间的孔隙可以用作充电/放电期间的缓冲空间,显著改善循环性能。中国科学院宁波材料技术与工程研究所的刘兆平课题组通过溶剂热法制成石墨烯/SnO_2 复合材料,这种复合材料在第一次循环中可逆容量为 838 mAh·g^{-1}(Huang,2011)。在盐酸和尿素的存在下,中国科学院长春应用化学研究所 Li 等使用 $SnCl_2$ 还原 GO,还原过

———————————

① 10^3 emu=1 A·m^{-2}。

程伴随着 SnO_2 纳米颗粒的生成,从而一步法制备了石墨烯/SnO_2复合材料。这种复合材料的循环伏安曲线几乎是矩形的,随着电压扫描速率增加,比电容会稍微降低。其电化学阻抗谱在低频下相角接近于 $\pi/2$,体现出良好的电容行为。

(2) 石墨烯/金属硫化物复合材料

金属硫化物是重要的半导体材料,具有特征性的电学、非线性光学和光致发光等性能,被广泛应用于催化、电学、光学及磁学等领域。

① 石墨烯/ZnS 复合材料

ZnS 是最早研究的半导体之一,它的结构和性质与 ZnO 相近,因此 ZnS 与石墨烯连接的方式与 ZnO 非常相似。ZnS 的带隙比 ZnO 更大[114],光致激发的电子具有较负的还原电位,进而表现出一定的光催化性能。湖北大学的王贤保课题组开发了一种水介质中微波辅助制备石墨烯/ZnS 纳米复合材料的新方法(Hu,2011)。他们以乙酸锌作为锌源、硫代乙酰胺作为还原剂和硫化物源,使用 GO 作为分散剂和 ZnS 纳米球生长的二维模板,在 GO 还原成石墨烯的同时原位沉积了平均直径为 41.9 nm 的 ZnS 纳米球。实验表明,复合材料中 ZnS 和石墨烯之间存在光致电子转移,在亚甲基蓝的光降解实验中,大约 32 min 后亚甲蓝完全降解,具有优异的光催化活性。

② 石墨烯/CdS 复合材料

同 ZnS 相比,CdS 是一种带隙相对较窄的半导体(2.42 eV),可有效吸收可见光用于光催化反应。同时,CdS 较负的平带电位有利于电子转移,但其化学稳定性较低。CdS 纳米颗粒易团聚,显著增大光生电子-空穴对的复合速率,同时长时间照射 CdS 悬浮液会使其分解。华东师范大学的潘丽坤课题组在 CdS 前体溶液中采用微波辅助还原 GO 来制备石墨烯/CdS 复合材料(Liu,2011),这种复合材料催化 Cr(Ⅵ)光还原反应的性能好于纯 CdS 材料。含有 1.5%(质量分数)GO 的石墨烯/CdS 复合材料对 Cr(Ⅵ)去除率最高(92%),光催化性能的增强主要是由于石墨烯的引入减少了光生电子-空穴对的复合,从而提高了光生电子在 Cr(Ⅵ)还原反应中的利用率。国家纳米科学中心的宫建茹课题组使用 CdS 簇修饰的石墨烯纳米片作为可见光驱动的光催化剂产氢,他们以 GO 为载体,以醋酸镉为前驱体,采用溶剂热法制备了石墨烯/CdS 复合材料(Li,

2011)。石墨烯纳米片提高了 CdS 簇的结晶度和比表面积,当其含量为 1.0%(质量分数)时,光催化产氢速率为 1.12 mmol·h^{-1},比纯 CdS 纳米颗粒高约 4.87 倍。中国科学技术大学的徐安武课题组合成了一系列 N 掺杂的石墨烯/CdS 复合材料(Jia, 2011),并研究了其在 $\lambda \geqslant 420$ nm 可见光照射下催化产氢的活性。与纯 CdS 相比,N-石墨烯/CdS 复合材料的光电流大大增加,表明 CdS 中的光生电子更倾向于转移到 N 掺杂的石墨烯上,因此,CdS 中电子-空穴对的复合受到抑制,N-石墨烯/CdS 光催化剂的光催化活性显著增强。上海大学的曹傲能课题组使 GO 的还原与 CdS 在石墨烯上的沉积同时发生,使用一步法在 DMSO 中直接由 GO 合成石墨烯/CdS 复合材料(Cao, 2010),这种方法除了操作简单和低成本等优点外,单层 GO 在溶液中的高稳定性保证了最终复合材料中单层石墨烯片的形成。此外,福州大学的徐艺军课题组也通过简单的一步水热法合成了一系列具有不同质量比的石墨烯/CdS 复合材料(Zhang, 2011),CdS 纳米粒子在石墨烯上均匀分布,复合材料作为催化剂能在可见光驱动下选择性进行醇到醛的氧化反应。

三元组分的 CdS/石墨烯复合材料也有报道。华东师范大学的潘丽坤课题组采用在 TiO_2 悬浮液和 CdS 前驱体溶液中微波辅助还原 GO 的方法,实现了 CdS-TiO_2-rGO 复合材料的一步合成(Lv, 2012),可见光照射下甲基橙的最大降解效率为 99.5%,远高于纯 TiO_2 的 43%。

4. 石墨烯与碳材料复合物

石墨烯能与其他碳纳米材料形成如石墨烯/碳纳米管、石墨烯/富勒烯和石墨烯/炭黑(Carbon Black, CB)等多种复合材料。这些复合材料主要是通过溶液共混法、层层(Layer-by-layer, LBL)自组装法和原位生长法来制备。

(1) 溶液共混法

GO 具有亲水边缘和疏水平面,所以它可以作为表面活性剂将碳纳米管(Carbon Nanotube, CNT)分散在水中。如果 GO 和 CNT 的浓度足够高(0.5%),则会形成复合水凝胶,类似于 GO/高分子复合水凝胶。GO 和 CNT 的混合也可在 N,N-二甲基甲酰胺(DMF)或纯肼中进行。英国罗浮堡大学的

Song课题组将具有3%～5%(质量分数)羟基的官能化多壁碳纳米管(Muti-walled Carbon Nanotube，MWCNT)在DMF中借助超声处理进行剥离(Cai，2008)，并将含有MWCNT-OH和GO的混合溶液100℃干燥，在玻璃基板上形成黑色膜。由于掺入了CNT，绝缘GO膜成功地转变成导电膜，如果需要获得石墨烯/CNT复合材料，复合材料中的GO可以进行化学还原或电化学还原。石墨烯/炭黑复合材料也可以按照类似方法制备。哈尔滨工程大学的范壮军课题组使用肼还原GO，在此过程中加入炭黑，超声处理，随后经过过滤、洗涤、干燥等步骤得到石墨烯/炭黑复合材料。在石墨烯中掺入炭黑可抑制石墨烯片的附聚，并改善电极导电性。这种复合材料作为超级电容器的电极时，在$10\ mV\cdot s^{-1}$下的比电容为$175.0\ F\cdot g^{-1}$，高于纯石墨烯材料的比电容($122.6\ F\cdot g^{-1}$)。

（2）层层自组装法

由于GO有各种含氧基团，它们在水溶液中带负电荷，因此可以与带有正电荷的CNT通过LBL自组装法形成复合材料。韩国科学技术院的Min课题组通过自组装工艺制备了由双层rGO和MWCNT组成的大面积超薄透明膜。多壁碳纳米管在rGO膜上的吸附大大降低了膜的薄层电阻，且不会对透明度造成太大影响(Kim，2009)。美国凯斯西储大学的戴黎明课题组制备了带有正电荷的聚乙烯亚胺(PEI)改性的石墨烯(Yu，2010)，通过两种组分的LBL自组装制备了多层石墨烯/CNT复合膜，在带正电荷的聚乙烯亚胺(PEI)的存在下还原GO来制备高分子改性的石墨烯片，然后将得到的水溶性PEI改性的石墨烯片与酸氧化的MWCNT自组装，形成混合碳膜。这些混合膜有互联网络，具有纳米孔，可用于超级电容器电极，在$1\ V\cdot s^{-1}$的极高扫描速率下呈现出接近矩形的循环伏安图，平均比电容为$120\ F\cdot g^{-1}$。

（3）原位生长法

哈尔滨工程大学范壮军课题组先将金属纳米颗粒催化剂沉积到石墨烯片上，然后在750℃下在二氧化碳和氢气的混合气中原位生长CNT。在这样的高温环境下，GO片也被还原，得到了石墨烯层之间生长CNT柱的三维碳纳米管/石墨烯夹层结构。这种特殊的结构使电子和电解质离子能在整个电极中不受限地传输，从而使该材料具有优异的电化学性能。类似地，韩国科学技术院的

Kim课题组在旋涂的GO膜上沉积了图案化的Fe催化剂,然后通过化学气相沉积在催化剂区域生长垂直取向的CNT。同时GO被热转化为石墨烯,CNT的直径可以通过调整催化剂粒度来精确调节(Lee,2010)。

综上所述,石墨烯可以与各种有机和无机组分混合形成复合材料。在材料中加入石墨烯可以使复合材料产生新功能。采用溶液共混法、熔融共混和自组装等方法可制备石墨烯基复合材料。这些复合材料的电导率、机械强度或热稳定性均有所提高,催化活性、染料或离子吸收能力、反应活性等功能也有所增强,可应用于催化、电子、储能、传感和生物技术等多个领域。

随着石墨烯科学技术的飞速发展,石墨烯基复合材料成为一种很重要的材料。但是这个领域仍然存在以下挑战。首先,作为复合材料的重要组成部分,需要高质量的石墨烯,必须开发新的技术来合成具有控制尺寸、层数、成分和缺陷的石墨烯片材;其次,复合材料的性能在很大程度上取决于它们的微观结构,因此,为了在纳米尺度上合成形貌均匀的功能复合材料,需要对石墨烯片材或其他功能组分(如大分子和无机纳米粒子)的组装行为进行更清晰的研究;最后,石墨烯基复合材料的应用研究还处于起步阶段,需要从理论和实验两个方面进行系统的研究。经过化学、物理学、生物学和材料科学的多学科努力,我们相信这些功能材料的更多应用将在不久的将来成为现实。

第 4 章

石墨烯微结构调控

石墨烯微结构是连接纳米/介观尺度石墨烯片与宏观石墨烯材料之间的桥梁,对其进行调控可以制备出具有独特性能的石墨烯新材料。微结构化石墨烯的例子包括石墨烯量子点(Graphene Quantum Dot,GQD)、纳米线/带、褶皱以及石墨烯网等。

石墨烯量子点是一种具有显著量子效应和边缘效应的新型纳米量子点,在生物成像、太阳能电池、燃料电池等方面应用潜力突出。石墨烯褶皱由石墨烯片层的弯曲折叠形成,结构的变化导致了褶皱石墨烯润湿性、透光率及电子特性的改变,赋予其高的电化学活性和导电性,可应用于储能等电子器件中。石墨烯纳米带是一种具有带隙的特殊带状石墨烯结构,通过控制制备方法,可在不影响石墨烯载流能力的同时调控其带隙,扩展了石墨烯在半导体器件中的应用。石墨纳米网是在石墨烯片中引入孔的超晶格结构后得到的,其中超晶格的尺寸、超晶格常数和孔隙的对称性决定了石墨烯纳米网的半金属性和半导体性,是一种带隙可调的新型石墨烯纳米结构,可用于高灵敏度生物传感器、新一代自旋电子学器件和能源器件中。

本章将着重从石墨烯量子点、褶皱、纳米线/带以及石墨烯网的制备、性质和应用等方面对石墨烯微结构的调控进行概述。

4.1 石墨烯量子点

量子点(Quantum Dot)是一种纳米级别的低维半导体材料,具有尺寸效应、量子限域效应、宏观量子隧道效应和表面效应等一系列量子效应,通过调整形状或尺寸,量子点的各种性质可发生改变。石墨烯量子点是一种新型的纳米量子点,其兼具石墨烯和量子点的特点,表现出很多独特的性质。本节主要从 GQD

的合成、性质、功能化组装及应用等方面进行讨论。

4.1.1 石墨烯量子点的制备

GQD 的合成主要分为自上而下剥离和自下而上化学合成两种方法。剥离法是通过物理、化学或电化学技术将石墨烯片直接切割或剥离产生零维的 GQD，而化学合成方法是通过控制分子前驱体的逐步反应来制备 GQD，不同制备方法得到的 GQD 尺寸大小和表面化学性质都不相同。

1. 剥离法

（1）微机械剥离法

与最初获得石墨烯的方法类似，微机械剥离法先利用胶带对石墨晶体进行剥离得到大的石墨烯薄片，再将其转移到硅晶片上，通过电子束光刻技术刻蚀以形成不同大小、不同形貌的 GQD。微机械剥离及电子束光刻在原理上都较为简单，但光刻分辨率较低，该方法只能产生 10 nm 大小的量子点（Ponomarenko，2008）。另外，纳米光刻技术需在基板上寻找石墨烯薄片并利用光学显微镜及拉曼光谱对石墨烯片进行筛选测量，这些实验操作无疑增加了实验难度。

（2）水热、溶剂热剥离法

2010 年，上海大学的潘登余研究组提出可通过水热切割微米级褶皱石墨烯片来合成 GQD（Pan，2010）。他们首先将氧化石墨烯（GO）热还原得到石墨烯，随后在浓 H_2SO_4 和 HNO_3 溶液中预处理，引入 $C=O$—COOH、O—H 和 C—O—C 等含氧官能团，最后在 200℃弱碱性（pH＝8）条件下水热处理 10 h，产物透析得到直径为 5～13 nm（平均 9.6 nm）的 GQD。原子力显微镜测试表明，GQD 高度大多在 1～2 nm，表明其由 1～3 个石墨烯层组成。该课题组随后改进了制备方法（Pan，2012），将 GO 在浓 H_2SO_4 和 HNO_3 中氧化后，继续在强碱性（pH＞12）条件下水热分解，最终得到横向尺寸为 1.5～5 nm（平均 3 nm）、高度为 1.5～1.9 nm 的 GQD，其同样由 2～3 个石墨烯层组成。他们推测，在酸性条件下，环氧基团在碳晶格上呈线性排列，室温下，环氧基能够被氧化成能量更低的羰基。在水热还原过程中,环氧基团及边缘附近的超细碎片很容易进一步反应除去桥连的氧原子最终形成 GQD。由于在这一过程中石墨烯片的平面结构没有显著改变,所以 GQD 的结晶度主要由起始材料决定,即高度有序的单层石墨烯片将产生结晶良好的 GQD。

随后,2011 年吉林大学的杨柏教授研究组实现了一步溶剂热法大规模制备 GQD。研究人员将 GO 溶液超声处理后,在 200℃ 的高压反应釜中加热 5 h (Zhu,2011;Zhu,2012),随后将反应后的棕色透明悬浮液与黑色沉淀物分离,蒸发溶剂得到平均直径为 5.3 nm、平均高度为 1.2 nm 的 GQD,其中大部分 GQD 具有单层或双层的结构。莱斯大学的 Ye 研究组报道了一种利用煤制备性质可调的 GQD 的方法(Ye,2013),其采用湿化学法在浓 H_2SO_4 和 HNO_3 溶液中分别对无烟煤、烟煤和焦炭三种类型的煤炭进行超声处理,紧接着在 100℃ 或 120℃下热处理 24 h 即可得到 GQD。与纯 sp^2 碳同素异形体作为前体的方法相比,煤中含有的结晶碳更容易被氧化取代,更适合制备边缘附有无定形碳的 GQD,这些 GQD 在水溶液中具有稳定的光致发光特性,在生物成像、生物医学、光伏和光电子等领域有重大应用。

(3) 电化学剥离法

利用电化学法处理石墨晶体制备荧光碳点是一种行之有效的技术。基于此,北京理工大学的曲良体课题组制备了一种水溶性 GQD[115]。该团队首先利用 O_2 等离子体预处理大块石墨烯膜(5 mm×10 mm),再通过电化学法处理得到直径为 3~5 nm、高度为 1~2 nm 的 GQD。电化学剥离原理如图 4-1(a)(b)所示,石墨烯片上的缺陷部位为电化学氧化提供了大量的活性位点,施加的电位在氧化 C—C 键的同时驱动电解质离子进入石墨烯层进一步剥离石墨烯,石墨烯膜破裂成微小的石墨烯点。在电化学扫描之前,石墨烯膜的表面是紧凑且平滑的。经过一段时间的扫描之后,石墨烯膜表面出现了均匀的纳米孔和纳米晶粒(<10 nm),这表明电化学过程中产生了纳米点。得到的石墨烯膜表面均匀,说明电化学过程是一个温和、易控的过程。同时这些 GQD 的尺寸分布非常集中,充分显示了电化学剥离法的优点。由于实验过程可通过选择电解液来调节 GQD 中的掺杂离子,因此为电化学方法增加了制备的量子点类型。

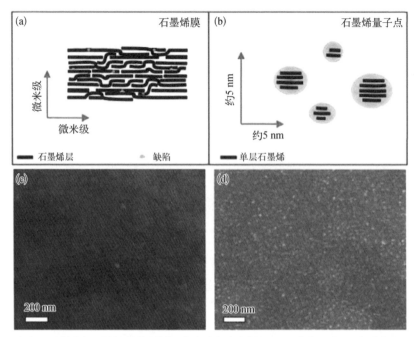

图 4-1 石墨烯结构的示意图

（a）石墨烯膜中石墨烯层的堆叠结构；（b）电化学生产的 GQD；（c）原始石墨烯膜的表面 SEM 图像；（d）CV 扫描 2 000 次后的表面 SEM 图像[115]

与上述方法类似，2014 年，南洋理工大学的 Chen 研究组在室温下利用电化学法处理自支撑的三维石墨烯可得到 GQD[116]。该方法利用电化学窗口大、电导率高的 1-丁基-3-甲基咪唑六氟磷酸盐离子液体为电解质，石墨烯泡沫作为工作电极，对其施加持续时间为 100 s 的 5 V 恒定电压进行均匀蚀刻，最终获得高产量的GQD。电化学剥离过程中，由于大量 GQD 快速脱落，电解质溶液迅速由透明变成深褐色。进一步研究发现，该方法得到的 GQD 对 Fe^{3+} 非常敏感，可以用作 Fe^{3+} 的传感器（图 4-2）。北京师范大学的范楼珍研究组进一步在 0.1 mol/L NaOH 水溶液中电解石墨棒，随后室温下用肼还原所得产物从而高产率地合成直径为 5～10 nm 水溶性 GQD（Zhang, 2012）。AFM 图像显示 GQD 的高度均小于 0.5 nm，表明这些 GQD 主要由单层石墨烯构成。在 GQD 的形成过程中，阳极氧化水产生的 O 和 OH 自由基可作为剥离碳纳米晶体的电化学"剪刀"，同时石墨在阳极上通过电化学氧化裂解形成氧化基团。随后在肼还原和功能化过程中，大的石墨烯片和石墨纳米晶体倾向于团聚并沉积，留下均匀的 GQD 胶体溶液。

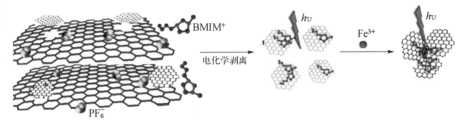

图4-2 三维石墨烯合成 GQD[116]

（4）化学剥离法

通过酸的氧化来实现化学剥离石墨结构是生产 GQD 的有效途径。如图4-3所示，上海大学的刘瑞丽研究组在 1 200℃ 条件下热解六苯并蔻柱状自组装体制备人造石墨，然后用改进的 Hummers 方法剥离该石墨，同时用聚（乙二醇）二胺修饰所得的 GO 并进一步用肼还原，得到尺寸均匀分布的纳米盘[117]，该纳米盘的直径为 60 nm、高度为 2~3 nm，由 3~4 层石墨烯构成。华东理工大学的李春忠研究组采用更直接的做法，将 GO 片在 HNO_3 中回流 24 h 形成小片，之后用 $PEG_{1\,500\,N}$ 钝化 GO 片表面，再通过肼缩合将混合物还原得到直径为 5~19 nm 的 GQD。这种方法虽然较为简便，但是容易造成 GQD 形貌的缺失，因此难以估计这些量子点具体由几层石墨烯组成。

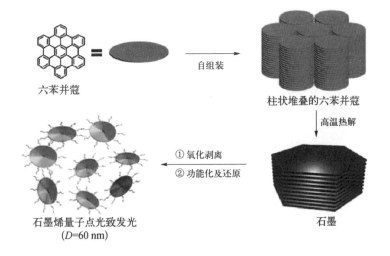

图4-3 使用六苯并蔻作为碳源制备 GQD 过程图[117]

除利用石墨作为原料外，由于纳米 GO 胶体可以由石墨纳米纤维制成，推测 GQD 也可能由相似的廉价材料合成。南京大学的朱俊杰研究组报道了通过剥离表面富含树脂的微米碳纤维（Carbon Fiber，CF）而实现一步法制备 GQD

（Peng，2012）。该研究组提出，如果原料具有很小的 sp^2 碳结构域，则在剥离过程更容易通过控制反应温度来控制量子点尺寸。首先在 CF 中加入浓的 H_2SO_4 和 HNO_3，在 80℃、100℃ 和 120℃ 三种反应温度下搅拌 24 h 后，可分别得到直径为 1～4 nm、4～8 nm 和 7～11 nm，高度在 0.4～2 nm 的 GQD。

除此之外，GQD 还可以通过化学氧化 CX-72 炭黑和球形石墨颗粒（粒径大约为 30 nm）的聚集体来制备（Dong，2012）。新加坡南洋理工大学的 Dong 等利用硝酸氧化分解聚集体，溶解碳纳米颗粒，可实现 GQD 的高产率生产，同时获得直径约为 15 nm 的单层和 18 nm 的多层（2～6 层）GQD。该方法的优点在于使用了常用碳源，成本较低，制备方法简单并且产率较高，在 GQD 的大规模合成中具有非常大的吸引力。南京大学的姜立萍研究组报道了一种简单的微波辅助化学氧化方法，在微波存在条件下，酸性环境中反应 3 h 将 GO 纳米片氧化为直径 2～7 nm、平均高度为 1.2 nm 的黄绿色发光的 GQD（Li，2012）。

通过进一步的研究，堪萨斯州立大学的 Berry 研究组发展了一种基于纳米切割和超强酸剥离制备石墨烯特定形状和尺寸纳米结构的通用方法[118]。如图4-4

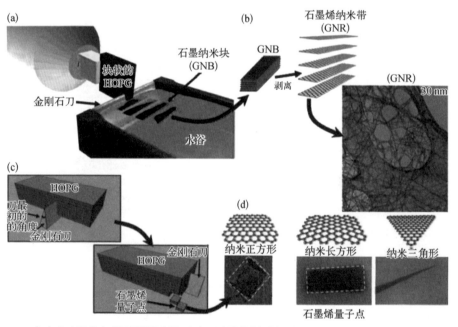

图4-4 金刚石刀机械切割石墨烯纳米块

（a）生产和（b）剥离过程示意图；（c）两步法纳米切割形成石墨烯纳米块示意图；（d）不同形状（正方形、长方形和三角形）GQD 显微照片[118]

石墨烯化学与组装技术

所示,首先从高定向热解石墨(HOPG)中切割出石墨烯纳米块,然后通过化学剥离石墨烯纳米块得到不同形状(正方形、矩形和三角形)和大小(10~50 nm)的GQD。收集的GQD大多数具有相对平滑的锯齿形结构边缘。这种自动化纳米制备GQD的方式可大规模生产GQD,但尺寸远远大于其他化学和电化学剥离得到的GQD。

(5)微流化法

微流化是一种动态的高压均质过程,能产生 400 m·s^{-1} 的液体速度,可对固体颗粒实现高速率剪切($> 10^7$ m·s^{-1}),该剪切速率比基于转子或其他均化技术的传统方法高几个数量级。以色列本古里安大学的 Regev 研究组首次提出利用微流化法制备GQD(图4-5)。首先,通过高压泵(高达30 kpsi①)施加压力,石墨悬浊液通过微型 Z 形通道后产生剥离的石墨烯片,再进一步分割得到纳米尺寸的 GQD。该方法得到的 GQD 表面无官能团存在,同时避免了引入酸等试剂来分解碳的前驱体是一种环境友好型的方法[119]。

图4-5 石墨片剥落成石墨烯片并进一步分解成纳米尺寸的 GQD 的示意图[119]

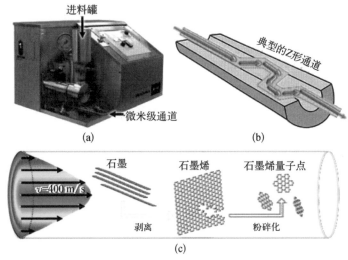

(a)微流化器照片,进料罐(Feed Tank)的泵驱动石墨悬浮液通过微通道;(b)直径为87~400 μm的Z形通道示意图;(c)通道内最大流速为400 m·s^{-1}的流动剖面图[119]

① 1 kpsi=6.894 7 MPa。

2. 化学合成

（1）逐步有机合成

理论上,通过精准有机合成能够将类石墨烯多环芳香烃分子转化成结构确定且单一的 GQD,但当附着在多环芳香烃分子边缘上没有或只有少量的脂肪链时,量子点易于聚集,不易制备。为有效减少石墨烯层与层间的吸引力,美国印第安纳大学 Li 研究组将多个 2,4,6-三烷基苯基以共价键连接到石墨烯的部分边缘(Yan,2010)。取代的苯基由于空间位阻效应从石墨烯核心的基面扭转,迫使 2、6 位的烷基链延伸出平面,4 位上的烷基链横向延伸。这种三维笼结构增加了 GQD 的溶解度及片层间的距离,进而成功合成了含有 132 个、168 个和 170 个共轭碳原子的 GQD 胶体。该方法的突出优点在于制得的石墨烯纳米结构均匀,性质可控且理论上可以通过此方法合成不同功能的 GQD。目前该方法最大的挑战在于开发对大型共轭体系提纯和结构表征的新技术,解决这些问题之前,制备具有原子精度的 GQD 仍十分困难。

（2）前体热解

热解合适的前体可直接制备 GQD。例如,通过调节柠檬酸的碳化度并将碳化产物分散到碱性溶液中,福州大学的池毓务研究组获得了直径为 15 nm、厚度为 0.5～2.0 nm 的 GQD(Dong,2012)。香港理工大学的 Lau 研究组在热解法的基础上结合微波辅助技术,将葡萄糖(蔗糖或果糖)在 595 W 的功率下用微波加热 5 min,即可制备直径为(3.4±0.5)nm、分布均匀的 GQD[120]。该研究组发现调整微波加热时间从 1 min 到 9 min,GQD 直径可以从 1.65 nm 调整到 21 nm,如果加热时间小于 5 min,则可以获得少层(≤10)GQD。大多数含有 C、H 和 O 且比例约为 1：2：1 的碳水化合物都可用作碳源来制备 GQD。

（3）富勒烯表面催化分解

新加坡国立大学的 Loh 研究组提出以 Ru 为基底,使用 C60 以合成规则尺寸的 GQD(Lu,2011)。通过扫描隧道显微镜(Scanning Tunneling Microscope,STM)可观察到 Ru 将笼状开口的 C60 进行催化,C60 的碎片组装成表面稳定的碳簇。当样品退火到 500～550 K,C60 分子的热反应和 C60 簇的解离以原子空位机制开始,在 650 K 的较高退火温度下,嵌入式的 C60 分子分解形成碳簇。与其他前体衍生的(如 C_2H_4)的碳原子相比,C60 衍生的团簇具有更小的迁移率(扩散系数为 $10^{-15} \sim 10^{-16}$ $cm^2 \cdot s^{-1}$),使得它们能够聚集并形成一系列原子意义上的 GQD。在 725 K 退火 2 min 后发现三角形、梯形及平行四边形形状的 GQD,其中 GQD 的三角形形状为平衡形状。在 825 K 进一步退火,产生 5 nm 和 10 nm 尺寸的六角形 GQD,这表明除三角形外,伴随着升高的温度,展现出来的形状是平衡形状。

4.1.2 石墨烯量子点的物理性质

1. 电学性质

单层石墨烯是自然界中最完美的二维电子材料,由于载流子被限制在二维空间中,石墨烯的电子能级分布在狄拉克点附近。完美石墨烯没有带隙,其电子可被视为无质量的狄拉克费米子,因此引起许多有趣现象。例如,石墨烯在载流子浓度接近零时的电导率也不会低于最小值,这种"断路"状态的缺失造成无法使用石墨烯制备有效的晶体管(Novoselov,2005)。此外,由于克莱因隧穿效应使石墨烯 p-n 节基本透明,所以将电子限制在石墨烯微结构中也是一个难题。目前,通过将载流子限制在低维度结构,如一维的石墨烯纳米带和零维的 GQD 中,可在石墨烯中观察到一定带隙和量子化电导,在一定程度上解决了上述问题。

紧束缚模型理论研究表明,由于点的空间各向异性,GQD 中的能级间隔不仅与电场强度有关,而且与场的方向也有关。Libisch 等模拟了线性尺度为 10~40 nm 的 GQD 中的量子限域效应(Libisch,2009),发现由于粗糙边缘、带电杂质或短程散射引起的紊乱使 GQD 中的载流子行为显著偏离了零质量狄拉克弹球模型。瑞士 Güttinger 研究组研究了将磁场施加在垂直于石墨烯平面方向时 GQD 的能级,并且观察到 Landau 能级的形成,其中第零级的 Landau 能级可用于定位 GQD 中的电子-空穴渡越(Güttinger,2009)。英国曼彻斯特大学的 Novoselov 研究组证明 GQD 中不存在周期性的库仑阻塞峰值(Ponomarenko,2008),其随机性的峰值间距及其统计学数据可很好地用混乱狄拉克弹球理论描述。GQD 进一步变窄至几纳米时,室温下也可能会出现库仑阻塞效应,这说明随着石墨烯片尺寸的减小,电子相互作用增大。同时,库仑相互作用减缓了载流子冷却过程,在无缺陷胶体 GQD 中观察到热载流子的寿命比石墨烯块中大约高2 个数量级(Mueller,2010)。在无缺陷胶体 GQD 系统中,热载流子寿命可达几百皮秒,使系间窜越能有效地与内转换竞争,对于自旋量子计算具有重要的意义。电子自旋-轨道耦合以及电子自旋与核自旋之间的超精细相互作用是引起自旋退相干的主要因素,纳米碳结构中存在较弱的上述相互作用,因此成为自旋量子计算的热门材料(Novoselov,2005)。通过克莱因隧穿效应 GQD 能够形成不接触中间量子位的长距离耦合自旋量子位。

2. 光学性质

(1) 吸收光谱

由于 sp^2 结构域中成键电子的 $\pi \rightarrow \pi^*$ 跃迁,GQD 通常可有效吸收紫外光,吸收峰值约为 230 nm,并且吸收带峰尾会延伸到可见光范围(呈现典型的 GQD 吸收光谱)。同时,GQD 多数吸收峰(肩峰)中心位于 270 nm 到 390 nm 波长区间内,这通常与 C═O 成键电子的 $n \rightarrow \pi^*$ 跃迁有关(Zhu,2012)。GQD 的峰值位置不仅与量子点的大小有关,其更大程度上依赖于制备方法。例如,通过水热法制备的 GQD(平均直径为 9.6 nm;Pan,2010)、溶剂热合成的 GQD(平均直径为5.3 nm;Zhu,2011)及电化学合成的 GQD(平均直径为 3~5 nm)[115]均在320 nm 处显示吸收带;水热法合成的 GQD(平均直径为 3 nm)、电解石墨合成的GQD(直径为 5~10 nm;Pan,2012)、热解制备的 GQD(直径为 15 nm;Pan,2010)以及衍生自炭黑的 GQD(直径约 15 nm;Dong,2012)的吸收带位置都在360 nm 附近。具有较大直径的 GQD(直径约为 60 nm)在 280 nm 处呈现弱吸收峰[117],近似于电化学合成 N 掺杂的 GQD(直径为 2~5 nm)[123]以及超声法制取的 GQD(直径为 3~5 nm)在 300 nm 的吸收峰(Zhou,2012)。从 CF 衍生的GQD 的吸收光谱可知,当量子点的直径从 7~11 nm 降低到 1~4 nm(Peng,2012),吸收峰从 330 nm 变化到 270 nm,这在一定程度上说明了吸收带位置与尺寸相关;但微波辅助热液法制备的自钝化 GQD 的直径从 1.65 nm 变化到21 nm,吸收峰都在 282 nm 附近,这说明吸收带位置对量子点大小的零依赖性。尽管这些实验现象有些混乱甚至毫无规律,但足以说明 GQD 性能与大多数无机半导体量子点(如 CdS、InP、PbS)及碳量子点完全不同。这些现象的出现与 GQD 的掺杂剂、表面状态、边缘结构和缺陷等因素密切相关。例如,在 GQD 生长期间引入的各种表面官能团(C—OH、C=O、O—C=O 及 C=N 等)可以在 C=C 中 π 和 π* 能级之间形成其他能级,同时这些官能团中的电子跃迁引起吸收带[120]。若合成 GQD 过程中涉及还原过程,GQD 的峰则可能变得不太明显,例如在室温下加入肼便出现了这种情况(Zhang,2012)。当合成 GQD 过程中涉及强还原条件时,如高温还原产生的 GQDs(平均直径为 13.3 nm)以及通过 NaBH$_4$ 还原产生的 GQDs(平均直径为 4.5 nm;Li,2012)峰带完全消失,证明了吸收峰和表面官能团之间存在一定的相关性。Chen 等发现位于 370 nm 附近处的吸收带是高浓度溶液中 GQD 自组装形成的 J 型聚集体所致(Chen,2012),另外,370 nm 附近处的吸收带也存在于通过精准有机合成制备的无缺陷胶体 GQD 中(Yan,2010)。另一方面,一些 GQD 吸收光谱在可见光范围内显示出强峰,并且向下延伸到近红外区域,这可能是由于在零缺陷的 GQD 中存在长程共轭效应,而这些长程共轭效应在有缺陷的 GQD 中则很少出现。

(2)光致发光

尽管文献报道的大多数 GQD 具有光致发光(Photoluminescence,PL)现象,但 PL 的确切来源仍不能确定。以不同方式制备的 GQD 能产生深紫外线,以及蓝色、绿色、黄色、红色,甚至是白色 PL,量子产率为 2%～22.4%(Müller,2010)。碳点的量子产率强烈依赖于表面钝化,在不同的研究中,表面仅具有—COOH 基团的碳点的量子产率为 0.8%～1.9%(Liu,2007)、0.43%(Tian,2009)和 1.2%(Zhao,2008),低于经有机配体钝化后的量子产率。因此,GQD 的量子产率高于未经有机钝化配体的纯碳点的量子产率可能是由于 GQD 在剥离或生长过程中发生了自钝化。

与 GQD 吸收光谱中的现象类似,PL 颜色通常与 GQD 的大小和制备方法有关,随着量子点变大,颜色可从蓝色变成绿色再变成黄色(Peng,2012),而通过有机合成方法制备的 GQD,PL 颜色与大小无关。GQD 中 PL 的发射光谱对激发波长具有依赖性,当激发波长从 320 nm 变化到 420 nm 时,GQD 的 PL 峰移动到长波范围内,且 PL 的发射强度显著降低。研究通常认为这些荧光过程与能量陷阱发射、电子共轭结构、具有卡宾状三重态基态的自由锯齿型边缘位点有关,也有部分学者认为表面态在这一过程中起着决定性因素。据报道,少数 GQD 可独立于激发波长产生 PL。例如,当激发波长 λ 从 240 nm 变化到 340 nm 时,通过超声反应合成的 GQD 的强 PL 峰位置一直保持在约 407 nm,这是由于在制备过程中形成了超窄的石墨烯纳米带(宽度为 0.4 nm;Zhuo,2012)。通过热解制备的 GQD 的 PL 也具有激发独立性,这是由于 GQD 中 sp^2 簇的尺寸和表面状态均匀性非常高(Dong,2012)。类似地,北京师范大学的范楼珍研究组发现当用波长为 340～410 nm 的激发光时,制备的 GQD 的 PL 峰保持恒定在 540 nm(Zhang,2012)。理论计算表明,这种强黄色荧光源于大量邻苯二甲酰肼和酰肼基团修饰的 GQD 的 $\pi-\pi^*$ 和 $n-\pi^*$ 跃迁。

GQD 具有上转换荧光特性。吉林大学的杨柏研究组发现通过溶剂热法制备的 GQD 在 600～900 nm 激发时显示出上转换荧光(Zhu,2012)。江苏大学邵名望课题组通过超声法制备的 GQD 除了产生具有激发独立性的下转换 PL,还显示出激发独立的上转换 PL,随着激发光波长从 500 nm 红移到 700 nm,其峰值在 407 nm 处几乎没变(Zhuo,2012)。华东理工大学的朱以华研究组等观察到用 $PEG_{1\,500\,N}$ 钝化、980 nm 激光激发 GQD,产生的上转换 PL 处于 525 nm 处,当激发波长从 600 nm 变化到 800 nm,GQD 的 PL 峰相应地从 390 nm 移动到 468 nm 处,上转换发射光和激发光之间的能量差在约 1.1 eV 处几乎保持不变(Shen,2011)。

GQD 的 PL 现象除受其尺寸、制备方法、表面态等因素影响外,溶液的 pH 和溶剂有时也可产生重要影响。比如,水热剥离法制备的 GQD 在碱性条件下具有较强的 PL 现象,而在酸性条件下几乎没有。如果 pH 在 13 和 1 之间反复变换,则 PL 强度会发生可逆变化(Pan,2010)。该现象可通过酸性和碱性条件下锯齿型边缘位点的质子化和去质子化来解释。而在另外的研究中发现,用 $PEG_{1\,500\,N}$ 表面钝化的 GQD 在中性水溶液中表现出明显的 PL,在酸性和碱性条件下,PL 峰的强度降低了约 25%(Shen,2011)。吉林大学的杨柏研究组也发现在高 pH 或低 pH 的溶液中,GQD 的 PL 强度降低,在 pH 为 4～8 的溶液中则保持恒定(Zhu，2011)。此外，在 pH 超过 12 的溶液中，PL 峰蓝移、半峰宽变窄。另一方面，GQD 的 PL 对溶剂的种类也非常敏感，在 THF、丙酮、DMF、水中 GQD 的 PL 峰值可从 475 nm 变化到 515 nm。PL 对 pH 和溶剂的依赖表明不同 GQD 的 PL 现象具有不同机制。

（3）电致发光

除 PL 现象外，GQD 还能进行电化学发光（Electro-chemiluminescence，ECL）。南京大学的姜立萍研究组发现当 $K_2S_2O_8$ 作为共反应物时（Li，2012），GQD 有着超强的绿色 ECL 发光，在 -1.45 V 时，ECL 的强度大约是背景光强度的 9 倍，而在具有相同浓度的 GO 溶液则没有观察到明显的 ECL 信号，从而排除了 GQD 在 ECL 过程中起始材料的干扰。在 ECL 研究中，GQD 具有一定的优势，与以前报道的碳点相比较，GQD 的 ECL 峰清晰明确具有正电位，这一点可能是由于 GQD 中含有较高的 sp^2 碳结构域，其能够在 ECL 过程中加速电子的传输。同时，GQD 的 ECL 显示具有优异的稳定性，其中在缓冲溶液中连续循环扫描时得到的信号的相对标准偏差为 1.3%。

3. 结晶结构和拉曼光谱

双层或多层结构的 GQD 具有层间距，表现为在 X 射线衍射图谱中(002)面的衍射峰在 $2\theta = 25°$ 处，且由于 GQD 的尺寸较小，峰值通常较宽。根据制备方法的不同，层间距会发生显著变化。通过水热，电化学剥离和前体热解方法制备的 GQD 的层间距与块体石墨具有相似的层间距(0.34 nm)，而由碳纤维（Carbon Fibre，CF)制备的 GQD 层间距则稍大(0.403 nm；Peng，2012)，层间距的增加归因于 CF 在剥离和氧化过程中引入了含氧基团。另外，通过有机合成法制备的 GQD 层间距为 0.343～0.481 nm，这可能是由于 GQD 边缘处的 O—H、C—H 和 C—O—R 这些官能团的存在增加了石墨烯的层间距[120]。

GQD 的拉曼光谱通常具有无序 D 带和石墨 G 带的特征峰，其中二维带在可见光 2 700 cm^{-1} 处。D 和 G 带分别来自石墨边缘引起的无序带和石墨晶格的共振，D 带和 G 带的相对强度比(I_D/I_G)是 GQD 边缘性质的指标。其中电化学方法制备的 GQD 的 I_D/I_G 值为 0.5，是目前最小的比率，表明了电化学法制备

GQD 的独特性[115]。另外,在氧化锌与石墨烯的混合量子点中,围绕在 ZnO 量子点周围的石墨烯发生弯曲并破坏了石墨烯的对称结构,使得双重简并的 G 峰可以分裂成两个子带,即 G^+ 和 G^-[121]。

4.1.3 石墨烯量子点的应用

1. 光伏器件

量子点由于其可调的光学响应、有效的多重载流子效应和超过肖克利-奎伊瑟效率极限(Shockley-Queissar Limit)的潜力,在光伏器件中发挥了重要作用。其中,GQD 具有比表面积大、迁移率高及带隙可调等优点,在高效光伏器件的应用中具有重要应用前景。

2014 年,Gao 等开发了一种基于晶体硅 /GQD 异质结的新型太阳能电池(Gao,2014)。与没有掺杂 GQD 的器件相比,这种太阳能电池的光伏性能显著提高,最高转换功率可达 6.63%。2014 年,Zhu 等在报道中提出在 TiO_2 及钙钛矿间引入超薄 GQD 层(Zhu,2014),可将太阳能电池的光电转换效率由 8.81% 提高到 10.15%,效率的提高得益于 GQD 能够实现更快的电子提取。因此,研究普遍认为 GQD 是光电子器件的超快电子隧道。基于此,北京理工大学的曲良体研究组制备了一种基于聚(3-己基噻吩,P3HT)和 GQD 活性层的本体异质结(Bulk Heterojunction,BHJ)聚合物太阳能电池[115]。如图 4-6(b)所示,电化学合成的 GQD 的 LUMO 能级为 4.2~4.4 eV,大致位于 P3HT 的 LUMO 和 Al 的功函数之间,从而形成电子传输台阶。通常,有效的激子解离和快速载流子传输是实现高效 BHJ 太阳能电池的关键因素,而 GQD 的大比表面积可以提供充分的激子离解界面,高电子迁移率可以增加活性层的电导率,并促进通过活性层的电荷传输,是这些功能材料的理想候选者。最终,P3HT 中添加 GQD 的太阳能电池性能显著,得到 0.67 V 的开路电压和 1.28% 的光电转换效率[图 4-6(c)]。

在后来的工作中,印度国家物理实验室的 Gupta 研究组采用苯胺官能化的 GQD(ANI-GQD)和石墨烯片(ANI-GS)作为电子受体,再将其结构优化制备了 BHJ 太阳能电池(Gupta,2011)。他们通过向活性层中的 P3HT 添加不同浓

图 4-6　石墨烯的
光电效应

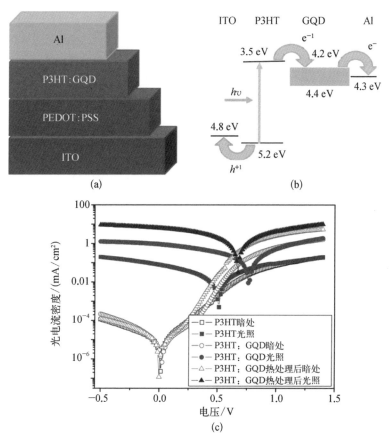

（a）能带示意图；（b）ITO/PEDOT：PSS/P3HT：GQD/Al 装置图；（c）不同器件的 J-V 特性
曲线[115]

度的 ANI-GQD，使装置具有最高的转化效率，而 10% 的 ANI-GS 装置出现了
旁漏电流导致效率下降。AFM 图像显示 P3HT/ANI-GS 膜含有比激子
（10 nm）的扩散长度大得多的相分离域（直径为 100～200 nm），而 P3HT/ANI-
GQD 膜显示出均匀和纳米级的相分离。因此，改进 P3HT/ANI-GQD 膜的形
态是改善性能的关键。

　　印第安纳大学的 Li 课题组合成的 GQD 还可应用于染料敏化太阳能电池
（Dye Sensitized Solar Cell，DSSC）中作为敏化剂（Yan，2010），其吸收峰在
591 nm 处，摩尔消光系数为 1.0×10^{5} L·mol^{-1}·cm^{-1}，这比染料敏化太阳能电
池中使用的金属配合物大了约一个数量级，并且吸收边缘延伸到 900 nm。但是

制备的 DSSC 仅表现出有限的光伏性能,这主要是由于 GQD 在 TiO$_2$ 膜上主要以纯物理吸附为主,因此即使在长时间敏化之后也只获得轻微着色。此外,大尺寸的 GQD(直径约 5 nm)会阻止自身在 TiO$_2$ 纳米颗粒表面上的有效填充,而有效填充是在染料敏化太阳能电池中获得高光电流和高转换效率的先决条件。

2. 有机发光二极管

由于 GQD 具有较高的电子迁移率和好的发光性能,因此将其与有机发光二极管(Organic Light-Emitting Diode,OLED)结合可有效地提高 OLED 性能。印度的 Gupta 研究组采用聚[2-甲氧基-5-(2-乙基己氧基)-1,4-亚苯基亚乙烯基](MEH-PPV)与不同浓度官能化的亚甲基蓝 GQD(MB-GQD)混合,将混合物作为发光层(Gupta,2011)。当 MB-GQD 含量为 1% 时,器件的开启电压从纯 MEH-PPV 样品时的 6 V 降为 4 V。随着 MB-GQD 加入量的增加,最大发光强度也随之增加,这直接反映出内部量子效率的增强。该现象是由于分散在 MEH-PPV 中的 MB-GQD 提供了额外的电子传输通道,改善了电荷注入,从而使电流密度提高,开启电压降低。而在 MB-GQD 添加浓度为较高的 3% 时,器件中出现了电荷陷入和短路效应,这可能是聚合物结块导致的。

香港理工大学的 Lau 研究组将 GQD 层涂覆在商业蓝光二极管(波长为 410 nm)上,发现 GQD 可以是一个优异的光转换器[120]。涂覆上 GQD 后,蓝光的发光强度减弱,在 510 nm 处出现峰值,如图 4-7 所示。同时,国际照明委员会(International Commission on Illumination,CIE)定义的 LED 色度坐标从(0.242,0.156)变为(0.282,0.373),这也证实了 GQD 将蓝光转换为白光的能力。这种颜色转换行为可以解释为原始 LED 的 410 nm 发射光谱与 GQD 在 510 nm 处宽发射光谱的混合。

此外,韩国的 Choi 和他的同事将 OLED 中掺杂进 GQD 以及在 LED 中掺杂氧化锌-GQD[121],发现它们显示出白色电致发光,并且具有相当高的开启电压(11~12 V)。如图 4-8 所示,选择 Cs$_2$CO$_3$ 用作电子注入层和空穴阻挡层,由于石墨烯的能级低于 ZnO 的能级,所以电子从 Cs$_2$CO$_3$ 注入石墨烯层而不是注入 ZnO 的导带。

图4-7 GQD 颜色转换器有 GQD 涂层和没有 GQD 涂层的蓝光 LED 的发光光谱

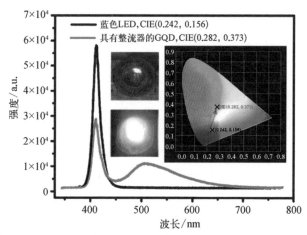

左侧插图为 GQD 涂层 LED 没有施加电压（顶部）和有施加电压（底部）的照片；右侧插图为有无 GQD 涂层的蓝色照明 LED 的 CIE 色度坐标[120]

图4-8 ZnO-GQD LED 的表征

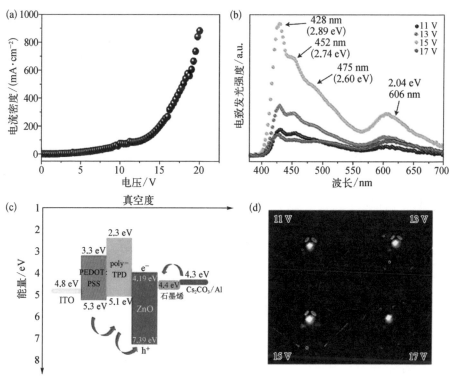

（a）LED 的 J-V 特性；（b）施加电压为 11~17 V 的 ZnO-石墨烯准量子点 LED 器件的电致发光谱；（c）ZnO-GQD LED 器件的能带图，空穴和电子的通路由箭头表示；（d）分别在 11 V、13 V、15 V 和 17 V 施加偏压的光发射照片[121]

3. 燃料电池

与碳纳米管和石墨烯片等碳基非金属材料类似，GQD可以替代部分贵金属Pt，在燃料电池中用作催化氧化还原反应的催化剂[122]。北京理工大学的曲良体研究组利用N掺杂石墨烯薄膜制备出N掺杂GQD[图4-9(a)][123]，研究发现，其催化氧化还原反应（Oxidation Reduction Reaction，ORR）性能与商业Pt/C类似，同时与Pt/C相比，碳纳米材料存在着更好的甲醇耐受性，稳定性也更优秀，在O_2饱和的0.1 mol/L KOH溶液中连续循环2天后没有观察到明显电流的下降。

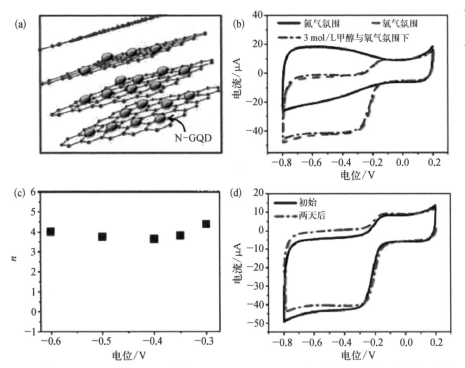

图4-9

（a）石墨烯支撑的N-GQD；（b）N-GQD/石墨烯电极循环伏安曲线；（c）电子转移数对电位的依赖性；（d）N-GQD/石墨烯的电化学稳定性测试[123]

4. 光致发光

通过选择性地掺杂阳离子、阴离子或化学基团，GQD的PL可以被有效地淬灭，这种特点使得其可以定性或定量地用于环境检测。

不同结构的 GQD 具有不同的选择性猝灭现象,使其可以检测不同的离子或化学基团。例如,新加坡南洋理工大学通过对三维石墨烯框架进行电化学切割合成 N 掺杂的 GQD 可用于检测 Fe^{3+}[116],而通过热液热解柠檬酸制备的 GQD 可用于检测 Cl^-,通过水热反应制得的 GQD 则可用于检测 Cu^{2+}。一般来说,与"开启"方法相比,"关闭"发光模型具有相对较高的背景。因此,该研究组通过恢复淬火的 PL 设计出了一种新颖的"关闭-打开"模型,以制造出基于 GQD 的传感器(Zhang,2014)。南昌大学的邱建丁研究组(Bai,2013)和福州大学的陈国南研究组(Liu,2013)通过使用这种模型,实现了 GQD@Eu^{3+} 及 GQD@Fe^{3+} 对磷酸盐的有效检测。这种基于 GQD PL 现象的传感器能够非常灵敏地检测到溶液中的金属阳离子、非金属阴离子和化学基团,无疑会对环境保护做出巨大贡献。

除此之外,GQD 具有可调 PL、良好的光稳定性、低细胞毒性、高生物相容性以及易于功能化的特点,可应用于医学领域中作为追踪靶分子的显像发光剂,帮助我们更加了解基本的分子机制和生物动态过程。以干细胞成像为例,北京师范大学的范楼珍团队研究发现(Zhang,2012)GQD 很容易渗透到干细胞中,对细胞几乎不存在毒性并能够产生清晰和稳定的图像。该团队还使用 CdS 量子点和 C_{60} 纳米粒子与 GQD 进行对照,发现 Cd^{2+} 存在细胞毒性,干细胞在与 CdS 量子点结合时失去活性,在干细胞内也未能检测到 C_{60} 荧光,对照实验表明 GQD 是更好的显像发光剂。GQD 也可用于检测生物组织。例如,大连理工大学的赵慧敏研究组采用石墨烯作为受体,小鼠抗人免疫球蛋白 G 与 GQD 偶联作为供体,制备出了用于检测人体抗人免疫球蛋白的免疫传感器(Zhao,2013)。

总之,GQD 具有优异的电学和光学性能,随着新的合成策略的发展以及 GQD 新的物理、化学性质与功能的发现,GQD 在能源、环境、生物等领域中的地位将越来越重要。

4.2　褶皱石墨烯

石墨烯片极易弯曲,因而可在薄片或是薄膜上产生多种类型的褶皱,使其具有高比表面积和高孔隙体积。褶皱的形成受到多种因素影响,不同类型的褶皱会产生不同的性质和现象,根据褶皱石墨烯材料的独特性能,人们致力于将其应用在电子学器件、超级电容器和锂离子电池等装置中。为更好地描述褶皱现象,建立宏观力学行为与复杂内部中间结构之间的联系必不可少。本节将会从褶皱石墨烯的类型、制备方法、性质及其应用方面进行总结和探讨。

4.2.1 石墨烯褶皱的分类

依据石墨烯片层上褶皱的纵横比、拓扑和顺序,褶皱石墨烯主要可分为:Wrinkle 型、Ripple 型和 Crumple 型三类。如图 4-10 所示,Wrinkle 型褶皱和 Ripple 型褶皱只在二维平面上出现,其中 Wrinkle 型褶皱的高度在 $1\sim10$ nm,普遍高度低于 15 nm,长度高于 100 nm,纵横比大于 10;Ripple 型褶皱处于同一方向,纵横比约为 1,褶皱上的波谷和波峰的尺寸都低于 10 nm;Crumple 型褶皱是二维或三维上发生的非常致密的变形[124-126]。在这三种类型的褶皱中,Wrinkle 型褶皱在石墨烯薄片和薄膜上是一种非常普遍的物理现象,一维或二维的

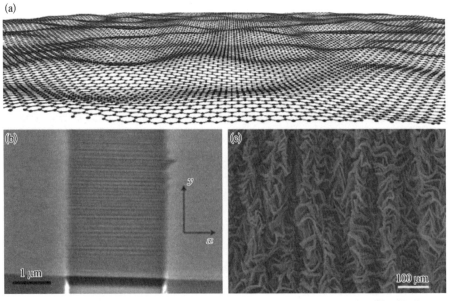

图 4-10 石墨烯褶皱的形态

(a) Ripple 型石墨烯褶皱;(b) Wrinkle 型石墨烯褶皱和(c) Crumple 型石墨烯褶皱[124-126]

石墨烯化学与组装技术

Ripple 型褶皱通过诱导磁场和改变局部电势会强烈地影响石墨烯的电子性质。另外，Ripple 型褶皱会产生 Crumple 型褶皱的石墨烯薄片，这种薄片是大块纳米材料的主要结构单元之一。不同类型的石墨烯褶皱的形成机制也各不相同，主要包括：① 二维晶格的热振动；② 边缘不稳定性、缺陷和位错；③ 负热膨胀（与基底热膨胀相对）；④ 残留溶剂的蒸发和除去；⑤ 预应变基底的结构弛豫；⑥ 在基底上固定；⑦ 基底的表面电位；⑧ 溶剂表面张力。

4.2.2　石墨烯褶皱的形成以及影响因素

1. 影响石墨烯褶皱形成的因素

（1）Ripple 型褶皱的影响因素

严格来说，二维晶体在数学计算上是不能稳定存在的。二维石墨烯能够稳定是依赖于褶皱的存在。通过透射电子显微镜观察，可以发现自支撑的石墨烯不是严格的二维平面，而是在二维平面中有高达 1 nm 的平面外变形——Ripple 型褶皱（Meyer，2007）。与之类似，人们使用探针显微镜在 SiO_2 基底的石墨烯上也发现了纳米尺寸的 Ripple 型褶皱（Ishigami，2007）。布朗大学 Shenoy 研究组通过研究表明，即使在没有任何热效应的情况下，自支撑石墨烯片材中的边缘应力也会引起内在的 Ripple 型褶皱。石墨烯片的边缘主要有锯齿型和扶手椅型两种结构，这种内在的"边缘"压力可能对石墨烯片的形态产生重大的影响。边缘应力会导致石墨烯薄片发生弯曲并产生褶皱，这种弯曲和褶皱的产生以石墨烯"变形"为代价，降低了边缘能量。原子模拟和分析计算表明，石墨烯片上的褶皱和形变的程度与两种边缘的尺寸、形状以及应力的大小与密切相关（Shenoy，2008；Xu，2014）。褶皱大多出现在石墨烯的边缘几何缺陷处，而石墨烯上的边缘和缺陷会由各种原因引起。通常，化学气相沉积法生产的石墨烯会有多晶结构和缺陷的产生，此时就会产生 Ripple 型或 Wrinkle 型褶皱以减少缺陷产生的应力（Seung，1988）。

从机理上来说，热振动和原子间相互作用会使二维石墨烯中碳原子在三维空间中占据一定的空间，C—C 键的键长在时间和空间上发生变化，从而形成动态的 Ripple 型褶皱来最大限度地减少总的自由能（Xu，2014）。此外，p 电子云中的离域电子（以及所形成的相关电子-空穴坑）导致键长的不对称分布。这种不对称分布使其晶格不再是平面的，从而最小化体系的自由能。通过扫描隧道显微镜可以观察到自支撑石墨烯上的热振动引起 Ripple 型褶皱随时间动态变化。另外，在边缘和缺陷附近处会放大石墨烯中键长的不对称性，从而增加了这些区域中的褶皱密度。

（2）Wrinkle 型褶皱的影响因素

由于 Wrinkle 型褶皱的弯曲刚性相对较小，所以它们是已知最薄的弹性材料。2007 年，德国马普固体与材料研究所的 Meyer 等首先在悬浮石墨片中发现固有 Wrinkle 型褶皱的存在（Meyer，2007）。

衬底和石墨烯之间的相互作用会强烈地影响 Wrinkle 型和 Ripple 型褶皱的形成。当在金属催化剂上生长石墨烯时，由于石墨烯和金属的热膨胀系数（Thermal Expansion Coefficients，TEC）不同而表现出高密度的褶皱。以 SiC 为基底生长的石墨烯也出现了褶皱（Berger，2006），这是由于在冷却过程中，石墨烯的热膨胀导致。加州大学的 Lau 研究组报道[127]，可利用石墨烯负的 TEC 来可控地制备规律性和周期性的微小褶皱（图 4-11）。在该工作中，他们将石墨烯和超薄石墨膜一并转移到 SiO$_2$/Si 基底的沟槽上。通过对炉中的悬浮石墨烯进行退火处理，石墨烯上的褶皱与面上的应力方向平行，并垂直于沟槽方向。其中，褶皱的取向、波长和振幅受到基底的结构、形状和温度的影响。

石墨烯晶体中有各向同性和自相似的 Wrinkle 型褶皱。除了基底与石墨烯具有相反的 TEC 这个影响因素，基底形态对形成 Wrinkle 型褶皱也起了至关重要的作用。例如石墨烯基底的形态可以控制褶皱的取向，如果基底表面是粗糙的，应变力会随着表面黏附作用的增加而增大，从而增加褶皱的密度，因此可以通过控制石墨烯和基底之间的粗糙程度控制褶皱密度（Dawson，2013）。北京大学的刘忠范研究组的工作表明褶皱属性及密度受生长衬底的影响，在以 Ni 为基底的实验中，随着基底厚度的增加，石墨烯的晶粒尺寸会减小，体积会减小，褶皱的密度会增大（Liu，2011）。

图 4-11 Wrinkles
型褶皱形态对温度
的依赖性

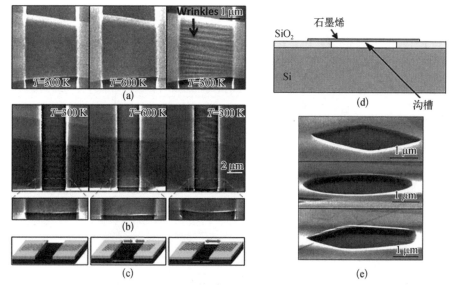

（a）石墨烯置于沟槽之前，之中和之后的 SEM 图像及在沟槽上形成褶皱；（b）退火过程中石墨烯进入沟槽；（c）热收缩引起石墨烯膜的弯曲，面板从左到右分别描绘了处于其原始状态的膜、在加热期间和在冷却期间，红色箭头表示基材和石墨烯的收缩及膨胀；（d）衬底上石墨烯的横截面示意图；（e）不同褶皱取向的石墨烯[127]

（3）Crumple 型褶皱的影响因素

与 Wrinkle 型褶皱受到的单向约束力不同，Crumple 型褶皱由于受到来自各个方向的压缩而变形。例如当受到横向压缩时，石墨烯片由平坦到锥形再到形成 Crumple 型皱褶，并最终形成皱褶球。为了减小石墨烯中因皱褶存在而引起的应变能，石墨烯中的共价键会显示出相当的化学活性。因此，对于 Crumple 型褶皱石墨烯，共价键和范德瓦尔斯力都有助于其结构的形成以及不同性能的实现。

在合成 Crumple 型褶皱石墨烯的几种方法中，将氧化石墨先进行热处理再进行还原的方法受到了极大的关注。例如，可以通过快速蒸发气溶胶液滴并进行毛细管压缩来产生"纸球状"的 Crumple 型褶皱石墨烯结构[128]。如图4-12所示，水中分散的微米尺寸石墨烯氧化物薄片通过氮气被输送到管式炉中。GO 经受各向同性的压缩和热还原，形成亚微米大小的石墨烯球。这种方法制备的 Crumple 型褶皱石墨烯纸球的性能高度依赖于材料的加工过程。

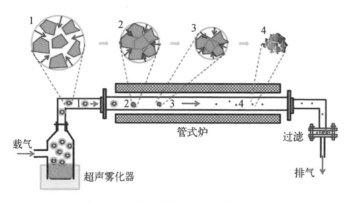

图 4-12 Crumples
型褶皱的石墨烯球

（a）实验装置和蒸发过程引起的起皱过程

（b）Crumples 型褶皱的石墨烯球低倍、高倍的 SEM 图像，GO 浓度从左到右依次升高[128]

2. 石墨烯褶皱的制备

理论研究表明褶皱会改变石墨烯的电子和结构特性。因此，实现对石墨烯中褶皱方向、高度和密度的精确控制对其在赝磁场、化学反应位点和光学透镜中的应用至关重要。石墨烯褶皱的制备主要分为热膨胀、冷却收缩、基底诱导及毛细管压缩等方法。

（1）热膨胀

根据加热石墨烯会释放气体这一现象，设计出了通过氧化石墨的热膨胀来合成褶皱石墨烯的方法。石墨烯片上释放二氧化碳后留出来的空位和拓扑缺陷对于形成褶皱是非常重要的。例如，热剥离法制备的石墨烯片具有很多 Crumple

型褶皱(Kim，2008)，这种褶皱是由石墨烯片坍塌引起的，合成出的介孔石墨烯结构具有 $700\sim1\,500\ \mathrm{m^2\cdot g^{-1}}$ 的高比表面积。但是，如果 GO 未充分干燥，水的汽化过程吸热引起加热过程的延迟会导致低比表面积。另外，实验进一步证实，当超过 550℃ 的临界温度时，GO 的环氧和羟基位点的分解速率超过释放气体的扩散速率，GO 因自生压力高于片层间的范德瓦尔斯力而发生剥离，如图 4-13 所示。

图 4-13

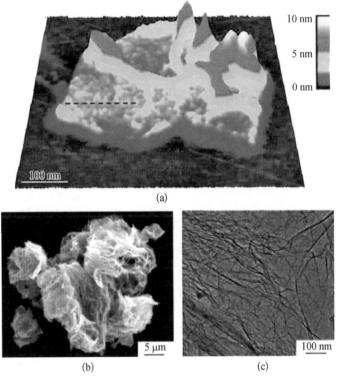

（a）单个石墨烯片的 600 nm×600 nm AFM 扫描图像，显示表面具有褶皱和粗糙的结构；（b）干燥后的功能化单一石墨烯片的 SEM 图像，片材高度团聚，并且颗粒具有蓬松的形态；（c）功能化的单个石墨烯片的 TEM 图像[129,130]

国家纳米科学中心的方英研究组利用机械剥离法制备出了 Wrinkle 型褶皱石墨烯(Li，2009)。首先，将约为 300 nm 厚的聚甲基丙烯酸甲酯(PMMA)层旋涂在硅衬底上，然后在 180℃ 下烘烤 30 min 以完全除去溶剂氯苯，再将石墨烯薄片沉积在顶部，将样品在 170℃ 下退火 30 s，快速冷却至室温。在循环加热及冷却后,石墨烯片上会观察到具有纳米级振幅的周期性褶皱,褶皱的波长和幅度分别为 200 nm 和 2 nm。石墨烯与衬底之间具有强烈的范德瓦尔斯力相互作用,其与 PMMA 不同,TEC 在石墨烯弹性膜中产生应力导致褶皱的生成。为避免环境及外部气体的污染,加利福尼亚大学伯克利分校 Levy 研究组使用超高真空环境在清洁的 Pt(111) 表面上原位生长亚单层石墨烯膜(Levy,2010)。同生长在其他金属上的石墨烯相比,Pt(111) 表面上生长的石墨烯与基底的耦合程度最低。实验过程中产生的石墨烯纳米泡具有圆锥状的 Wrinkle 型褶皱形状,高度约为 0.38 Å。

(2) 冷却收缩

哈尔滨工程大学的范壮军研究组于 2012 年报道(Yan,2012),在 900℃ 热还原石墨氧化物,然后再用液氮快速冷却可以合成高密度的 Wrinkle 型褶皱。与热膨胀方法得到的褶皱石墨烯相比,这种方法制得的褶皱石墨烯具有高比表面积、高皱褶折叠区域。此外,他们还通过使用液氮快速冷冻化学还原的石墨烯悬浮液快速制备 Cumple 型褶皱石墨烯(Yan,2013)。这种褶皱石墨烯有明显的中孔结构,在基面上存在着高度折叠的区域,冷却过程中,由于微小冰晶的冲击,石墨烯片上有大量 2 nm 大小的小孔,有利于充放电过程中电解质离子的快速扩散和迁移。

(3) 基底诱导

石墨烯中的褶皱可以通过改变基底表面粗糙度及石墨烯与基底的界面结合能等进行调控。代尔夫特理工大学 Calado 研究组(Calado,2012)将石墨烯通过湿法转移到亲水聚合物基底上后,再将水排出,Wrinkle 型褶皱便会沿着基底上的排水通道形成。褶皱的密度、高度和取向可以通过调整聚合物膜厚度、浓度和表面形态来控制。威斯康星大学米尔沃基分校 Chen 研究组开发了一种高效简便的策略(Wen,2012),用 C_3N_4 聚合物涂层作为软模板,在热处理过程中 C_3N_4 聚合物与 GO 紧密结合在一起,C_3N_4 聚合物分解后,便可以制备出氮掺杂的高度 Crumple 型褶皱的石墨烯,其孔隙体积高达 3.42 $cm^3 \cdot g^{-1}$。此外,通过调节 C_3N_4 的量及退火温度,可以控制褶皱石墨烯中氮元素的含量。用此种方法形成的褶皱石墨烯具有高密度褶皱、高孔体积和高电导率的特点。杜克大学 Zhao 研究组提出了一种可控地制备 Crumple 型褶皱并能够可逆展开的方法[126]。他们先用化学气相沉积法在镍上生长 3～10 层厚的石墨烯膜，将其转移到聚二甲基硅氧烷（PDMS）印模上，再将基于丙烯酸的弹性体膜双轴拉伸到原始尺寸的三至五倍以用作预拉伸基底，之后将 PDMS 上的石墨烯压印到该弹性膜上。若放松该弹性膜的一个预拉伸方向则产生单向 Wrinkle 型皱纹，褶皱波长达 0.6～2.1 μm，若对该膜进行双轴放松，则会产生 Crumple 型褶皱。中国科学院张广宇研究组报道使用了非线性弯曲技术在 PDMS 弹性体基底上制备周期性排列的纳米级 Ripple 型褶皱石墨烯的方法（图 4-14）[131]。该技术早期由 Whitesides 等开发，并广泛应用在各种材料上。他们发现 Ripple 型褶皱的振幅和周期都随着预应力的增加而减少。此外，Ripple 型褶皱的形成还取决于石墨烯带的宽度和厚度，较宽和较厚的带具有较大的振幅和周期。Ripple 型褶皱的石墨烯在很大的拉伸应变下（> 30%）能够实现完全可逆的结构形变，表明它可作为极端拉伸条件下的柔性电子材料，比如用作应变传感器以检测大水平的拉伸应变。

图 4-14 在 PDMS 基底上制造弯曲石墨烯带的工艺示意图

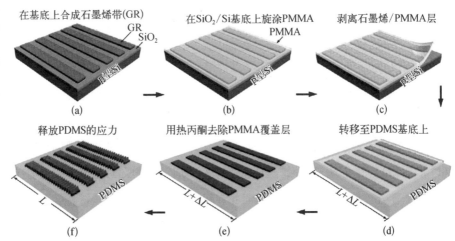

（a）首先在 SiO₂（300 nm）/Si 衬底上进行电子束光刻和干法刻蚀；（b）随后将 300 nm 厚的 PMMA 膜旋涂、烘烤以获得嵌入石墨烯带的薄膜；（c）再通过湿法化学蚀刻将 PMMA/石墨烯带薄膜从 SiO₂/Si 基底释放；（d）然后转移并附着到机械预应变的 PDMS 基底上，带状物沿着预应变方向对齐；（e）用热丙酮去除 PMMA 覆盖层以及（f）释放 PDMS 预应变形成弯曲的石墨烯带石墨烯带，表面形成周期性的 Ripples 型褶皱石墨烯[131]

（4）毛细管压缩

众所周知,二维石墨烯片易堆叠以致造成表面积和离子迁移速率的降低。将石墨烯制成比表面积大、抗压强度高的 Crumple 型褶皱石墨烯球则可以很好解决这一问题。气溶胶辅助的毛细管压缩方法能够获得紧密堆积、表面面积不会显著减小的褶皱石墨烯球。

美国国家标准与技术研究院 Zangmeister 研究组提出快速干燥气雾化的 GO 悬浮液可合成褶皱石墨烯球(Ma,2012),褶皱石墨烯球的尺寸由初始 GO 片的尺寸、物理性质及所施加的力所决定。美国西北大学黄嘉兴研究组使用 GO 片和 Si 纳米颗粒的水分散体(Luo,2012),通过气溶胶辅助毛细管压缩方法制备了 Si 掺杂的 Crumple 型褶皱石墨烯球。威斯康星大学米尔沃基分校的 Chen 也使用了类似的方法制备了贵金属（例如 Pt、Ag）或金属氧化物（例如 SnO_2、Mn_3O_4）修饰的 Crumple 型褶皱石墨烯(Mao,2012)。这种 Crumple 型褶皱石墨烯一方面具有较高的电子导电性和较高的比表面积,另一方面褶皱石墨烯的包裹有助于抑制贵金属和金属氧化物颗粒体积膨胀,因此可将该材料应用于超级电容器和锂离子电池方面。

4.2.3 褶皱石墨烯的性质及其应用

石墨烯中的 Ripple 型褶皱大多是模拟得出,因此人们对 Ripple 型褶皱的研究大多集中在电子属性的理论研究上。Wrinkle 型和 Crumple 型褶皱的形成对电子-空穴坑、抑制弱局域效应、带隙的打开、双层石墨烯中赝磁场和载流子散射等电学现象都存在影响。不同类型的褶皱在光学改性、储能性质、化学活性和生物界面等方面表现出不同的性能。

1. 电学性质

通过利用规范场和散射势,石墨烯面内弯曲及应力与二维无质量狄拉克费米子耦合进而改变石墨烯电子结构(Pereira,2010)。对于不含任何无序结构（或杂质）的平面石墨烯理想模型,费米能级位于电子态密度为零的狄拉克点(Sarma,

石墨烯化学与组装技术

2011)。但实际上,石墨烯平面上任何的无序结构或缺陷都会影响石墨烯的电学均一性。同样,掺杂过程中引入的缺陷和带电杂质也会使石墨烯的狄拉克点从布里渊区偏离。另外,石墨烯上的褶皱会抑制电子传输、迁移率、弱局域效应(Jung,2011),在理想化的石墨烯层中,载流子密度可以从空穴到电子掺杂不断调整,而石墨烯层平面中的局部无序会引起静电势的空间变化。第一性原理计算表面褶皱引入的电子-空穴坑的结果表明,石墨烯的局部几何形状与其载流子分布密切相关。

褶皱改变石墨烯的电子性质的原因主要在两个方面:(1)紧邻轨道间的 π-σ 轨道杂化会影响 π 轨道的能量,进而导致电化学势的变化;(2)近邻跃迁积分的变化引入了一个有效的"向量势"。褶皱石墨烯中极化的 p 电子云密度会影响石墨烯的键拉伸和偶极矩,因此石墨烯中能够打开一个相对较大的带隙并改变局部化学势,从而形成褶皱石墨烯的功能化。通过对石墨烯进行调制,石墨烯可以显示出周期性的褶皱和 0.14~0.19 eV 的带隙(Lee,2013)。在单层石墨烯上,应变和褶皱能够打开带隙并生成双曲线型的能量分布。在双层的褶皱石墨烯上,如果应变大于 0.14,则褶皱也能打开双层石墨烯中的能带隙,并且由褶皱引起的能带隙和应变之间存在线性相关性。他们还发现扭曲的双层石墨烯中晶格应变和大曲率褶皱会产生与石墨烯片电子直接相互作用的赝磁场(约 100 T),产生不一样的电学性质。Costa 还发现当褶皱波长大于平均波长时,对电子传输的影响会减小,石墨烯中的周期性褶皱通过曲面从而增强自旋-轨道相互作用,这能够打开带隙并在低磁场中实现电子的自旋极化运输(Costa,2013)。

美国 IBM Watson 研究中心 Zhu 研究组在褶皱石墨烯中观察到电阻率具有显著的各向异性,并将其归因于电子沿褶皱传输(Ni,2012)。石墨烯的准周期纳米褶皱阵列不仅导致电荷传输产生各向异性特征,而且也会影响薄层电阻和电荷迁移率的极限(Lee,2013)。此外,褶皱石墨烯还表现出类似各向异性的朗道量子化和热导率。

2. 表面特性和应变感应

如上所述,石墨烯准周期性的纳米级褶皱不仅会引起电荷传输中的各向异性,降低石墨烯的阻抗和电荷迁移率(Ni,2012),改变石墨烯本身固有的电学性能,而且还可以调节表面性质和透明度。如图 4-15 所示,Zang 等发现 Crumple 型褶皱的石墨烯显示出可调节的润湿性和透明度[126]。测量表明褶皱石墨烯与水的接触角符合 Wenzel 和 Cassie-Baxter 定律,两个定律分别对应于一致性与非一致性(存在空气隙时)的相互作用。在皱褶石墨烯之间的三明治结构的弹性膜上施加电压会导致 Maxwell 应力,降低石墨烯的厚度并增加弹性膜的面积。通过调节电压可进一步控制可见光范围内的透光率[图 4-15(b)]。这种通过调节预应变基底产生的褶皱石墨烯可用作应变传感器,其中器件电阻会随应变的变化而改变。

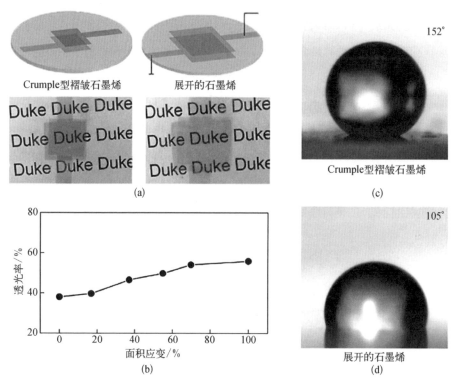

图 4-15 压电石墨烯-弹性体层压板的压电诱导致动

(a) 施加电压时,叠层会减小其厚度,并扩大其面积,面积致动应变超过 100%;(b) 在可见光范围内叠层的透光率随面积致动应变的变化(其中透光率的值为 3 次测试的平均值);(c)(d) 具有超疏水性和可调润湿性的可拉伸石墨烯涂层[126]

3. 储能性质

褶皱的存在能够有效抑制石墨烯层的堆积并增加其表面积。另外,由于石墨烯纳米片具有裸露的边缘平面和褶皱优势,所以增加了电荷储能性质。哈尔滨工程大学的范壮军研究组利用快速热还原法合成出高度褶皱的石墨烯片（Yan，2012），这种材料具有 518 $m^2 \cdot g^{-1}$ 的高比表面积，将其应用于超级电容器中表现出较低的扩散电阻、较高的比电容（349 $F \cdot g^{-1}$）和优异的倍率性能。威斯康星大学米尔沃基分校的 Chen 研究组用一种高效简便的策略合成出氮掺杂的高度褶皱的石墨烯，石墨烯表面形成 Crumple 型褶皱并具有高达 3.42 $cm^3 \cdot g^{-1}$ 的孔隙体积（Wen，2012）。这种方法形成的褶皱石墨烯具有褶皱度高、孔体积大以及电导率强的特点，用作超级电容器电极材料展现出 302 $F \cdot g^{-1}$ 的高比电容、优异的倍率性能和良好的循环稳定性。Chen 等通过堆叠褶皱石墨烯开发了具有高透明率（在550 nm 波长下为 57%）及可拉伸（高达 40% 的应变）特点的超级电容器，其比表面积电容约为 5.8 $mF \cdot cm^{-2}$，质量比电容为 7.6 $F \cdot g^{-1}$（Chen，2014）。其中，石墨烯上的褶皱对于可拉伸超级电容器的形成尤为重要。除直接作为电极活性材料外，褶皱石墨烯还可作为附着纳米颗粒的骨架。例如，湖南农业大学的方岳平研究组通过水热法合成了掺杂 SnO_2 纳米粒子的褶皱石墨烯（Zhou，2014），这种三维纳米结构的石墨烯用在锂离子电池中，在 200 $mA \cdot g^{-1}$ 的电流密度下循环 20 次、50 次和 100 次后，分别得到 883.5 $mAh \cdot g^{-1}$、845.7 $mAh \cdot g^{-1}$ 和 830.5 $mAh \cdot g^{-1}$ 的高放电容量，即使在 1 680 $mA \cdot g^{-1}$ 的大电流密度下，放电容量仍有 645.2 $mAh \cdot g^{-1}$。

在锂离子电池的 Li^+ 扩散中，平滑石墨烯具有 0.3 eV 活化势垒（Li，2014），而褶皱型石墨烯活化势垒则只有约 0.1 eV。石墨烯上的褶皱为锂化期间的膨胀提供了额外余量，解决了由于体积膨胀导致阳极裂开的难题。此外，褶皱石墨烯在溶液或固体状态下具有明显的抗聚集性，并且在经过如化学处理、湿法加工、退火和高压微粒化等不同的处理过程后仍能保持结构完整。

综上所述，合成出具有高表面积的褶皱石墨烯以及将金属氧化物或其他杂化材料与褶皱的石墨烯复合是进一步提升能量储存器件性能的发展方向。

4. 化学活性及其他

伊朗的 Partovi-Azar 研究组发现石墨烯上的拓扑结构决定了电子与空穴的形成（Partovi-Azar，2011）。显然，皱褶和其他拓扑结构会对石墨烯的化学活性产生影响（Wang，2012）。如荷兰内梅亨大学的 Boukhvalov 研究组研究显示（图

4 - 16)$^{[132]}$,若石墨烯褶皱高度(h)与其半径(R)的比值大于 0.07,石墨烯上的褶皱会增强其化学活性,若 $h/R<0.07$,则化学活性不会增强。

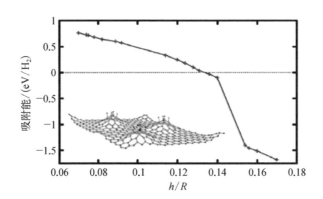

图 4 - 16 化学吸附能 与 Ripple 型褶皱曲率的关系(插图为石墨烯上 Ripple 型褶皱化学能增强的示意图)$^{[132]}$

美国西北大学 Brinson 研究组报道了褶皱能够使石墨烯与主体复合物更好地复合(Ramanathan,2008)。在 Wrinkle 型褶皱石墨烯存在的条件下,聚合物纳米复合材料的分散性得到提高,在 40℃下添加 1%(质量分数)的 Wrinkle 型褶皱石墨烯能够提高玻璃转化温度。

石墨烯褶皱还可用于制造其他的石墨烯微结构。北京大学刘忠范研究组通过设计生长衬底的表面形态并使用适当的转移技术在 SiO$_2$/Si 衬底上合成褶皱石墨烯,再通过等离子体蚀刻技术制备了宽度小于 10 nm 的大面积单一取向的石墨烯纳米带(GNR)阵列用于场效应晶体管研究(Pan,2011)。由褶皱石墨烯制备出的 GNR 阵列的密度从 0.5 s·μm^{-1} 到 5 s·μm^{-1} 不等,并且超过 88% GNR 的宽度小于 10 nm。这些基于 GNR 的场效应晶体管具有约为 30 的开/关比,表明 GNR 阵列具有开放的带隙。

5. 无褶皱石墨烯

虽然石墨烯中的褶皱在大多数应用中都发挥出了积极作用,但在高性能的场效应晶体管和光开关抗腐蚀方面却无计可施。目前,无褶皱的石墨烯是不会受到腐蚀的最薄的膜类材料,被广泛用于金属防腐。但如果石墨烯上存在褶皱,那么裸露的或未受保护的金属会更加容易遭到腐蚀。为此,生产具有较少褶皱的石墨烯同样意义重大。研究发现,将石墨烯沉积在光滑的原子基底上,可以有效抑制或去除石墨烯结构中固有的褶皱。此外,通过 CVD 生长的石墨烯,将其转移到基底上后会产生褶皱,可以通过以下几种方法来降低石墨烯中的褶皱密度:① 在生长步骤中增加底物镍的厚度;② 在转移之前可以将 PMMA/石墨烯膜浸泡在去离子水中;③ 将石墨烯转移到疏水基质上。另外,在转移过程中,将 PMMA/石墨烯膜浸入去离子水中并加入异丙醇或者提高水的温度到 80℃,可以降低溶剂的表面张力从而减小褶皱密度。

总之,不同类型的褶皱石墨烯在性质应用方面均有所不同。由于褶皱可以显著改变石墨烯的电子结构、传输性能和化学势分布,使得褶皱石墨烯在电子、复合材料、微机电系统和器件等多个领域实现了多种应用,因此进一步研究褶皱的形成机制以期实现对褶皱长度、宽度、高度、密度和形状等参数的精确调控。

4.3　石墨烯纳米带

石墨烯载流子迁移率高,透光性好,被认为是纳米电子未来最有前景的候选材料之一。然而,石墨烯的无带隙特性限制了其在半导体器件中的应用,因此,人们致力于在不显著影响其迁移率的同时在石墨烯中引入带隙。石墨烯纳米带(GNR)是目前研究最为广泛的石墨烯纳米结构,由于其特殊的边缘结构,可以在石墨烯中引入相当大的能带隙,是发展石墨烯纳米电子学的重要组成部分。本节中我们将介绍 GNR 的基本性质,回顾其发展历史和制造工艺的最新进展,并讨论它们的电子特性和潜在应用。

4.3.1　石墨烯纳米带制备方法

1. 自上而下法

（1）氧气等离子体辅助光刻

电子束光刻（E-Beam Lithography，EBL）和反应离子刻蚀（Reactive Ion

Etching，RIE)是被广泛使用制备 GNR 的方法。光刻是指在掩膜上留下所需的纳米形状，而等离子体蚀刻通常是通过氧气等离子体去除掩膜外区域，留下窄的条状石墨烯。将光刻与等离子体刻蚀相结合，构建掺杂氧气等离子体刻蚀的 EBL 体系是制备石墨烯纳米结构的常用方法(Han，2007)。EBL 能够实现小于 10 nm 线宽的精确刻蚀，而氧气等离子体蚀刻则反应剧烈，所以使用这种方法制备的 GNR 最窄线宽约为 20 nm，该方法无法对 GNR 的边缘取向实现有效控制，边缘很容易被—O 或—OH 钝化，降低 GNR 的电子性能。

　　获得 GNR 的另一种方法是首先通过化学气相方法来合成具有光滑边缘、宽度为 1～2 nm 的纳米线，然后使用该纳米线作为蚀刻掩模板，获得低至几纳米宽度的 GNR(Holmes，2000)。加利福尼亚大学的段镶锋研究组用硅纳米线作为氧气等离子体刻蚀的刻蚀掩模板制备了宽度小于 10 nm 的 GNR[133]。GNR 宽度可以通过氧气等离子体蚀刻时间来调整，最终宽度取决于硅纳米线的直径。另外，当使用氧化物纳米线作为掩模板时，它可以直接用作 GNR 器件制造中的顶栅(图 4-17)。根据这种策略，该组还使用了氧化物 Si/HfO$_2$ 核壳纳米线作为掩模板和顶栅制备了高性能场效应管(Liao，2010)，跨导值约为 3.2 mS。

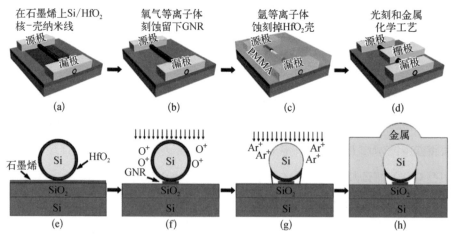

图 4-17　使用 Si/HfO$_2$ 核壳纳米线作为蚀刻掩模和顶部栅极制备 GNR 晶体管的工艺示意图

　　(a)(e) Si/HfO$_2$ 核壳纳米线采用干法转移技术在石墨烯的顶部排列，源栅电极采用 EBL 技术制备；(b)(f) 使用氧等离子体刻蚀去除未受保护的石墨烯，只留下纳米线下方的 GNR 连接到源极和栅极下方的两个大石墨烯块；(c)(g) 使用氩等离子体蚀刻掉 HfO$_2$ 壳的上半部分以暴露硅芯栅以接触外部电极；(d)(h) 顶部栅电极通过光刻和金属化工艺来限定[133]

此方法将 GNR 与厚度可控的电介质相结合,提高了 GNR 器件的性能。然而,尽管该方法能够制备宽度小到几纳米且具有相当大带隙的 GNR,但依然很难确定所得到的 GNR 的边缘结构。另外,由于刻蚀过程的苛刻降低了 GNR 的载流子迁移率。为了获得具有可控边缘结构的高质量 GNR,人们发展了无须使用苛刻的氧气等离子体辅助刻蚀制备 GNR 的方法。

(2) 氢气辅助刻蚀

氢气刻蚀石墨烯是指在 Ni、Fe 和 Co 等金属纳米颗粒催化下,氢气在高温时将碳原子从石墨烯边缘处去除(Campos, 2009)。莱斯大学的 Ci 研究组认为通过多步切割技术可以实现 GNR 的制备,他们通过光刻预先图案化的石墨烯边缘以实现对边缘形状的控制(Ci, 2010),再通过催化、刻蚀获得了 10 nm 的 GNR 结构,为研究晶体边缘取向产生的特异性电子行为开辟了新途径。然而,这种方法由于金属颗粒残留会降低 GNR 的电性能,阻碍它们在电子传输中的应用。进一步研究发现,氢气蚀刻也可以在没有金属颗粒催化的条件下发生。中国科学院的张光宇研究组通过氢气等离子刻蚀技术实现了对石墨烯基面的各向异性刻蚀(Yang, 2010),结果表明,氢气等离子体蚀刻可产生稳定的锯齿边缘,蚀刻速率可通过调整等离子体强度、温度和蚀刻时间来控制,蚀刻机理归因于碳原子的氢化和挥发。另外,氢等离子体性质温和,不会引起额外缺陷,各向异性蚀刻仅发生在边缘和固有缺陷处,明显优于氧气等离子体刻蚀法,该方法可以制备宽度低至 6 nm 且边缘平滑的 GNR,最高载流子迁移率可达 $2\,000\ cm^2 \cdot V^{-1} \cdot s^{-1}$。除此之外,利用这种方法还可以获得蜂窝状网络、孤立的三角形点阵列和波形带状阵列等各种图案化的石墨烯纳米结构(Shi, 2011)。但由于该方法使用 SiO_2 作基底,制备的 GNR 表面粗糙且电荷不均匀,所以该方法仅适用于双层和多层 GNR 的制备。

(3) 扫描探针光刻

扫描探针光刻法制备 GNR 是基于原子力显微镜(Atonic Force Microscope, AFM)的局部阳极氧化扫描探针光刻技术,实现了对晶体取向及结构的精确控制。但是,这种方法制得的 GNR 结构会受到限制且无法调整 GNR 边缘手性。为避免基于 AFM 所引起的局限性,匈牙利科学研究院技术物理和材料科学研究所 Tapasztó 研究组在施加偏电压的同时使用扫描隧道显微镜(Scanning

Tunneling Microscope，STM)光刻技术来制备 GNR，制备过程中移动 STM 尖端来蚀刻掉多余区域，调整光刻参数(如偏置电位和尖端速度)来切割具有特定边缘手性的 GNR(Tapasztó，2008)。STM 光刻技术能够实现对 GNR 边缘结构的精确控制，获得宽度低至约 2.5 nm 的 GNR，能带隙高达 0.5 eV。

（4）碳纳米管开链

碳纳米管(CNT)开链是一种能够批量生产 GNR 的方法。以碳纳米管作为起始材料，制备的 GNR 宽度由碳纳米管的周长决定。美国莱斯大学 Tour 研究组利用硫酸和高锰酸钾处理 MWCNT，使其纵向开链得到 GNR(Kosynkin，2008)。然而，这种方法制备的 GNR 在表面及边缘处存在含氧官能团，影响了 GNR 的性能。与上述方法不同，美国斯坦福大学戴宏杰研究组提出了另外一种氧化方法以制备具有平滑边缘的 GNR[134]。该课题组首先将 CNT 嵌入聚甲基丙烯酸甲酯(PMMA)中作为蚀刻掩模板，然后用氩等离子体从碳纳米管侧壁上去除碳原子，如图 4-18 所示。得到的平滑边缘的 GNR 宽度分布在 10～20 nm，

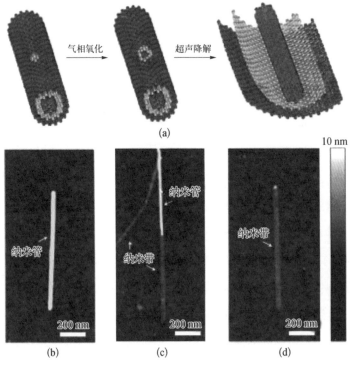

图 4-18 通过纵向拉伸 CNT 获得 GNR

（a）GNR 形成的示意图;（b）~（d）TEM 图像显示从 MWCNT（左）到氧化 GNR（右）的转变[134]

石墨烯化学与组装技术

如果使用直径更小的 CNT 则能够得到更窄的 GNR。尽管这些碳管开链方法展示出了一定的前景,但它们的结构高度依赖于原始材料 CNT,另外 CNT 具有不同的手性,难以获得明确边缘结构的 GNR。

2. 自下而上法

(1) 有机分子自组装

使用溶液介导或表面辅助的环化脱氢反应来实现有机分子自组装是制备超窄 GNR 的常用方法。瑞士联邦材料测试与开发研究所 Cai 研究组首次报道了通过表面辅助法获得扶手椅边缘的 GNR(图 4 - 19)[135]。此后,该小组通过选择不同的前体制备了锯齿形的 GNR(Ruffieux, 2015)。该方法包含脱卤和环化脱氢两个热活化步骤,通过选择不同的分子前体,在不同温度下对样品退火处理来制备不同类型的 GNR。最近,德国马普所的 Müllen 研究组通过 Diels-Alder 聚合在溶液中合成了 GNR(Narita, 2014)。使用这种方法合成的 GNR 长度超过 200 nm,是迄今为止报道中最长的自组装有机分子。

图 4 - 19 表面法辅助形成 GNR

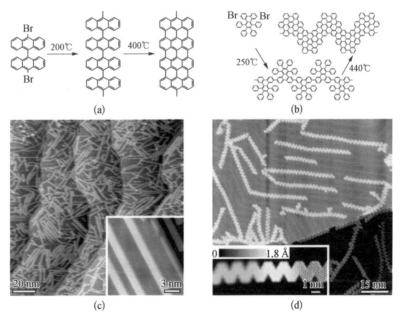

(a)

(b)

(c)

(d)

(a) 制备 N=7 的直链 GNR 的反应方案;(b) 形成 V 形 GNR 的反应方案;(c) 在 Au(111)表面上的 GNR 的 STM 图像;(d) 在 Au(111)表面上的 GNR 的 STM 图像[135]

（2）石墨烯纳米带在模板衬底上的制备

自组装有机分子合成 GNR 需要在绝缘基底上实现，以便直接研究 GNR 的电学性质，该要求限制了其拓展制备与应用。为解决该问题，佐治亚理工学院的 De Heer 研究组首次实现了 GNR 在碳化硅模板衬底上的直接生长（Sprinkle，2010）。这种方法可以在基板上的指定位置生长窄至 40 nm 的 GNR，室温下该石墨烯带表现出开 / 关比约为 10、迁移率为 2 700 cm^2 · V^{-1} · s^{-1} 及单通道弹道传输现象。Cho 和他的同事进一步研究发现，通过调整退火温度和气体压力可以控制碳化硅表面 GNR 的宽度，通过选择合适的碳化硅侧面来获得不同手性的 GNR（Huang，2013）。

以金属为基底的 CVD 法是生长单层石墨烯的有效方法。迄今为止，已有基于 Ni 催化剂直接生长 GNR 的报道。其中，日本东北大学的 Kato 研究组通过快速加热等离子体法将 Ni 纳米棒直接转换成 GNR[136]，实现了对 GNR 生长过程中的位置和取向的控制。以这种方法获得的 GNR 宽度可控，其取决于 Ni 纳米棒的初始宽度（图 4 - 20）。

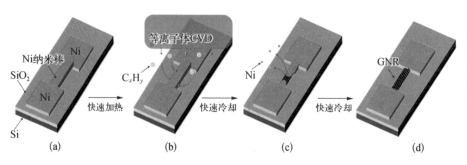

图 4 - 20　Ni 纳米棒通过直接转化为 GNR 过程的示意图[136]

除 Ni 纳米棒之外，Ni 膜也可作为催化剂膜来生长 GNR。美国劳伦斯伯克利国家实验室 Zhang 研究组以 Ni 为模板实现了对 GNR 位置和宽度的精确控制，所获得的 GNR 具有窄至 20 nm 的宽度及 1 000 cm^2 · V^{-1} · s^{-1} 的载流子迁移率（Martin-Fernandez，2012）。日本九州大学 Ago 研究组报道了在平面 Ni 膜上催化 GNR 的生长方法（Ago，2013），首先在镍薄膜上沉积 PMMA，然后在 1 000℃ 条件下退火处理，便可制备出宽度为 20～30 nm 的 GNR。威斯康星大学麦迪逊分校的 Jacobberger 研究组报道了在绝缘衬底锗上直接生长扶手椅型 GNR 的方法，这种方法可以制造宽度低至 10 nm 的 GNR，其具有光滑的椅式边

　　　　　　　　　　　　　　　　　　　　　　　　　石墨烯化学与组装技术

缘和可控的结晶取向(Jacobberger，2015)。2016 年，中国科学院的张广宇研究组获得宽度为 15～150 nm、超高质量的 GNR(Lu，2016)。这种 GNR 有效地降低了电荷杂质和声子散射，低温下的载流子迁移率高达 20 000 $cm^2 \cdot V^{-1} \cdot s^{-1}$，在室温下约为 4 000 $cm^2 \cdot V^{-1} \cdot s^{-1}$，这种方法实现了以清洁界面以及准一维超晶格体系来制备 GNR 的过程。

4.3.2　石墨烯纳米带结构及性质

　　GNR 的电子性质表现出对其边缘取向的强烈依赖性。前面已经介绍过，GNR 的边缘结构可以通过光刻技术沿石墨烯的特定方向获得，并且 GNR 边缘的粗糙程度以及边缘钝化都会对 GNR 的物理性质产生影响。根据 GNR 的边缘结构，可以分为锯齿型石墨烯纳米带(ZGNR)和扶手椅型石墨烯纳米带(AGNR)两种类型，结构如图 4-21 所示[137]。研究人员对 ZGNR 和 AGNR 的能谱结构及波函数都进行了广泛的研究，发现其电子特性强烈依赖于 GNR 的尺寸和几何形状，电子态可以用适当边界条件下的狄拉克哈密尔顿量的本征值来理解。

图 4-21　石墨烯纳米带结构[137]

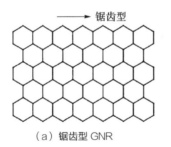
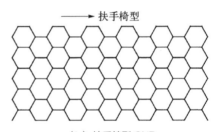

（a）锯齿型 GNR　　　　　　　　　　（b）扶手椅型 GNR

　　基于 Hückle 近似或紧束缚模型最近邻相互作用，不管 ZGNR 宽度如何，都会显示出金属特性。ZGNR 类似于扶手椅型碳纳米管，也就是说，所有 ZGNR 都具有金属性质。日本筑波大学的 Fujita 研究组使用非限制 Hartree-Fock 近似的 Hubbard 模型分析了 GNR 的磁结构，并且通过使用紧束缚带计算了 ZGNR 呈现出的对应于部分平带的特殊边缘状态(Fujita，2013；Fujita，1996)。计算结果表明，当连续的锯齿型位点的平均数量达到 4 或 5 时，就会出现这种特殊的边

缘态。当 κ 的空间区域在 $2/3\pi \leqslant |\kappa| \leqslant \pi$ 时，就会出现完美的平带。加利福尼亚大学的 Louie 研究组使用局域密度近似的第一性原理计算来对 ZGNR 进行分析(图 4 - 22)[138]。与之前基于紧束缚近似模型的研究不同，计算结果显示 ZGNR 具有类似于 AGNR 的能带隙。具有不同边缘形态的 ZGNR 和 AGNR 的能隙归因于不同的物理机制，ZGNR 的能隙源于因磁有序产生的子晶格错位势，AGNR 的能隙源于量子限制，他们的理论工作证明，ZGNR 和 AGNR 都具有能隙，能隙与纳米带的宽度成反比，边缘效应是 GNR 能带工程中的决定性因素。上述计算基于简单的紧束缚模型，因此需要更详细地考虑边缘效应。

图 4 - 22

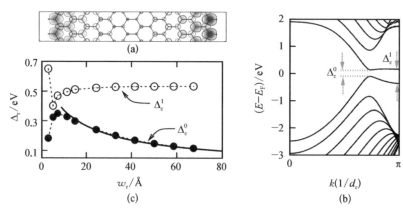

（a）12 - ZGNR 的空间自旋分布；（b）12 - ZGNR 的带结构；（c）作为带宽函数的 Δ_z^0 和 Δ_z^1 的变化[138]

不同于 ZGNR，对 AGNR 来说，纳米带是金属性质还是半导体性质取决于纳米带的宽度，当带宽 $N = 3M - 1$（M 为整数），纳米带是金属型的，否则纳米带显示出绝缘特性。对于半导体纳米带，随着线带宽增加，带隙减小，当带宽增加到一个最大值处时，带隙会在极限处达到零。相比较于 ZGNR，AGNR 类似于锯齿型碳纳米管。休斯敦莱斯大学的 Barone 研究组研究表明（Barone，2006），AGNR 的宽度不仅影响了其金属性，在其他方面也有一定的影响，为了获得带隙与硅相当的 GNR，带的宽度必须减小到 1~2 nm。鉴于能带隙对 GNR 的几何结构的依赖性，有可能通过简单控制 GNR 的宽度和边缘取向来实现对 GNR 电子性质的控制，从而达到石墨烯电子器件的多功能化。

　　　　　　　　　　　　　　　　　　　石墨烯化学与组装技术

在密度泛函理论包含自旋自由度的计算下，Louie 研究组推测 ZGNR 在边缘处具有铁磁有序的磁绝缘基态以及两个边缘之间的自旋取向[138]。更有意思的是，当对 ZGNR 施加外部横向电场时，锯齿型 GNR 表现为半金属行为（Son，2006）。然而，这种自旋相关的半金属现象随着带宽的增加而变弱。由于边缘态的存在，金属 ZGNR 与金属型扶手椅型碳纳米管不同，其 π 和 π* 子带在费米能级处不会相交以实现整个能级范围的分布（图 4-23），这导致了 ZGNR 在低偏

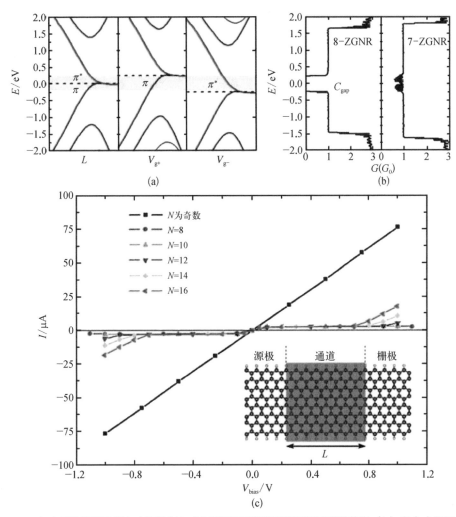

图 4-23 ZGNR 能带结构

（a）ZGNR 在正（V_{g+}）和负（V_{g-}）电位阶跃下的费米能级附近的能带结构；（b）在（a）图所示的电势区间内，8-ZGNR 和 7-ZGNR 的电导；（c）由 ZGNR 制成的具有不同宽度 N 的双探针系统（参见插图）的电流-电压曲线[139]

置电压(或小电位阶跃)下的传输特性仅由 π 和 π^* 子带之间的传输决定。由于存在这种独特的能带结构,ZGNR 存在两种不同的传输行为。由于对称的 ZGNR 的 π 和 π^*(即宽度指数 N 是偶数)子带具有相反且明确的 σ 对称,所以它们之间不能传输。然而,对于非对称的 ZGNR(即宽度指数 N 是奇数),它们的 π 和 π^* 子带没有明确的 σ 宇称,因此它们之间的耦合可以产生大约一个电导量子。

除单层 GNR 外,双层 GNR 同样有大量理论与实验上的研究。理论上说,双层 GNR 和单层 GNR 具有一些相似的电子性质,诸如在锯齿型边缘处的局部化边缘态以及扶手椅型双层 GNR 的半导体行为。实验发现,双层石墨烯具有独特的性质,如在单层石墨烯中不存在的异常整数量子霍尔效应。此外,这种双层结构的能隙大小可以通过调整载流子浓度以及外部电场来控制。由于双层 GNR 具有这些独特性能,它在各种电子器件中有着广泛的应用前景。

GNR 在电子传输方面也有很多有趣的现象,如零电导 Fano 共振、谷值滤波、ZGNR 的半金属传导、自旋霍尔效应等。如上所述,GNR 的电子传输特性在很大程度上取决于它们的边缘,具有粗糙边缘的 GNR 的载流子传输主要由边缘缺陷支配,并且可以描述为局域态间的可变程跳跃电导机制。在这种情况下,可以在狄拉克点附近检测到传输能隙。而对于具有平滑边缘的 GNR,电子输运理论大致可用包括库仑阻塞和电荷杂质等几种机制描述。

另外,室温下石墨烯便具有铁磁性,但 GNR 会表现出一些特殊的磁性。ZGNR 的结构中含有局部边缘态,因此它的磁性会随着结构中宽度大小、杂质含量、缺陷位置及大小以及是否施加外加电场等因素而变化。例如,当边缘处电子自旋方向相同时,ZGNR 会表现出反铁磁性,而铁磁性的能量相对较高,因此比反铁磁性的物质更不稳定,但是两者之间的能量差异会随着 ZGNR 结构带宽度的增大而减小。因此,通过调节结构中的宽度、掺杂的物质及其含量、施加外电场等对 ZGNR 的磁性质进行调控。GNR 不仅在电学、磁学以及传输方面表现出优异的性能,而且它在光学、导热性能,以及拉伸强度方面均有突出的表现。通过改变 GNR 的宽度长度以及缺陷位置大小进而合成出不同性质的 GNR,可实现在不同方面器件中的应用。

4.3.3 基于石墨烯纳米带的应用

1. 信息存储

目前存储器二极管仍然依赖于外部电源,由于电热效应产生的能量消耗会造成相当大的能源浪费,因此发展自供电存储器非常重要。北京理工大学的曲良体研究组通过堆叠网状氧化石墨烯纳米带形成了层状膜(GOR-NM),再通过自组装技术实现了信息存储功能。氧化石墨烯纳米带富含含氧亲水官能团,并且具有贯穿整个层状膜的纳米孔,这不仅能够加速水分捕获,而且也促进了离子运输,从而实现高效记忆信息过程(图4-24)。通过在器件一侧进行电化学还原而另一侧进行氧化,形成了具有氧化官能团梯度的层状膜,在捕获水分时触发离子浓度梯度,造成电位的变化。这种对水分灵敏的响应使得该器件成为自供电的、一次写入多次读取型存储器件,其优点在于极强的灵活性、可靠性以及高达 10^6 的开/关电压比[140]。

2. 传感器

传感器是一种检测气体、液体和分子等物质的重要装置。佛罗里达大学 Ural 研究组制备了 Pd 功能化的多层石墨烯纳米带(Multilayer Graphene Nanoribbon,MLGN)网络,并将 MLGN 的传感响应表征为氢浓度和工作温度的函数进而实现了氢敏传感特性。与由剥离的石墨烯或还原 GO 材料制造的传感器相比,采用 MLGN 材料制成的传感器方法更简单,成本低,并且可以容易地扩大到大面积的晶片。此外,与基于碳纳米管网络和碳纳米管膜的器件相比,纳米带网络的多孔结构和高比表面积实现了对气体吸附的高效功能化和高灵敏度(Johnson,2010)。马来西亚工艺大学的 Akbari 研究组将 GNR 作为气体传感器,对二氧化碳的浓度进行分析模拟[141]。如图4-25所示,该传感器的结构类似于由金属源极、金属漏极、硅背栅极和绝缘体栅极组成的传统金属-氧化物-半导体场效应晶体管。石墨烯通道连接源电极和漏电极,并且电介质阻挡层 SiO_2 将栅极与沟道分开。当气体分子附着到 GNR 表面或边缘时,载流子浓度将会随着漏源电流的变化而变化。该实验结果与理论模拟具有高度一致性。

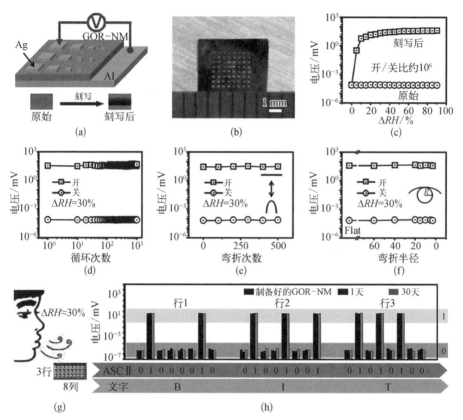

图 4 - 24　基于 GOR - NM 的湿式 WORM 型存储设备

（a）基于 GOR-NM 存储器的单元阵列示意图和（b）照片；（c）采集湿度读数过程中不同的 ΔRH 信号；（d）～（f）由 ΔRH = 30% 读取的基于 GOR - NM 的存储单元的耐久性和连续弯曲测试；（e）和（f）的插图分别示出弯曲状态（弯曲半径为 5 mm）和各种弯曲半径（R）的图示；（g）具有 24 像素（3 行 8 列）的原型 WORM 芯片的示意图，可以通过人的呼吸来读取；（h）按照 ASCⅡ 码的二进制码读取水产电的读数和相应的解码显示字"BIT"，这些数据可以可靠地存储超过 30 天[140]

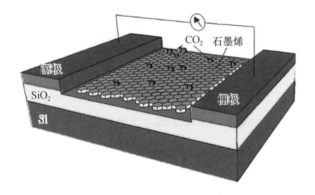

图 4 - 25　基于石墨烯的气体传感器的结构[141]

3. 储能装置

GNR 具有相当大的比表面积,适合作为电容器的电极材料。台湾中兴大学的 Wu 研究组将聚吡咯与氧化的 GNR 复合材料作电极,发现复合纳米材料在扫描速率为 5 mV·s^{-1} 时,最高比电容为 747 F·g^{-1},显著高于纯聚吡咯材料。同时,其循环稳定性得到显著提高,1 000 次循环后初始比电容仅衰减 12%。这主要是因为聚吡咯的循环稳定性差,而复合上氧化的 GNR 之后,两者之间强烈的 π-π 相互作用提高了电极材料的稳定性,进而表现出优良的电化学性能(Hsu, 2014)。

台湾大学的 Ho 研究组以 MWCNT 为中心(Lin, 2013),以氧化石墨烯纳米带(Graphene Oxide Nano Ribbon, GONR)为外壳,构建出新型核壳异质结构 MWCNT@GONR 用作超级电容器电极材料。使用 MWCNT@GONR 作为电极的超级电容器的比电容量可达 252.4 F·g^{-1},远高于使用商业 MWCNT(39.7 F·g^{-1})和石墨烯纳米粉末(19.8 F·g^{-1})的器件。同时,该超级电容器即使经过 1 000 次循环后仍能表现出良好的稳定性和电容性能。

与 GNR 类似,石墨烯纳米线是一维的纳米结构,具有优异的物理化学性质。哈尔滨理工大学的李瑶研究组利用模板策略在三维石墨烯泡沫上制备了石墨烯纳米线(Liu, 2017)。该制备过程包括对 GO 的还原和组装、聚苯乙烯球体模板的热解以及 GO 和聚苯乙烯球体间的催化反应。将该纳米线作为钠离子和锂离子电池阳极材料,最终得到了较低的放电电压平台、优异的可逆容量、良好的倍率性能及持久的耐用性。当其作为 Na 离子电池的阳极,倍率为 1 C 时可逆容量超过 301 mAh·g^{-1},在循环 1 000 次后,没有明显的能量衰减。即使在 20 C 的倍率下,仍可保持高达 200 mAh·g^{-1} 的可逆容量。优异的电化学性能归因于多维石墨烯的分级结构、高结晶度、扩大的层间距离和广泛的侧向暴露边缘/孔隙,这些因素促进了电子和离子的传输。将还原石墨烯薄片组装成石墨烯纳米线这一工作有助于进一步实现石墨烯基的储能应用。温州医药大学的刘勇及其合作者提出了一种基于石墨烯纳米线的新型电化学超级电容器(Chen, 2014)。将 GO/PPy 复合物电沉积到微孔 Al$_2$O$_3$ 模板中,然后除去模板得到 GO/PPy 纳米线,该复合材料提高了超级电容器的充放电速率。另一方面由于垂直排列的纳米线具有大表面积以及和衬底电极之间紧密接触,形成的超级电容器电容高达 960 F·g^{-1}。在充放电 300 次后,电容性能依然保持稳定。该组为了实现热稳定性和长期的电荷储存,将 GO 进一步电化学还原成石墨烯,将 PPy 热碳化,这种石墨烯/碳基纳米线超级电容器的电容值为 200 F·g^{-1},高于传统的多孔碳材料,与 GO/PPy 纳米线相比表现出更低的法拉第电阻和更高的热稳定性。

综上所述,GNR 在纳米器件上应用广泛,更多的实验工作将集中在高质量 GNR 的批量制备、GNR 边缘结构的调控和性能优化上。可以预见,GNR 将在未来的纳米电子学中发挥越来越重要的作用。

4.4　石墨烯网

石墨烯纳米网(Graphene Nanomesh,GNM)是通过在石墨烯片中引入孔的超晶格而形成的特殊纳米结构。在保持石墨烯固有性质的同时,GNM 还具有多孔结构以及直接带隙的特点,在储能、气体分离与储存、电子器件等领域具有很大应用价值。GNM 中孔隙超晶格的尺寸、超晶格常数和孔隙的对称性决定了 GNM 是金属还是半导体。本节将简要介绍 GNM 的设计、性质及其应用现状,并就 GNM 发展的前景和挑战进行探讨。

4.4.1　石墨烯网制备方法

1. 刻蚀法

近年来,利用光束、电子束和氧气等离子体蚀刻方法来合成多孔石墨烯的方法备受青睐,但要实现对多孔结构的形状、大小和分布进行精确控制仍然具有一定的挑战性。

(1)等离子体刻蚀

南洋理工大学的 Zhang 研究组使用阳极氧化铝(Anodic Aluminum Oxide,AAO)作为蚀刻防护罩、PMMA 作为 AAO 模板和 rGO 之间的黏合层,以

Si/SiO$_2$为基底,将其与 O$_2$等离子体蚀刻结合,成功地制备出大比表面积、孔洞周期性均匀分布的 GNM[142]。其孔径和颈部宽度可以通过使用不同的 AAO 模板进行调整。当使用 8 nm 厚的 PMMA 作为黏合层并且进行 30 s 的 O$_2$等离子体蚀刻时,得到的 GNM 孔径大约为 67 nm,颈部的宽度约为 33 nm,所得 GNM 的孔径尺寸均匀分布,其制备方法如图 4 - 26 所示。实验证明,将 GNM 作为导电通道的晶体管所获得的驱动电流比 GNR 的相应器件大 100 倍。因此,等离子体刻蚀是制备大面积 GNM 的一种简单而有效的方法。

图 4 - 26 GNM 制造工艺的示意图[142]

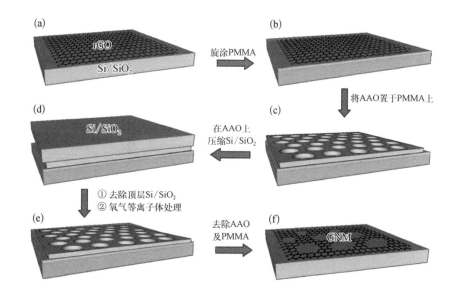

（2）光刻蚀

伊朗沙力夫理工大学的 Akhavan 研究组通过紫外线辅助的光降解法制备了 GNM。他们使用 ZnO 纳米棒作为光催化剂[143],利用垂直排列的 ZnO 纳米棒阵列的尖端氧化 GO 薄片来合成石墨烯纳米网,AFM 图像显示石墨烯纳米网的孔径约为 200 nm。实验中,ZnO 纳米棒的尖端与 GO 片材物理连接,在光降解的过程中,光催化 rGO 产生了石墨烯纳米网,网的孔径与 ZnO 纳米棒的直径一致,因此通过调整 ZnO 纳米棒的直径来获得不同孔径的 GNM,如图 4 - 27 所示。XPS 测试表明,这种石墨烯纳米网是一种 p 型半导体,其能带隙为1.2 eV。

图 4 - 27

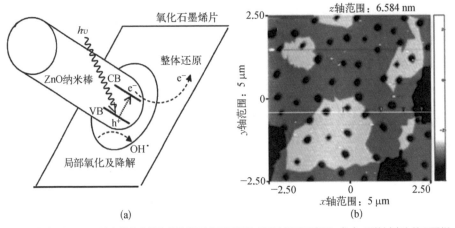

（a）利用 ZnO 纳米棒的光催化性能以形成石墨烯纳米网的机理示意图；（b）石英衬底上的石墨烯纳米网的 AFM 图像[143]

（3）化学刻蚀

化学活性剂如 KOH、ZnCl₂ 和 H₃PO₄ 被广泛用于制备多孔碳材料。通常，KOH 活化制备的活性炭具有良好的孔径分布和较高的比表面积。比如，Ruoff 研究组通过微波剥离氧化石墨（Zhu，2011），再用 KOH 活化来合成一种具有微孔和中孔的新型多孔 GNM，合成的多孔 GNM 的表面积达到 3 100 m² · g⁻¹，在平面中具有 0.6～5 nm 的窄孔径分布和较高电导率（≥ 500 S · m⁻¹），并且氧和氢的含量较低。他们将合成出的 GNM 作为超级电容器的电极材料，所得器件的能量密度为 70 Wh · kg⁻¹，功率密度为 250 kW · kg⁻¹，电容值为 166 F · g⁻¹。

美国西北大学的 Kung 研究组使用 HNO₃ 对 GO 进行氧化及超声处理（Zhao，2011），然后再对多孔 GO 进行热还原得到了 GNM。实验中通过控制酸浓度和超声时间可以调控孔的尺寸。随着 HNO₃ 含量的增加，孔隙尺寸从 7 nm 增加到 600 nm。HNO₃ 可与 GO 片的边缘位置和缺陷位置处的碳原子反应以除掉 GO 片上的部分碳原子。这一过程中，足够声压的超声波产生了高应变和摩擦力，这些应变和摩擦力攻击碳表面并破坏结构框架，在 GO 片中留下孔隙。在热处理过程中，层间水分的快速蒸发也会产生孔隙。通过片层的部分重叠和聚结相互连接的 GNM 重新形成了类似纸张的三维结构。GNM 上的这些空位缺陷（孔隙）为离子扩散提供了高密度的通道，有效地促进电荷的储存和高速运输。

　　凯斯西储大学的戴黎明研究组提出用浓硝酸还原 GO 片来大规模制备 GNM 的方法（Wang，2013）。他们通过改变酸处理时间可以实现制备出几个到几百个纳米孔径的 GNM，这些 GNM 上的纳米孔均匀分布，其多孔结构增加了 GNM 的比表面积和 GNM 基薄膜的透射率。此外，不同于其他方法制备的 GNM，这种方法获得的 GNM 在其纳米孔的边缘处具有大量羧基，使其在水系介质中具有良好的分散性。为避免使用强酸和强碱性试剂作为活性剂，澳大利亚科廷科技大学 Wang 研究组用二氧化碳活化 rGO（Peng，2013），获得了无金属的高度多孔 GNM，这是一项环境友好型的制备技术。

　　（4）电子束刻蚀

　　美国宾夕法尼亚大学的 Drndić 等利用 TEM 展示了悬浮的多层石墨烯片的精确修饰[144]。这种技术在几秒钟的时间内就可以实现各种特征的修饰并形成稳定的多孔结构，包括形成纳米尺度的孔隙、狭缝，而且不会随着时间的推移而变化，如图 4-28 所示。尽管上述方法能够很容易地合成 GNM，但要实现对 GNM 中多孔结构的形状、大小和分布的精确控制还是具有一定的难度。

图 4-28

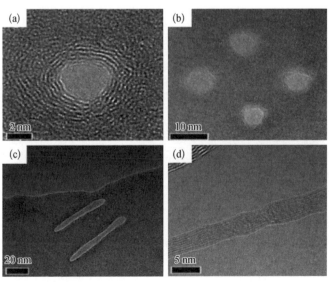

　　（a）（b）悬浮石墨烯薄片的 TEM 图像，（a）纳米孔的高倍率图像，（b）多个纳米孔彼此靠得很近；（c）将两条约 6 nm 宽的线切成石墨片；（d）连接处的高分辨率图像显示出清晰的原子顺序[144]

2. 有机堆积法

各种大分子结构的自组装也可以形成多孔结构,这种自下而上的方法对于生成稳定的多孔结晶结构是非常重要的。有机堆积法有助于实现对石墨烯片上的孔径、形状和官能团的控制,进而控制所得网络结构的化学性质和物理性质。

(1) 表面辅助法

瑞士联邦材料测试与开发研究所 Bieri 研究组认为石墨烯纳米网是一种新型的二维碳氢超级蜂窝状网络[145],如图 4-29 所示。他们以六氰基取代的大环间苯二酚为前驱体,通过表面辅助的芳基-芳基偶联反应,在 Ag 晶面上制备了聚苯撑的规则二维网络结构。这种网状结构具有单原子宽孔洞并以亚纳米周期重复。随后,德国马普胶体与界面研究所[①] Kuhn 研究组做了类似的工作(Kuhn, 2008),他们引入了一种新的动态聚合体系,通过芳香族多聚腈的可逆离子热聚合反应生成多孔二维片,其表面积和孔隙率分别高达 3 300 $m^2 \cdot g^{-1}$ 和 2.4 $m^3 \cdot g^{-1}$。此外,这种材料具有较高的氮含量,可为过渡金属催化剂或赝电容提供配位点。

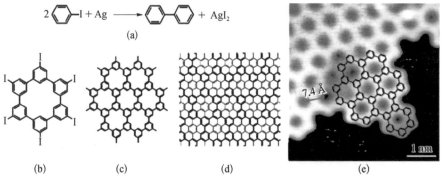

图 4-29

(a) 银促进的碘苯到联苯的芳基-芳基偶联机理;(b) CHP 的结构;(c) 聚苯超蜂窝网络的部分的结构;(d) 聚亚苯基超蜂窝网络(粗线)和石墨烯(细线)的结构关系;(e) 聚合物网络边缘的 STM 图像(±1V, 50pA),其中 CHP 骨架的结构(重叠的化学结构)能够最清楚地被识别[145]

(2) 嵌段共聚物光刻

加利福尼亚大学的黄昱研究组使用嵌段共聚物光刻法制备了高密度纳米级孔阵列的 GNM(Bai, 2010),包含了单层或几层石墨烯。通过调节合成

① 下文简称德国马普所。

过程中的蚀刻时间及使用不同分子量的嵌段共聚物来调整 GNM 的颈宽和周期,以实现不同条件下的多功能性。例如通过使用较小分子量的嵌段共聚物薄膜作为模板获得了密度较小的 GNM,它的网格周期性为 27 nm,平均颈宽为 9.3 nm。

3. 其他方法

（1）纳米压印

纳米压印光刻技术是一种低成本、高分辨率、高通量制作纳米级图形的简单方法。美国劳伦斯伯克力国家实验室的 Liang 研究组认为 GNM 是由多个 GNR 组成的准周期性网络[146]。具体方法如图 4-30 所示。首先,通过静电印刷将石墨烯沉积到基板上,这种方法能够大面积地引入石墨烯,并获得高产量的单层和双层的石墨烯。接下来,将聚合物抗蚀剂层旋涂在石墨烯膜的顶部,使用网状的压印模板在抗蚀剂层中压出六边形网状图案。压印后,使用氧气等离子体蚀刻法以除掉残留抗蚀剂以及下面的石墨烯,这样就可以形成限定的网状结构。最后,在溶液中除去抗蚀剂,形成石墨烯纳米网。

图 4-30 通过纳米压印光刻技术制造 GNM 的示意图[146]

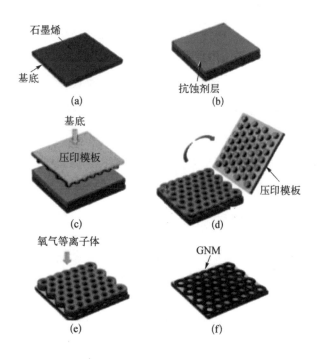

（2）纳米粒子局部催化加氢

纳米粒子局部催化加氢是另一种常用的生产 GNM 的方法。中国科学技术大学的王晓平研究组首先将天然石墨进行机械切割获得石墨烯薄片[147]，然后将薄片转移到 SiO_2/Si 衬底上，400℃下退火处理以除去吸收剂和污染物。然后在高真空中热蒸发将铜薄膜沉积到石墨烯表面。通过控制 Cu 膜的厚度和退火温度，可以在石墨烯表面形成各种尺寸和密度的 Cu 纳米粒子。在退火过程中，以 Cu 纳米粒子为催化剂，石墨烯会分离进入 Cu 纳米颗粒中，并与 H_2 反应生成甲烷，因此会使 Cu 纳米粒子周围留下大量的孔隙。Cu 纳米颗粒被 Marble's 试剂去除后，可以保留 Cu 纳米颗粒之间的石墨烯区域，形成石墨烯纳米网，如图 4-31 所示。这种方法可以通过控制 Cu 膜的厚度来调整纳米网中的孔的尺寸、密度以及孔的边长。拉曼光谱显示石墨烯纳米片的 G 带和 2D 带峰的升高，这表明制备的纳米网是自发 p 型掺杂的，G 峰的分裂表明掺杂位于纳米网孔的边缘附近。

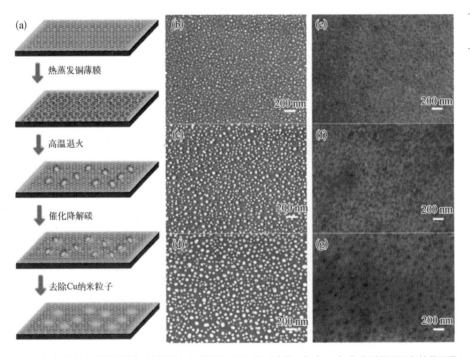

图 4-31

（a）通过在高温下碳的局部催化氢化来制造 GNM 的示意图；（b）~（d）分别是沉积在单层石墨烯上的 Cu 纳米粒子的 SEM 图像，其厚度分别为 1 nm、2 nm 和 4 nm；（e）~（g）分别是对应于（b）~（d）的 Cu 纳米粒子被去除后的 GNM 的 SEM 图像[147]

　　　　　　　　　　　　　　　　　　　　　石墨烯化学与组装技术

（3）通过石墨烯管进行制备

碳纳米管拥有很多优异的性质,如材料本身坚固能承受屈曲的性能,碳纳米管(CNT)在明显的塌陷后、负载被移除的情况下依然能够弹回到原来的形状,因此可将石墨烯调控成管状结构以扩大其应用范围。石墨烯管与石墨烯纳米网具有类似的结构,北京大学的黄富强研究组探讨了使用管状石墨烯以形成理想的超轻材料,这种超轻材料呈四面体共价键网状结构,具有优异的刚度和损伤容限(Bi,2015)。首先在 1 100℃下在模板上用 CVD 法生长拓扑四面体骨架"拓扑石墨烯",再通过 HF 蚀刻除去 SiO_2、退火得到自支撑的空心四面体接头的连续管状石墨烯结构。通过在 CVD 期间调整气体 CH_4 的流量和时间能够产生具有相同基本结构但密度不同的材料。这项工作为超强材料同时实现标准化的超低温、超强度和耐损伤性提供了一种新策略。显然,不同方法制备出来的 GNM 具有不同的优点,并且所得到的 GNM 具有各种表面形貌和电子性能。因此,根据不同的应用需求选择不同 GNM 的合成方法是实现更好的器件效果的前提。

4.4.2　石墨烯网的性质

结构上,石墨烯纳米网(GNM)是处于具有局域电子的锯齿型边缘 GNR 和具有离域电子的完美块体石墨烯之间的过渡结构。根据 Lieb 定理(Lieb,2002),通过控制纳米网空位内部边缘结构能够控制其本征磁性。对非钝化和氢钝化 GNM 的研究是通过改变底层双晶格缺失的 A 和 B 位点之间的差异(Δ_{AB} = |B−A|)并分析不同的孔几何形状来实现的(Yang,2011)。当石墨烯两边去掉相同数量的 A、B 位置上晶格原子时,石墨烯纳米网的边缘表现为锯齿型,呈现反铁磁性(自旋非偏振)状态。相反,在亚晶格对称性被破坏的情况下,石墨烯纳米网呈现稳定的铁磁性状态。对于氢钝化处理的石墨烯纳米网,其形成能量急剧下降,并且其基态强烈依赖于空位的形状和大小。对于具有三角形孔状的 GNM,所获得的净磁矩随着去除的 A 和 B 位点的数量差异而增加,与 Lieb 定理一致。而由于扶手椅型边缘的引入,对于含有奇数个 A+B 的三角网格和所有非三角形纳米网格,Lieb 定理不再适用,此外,具有大三角形形状的 GNM 可以像

非三角形形状的 GNM 一样稳定,这为解决 sp 磁性这一难题提供了一种方法。最后,高度不对称的 GNM 结构中可以获得高达 0.5 eV 的交换分裂能,这证明了 GNM 有应用于室温下碳基自旋电子学的潜力。上述结果表明,从零维石墨烯纳米薄片到具有锯齿型边缘的一维 GNR 再到 GNM 的转变会破坏锯齿型边缘处的未成对电子的局域化并偏离 Lieb 定理的预测。电子的这种离域使得基态从反铁磁窄隙绝缘体转换为铁磁或非磁性金属。

另外,具有大片石墨烯纳米结构的 GNM 可以打开其带隙,由此作为半导体薄膜。基于 GNM 的场效应晶体管同单个 GNR 器件相比,在具有类似开/关比的同时能够经受住大两个数量级的电流密度。同时,GNM 晶格的多样性使能带隙的调控成为可能,例如改变纳米孔的大小和间距、晶格周期和颈部宽度都可以相应地改变 GNM 的带隙,使得石墨烯基材料在电子学领域有着广泛的应用。在此基础上,基于紧密束缚模型,巴黎南大学的 Nguyen 研究组研究了石墨烯纳米网器件的传输特性(Nguyen, 2012)。他们发现利用石墨烯纳米网的带隙,室温下能够在 GNM p-n 结和 N 掺杂 GNM 结构中实现较强的负微分电导效应,特别是在 n 区和 p 区之间插入本征(无间隙)石墨烯时,负微分电导效应显著改善(峰谷电流比可达数百),并且对石墨烯纳米网 p-n 结中的转变长度不敏感。

此外,由于 GNM 具有一定的带隙,因此它可以作为热电转换材料。GNM 可以看作是 GNR 的网络,美国普渡大学的 Ruan 等通过调整掺杂剂及其边界,已经在室温到高温区间中显示出具有 2~3 的较高热电优值(Feng, 2016)。他们利用分子动力学系统模拟研究 GNM,发现其导热系数极低,同原始单层石墨烯的数值相比至少低 3 个数量级,也比具有相同的颈部宽度和边界面积比的 GNR 相应数值低 200 倍。导热系数大致上随着孔隙率的增加会呈指数下降,并随着颈部宽度的减小呈线性衰减,并且在 300~700 K 内对温度的变化不敏感。声子参与谱表明,GNM 中较低的热导系数是由于纳米孔周围的局域化和声子散射造成的。

4.4.3 应用

如前所述,具有一定带隙和大比表面积的 GNM 适用于制造高性能 FET。

目前,大多数关于 GNM 的理论工作集中在电子和机械性能上。结果表明,与 GNR 相比,GNM 的结构更为有序且具有更大的带隙,更适合应用于逻辑电路中。更重要的是,GNM 设备具有更高的开/关比和更高的场传输。基于 GNM 的一系列优势,使其在化学感应、超级电容器、DNA 测序、光热疗法和新一代自旋电子学等方面应用潜力突出。

1. 石墨烯纳米网在场效应晶体管中的应用

基于 GNM 的晶体管的驱动电流和开/关比由 GNM 的密度和宽度决定,孔的密度通过周期性不同的聚合物掩膜来控制,宽度通过改变蚀刻条件来控制。与 GNR 器件类似,基于 GNM 的 FET 呈现典型的 p 型晶体管行为。但是,由于 GNM FET 的导通通道数量是单个 GNR 器件的近 100 倍,所以 GNM FET 可以提供较大电流。另外,GNM FET 还具有通过改变颈部宽度来调整开/关比的特点(Bai,2010)。平均颈宽约为 7.0 nm 的 GNM 开/关比最高可达 100。另外,GNM 的带隙与平均带宽成反比,FET 的开/关比随着带隙的增大呈指数增长。因此,基于 GNM 的 FET 的开/关比的对数与平均带宽成反比。

对 GNM 的带隙和导带详细的理论分析不仅要考虑具有特定特征边缘(锯齿型、扶手椅型或无序)的紧密绑定模型,还需精确评估 GNM 和其他石墨烯纳米结构的载流子迁移率。美国劳伦斯伯克利国家实验室 Liang 研究组通过静电印刷和进一步的等离子体蚀刻制备了石墨烯纳米网,其空穴迁移率为 $1\ 000\ cm^2 \cdot V^{-1} \cdot s^{-1}$,电子迁移率约为 $200\ cm^2 \cdot V^{-1} \cdot s^{-1}$(Liang,2009)。此外,网状纳米粒子的形态电导比块状石墨烯低 1~2 个数量级。这些降低的电导来自有限的电流通路和大量的边缘缺陷。由于 GNM 的独特结构和电子特性,使得它可能会在高度灵敏的生物传感器和新一代自旋电子学领域方面有极大的应用。

基于 GNM 的 FET 结构清晰,易于在高密度阵列中大量生产,接触面积大,信号易放大,所以其在传感领域也有很多应用。2013 年,伊朗沙力夫理工大学 Esfandiar 研究组发现,单链 DNA 功能化的 GNM 设备对气体检测反映出高灵敏度、高选择性和高重现性(Esfandiar,2013)。这项工作中,DNA 和 GNM 之间通过 π-π 堆积、静电、氢键相互作用结合到一起。通过较长时间蚀刻,电阻从几千欧姆增加到几兆欧姆,这与石墨烯沟道宽度减小和边缘缺陷导致载流子散射增加的现象有关。实验中,基于不同材料构成的 FET 对甲基膦酸二甲酯(DMMP)具有不同的响应信号,该装置在测试浓度为 $50 \times 10^{-6} \sim 300 \times 10^{-6}$ 时可以对 DMMP 产生不同的响应信号,并且响应在 50×10^{-6} 处基本饱和。基于 GNM 的装置对 DMMP 的浓度测试与石墨烯对 DMMP 的浓度基本一样,但是基于 GNM 的装置对 DMMP 的响应幅度增加了 8%。

2. 基于石墨烯纳米网的储能装置

GNM 富有高密度的孔阵列、高比表面积和良好的电导率,在能源存储器件中应用广泛。中国石油大学的宁国庆研究组使用多孔 MgO 层作为模板,通过 CVD 合成 GNM(Ning,2011)。GNM 具有 $2\,038\ m^2 \cdot g^{-1}$ 的比表面积以及 1 nm 的微孔结构。和其他碳纳米材料相比,这种方法制备的 GNM 具有高体积密度下比表面积无损的特点,能够对 CO_2 选择性吸收,还可以储存高容量的甲烷。他们的研究结果表明,多孔石墨烯是一种优异的气体吸附或储存材料,并在研究中提供了一种将高比表面积和高度堆叠结合在碳吸收剂中的方法。此外,他们还报告了新型的多孔石墨烯纳米网(Porous Graphene Nanomesh,PGN)复合材料应用于锂离子电池中(Zhu,2013),在由电化学驱动过程中,高密度的 Co_3O_4 纳米颗粒被限定在几层多孔石墨烯纳米网的框架中。拉曼光谱表明 Co 元素优先锚定在 PGN 的缺陷位点上,这会导致不可逆地降低 Li 的存储,并大幅度增强库仑效率。超小的 Co_3O_4 纳米颗粒具有较大的表面积和短的固态扩散长度,这有利于在较大的扫速下实现锂离子的高电容。高电导率的少层 GNM 不仅可以使电解质离子与 Co_3O_4 纳米粒子容易接触,同时它还可高容量地存储 Li。因此,使用 GNM 作为模板合成 Co_3O_4/PGN 复合层,复合物具有超高容量($150\ mA \cdot g^{-1}$ 时为 $1\,543\ mAh \cdot g^{-1}$)、优异的速率能力($1\,000\ mA \cdot g^{-1}$ 时为 $1\,075\ mAh \cdot g^{-1}$)和良好循环稳定性。哈尔滨工程大学的范壮军研究组以 GNM 作为负极材料、$Ni(OH)_2$/石墨烯混合材料作为正极材料组装的不对称超级电容器可以显示出优异的电化学性能(Yan,2012)。由于两个电极的协同效应,超级电容器可在 $0 \sim 1.6\ V$ 的高电压窗口内可逆循环,并显示出 218.4 F·g^{-1} 的高电容和 77.8 Wh·kg^{-1} 的高能量密度。超级电容器装置表现出良好的循环稳定性。北京理工大学的曲良体研究组首次将石墨烯纳米颗粒成功地组装成多层结构的石墨烯纳米网泡沫(Graphene Nanomesh Foam, GNF)[148],其中大孔 GNM 由平面内具有纳米孔的石墨烯片组成。首先将吡咯(Py)单体引入到均相的石墨烯溶液中,Py 单体进行原位聚合,一方面可以阻止 GNM 的自堆叠,另一方面提供了 N 源,使得 N 和 S 共掺杂的 GNF 电极表现出优异的氧化还原反应的电催化活性。然后将获得的凝胶浸入 FeCl$_3$ 的水溶液中以形成吡咯/石墨烯复合物。再在高温(850℃)下,通过聚吡咯(PPy)的分解将氮原子掺入石墨烯结构中。同时,泡沫中剩余的 FeCl$_3$ 在石墨烯片上转化成 Fe$_2$O$_3$ 纳米颗粒,其可以局部蚀刻石墨烯基面以形成多孔 GNM。在热处理过程中通过 Fe$_2$O$_3$ 纳米粒子原位形成和蚀刻产生 GNF(图 4-32)。这种功能化的 GNF 是性能优良的电极,不仅适用于未来的燃料电池,而且也适用于传感器等。

图 4-32 N-GNF 的制造过程

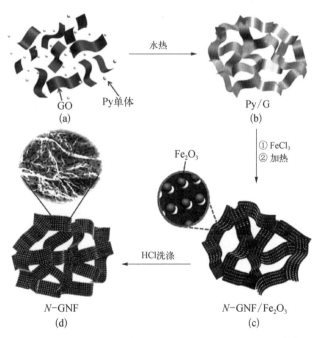

(a) 分散在 GO 悬浮液中的 Py 单体;(b) 水热处理后得到的三维 Py/G;(c) 具有嵌入的 Fe$_2$O$_3$ 纳米颗粒的 N-GNF;(d) 用 HCl 洗涤后的 N-GNF[148]

总之，与其他石墨烯基材料相比，GNM自身的纳米级周期或准周期纳米孔提供的更多活性位点和边缘使其已经成为电子学、高灵敏度生物传感器、催化剂和复合材料等领域的重要研究对象。但如何低成本、高效地合成高性能的GNM仍面临许多挑战。令人欣慰的是随着合成路线的改进，这些问题都在逐步解决中，GNM的应用之路一定会越走越宽！

第 5 章

石墨烯组装技术

尽管单层石墨烯具有优良的电学和力学性能,但是,如何将其可控地制备出性能优异的宏观材料是限制石墨烯进一步应用到各个领域的瓶颈。目前,人们已经实现了由单层及少数几层石墨烯自组装为一维、二维和三维等宏观结构体系。同时,通过其他构筑单元与石墨烯的共组装,还能实现石墨烯结构和性能的多样化。自组装过程主要通过非共价作用,例如范德瓦尔斯力、$\pi-\pi$ 相互作用和静电作用等,相互连接起来形成不同层次的有序功能体系。

　　本章将会针对不同的组装技术详细介绍从石墨烯前体(如氧化石墨烯)来制备宏观不同维度石墨烯材料的过程,其中包括一维石墨烯纤维、二维石墨烯膜以及三维石墨烯泡沫和网状结构等。石墨烯的宏观结构和内在性质很大程度上是由石墨烯单层材料不同的空间排列形式决定的,依赖于石墨烯基体材料和组装方法,其宏观体的化学性能、电学性能和机械性能表现不同。在石墨烯组装过程中,除了发挥石墨烯材料本身的优点外,还可以借助外界功能单元通过不同的组装技术实现离子吸附、电化学催化和应激反应性等多种新功能(Reina,2009;Zhao,2012;Zhao,2013;Qu,2014;Ye,2014)。因此,基于石墨烯薄片这类微观构筑基元到功能化宏观材料的组装意义重大,已成为近年来材料和化学科学家的研究重点所在。

5.1　模板辅助组装技术

5.1.1　基于化学气相沉积（CVD）的组装法

1. 合成一维石墨烯纤维

石墨烯纤维(Graphene Fiber,GF)作为一种新兴的材料,具有制作成本低、自身重量轻、随模成形性好以及易于功能化等优点。这些特点使得 GF 有着不同于传统碳纤维的独特优势，可以在机器人、马达、纤维光伏电池和超级电容器等领域有着广泛的应用。2011 年，清华大学朱宏伟课题组开发了一种直接的拖拽方法，从 CVD 制备的石墨烯薄膜中"拽出" GF（Li，2011）。该方法首先将石墨烯薄膜从生长基底上转移到有机溶剂中（如乙醇），然后用镊子从溶剂中将其抽出，这样在乙醇的挥发作用下就形成纤维状结构。研究表明，溶剂的表面张力和蒸发率对多孔 GF 结构的形成具有极其重要的作用。这种方法所制得的 GF 具有很高的电导率（约为 1 000 S · m^{-1}），但是很难连续生产出特定长度和强度而且相对均匀的 GF。

2. 合成石墨烯二维薄膜

由于石墨烯片层具有非常大的纵横比，因此石墨烯片层容易通过强的 $\pi-\pi$ 相互作用自组装成更大的二维宏观结构，例如薄片、薄膜、纸张以及具有有序排列层状结构的涂层等。二维石墨烯材料已在诸如储能装置电极、导热片以及用于气体分离和海水淡化的薄膜等新兴领域得到广泛的应用。

通常来讲，CVD 法是在反应物为气态的条件下，在固态基底上发生化学反应，生成固态沉积物的过程。基于此，在 2009 年，美国哥伦比亚大学物理系 Kim 课题组开发了一种在镍层上使用 CVD 大规模生长和转移高质量可拉伸石墨烯薄膜的简单方法。通过简单的接触，可以将图案化的膜转移到可拉伸的基板上，并且可以通过改变催化金属的厚度、生长时间和紫外线处理时间来控制石墨烯薄膜的数量（Kim，2009）。同年，美国麻省理工材料与科学工程系 Reina 小组提出了一种低成本和可扩展的技术，通过使用 CVD 方法，在多晶 Ni 薄膜上制造大面积（平方厘米级别）的单层到几层石墨烯薄膜，并将薄膜转移到非特定的基板上。这些薄膜在整个区域内是连续的，可以通过光刻图案或通过预制图案下面的 Ni 薄膜进行图案化（Reina，2009）。美国得克萨斯大学 Li 等开创性地报道了一种基于厘米级铜片制备石墨烯的 CVD 方法，开辟了大规模生产高质量石墨烯薄膜的新途径。通过使用甲烷在铜基板上化学气相沉积生长了大约厘米级别的大面积石墨烯膜，薄膜主要由单层石墨烯构成，多层石墨烯很少（小于 5%），并且在铜表面台阶和晶界上是连续的。碳在铜中的低溶解度似乎有助于使这种生长过程自我限制。他们还开发了石墨烯薄膜转移工艺到任意基板，并且在硅/二氧化硅基板上制造的双栅极场效应晶体管在室温下显示出高达 $4\,050\ cm^2\cdot V^{-1}\cdot s^{-1}$ 的电子迁移率（Li，2009）。此后，韩国成均馆大学 Bae 等报道了一种通过 CVD 方法在柔性铜基片上制备了单层达到 30 in 的石墨烯薄膜。通过卷对卷生产和湿化学掺杂，石墨烯薄膜在光透射率为 97.4% 下的电阻率低至 125 $\Omega\cdot\square^{-1}$，具有半整数量子霍尔效应。而后又进一步使用分层叠加法来制作掺杂的 4 层石墨烯薄膜，其在 90% 透明度下的电阻率为 30 $\Omega\cdot\square^{-1}$，优于商业化的铟锡氧化物透明电极（Ni，2012）。

3. 合成石墨烯三维泡沫

石墨烯三维泡沫具有超低密度和极高比表面积，它不仅能充分发挥石墨烯材料本身的优点，还能展现其宏观上的优良特性。根据碳基材料的组装方式，制备三维石墨烯泡沫主要有两种方法：湿法制备和干法制备（基于 CVD）。

与合成二维石墨烯材料相同，在这种方法中，通常需要借助一个金属基底来实现。中国科学院金属研究所成会明等首次报道了由镍泡沫模板定向用 CVD 生长法来直接合成石墨烯三维结构（图 5-1）[149]。然而，由于高温下的 HCl 或 FeCl$_3$ 溶液的镍蚀刻工艺反应及溶液化学性质过于强烈，可能会导致形成的石墨烯立体网络发生坍塌。后来，他们使用一层较薄的聚甲基丙烯酸甲酯（PMMA）来支持整个碳结构，反应之后再用热丙酮将 PMMA 除去。从 CVD 生长法得到的石墨烯三维泡沫具有较为优异的电导率，主要因为整个石墨烯泡沫是由较高质量的石墨烯薄片组成，而且薄片之间的连接非常好。利用聚二甲基硅氧烷（PDMS）作为基底，制备可自支撑的石墨烯泡沫，使其具有弹性而能进一步应用于柔性导体材料。随后这种方法得到的石墨烯泡沫用于构建 NH$_3$ 和 NO$_2$ 的可逆化学传感器以及带有聚四氟乙烯涂层的超疏水泡沫骨架（Chen，2011；Ji，2012）。美国得克萨斯大学奥斯汀分校 Ji 等进一步发展了一种相似方法来制备超轻且自支撑的石墨烯泡沫。他们在 CVD 过程中引入一步缓慢冷却的过程，使得石墨烯泡沫支撑壁的厚度很大（大于 10 倍的石墨烯单层厚度），提供了较好的电导率。通过比较不同类型镍蚀刻剂和不同 CVD 生长时间得到的样品可以发现,将强酸性的镍刻蚀剂置换为温和的刻蚀剂可显著提高石墨烯泡沫的导热系数(Pettes,2012)。此外,研究人员将传统的 MWCNT 泡沫的 CVD 生长法用于制备石墨烯纳米带(Graphene Nanoribbons,GNR)气凝胶,通过化学解压缩的形式将 MWCNT 解压为多层的石墨烯纳米带。这种方法保持了碳纳米管的三维网状结构,同时保证了获得的 GNR 气凝胶具有与碳纳米管完全不同的压缩特性,增加了比表面积,使制得的三维石墨烯材料更好地应用于聚合物增强和超级电容器电极(Sun,2014)。

图 5-1

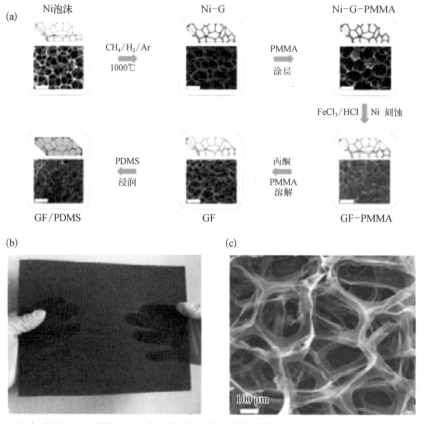

(a)通过 PDMS 渗透和 CVD 生长的方法来制备石墨烯泡沫示意图;(b)大尺寸自支撑石墨烯泡沫的光学照片;(c)石墨烯泡沫的 SEM 图[140]

哈尔滨工业大学于杰(Zeng,2018)等实现了在 NH₃ 中石墨烯片在碳纳米管纤维上的垂直生长,制备了三维石墨烯纤维。与之前的三维石墨烯材料相比,这

石墨烯化学与组装技术

种材料具有呈纤维状,兼具纳米级孔隙和暴露的单层石墨烯边缘。它具有高电导率(1.2×10^5 S·m^{-1})和高 EMI 屏蔽性能(60 932 dB·cm^2·g^{-1}),并能实现从超疏水性到超亲水性和超亲油性的多重调节。

5.1.2 涂布组装法

涂布组装法是一种非常传统的二维薄膜材料组装方法,根据涂布方式的不同,主要分为旋涂法、滴涂法、浸涂法和喷涂法四种。涂布法是基于含有目标分子的溶液在基底上的排布以及界面蒸发而形成二维材料的原理,实现了由溶液变为宏观材料的过程。在不同材料的涂布组装过程中,可能会加入一些试剂来辅助这一过程。一般来说,氧化石墨烯悬浮液的浓度和黏度达到一定程度时,就可以利用涂布法从氧化石墨烯单一片层的分散液中组装不同尺寸石墨烯宏观材料。涂布法比较容易操作,可以较好控制目标产物的尺寸和厚度,并能通过在氧化石墨烯悬浮液中加入其他复合物来拓展氧化石墨烯膜在储能和电子器件等领域的应用。

1. 旋涂法

旋涂法是一种极为广泛应用的方法,通常是在一个平整的基底模板上,将少量的悬浮液和其他的材料置于基底的中心位置,然后利用机械设备的旋转带动整个基底进行一定速率的旋转。通过转动,涂层材料就会在离心力的作用下向四周不断扩散,同时多余的液体则会从基底的边缘处流出,最后在基底上形成了一层带有涂层材料的薄膜。这种方法可以通过改变旋转的角速度、悬浮液的浓度和黏度等旋涂条件来制备不同形貌、厚度和质量的石墨烯薄膜,实验重现性好。美国斯坦福大学 Becerril 等利用旋涂法在石英基底上制备出单层以及多层石墨烯薄膜,这种热石墨化处理后制得的石墨烯薄膜具有较好的导电性和透明度,在波长 550 nm 光下的透明度高达 80%,方阻仅为 $10^2 \sim 10^3$ Ω·□$^{-1}$(Becerril, 2008)。美国西北大学 Allison 等研究发现,可以通过 GO 和聚甲基丙烯酸甲酯(PMMA)的多层旋涂,制备出具有多层叠层结构的复合膜(图 5 - 2)。

在这种复合膜中,裂纹的传播机理发生了改变,显著提高了其抗拉强度和缺陷的耐受性[150]。由于旋涂法对材料的厚度和微结构有良好的可控性(可制备厚度为10 nm 或以下的二维石墨烯薄膜),因此利用这种方法制备的石墨烯膜表现出良好的电导率和透明度,其经常作为透明电极在太阳能电池和有机发光二极管等超薄器件中使用。

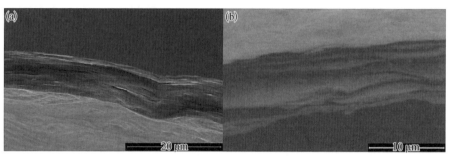

图5-2

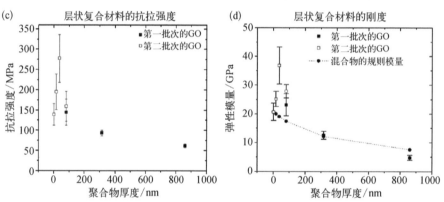

(a)纯氧化石墨烯 SEM 图;(b)复合后的石墨烯薄膜 SEM 图;(c)复合膜的机械强度;(d)薄膜强度随聚合物厚度的变化[150]

2. 滴涂法

滴涂法是一种简单而又低成本制作薄膜的方法,常用于制备原子力显微镜或透射电子显微镜的样品中。滴涂的方式也可以作为一种石墨烯的组装技术,这种方法利用溶剂的蒸发作用来制备纳米级的多层甚至是单层薄膜。美国国家标准与技术研究院的 Kolmakov 等使用滴涂法直接制备了悬浮在孔上的具有可控厚度的氧化石墨烯膜,这些膜的机械性能和电子透明度测试表明它们对电子是透明的,但在分子上是不可穿透的,可用于液体和致密气体介质中的环境电子显微镜的窗口,制备示意图如图 5 - 3 所示[151]。整个组装过程通常是由温度、溶剂蒸发速率、石墨烯的尺寸大小和浓度控制的。同时,滴涂的工艺也可用来制备基于石墨烯的复合薄膜,例如氧化石墨烯和金纳米颗粒(Muszynski,2008)、氧化石墨烯和纤维素纳米晶体(Valentini,2013)、花生形状的石墨烯的 α - Fe_2O_3 复合物(Singhbabu,2013)以及石墨烯 /PU 复合薄膜(Khan,2010)等。

图 5 - 3 在孔板上利用滴涂法制备石墨烯膜示意图[151]

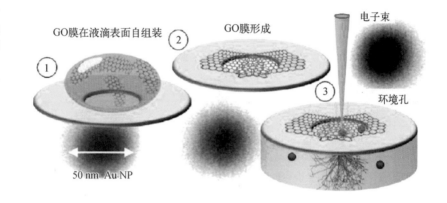

哈尔滨工程大学范壮军等通过将浓缩的氧化石墨烯滴涂在聚四氟乙烯(PTFE)的模板上,室温下干燥后将得到的石墨烯薄膜在 300℃ 的氮气下加热 2 h,得到了一种泡孔修饰的蜂窝状石墨烯薄膜(图 5 - 4)[152]。这种薄膜具有自支撑的特性,其尺寸完全可以由聚四氟乙烯模板调控,同时可以剪切成任意形状,有较好的柔韧性。基于点对点和点对面接触模式开关效应,这种石墨烯压力传感器具有超高的灵敏度,在小于 4% 的应变下可承受 161.6 kPa 的压力,这种压力传感器的灵敏度比普通传感器高出几百倍,进而可以监测人体的运动状态。该课题组将制得的薄膜用于压力传感器,成功克服了传统压力传感器在形变量小于 30% 时灵敏度低的弊端,同时该器件具有较低的工作电压和良好的循环稳定性,非常适合应用于人造皮肤。虽然这种方法可以制备大尺寸的薄膜,但是在干燥过程中也存在一致性差和重复性有限这样明显的缺点,需进一步改进。

图5-4 蜂窝状石墨烯薄膜

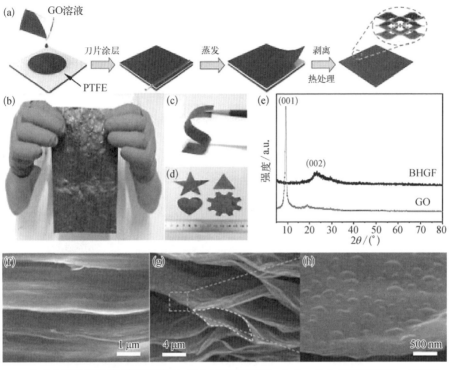

（a）蜂窝状石墨烯薄膜制备示意图；（b）石墨烯膜照片；（c）～（h）石墨烯膜柔性、可塑性、XRD谱图和不同倍数下的SEM图像[152]

3. 浸涂法

浸涂法是在一个平板或圆柱体的基底上，利用分散液溶剂蒸发作用来制备纳米尺度的薄膜。其具体步骤是首先将基体材料浸没在液体或者液体状的涂层材料一段时间后，再以一定的速度将其垂直抽取出来。在这个过程中，涂层材料会沉积在基底上，最后在重力和溶剂蒸发的作用下形成了一层薄膜。沉积薄膜的厚度、形貌和微观结构取决于液体和基底界面的黏滞力、表面张力和重力等因素，同时也跟氧化石墨烯悬浮液的固体含量有关。2014年，江苏大学赵南等首先通过浸涂技术用GO悬浮液制备还原的rGO膜，然后进行热退火。他们通过紫外可见光谱对其生长过程进行监测，发现氧化石墨烯薄膜可以均匀地沉积在石英玻璃基底上，其薄膜的厚度、形貌和微观结构都受到涂层周期和悬浮液固含量的影响。当悬浮体的固体含量为零时，可以得到理想的还原氧化石墨烯膜。这种方法得到的石墨烯薄膜的面电阻小于 $60 \ k\Omega \cdot \square^{-1}$，在 550 nm 纳米下透光率为81%(Sun，2014)。2014年，韩国光云大学Hong等进一步开发了一种在铟锡氧化物阳极上改进的水平浸涂（H-dip）方法来制备薄而均一的石墨烯膜（图5-5）[153]。他们通过对涂层速度和间隙高度的精确控制，可以获得具有高的填充密度和较低表面粗糙度的石墨烯薄膜。这种薄膜作为空穴注入界面层时，有机发光二极管的光度效率可达 17 cd·A^{-1}。尽管有着上述优点，但是浸涂方法对于悬浮液本身的制备要求比较高，所以很难实现材料的大面积可控制备。

图 5 - 5

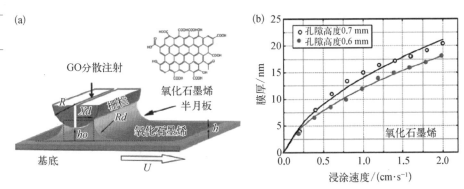

（a）氧化石墨烯分散液水平浸涂（H-dip）制备氧化石墨烯膜示意图；（b）不同孔隙高度下氧化石墨烯膜厚度和浸涂速度的关系[153]

4. 喷涂法

喷涂法是通过将悬浮液喷在不同的基底上来制备石墨烯组装体。喷涂法主要分为静电喷雾沉积法（Eletro Spary Deposition，ESD）和热喷涂法。对于典型的ESD，利用喷嘴处较高的电势将液体前驱体从毛细管喷嘴雾化喷出，雾化后的溶液随后沉积在基底上，在溶剂挥发后就在基底上形成了固体或多孔的薄膜。通过调节悬浮液流速、应用电压、沉积时间以及前驱体溶液的组成等沉积参数可以很好地控制薄膜的形态和厚度。而对于热喷涂法来说，是将熔融的材料喷涂在基体表面，涂层前驱体（如金属、合金、陶瓷和塑料等）被加热到熔融或半熔融状态，并通过热源（等离子体或火焰）加速向基体移动。与电镀、物理和化学气相沉积等其他涂层工艺相比较，热喷涂可以制备微米或毫米级厚度的厚涂层。利用喷涂法制备石墨烯材料时，通过改变氧化石墨烯分散液的浓度和喷淋持续时间，可以很好地控制氧化石墨烯膜的覆盖密度。同时，喷涂法的另一优点是其普适性。还原氧化石墨烯片在挥发性乙醇培养基中均匀分散时，即使在室温下，它们也易于喷涂到各种底物上。与此同时，利用基于喷漆技术其他扩展的方法，最终制得的石墨烯片的质量有了很大的提高。电喷沉积是一种典型的喷涂方法，其主要步骤是在注射喷嘴和基片之间加一个电场，由于喷雾在电场中带电荷受到排斥力，就会形成单分散细液滴组成的气溶胶。韩国建国大学 Lee 等通过 ESD 在 FTO 玻璃上沉积了氮掺杂的石墨烯纳米粒子，这种材料对染料敏化太阳能电池中的 $Co(bpy)_3^{3+}/Co(bpy)_3^{2+}$ 氧化还原电对有较好的电化学催化性和循环稳定性，其界面电子转移电阻明显低于铂电极（1.73 $\Omega \cdot cm^2$ vs. 3.15 $\Omega \cdot cm^2$）（Ju，2016）。美国加州大学洛杉矶分校 Gilje 等通过在预加热的 SiO_2 基底上喷涂氧化石墨烯水溶液，制备了单层或多层石墨烯膜，其均匀性和一致性达到 100%（图 5-6）[154]。

图 5-6

（a）电子喷雾装置的示意图；（b）原始的 SiO_2 基底；（c）氮掺杂的石墨烯纳米片膜[154]

5.1.3 模板法

1. 发泡模板法

机械性能优异的石墨烯三维结构材料因其在能源存储、物质吸附、灵敏传感器和催化等领域的应用而成为近年来的研究热点。除在海绵模板上进行 CVD 外，还可以通过水热、冻干涂覆、3D 打印、在多孔框架上滴涂等方法来合成三维石墨烯泡沫。在这些方法中，CVD 法需较高的生长温度并最后去除模板，整个过程要花费较多的时间和精力；采用普通水热法通过氧化石墨烯直接合成石墨烯泡沫力学性能较差,需要后续添加碳纳米管、乙二胺或甲醛等黏结剂以提高其可压缩性。基于气泡模板,北京理工大学曲良体等在十二烷基硫酸钠(SDS)和NP-40等表面活性剂辅助下实现了结构强化的三维石墨烯泡沫的大规模制备。他们制备的石墨烯泡沫在99%的高应变状态下其压缩应力高达5.4 MPa,而且经过1 000个压缩和释放的循环测试后仍然保持稳定,这一数据超过了大多数溶液法制备的碳基或石墨烯泡沫材料(图5-7)[155]。

图5-7 石墨烯泡沫的制备步骤示意图[155]

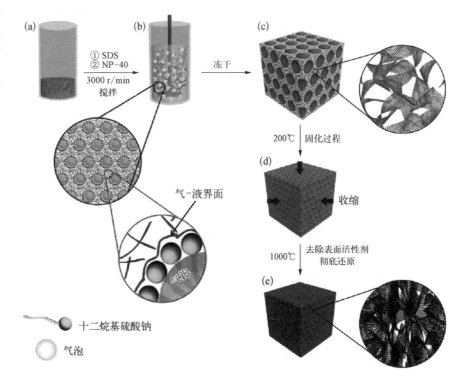

2. 水滴模板法

水滴模板法是一种自下而上的自组装方法,常用于制备具有可控尺寸、形状和功能的蜂窝状结构材料。这种方法可以视为发生在一个易挥发的溶剂和水界面的液-液界面自组装行为。在传统的水滴模板法自组装中,聚合物在一个非常潮湿的环境中分散到与水不相溶的挥发性溶剂中,随后被喷涂到特定的基底上。在基底上,分散液由于蒸发作用再冷却到溶液表面,然后通过对流或毛细管力输送到溶液前,形成六角包水微滴。随着有机溶剂的蒸发,形成一种蜂窝状的聚合物薄膜,同时,水滴阵列作为模板填充蒸发的有机物留下的空间。最后,水珠的进一步蒸发留下了具有多孔结构的聚合物膜(Limaye,1996;Sel,2009;Bolognesi,2009;Jiang,2010;Chen,2011;Gong,2012)。如图5-8所示,韩国

图5-8

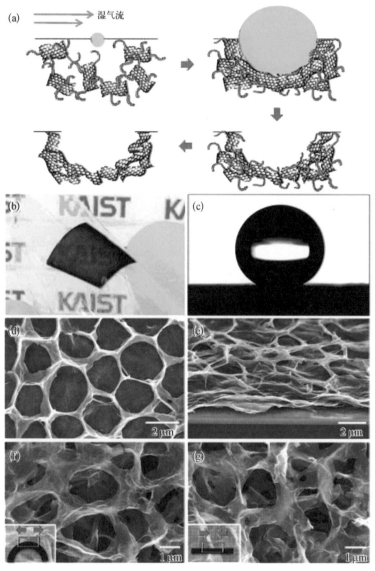

(a)由rGO到大孔碳膜自组装的过程示意图;(b)薄膜在PET基底上的机械柔韧性展示;(c)超疏水性质展示;(d)~(g)不同角度的薄膜SEM示意图[156]

石墨烯化学与组装技术

科学技术院 Kim 等利用水滴模板法制备了一种聚苯乙烯嫁接的氧化石墨烯基蜂窝状材料[156]。他们得到的多孔膜具有较强的弹性和可调结构，可以通过改变母溶液的浓度和接枝聚合物的链长来控制蜂窝膜的孔径和孔层数。多孔的微结构可以为贵金属纳米颗粒的成核提供锚定位点，因此，可以通过调节孔的大小和形状来控制纳米颗粒的分布。氧化石墨烯表面特性对其亲水和疏水平衡有很大的影响，因此其片层调节也是控制宏观多孔膜形貌的关键。美国西北大学 Luo 等认为小尺寸的氧化石墨烯胶体比通常使用的氧化石墨烯粉末更加亲水，推荐利用小尺寸的氧化石墨烯片层来组装蜂窝状的氧化石墨烯材料（Luo，2010）。

5.1.4 碳纳米管（CNT）纤维组装法

碳纳米管具有较高的长宽比，可以用来制备石墨烯纳米带（Kosynkin，2009）。基于这一理念，美国得克萨斯大学达拉斯分校 Baughman 等提出了一种可扩展的方法，用于制造长而窄的石墨烯纳米带[157]。如图 5 - 9 所示，多壁碳纳米管（Multi-Walled Carbon Nanotube，MWCNT）板先在氧化浴中进行化学解链并浸泡于盐酸中，随后的干燥过程将高度排列的碳纳米管片致密化而形成石墨烯纳米带。不同还原条件的组合可以调节其表面化学基团，进而改善其机械、电学和电化学性质来用作超级电容器、燃料电池和 Li/空气电池中的电极材料。此外，石墨烯纳米带还可以分散在高浓度的氯磺酸中，进而形成各向异性的液晶相来制备石墨烯纤维（Xiang，2013）。

5.2 空间限域组装技术

空间限域组装技术在很多材料的组装及制备上都有着广泛的应用。与模板法相似，空间限域组装技术通常需要借助第三方的模具来完成合成过程，但是在空间限域组装技术中，这个模具通常是作为反应发生的主要载体。此外，两者在调控

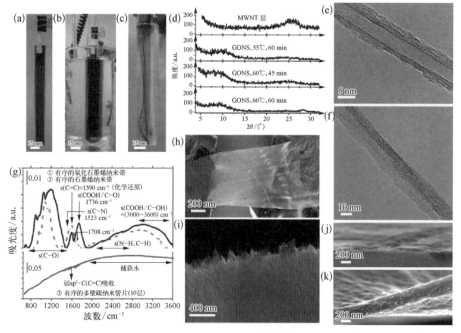

（a）～（c）氧化石墨烯纳米带的制备过程；（d）从 100 层 MWCNT 薄片的化学解压缩得到的石墨烯纳米带 X 射线衍射谱图；（e）（f）单个 MWCNT 和石墨烯纳米带的 HRTEM 图像；（g）MWCNT（实心红色曲线）的红外吸收光谱和未压缩的 MWCNT（纯黑色曲线）以及暴露于肼（蓝色虚线）的纳米带的透射光谱；（h）由 20 层 MWCNT 解压来的石墨烯纳米带的 SEM 图像；（i）断裂部分的石墨烯纳米带的 SEM 图；（j）（k）不同厚度的石墨烯纳米带 SEM 图像[157]

尺度上也有所差别，比如空间限域应用于石墨烯材料的组装时，主要影响组装体的宏观结构，而在模板法应用于石墨烯材料组装时，着力于调控其内部微观结构。目前，使用空间限域组装技术可获得不同维度和尺寸的石墨烯组装体材料。

5.2.1 过滤组装法

传统过滤法也叫流体导向组装法，主要用于将悬浮中的物质从溶液中分离出来。有些文献中将流体导向组装法直接称为过滤组装法，但是两者的不同之处在于过滤组装法只是流体导向组装法的一种特例。过滤组装法过程十分简单，例如将氧化石墨烯悬浮液进行组装时，许多单个的氧化石墨烯薄片层层堆叠形成简单的分级结构，经过干燥之后形成了独立的薄膜。

石墨烯化学与组装技术

图 5-9

早在 2007 年,韩国蔚山国立科技大学 Ruoff 等报道了利用过滤自组装法来制备自支撑的 5 mm 厚氧化石墨烯薄膜(Dikin,2007)。他们直接对氧化石墨烯水溶液进行抽滤,利用在此过程中水单向流动产生的作用力,使氧化石墨烯片层整齐地堆叠在一起形成有序排列的氧化石墨烯薄膜。得到的石墨烯薄膜在透射白光下是均匀的,颜色为深褐色,具有明显优于传统膜状材料的性能。其平均模量达到 32 GPa,最高值可达 42 GPa,这个数据比之前报道过的基于碳纳米管的硬质薄膜高得多。随后,他们进一步通过金属离子与氧化石墨烯官能团之间的化学交联来增强石墨烯薄膜的机械刚度和断裂强度。相比于未改性的石墨烯薄膜,当加入少于 1%(体积分数)的镁离子和钙离子时,石墨烯薄膜的机械强度能提高 70%～200%(Park,2008)。尽管由于较早形成的填充层对剩余分散液的阻塞效应使整个过滤过程需大量的时间和能量,但由于过滤或抽滤过程易操作,这种方法很快成为制备氧化石墨烯悬浮液和石墨烯基复合膜的常用方法。

基于过滤自组装技术在制备石墨烯薄膜上的重要性,美国西北大学 Brinson 等研究了过滤悬浮液在界面的组装过程,提出了包括高度有序的分层、半有序积累和无序浓度分布三个部分来表示氧化石墨烯的组装过程。其中,半有序积累过程在薄膜组装过程中处于主导地位。通过去除溶剂,松散聚集的氧化石墨烯薄片和半有序的层状结构最终压缩形成高度定向的宏观结构(Putz,2011)。过滤方法对具有低溶解度的本征石墨烯或化学转化石墨烯(Chemically Coverted Graphene,CCG)也同样适用。澳大利亚蒙纳士大学 Li 等报道了由水合肼还原的石墨烯均匀分散液可以借助过滤自组装形成具有闪亮金属光泽的自支撑石墨烯薄膜。在 500℃退火后,其电导率可达 351 S·cm^{-1}。而且,如果将刚过滤得到的 CCG 滤饼立即转移至水中,它可以在膜内捕获水分而变成了高导电性和各向异性的水凝胶膜,这种凝胶结构在保持湿润的情况下可以一直稳定存在,说明在过滤过程中,溶胶-凝胶过渡发生在固-液界面(Yang,2011)。他们进一步通过毛细作用来可控地去除体系中存在的挥发性液体,提高了其填料密度和孔互联性(Yang,2011)。此外,美国西北大学 Kung 等采用可控的化学氧化法和过滤组装法来增加石墨烯薄膜的孔隙率,这些石墨烯平面上高密度的孔隙提供了跨平面离子扩散通道,促进电荷的传输和储存(图 5 - 10)[158]。将其与具有优越导电性和结构完整性的三维石墨结构结合可以获得一种新型石墨烯电极,适用于高性能储能装置,制备的锂离子电池具有超高的功率输出能力。

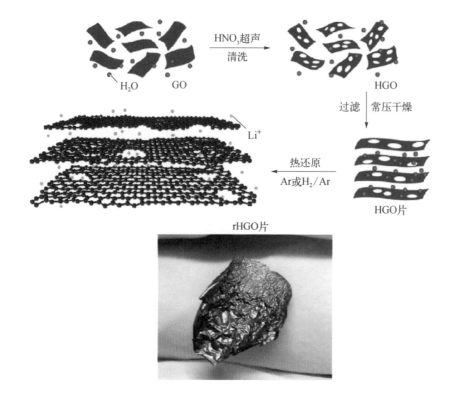

图5-10 在氧化石墨烯平面内引入孔隙然后进一步过滤得到多孔的氧化石墨烯薄膜的原理示意图[158]

另外,通过过滤自组装方法还可以在没有有机或聚合物黏合剂的情况下获得石墨烯和纳米颗粒的混合膜或有序的杂化二维结构。例如美国西北大学 Kung 等通过连续的自发组装、过滤和光热还原过程,获得了锂离子电池的 FeF_3/石墨烯的复合膜。多孔的 FeF_3 纳米颗粒和开放式离子通道的均匀分散,以及石墨烯片的导电网络,得到了具有高电荷存储容量和优良循环性能的柔性阴极,而且不需要其他碳添加剂或黏合剂。虽然在容量衰减方面有待提高,但他们为石墨烯成为金属氟化物主体材料开辟了道路,并为合理设计灵活的高能锂离子电池提供了新的方法(Zhao,2012)。另外,东华大学刘天西等通过用剥离的蒙脱石(Montmorillonite,MMT)纳米片直接还原来制备 rGO,然后将其过滤成膜。这种高度定向石墨烯/MMT 杂化膜的面电阻为0.92 kΩ·□$^{-1}$,具有良好的柔韧性和阻燃性能(图5-11)[159]。

图 5 - 11 自支撑 MMT 和石墨烯复合薄膜制备示意图以及其良好的延展性[159]

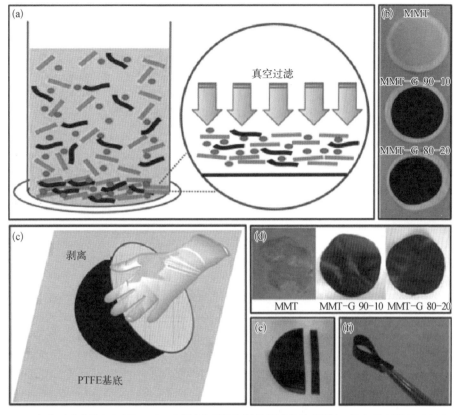

（a）充分分散在水中的 MMT - G 混合物经过真空过滤并沉积在滤纸上；（b）从上到下：MMT、MMT - G 90 - 10 和 MMT - G 80 - 20 分别胶附在滤纸上；（c）剥下胶状的 MMT - G 杂化膜，并转移至 PTFE 基底上；（d）在 60℃ 干燥过夜后，最终获得独立式 MMT - G 杂化膜[从左至右：MMT、MMT - G（90/10）和 MMT - G（80/20）混合膜]；（e）（f）MMT - G 混合膜具有良好的柔韧性

利用过滤自组装法得到的氧化石墨烯薄膜的机械性能和层间距可以通过在不同的膜之间引入其他基质或进行层间修饰来调控。基于上述的原理，韩国蔚山国立科技大学 Ruoff 等用烷基胺对制备的薄膜进行改性。他们发现虽然改性后薄膜的抗拉强度随着胺的长度的增加而略有下降，但其"有效模量"基本上没有变化，这表明氧化石墨烯是胺改性薄膜硬度的唯一影响因素（Stankovich，2016）。另外，国家纳米科学中心刘璐琪等通过将戊二醛（GA）和水分子引入到石墨烯层间，研究了层间黏附力的改变对石墨烯薄膜力学性能的影响。他们发现，GA 和水分子都可以改变层间的相互作用，水分子改性后的薄膜力学性能有所下降，而 GA 改性的薄膜力学性能增强（Gao，2013）。

另一种石墨烯薄膜的改性方法是对已成型薄膜的直接改性,这种方式的优点是在化学反应过程中避免石墨烯薄片的析出,并保留原有层状结构。例如,美国西北大学 Nguyen 等在甲醇中对过滤后的 GO 薄膜进行了改性,制得了导电的"烷基化"石墨烯薄膜(Compton,2010)。聚合物也常作为石墨烯薄膜的添加剂来提高复合材料的力学性能。例如,美国西北大学 Putz 等分别用过滤的 GO/PVA 水溶液或 GO/PMMA 的 DMF 分散液来制备具有不同聚合物负载的 GO/PVA 和 GO/PMMA 复合膜(Putz,2010)。此外,利用声波处理方法也能实现多层石墨烯和纳米纤维素(Nanofibrillated Cellulose,NFC)的复合来制备具有高强度和高韧性的薄膜(Malho,2012)。

5.2.2 流体导向纺丝法

将空间限域的技术与流体导向自组装技术相结合,即模板辅助的流体导向组装法。2012 年,北京理工大学曲良体等开发出一种简单维度可控的水热法来制备宏观有序的石墨烯纤维,制得的纤维强度甚至可与 MWCNT 的强度相媲美[160](图 5 - 12)。该方法所使用的反应器是内直径(d)为 0.4 mm 的玻璃管,主要过程是将浓度为 8 mg·mL^{-1} 的氧化石墨烯胶状悬浮液注入玻璃管中,然后密封玻璃管道的两端,在 230℃ 的条件下干燥 2 h。最后,可以制得一种与管道的外在几何形状相匹配的石墨烯纤维。1 mL 浓度为 8 mg·mL^{-1} 的 GO 悬浮液可得到大于 6 m 长的石墨烯纤维,原料利用率十分高。得到的石墨烯纤维的直径一般为 5~200 mm,同时长度通常是在几米范围内,重要的一点是,通过预先设计具有特定长度和内径的玻璃管或者调整 GO 的初始浓度,可以很容易地控制所制备的石墨烯纤维的长度和直径,所以称其为一种维度可控法。由于这个水热过程制备的石墨烯片层堆积十分密集,因此组装得到的石墨烯纤维具有可达 180 MPa 的强度和良好的韧性。该纤维重量轻、成型性好,并且原位合成后的功能化修饰使其能与智能纺织品相结合。该课题组随后通过建立一种二元几何约束的方法,实现了具有一定长度多通道石墨烯微管的制作,这种石墨烯材料是一种内部中空的石墨烯材料,开创了新的石墨烯组装结构体形态。更重要的是,这些石墨烯微管可以用于制备应激反应器件和自驱动微型马达,在流体力学、催化、净化、分离、传感和环境保护的研究上具有重要意义(Xu,2012;Hu,2012;Zhao,2007;Li,2005;Martin,1994)。

图 5-12 石墨烯纤维的形态和弹性[160]

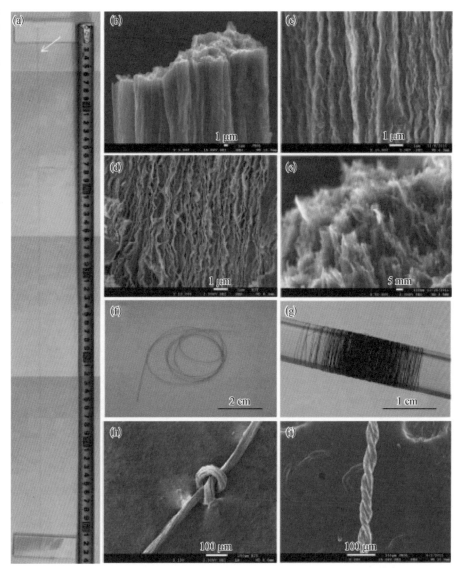

(a)直径约 33 μm、长度约 63 cm 的单根干燥的石墨烯纤维的照片;(b)故意断裂的石墨烯纤维的 SEM 图像;(c)(d)石墨烯纤维轴向外表面和内部横截面 SEM 图像;(e)(h)中断面的高分辨率 SEM 图像;(f)在水中盘绕的湿态石墨烯纤维照片;(g)一根干燥的石墨烯纤维缠绕在玻璃棒上的照片;(h)(i)打结的石墨烯纤维和两层石墨烯纤维的 SEM 图像

基于流体导向组装技术,该课题组进一步提出一种同轴双毛细管的湿纺方法,来用于连续的工程化生产形态可控制石墨烯中空纤维(Hollow Fiber, HF)[161]。图 5 - 13 展示了在甲醇溶液凝固浴中直接纺制中空石墨烯纤维的结构示意图。浓缩的 GO 悬浮液具有较高的黏度,可以直接使其沸腾冒泡,从而实现石墨烯纤维形态的精确控制。例如纤维的形态可以通过改变两个管道里的纺料和喷射方式来进行控制,一旦用压缩空气来替代内部流体时,就可以得到一个类似项链结构的石墨烯中空纤维,而与纤维本身共轴的每个中空微球都是由纤维所连接着。采用这种水热法制备的石墨烯纤维既能完成对氧化石墨烯的组装同时又能将其还原,且毛细管内径的大小直接决定纤维的粗细以及内部高度可调控的结构。因此,通过直接对 GO 悬浮液进行湿纺,可以简单快捷地制备氧化石墨烯中空纤维(GO - HF)和类似于项链的氧化石墨烯中空纤维,为不同形态和功能的石墨烯中空纤维的大规模生产及应用奠定了基础。

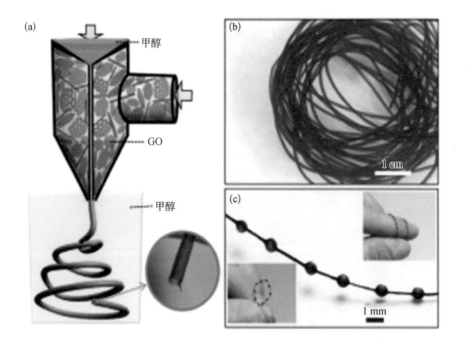

图 5 - 13 流体导向组装法制备中空石墨烯纤维示意图及表征图[161]

除了制作中空纤维外,浙江大学高超等利用类似的喷丝头装置来制备羧甲基纤维素钠包裹的石墨烯芯鞘纤维,这些纤维可直接用作组装双层纱线超级电容器的安全电极(Liang，2014)。此外，他们还通过对 GO 悬浮液进行连续的湿纺和滴涂成功制备了以石墨烯纤维作为内核、圆柱状的石墨烯作为鞘的同轴结构的石墨烯。这些简单而高效的石墨烯纤维制备方法为进一步研发可穿戴电子设备和高性能超级电容器提供了材料基础。为了进一步提高石墨烯纤维的结构可控性并探索其他的应用，他们在流体导向组装过程中引入了剪切应力来实现宏观带状石墨烯纤维的制备。实验证明，这种纤维具有较高的柔韧性(Zhao，2014)，可以在弹性应变传感器、光纤太阳能电池以及用于织物的超级电容器等器件中作为电极使用。

南京林业大学李大纲(Mo，2018)等通过湿纺组装连续制造 CNF 增强 rGO/PPy(CNF‒rGO/PPy)复合微纤维，其中 CNF、rGO 和 PPy 分别作为"间隔物"、EDLC 和赝电容材料。三元微纤维电极具有良好的机械性能和优异的柔韧性，抗拉强度可达 364.3 MPa。组装的对称 FSC 在电解液中具有 334 mF·cm^{-2} 的高比电容，在电流密度为 0.1 mA·cm^{-2} 时在固体电解质中具有 218 mF·cm^{-2} 的比电容。此外，全固态 FSC 显示出显著的弯曲稳定性，在 3 000 次弯曲循环后几乎没有电容衰减。

5.3　界面自组装技术

与本征石墨烯片具有较强的 π‒π 堆叠力不同，GO 的独特结构使其具有许多特殊的表面化学性质。GO 具有两亲的性质，自身带负电荷，并且具有许多的含氧官能团，利用这一特征可以在界面处组装膜、水凝胶、皱褶粒子、空心球体、大颗粒等多种形貌的石墨烯宏观材料。

5.3.1　Langmuir-Blodgett（LB）自组装

通常液体表面的分子层被称为 Langmuir 单分子层，利用特定技术将这种单分子层转移出来即为 Langmuir-Blodgett 膜，简称 LB 膜。由于 GO 具有两亲性，而且膜转移过程发生在气-液界面,所以 LB 组装技术可以利用片层间的静电斥力有效避免制备石墨烯片产生结块和重叠,进而实现精准控制薄片的厚度,维持石墨烯片层理想的均匀性(Cote,2009)。

典型的 LB 组装过程首先由单层石墨烯薄片在液体表面扩散,然后在单层石墨烯薄片上使用一个可移动的屏障进行压缩。在适度压缩时,上述过程可以在浮动膜上实现边缘之间的组装,进而连接分离的薄片。最后,使用涂布的方法可以将 LB 石墨烯薄膜收集到一个固体基底上(Jia,2013)。LB 组装的过程中,可以通过重复 GO 片沉积的过程来精确控制石墨烯薄膜的厚度。2008 年,美国斯坦福大学 Dai 等利用 LB 技术制备出了石墨烯的 LB 膜结构,并将其应用到了透明电极领域,研究了其导电性和透光性能(Li,2008)。近几年,石墨烯氧化物纳米片 LB 组装的工作也有相关报道(Kim,2010;Zheng,2011)。与单纯的石墨烯纳米片不同,亲水的 GO 可以很好地分散在水里,而且能在气-液体界面上形成均匀的膜。澳大利亚阿德莱德大学 Zou 等以乙醇作为辅助,用 LB 组装法对磺化石墨烯纳米片进行沉积堆积,成功地合成了单层有序的二维石墨烯膜(Jia,2013)。这种方法制得膜的片层堆积密度和表面形态可以通过调整表面压力来调控,实现磺化石墨烯纳米片从分散分布到紧密的堆叠的转化。利用 LB 组装法也可以直接把许多片层堆积起来,在不需要任何连接结合材料的情况下来形成多层二维石墨烯膜。这种薄膜的性能优于其粉体,具有超高的电容和优良的循环稳定性,在超级电容器和太阳能电池薄膜电极等方面具有很高的应用潜力。美国斯坦福大学戴宏杰利用 LB 组装技术,从剥离的石墨烯纳米片中制成多层石墨烯二维材料,这种多层状的石墨烯片表现出较低的面电阻和较高的透明度(Li,2008)。此外,LB 法组装的薄石墨烯片还可用于研究单层石墨烯的 FET 行为(Kim,2014;Hatakeyama,2014)。

5.3.2 蒸发诱导自组装

蒸发诱导组装主要涉及自支撑石墨烯基薄膜以及褶皱石墨烯粒子的制备,两者分别发生在一个二维和三维的气-液界面。因为在溶液中单层石墨烯薄片具有两亲性,所以石墨烯薄片倾向于向界面处移动来减小液相的表面张力。所以可以说气-液界面主要是作为发生组装过程的一个平台,而发生组装的主要原因就是石墨烯片层的两亲性质和表面化学性质(Shao,2014)。实际上,氧化石墨烯在气-液界面上薄膜的自组装过程与加热牛奶后冷却时在表面形成的一层膜状物的现象很相似。加热的温度、pH 和 GO 悬浮液的浓度等参数对整个界面蒸发组装过程起着重要作用,通过调节这些参数,可以控制 GO 薄膜的宏观结构。由于制得的氧化石墨烯薄膜是由许多的石墨烯片通过层层堆叠的方式在表面堆集而成的,因此要控制石墨烯膜的厚度也十分方便,只需调节整个组装的时间或改变界面的表面积就可以实现。

蒸发诱导自组装在二维界面的技术主要是分为氧化石墨烯薄膜和石墨烯薄膜的组装工艺,两者的基体材料略有不同,但是方法基本相似。中国科学院山西煤炭化学研究所陈成猛等报道了一种在气-液界面上发生的蒸发诱导自组装过程,其本质就是 GO 片层在界面处不断聚集的一个过程(Chen,2009)。在整个过程中,随着水的不断蒸发,GO 片层不断在界面聚集、稳定化,从而形成了独立且可操作的石墨烯薄膜。形成的氧化石墨烯薄膜的结构和厚度跟许多因素有关。首先是前驱体 GO 悬浮液的 pH,清华大学深圳国际研究生院吕伟等通过实验证明了可通过改变 GO 悬浮液的 pH 来控制悬浮液的表面化学性质,可以影响组装制备的 GO 膜的厚度(Lv,2012)。随后他们又验证了通过控制在氧化石墨烯片层之间水的含量,得到了具有三级分级结构(紧密的顶部结构、松散的中层以及垂直分布的底层)的 GO 薄膜,实现了较好控制 GO 膜微观结构和形态的目的(Lv,2014)。由于化学改性的石墨烯片上存在未被完全除去的含氧官能团,这使它们能在界面上进行自组装。另外,尽管本征石墨烯片层与 GO 片层表面相比缺少含氧官能团,但是也可以通过将石墨烯和聚合物杂化使得石墨烯片层具有一定的化学活性,进而在界面发生蒸发诱导的自组装。通过界面组装可以实现石墨烯和其他材料杂化的薄膜制备,如氧化石墨烯和碳纳米管杂化的薄膜等(Shao,2012)。

当蒸发诱导的组装发生在二维的气-液界面上时,基本上得到的材料是二维的石墨烯薄膜或者其他二维形式的材料;而当蒸发诱导的组装过程发生在一些自支撑的 GO 水凝胶周围时,液滴中的石墨烯片层被各向同性地压缩,形成了近乎球形的三维褶皱粒子。这实际上是因为这些独立的液滴可以提供球形的三维气-液界面。二维界面的蒸发组装法和传统的模板法（如抽滤法、涂覆法）相比，步骤简单且成本较低，克服了传统方法中由于干燥过程的破坏而不能制备有分级结构薄膜的缺点，这对于石墨烯薄膜器件的实际应用非常重要。

5.3.3 静电组装法

静电组装法通常需要与其他湿法组装相结合来实现对石墨烯薄膜的微观结构精确地控制。在静电组装法中，合成层层相接的石墨烯二维材料时，静电相互作用为组装驱动力。例如带负电荷的 GO 可直接与聚丙烯酰胺共聚物（Alazemi，2010）、聚丙烯酰胺（PDDA）、PDDA 修饰的银纳米颗粒（Yang，2012；Zhou，2012）和阳离子分子修饰的石墨烯薄片等阳离子材料进行组装（Zhou，2013）。日本京都大学综合细胞材料科学研究所 Zou 和 Kim 发明了一种利用静电作用来组装 GO 片层的方法。其具体过程是通过将悬浮液滴分散到一种带正电荷的聚电解质溶液——壳聚糖溶液表面，然后在气-液界面上就可以得到具有足够强度的薄膜。这种薄膜可以直接用镊子操纵，甚至可以被拉伸成纤维（Zou，2012）。随后，该研究所又利用支化聚乙烯（bPEI）来代替壳聚糖，制备了厚度更大的石墨烯宏观结构。清华大学张希等在水溶液中制备了丙烯-接枝聚丙烯酸（PAA）改性的石墨烯片，又将其与 PEI 组装得到了可用于检测麦芽糖的功能材料（Lee，2009）。韩国纳米技术 SKKU 高级研究院 Park 等通过将氨基功能化的石墨烯和部分还原羧酸功能化的石墨烯这两种带电荷不同的石墨烯片组装在一起，然后进行热处理，达到了回收和提纯石墨烯薄片的目的（Park，2011）。同样，共价修饰的带负电荷的聚丙烯酸（丙烯酸）和带正电荷聚（丙烯酰胺）的 rGO 也可以进行层状组装的操作（Shen，2009）。南昌航空大学李文等在硅基底的表面上，借助 PDA 官能团之间的一系列反应，实现了 PDA 和 GO 进行非单纯静电作用力的组装。

静电组装法除了能制备传统形貌的石墨烯材料外，也可以用来合成比较特殊的材料。新加坡南洋理工大学 Yin 等借助水滴模板法和静电吸附组装技术成功制备了具有蜂巢状结构的氧化石墨烯薄膜(Ou,2012)。正如在水滴模板技术中所提到的,形成蜂窝状石墨烯薄膜的先决条件是前驱体能够很好地分散到与水不相溶的易挥发性溶剂中。但是将水滴模板法用于组装石墨烯薄膜最大问题就是尽管石墨烯片层具有两亲性,但是氧化石墨烯在某些与水不溶的溶剂中分散性较差。因此,他们应用了一种常见的阳离子表面活性剂(溴化二甲基双十八烷基铵,DODA‐Br),这种表面活性剂在氯仿中通过静电吸附作用吸附到氧化石墨烯表面而带负电荷,因此能与氧化石墨烯形成 GO/DODA 复合物。当复合物 GO/DODA 被还原为 DODA-改性石墨烯片层的复合物时,DODA 上两个较长的烷基链能对周围石墨烯片层的堆积起到阻碍作用,从而使得分子整体具有较好的分层结构以及比较大的比表面积。该 rGO/DODA 蜂窝膜不仅具有较高的容量,而且具有较高的可逆性保留能力和良好的倍率性能。实验证明孔隙度可以显著影响碳基电极材料的电容和速率性能,因为多孔微结构可以降低锂离子对活性物质表面的扩散距离,从而提高锂离子电池的电化学性能。

5.4 湿法组装技术

5.4.1 液晶湿纺法制备石墨烯纤维

液晶是兼具液体与晶体部分性质的一类材料,它既可以像液体一样流动,同时又具有某些晶体结构的一些独特性质。浙江大学高超等通过将 GO 分散液装入玻璃注射器中,然后将其注入体积分数为 5%的氢氧化钠和甲醇溶液的混凝浴中,制成了有序的氧化石墨烯纤维[图 5‐14(a)～(c)][162]。随后在氢碘酸溶液中,通过化学还原对石墨烯纤维进行收集。利用这种方法制备的氧化石墨烯纤维的机械强度有待于进一步提高,但是这种氧化石墨烯液晶的湿纺法为大规模生产柔性石墨烯纤维开启了新的途径。此后,该组研究人员又通过将液晶化的氧化石墨烯的凝胶转移到液氮中,成功纺制了多孔的石墨烯纤维(Xu,2012)。石墨烯气凝胶的多孔特性使利用这种方法制备的纤维具有较高的表面积,为今后制备多功能的复合纤维提供了一种简单而有效的方法。

　　实验发现,即使将氧化石墨烯体积浓度降低到 0.075% 时,也可以形成液晶,这种特性能够实现高韧性的纤维不间断地连续纺织(Jalili,2013)。2012 年,中国科学技术大学俞书宏课题组发现(Cong,2012),使用湿法纺织和化学还原可以从普通的氧化石墨烯连续制备宏观和有序的石墨烯纤维。2013 年,四川大学陈锋等也对氧化石墨烯悬浮液的湿纺技术进行了报道(Chen,2013)。他们从石墨烯氧化物悬浮液中连续纺出纯石墨烯纤维,然后进行化学还原。通过改变湿纺条件,制备了一系列石墨烯纤维。纤维间石墨烯片的取向、石墨烯片之间的相互作用以及纤维中的缺陷对纤维的性质有着显著影响。具有优异机械和电学性能的石墨烯纤维将在高科技应用中发挥重要作用。

　　湿纺的石墨烯纤维的拉伸模量相对较低,这与沿纤维方向的氧化石墨烯的固有排列直接相关。为了解决这个问题,美国莱斯大学 Tour 和其他的研究人员进一步利用大片状(平均直径为 22 μm)的氧化石墨烯作为原材料,通过湿纺方法组装石墨烯纤维[163]。这样的方法得到的纤维的拉伸模量要比先前制得的高一个数量级。高体积浓度(7%)黏性涂料与混凝溶剂纺丝后,从大片状氧化石墨烯得到的纤维表现出高度的延展性,打结纤维的断裂应力与原始纤维断裂应力之比高达 100%[图 5 - 14(d)][163],这在聚合物基纤维上是前所未见的。

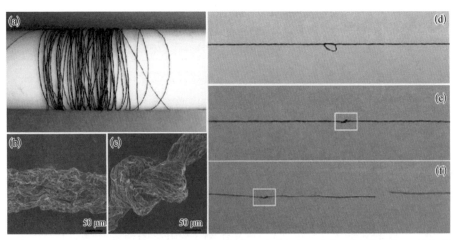

图 5 - 14

　　(a) 4 m 长的氧化石墨烯纤维缠绕在 Teflon 基底上;(b)(c) 原始的及打结的氧化石墨烯纤维 SEM 图像[162];(d)(f) 大片石墨烯自组装形成的石墨烯纤维在拉伸过程中未在打结处断裂[163]

　　　　　　　　　　　　　　　　　　　　　　　　　石墨烯化学与组装技术

液晶湿纺法是制备高性能石墨烯和石墨烯复合纤维一种高效的方法,但是用于制备石墨烯薄膜的研究较少。高超等采用湿纺组装方法成功实现了石墨烯薄膜的连续化生产(Liu, 2014)。该方法中,分散的氧化石墨烯悬浮液以接近于 $1\ m\cdot min^{-1}$ 的速度流入一个薄而宽的纺丝通道,氧化石墨烯随后在通道中被压缩凝固,除去水后形成了厚度较为均一的氧化石墨烯薄膜。由于氧化石墨烯片层的剪切诱导定向作用,这种组装技术制备的石墨烯薄膜具有高度有序的层状结构。这种连续型薄膜还具有足够的柔韧性和强度,形变能力好,能用来编织较大面积的竹节状织物。这种连续湿纺的方法可以进一步拓展到制备石墨烯基杂化膜,只需要将客体材料和氧化石墨烯悬浮液混合均匀就能实现。基于这种方法,他们制备了 PVA 质量分数为 33% 的多功能 GO - PVA 薄膜和 Fe_3O_4 质量分数为 50% 的 GO - Fe_3O_4 薄膜,并应用于超级电容器。另外,利用酸刻蚀的方法将湿纺中的 $CaCO_3$ 除去后可得到褶皱石墨烯薄膜,用这种薄膜组装的超级电容器显示出了较好的倍率性能(Huang, 2015)。跟湿纺法制备石墨烯纤维一样,液晶湿纺法制备石墨烯薄膜也存在一定缺点。首先,它对设备的要求较高,要实现连续化制备也需要一些其他的辅助设备,制造成本较高;另外,制得的薄膜拉伸模量仍需改善。

5.4.2　水热组装技术

水热反应过程是指在一定的温度和压力下,在水、水溶液或蒸汽等流体中所进行的相关化学反应。由于石墨烯片层之间有着较强烈的 $\pi-\pi$ 相互作用而容易发生堆叠,通过水热处理 GO 可以诱导石墨烯网络中石墨烯片层的自组装,制备三维的石墨烯水凝胶。

水热法是制备三维石墨烯的常见方法。氧化石墨烯上的含氧官能团和水分子之间存在着氢键的作用,随着水热反应的进行,原始氧化石墨烯结构中的含氧官能团逐渐被还原,氧化石墨烯会脱氧转化为石墨烯,同时共轭结构被修复。这种结构上的变化导致氢键作用消失,取而代之的是范德瓦尔斯力,这使石墨烯片发生部分的重叠和团聚,进而在一定压力下形成相互交联的三维骨架状石墨烯水凝胶。

早在 2010 年,清华大学王训等发现金属离子可以促进单层氧化石墨烯凝胶化(Tang，2010)。同时，清华大学石高全课题组首次利用水作为反应溶剂，在没有金属离子存在的条件下，通过密闭的溶剂热一步反应，成功制备了三维多孔网络结构的石墨烯水凝胶，冻干后即可以得到石墨烯的三维宏观材料。他们制得的石墨烯水凝胶是由质量分数为 2.6% 的石墨烯片层和 97.4% 的水构成，具有较高的电导率($5×10^{-3}$ S·cm^{-1})以及较好的热稳定性，其作为超电容器电极材料在水系电解质中具有高的比电容(175 F·g^{-1}；Xu，2010)。

此外，上海交通大学冯新亮等报道了一种具有多级介孔结构的三维石墨烯宏观材料的制备方法。他们首先通过水热法用氧化石墨烯制备了三维石墨烯气凝胶，然后借助石墨烯表面的硅胶网络形成了中孔的结构。多级介孔结构的石墨烯块具有可控厚度的介孔硅壁和窄分布的中孔尺寸(2～3.5 nm)，其内部是相互连通的大孔网络状结构，密度很低(Wu，2012)。北京理工大学曲良体等通过简单热处理后辅助冻干的方法成功地合成了六氯环三磷腈功能化的氧化石墨烯泡沫，这种三维石墨烯材料具有高效阻燃特性，再加上其超轻、可压缩和微波吸收能力，使其在航空航天等领域有广阔的应用前景(Hu，2016)。

相较于三维石墨烯模板制备方法的复杂工艺以及化学气相沉积制备苛刻的设备要求，水热法已成为合成新型纳米材料的一种有效且有发展前景的方法。水热法利用石墨烯的自组装形成凝胶，方法十分简单而且容易操作。然而，水热方法也有一些较为明显的缺点。水热法的制备条件相对严格，并且也难于实现实时的监测，无法更好解释从氧化石墨烯片层到宏观结构的组装机理。因此，制备条件简单且实时监测的自组装技术对石墨烯宏观结构材料的产业化制备仍有重要意义。

5.5 其他组装技术

5.5.1 电化学组装技术

功能化石墨烯因其表面官能团的存在会带有电荷，因此它在电场中的作用下可以发生定向移动或者定向组装。常用的电化学组装方法主要有电泳沉积法。另外,基于在液体和空气界面上存在的静电排斥力、范德瓦尔斯力以及 $\pi-\pi$ 相互作用,2013 年,东南大学徐春祥课题组提出由 GO 悬浮液来制造出整齐有序的石墨烯纤维的自组装方法(Tian,2012)。虽然纤维形成的机理还有待进一步研究,但是这种方法可成功制备直径只有 $1\sim2$ μm、长度为 12 μm 的石墨烯纤维。

电泳沉积法(Electrophoresis Deposition,EPD)有着明显的优点,它可以有效地控制所制备的二维材料的厚度和均匀性,并且使材料有着较强的涂层基底附着力以及具有其他涂层方法所不具备的大规模生产的可能性(Ou,2012)。2012 年,韩国首尔国立大学 Kim 等报道了一种利用电泳的组装方法来制备还原的氧化石墨烯纳米带纤维(Tian,2012)。该方法主要是将石墨尖端作为阳极浸没在 rGO 纳米带胶体溶液里,此时在溶液里还存在嵌入式的对电极。在石墨尖端的提取过程中(0.1 mm·min^{-1}),在电极之间施加一个从 1 V 到 2 V 的稳定恒电压,这种方法与之前讨论过的直接拉伸法非常相似。利用 EPD 制备的石墨烯片层的形态和结构受到多种条件的影响,包括工作电压、沉积时间、溶剂类型以及石墨烯的浓度。中国科学院金属研究所成会明等在石墨烯异丙醇悬浮液中,在 $100\sim160$ V 的电压下制备了均匀的单层石墨烯薄膜。由于密度高、厚度均匀、薄膜表面多边缘、与基底接触和附着良好等特性,这种石墨烯薄膜显示出优异的场发射性能(Wu,2010)。纽约州立大学布法罗分校 Lee 等开发了两种涉及石墨烯 EPD 的加工方法:第一种方法,将从石墨氧化和剥离获得的 GO 悬浮在用于 EPD 的水溶液中,然后通过在肼水溶液中浸涂来还原膜;第二种方法,GO 在碱性溶液中被还原为石墨烯纳米片,然后通过 EPD 沉积。通过 X 射线吸收光谱评价膜的排列,结果显示沉积后用肼还原的膜更光滑并且排列更整齐。与喷涂技术相比,EPD 是一种适用于生产石墨烯薄膜的技术,具有更好的填充和排列,同时避免添加交联分子或黏合剂(Lee,2009)。美国得克萨斯大学奥斯汀分校 Ruoff 等通过 EPD 工艺成功沉积由重叠和堆叠的 rGO 薄片组成的薄膜。通过 EPD 工艺显著去除了 GO 的含氧官能团,并且该种方法制备的 GO 膜表现出比过滤方法制备的 GO 纸更好的电导率。此外,在沉积的膜干燥后基本上没有

黏附(An，2015)。实验证明，还原 EPD 处理后的石墨烯涂料在离子扩散迅速和
强氧化的环境下具有良好的耐腐蚀性。在 EPD 处理过程中，可以在反应装置正
电极上观察到部分电化学还原的 GO(Hasan，2010)，因此使用小于 5 V 的低电
压可以有效地阻止 GO 的还原(Diba，2014)。此外，采用 EPD 方法制备的石墨
烯片层与其他纳米颗粒(MoS_2 和 ZnO 等)进行掺杂混合，制备的复合材料可用于
超级电容器、染料敏化太阳能电池以及抗菌材料等(Ou，2012)。

5.5.2　氧化还原辅助组装法

　　北京理工大学曲良体等采用辅助活性基底发展了一种简单有效的还原和组
装氧化石墨烯的方法(Hu，2013)。如图 5-15 所示，活性金属基底被氧化石墨烯
氧化成金属离子进入溶液，而氧化石墨烯则在接受电子后被还原，进而在基底上
进行组装。通过金属基底和氧化石墨烯间的电子转移，即可同步实现氧化石墨

图 5-15

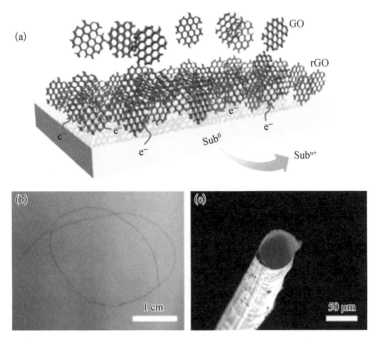

（a）活性金属基底上的 SARD-GO 过程示意图；（b）（c）在铜线上由 SARA-GO 生产的石墨烯
微管的照片和 SEM 图像[164]

烯的还原与三维(3D)组装。此外,可以在多种导电表面应用这种方法,如活泼金属锌(Zn)、铁(Fe)和铜(Cu),贵金属银(Ag)、铂(Pt)和金(Au),半导体硅晶片(Si),非金属碳化合物以及 ITO 玻璃等上实现氧化石墨烯的有效还原及有序组装。在用铜线作为活性基底的情况下,氧化石墨烯的基底辅助还原和组装可以形成中空石墨烯纤维。这一方法在很大程度上促进了石墨烯定向结构组装的发展,具有很重要的实用价值。他们进一步设计并验证了一种双重基底辅助还原和组装(Double Substrate Assisted Reduction and Assembly,DSARA)技术[164],这种技术在氧化石墨烯还原组装成三维多孔网络框架的同时还可以在石墨烯框架上修饰金属、金属氧化物和金属/金属氧化物混合物等材料,在锂离子电池、燃料电池和光电转换器件上有着广泛的应用。

总之,灵活的结构和可调节的功能使石墨烯片成为对 2D 和 3D 材料有吸引力的构建方向。目前已经开发了许多方法来制备这些材料,这些方法不仅保留了单个石墨烯片的固有性质,而且还开发了由其分层结构产生的附加功能。尽管在过去几年中在这一领域取得了相当大的成就,但它们在实际应用中的成功实施将需要来自不同领域的进一步研究工作,这些领域包括化学、物理、工程、材料和生物科学等多个学科。

基于石墨烯片的分层结构研究尚处于起步阶段,未来的研究将涉及关键问题。首先,越来越多的证据表明,2D 和 3D 石墨烯材料的结构和性质高度依赖于构建模块的结构和性质。然而,合成具有可控尺寸、形状和功能的单分散石墨烯片仍然具有挑战性。其次,导电性是决定石墨烯材料性能的关键因素。尽管如此,仍然缺乏有效恢复芳族骨架以生产具有低氧碳比的石墨烯片的方法。再次,分层石墨烯材料的结构和性质之间的关系仍未完全了解,因此,需要探索合理设计和合成这些材料的方法。最后,二维和三维石墨烯材料的应用不仅限于上述研究领域,并且可以通过现有的和新开发的方法将新的功能构建块引入二维和三维石墨烯材料中,在其他领域中也具有增强性能的应用。

第 6 章

石墨烯组装体在
能量转换与存储
器件中的应用

随着世界经济迅速发展及人口快速增长，近年来人类对于能源的需求也急剧增加。传统能源如煤、石油等都是不可再生的化石能源，储量有限且其燃烧产物污染环境，因此，太阳能、风能、潮汐能、地热能等可再生能源的研究愈发受到关注。但由于上述能源的环境地域依赖性，向电能转换的过程通常受时间或空间限制，这要求相关储能器件能够相应地削峰平谷，从而实现电能连续、稳定地输出，满足人们生活和生产的需要。

石墨烯一系列优异的物理化学特性使其在能量转化与存储领域有着天然优势。石墨烯优异的导电导热性、超高机械强度和良好的透光性可增强多种能量转换器件的力学性能和转换效率，同时其固有的高比表面积和电荷传导能力则可提升包括超级电容器和二次电池等储能器件的性能。本章将详细介绍石墨烯组装体在能量转换与存储器件中的相关应用。

6.1 石墨烯组装体在能量转换中的应用

能量转换是指能量由一种形式向另一种形式的转变。电能是最常用的二次能源，人们常将水能、风能、太阳能、机械能、热能、摩擦能、化学能等多种能量转换成电能进行传输、存储以备随时使用。例如，纳米发电机可以将机械能等转换为电能；燃料电池将化学能转换为电能；太阳能电池将太阳光的能量转换为电能等。同时，各种电器在需要的时候可将电能转换成其他形式的能源，如电热膜将电能转换为热能，驱动器将电能或光能转换为机械能等。下面将分类介绍石墨烯组装体在能量转换器件中的应用。

6.1.1 纳米发电机

1. 纳米发电机简介及分类

科技的发展促使微能源器件的用途越来越广泛,能否实现自供电是限制其发展的重要因素,因此发展和研究纳米发电机具有重要意义和应用价值。纳米发电机是一种利用微小物理变化将机械能/热能转换为电能的装置。2006 年,佐治亚理工学院王中林教授首次提出了纳米发电机的概念[165]。他们使用原子力显微镜探针扫过氧化锌(ZnO)纳米线尖端,由于 ZnO 具有压电效应,纳米线在形变的同时可产生电荷分离(图 6 - 1)。该工作实现了机械能到电能的转换,具有里程碑式意义,引发了全球的研究热潮。

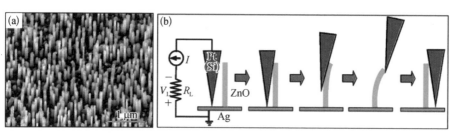

图 6 - 1 压电纳米发电机实验原理

(a) ZnO 纳米线阵列的 SEM 图像;(b) 压电纳米发电机利用原子力显微镜导电尖端使 ZnO 纳米线发生形变产生电能实验过程图[166]

根据产电机理的不同,纳米发电机通常可分为压电式纳米发电机、摩擦电纳米发电机和热释电纳米发电机等。根据能量形式的不同,可转换为电能的能量通常包括风能、摩擦能、声能、超声波、流体能等机械能及热能。

2. 压电纳米发电机

压电纳米发电机利用材料的压电效应,当其发生机械振动或受到声波/超声波、微风作用时,机械能可以使压电材料发生形变,材料内部发生极化现象,同时在它受力的两个表面上出现相反的电荷及相应压电势,实现机械能向电能的转变[166]。

石墨烯化学与组装技术

除风力、水力、机械振动等自然界常见机械能,压电材料还可以利用人的呼吸、心跳、脉搏跳动、肌肉运动等进行产电,直接为心率调整器、胰岛素输送泵等输送能量。压电材料种类繁多,目前研究最多的是具有纤锌矿结构的一维氧化锌、硫化镉、氮化镓等半导体材料。此外,$PbZr_{0.52}Ti_{0.48}O_3$陶瓷和PVDF也是性能优异的常用压电材料。与压电半导体材料相比,它们的原料便宜,压电常数更大,制备方法也更简单。

在实际应用中,无机压电材料及金属集流体的机械性能较差,导致纳米发电机使用寿命受限。另外,为适应未来触摸屏及可穿戴设备的发展,压电纳米发电机需要非常好的透光性能。具有优异机械性能和光学性能的石墨烯材料与压电材料复合为解决这一问题提供了思路。由于存在结构对称中心,石墨烯本身不存在压电特性[167],但其与压电材料结合,即可构筑高效、柔性、透明的发电装置。

2010年,韩国Sang-Woo Kim研究组第一次将石墨烯薄膜作为透明电极,制备出可弯曲的透明纳米发电机(Choi,2011)。首先他们将用CVD法在Ni覆盖Si片上生长的石墨烯层转移至聚合物基底上,随后利用低温溶液生长法,在该石墨烯上生长一层三维ZnO纳米棒阵列结构。石墨烯优异的导电性及其与ZnO纳米棒间的肖特基接触使制备的纳米发电机表现出了优异的电荷捕捉性能。同时,由于石墨烯电极优异的机械性能,该纳米发电机在外力如弯曲、卷曲作用下,输出电流并未发生变化,显示出该柔性纳米发电机在自供能的可接触式传感器、可穿戴的人造皮肤、可卷曲的便携式设备等方面的应用潜力。

为增加发电机的能量存储能力,韩国Gwiy-Sang Chung研究组制备出一种三层的聚偏二氟乙烯-钛酸钡/表面修饰的n型石墨烯/聚偏二氟乙烯-钛酸钡纳米发电机(Yaqoob,2017)。这一器件巧妙利用同一方向上的偶极子调整,在外加力为2 N时,最大输出峰间值电压达到10 V。同时,该纳米发电机表也表现出优异的可弯曲性能和压力-释放稳定性,经过1 000次循环测试后,仍保持良好性能。与此类似,Minoo Naebe研究组利用PVDF与石墨烯混合电纺,制备了PVDF/石墨烯复合电极材料,当石墨烯为1%(质量分数)时,纳米发电机的开路电压由3.8 V提高至7.9 V。

能量转换与能量存储结合是未来自供电设备的发展趋势,为实现该应用,王中林研究组利用 ZnO 纳米线与石墨烯作为基本材料,在单根包金塑料纤维上制备了压电纳米发电机、电容器和染料敏化太阳能电池,同时将太阳能、机械能产生的电能储存到一起,结构示意图如图 6-2 所示,这种单根电极的独特设计有利于其在柔性和可穿戴器件中的应用(Bae,2011)。另外,他们利用聚(偏二氟乙烯-三氟乙烯)膜作为压电材料,通过在其上下两表面组装石墨烯/PDMS 层,制备出三明治结构的自供电多相传感装置。其中,压电材料产生的电能不仅直接为装置供电,而且其产生的电信号可同时作为刺激响应,从而实现对刺激信号的收集和分析。由于石墨烯层的引入,该装置透明度高,柔性可弯曲,并能对多种不同刺激进行辨别,可望应用于人工皮肤、隐形眼镜等领域。

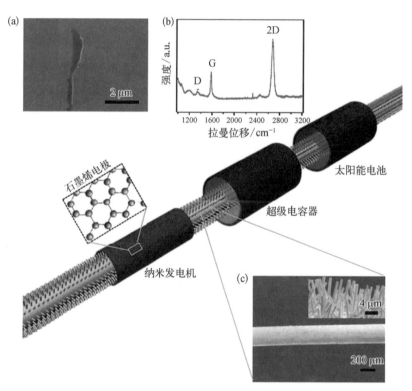

图 6-2　纤维基多相能量收集、存储装置原理图

　　(a)石墨烯膜 SEM 图像;(b)石墨烯膜拉曼图谱;(c)生长了 ZnO 纳米线的包金塑料管低倍 SEM 图像;插图为 ZnO 纳米线放大 SEM 图像,ZnO 纳米线生长在包裹了薄层金的塑料管表面,生长在铜网表面的高质量透明石墨烯作为三种装置的电极材料,对于太阳能电池和超级电容器,电解液填充在 ZnO 纳米线与石墨烯电极之间(Bae,2011)

3. 摩擦电纳米发电机

与压电纳米发电机不同,摩擦电纳米发电机主要利用摩擦起电效应与静电感应产电[168]。微纳米结构上的摩擦起电和静电感应相结合,可以产生感应电荷并通过外电路导出,王中林等成功制备出第一个摩擦电纳米发电机,结构示意图如图6-3所示[169]。根据电荷产生的机理不同,摩擦纳米发电机主要分为接触式、滑动式、单电极式及隔空式等。

图6-3 摩擦电纳米发电机结构示意图[169]

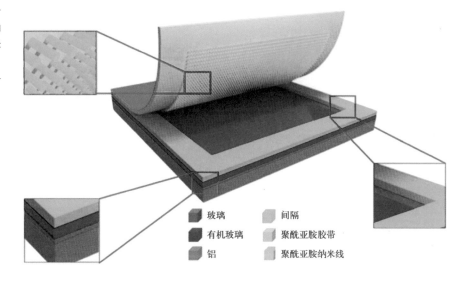

玻璃　　　　间隔

有机玻璃　　聚酰亚胺胶带

铝　　　　　聚酰亚胺纳米线

摩擦电纳米发电机的输出功率主要依赖于摩擦材料本身的电极性差别。常用摩擦材料有聚四氟乙烯(PTFE)、聚酰亚胺、PDMS及金属铜、铝等。目前,多种新型摩擦电材料如石墨烯、碳纳米管、碳纸、纳米银墨水、可降解的聚合物等都有报道。

2014年,Sang-Woo Kim 研究组报道了石墨烯基透明摩擦电纳米发电机(Kim,2014)。他们利用CVD法在铜片、镍片上分别制备出不同层数的石墨烯作为摩擦电纳米发电机电极材料,探究了石墨烯层数对输出电压、电流密度的影响及电极在拉伸状态下的性能。研究发现,单层石墨烯作电极时,纳米发电机输出电压和电流密度分别为 5 V 和 500 nA · cm^{-2}。而对于规律堆叠的少层石墨烯,这些数值增大到 9 V 和 1.2 μA · cm^{-2},可以有效提供给液晶显示屏、LED 小

灯泡电能而不需依赖其他外部能量。发电机制备过程与性能展示如图 6-4
所示。

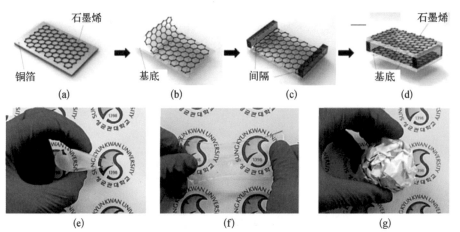

图 6-4　石墨烯基
摩擦电纳米发电机
制备原理及性能展
示（Kim，2014）

（a）铜箔作基底，CVD 法制备石墨烯；（b）石墨烯转移到聚对苯二甲酸乙二酯（PET）基底；
（c）塑料隔断制造空气间隙；（d）空气间隙上下表面双层 PET/石墨烯层制备摩擦电纳米发电机；
（e）~（g）PET/石墨烯层的弯曲、拉伸及在褶皱基底上的适应性展示

　　上述研究是对透明、柔性石墨烯摩擦电纳米发电机的首次尝试。但石墨烯
较高的面电阻（2.23 kΩ·$\square^{-1}$）使得其输出电流密度非常小，另外由于石墨烯片
存在边界、缺陷、褶皱等，其导电性比商业 ITO 差，限制了摩擦电纳米发电机的电
力输出，因此进一步对石墨烯进行修饰以提高性能非常必要。

　　近期，中国科学院重庆绿色智能技术研究院史浩飞研究组利用聚（3，4-乙
撑二氧噻吩）/聚苯乙烯磺酸盐（PEDOT∶PSS）对 CVD 制备的石墨烯进行修饰，
发展出一种透明柔性摩擦电纳米发电机（Yang，2017）。PEDOT∶PSS/石墨烯复
合结构表现出非常优异的光学性能，透光率达到 83.5%；方阻只有 85 Ω·$\square^{-1}$，
远低于纯石墨烯的面电阻。最终纳米发电机输出电流密度与功率分别为
2.4 μA·cm^{-2} 和 12 μW，较纯石墨烯分别提高 140% 以及 118%。这种电极材料
同时表现出非常优异的稳定性，弯折 1 000 次后，其输出电压仅降低 5.1%。优异
的性能使该发电机有望用作人体传感器的自供电系统。

　　依据电荷产生机理，上述石墨烯基摩擦电纳米发电机属于接触式发电机。

　　　　　　　　　　　　　　　　　　　　　　石墨烯化学与组装技术

2016 年,韩国成均馆大学 Kim 研究组以 PTFE 支撑的石墨烯层作为电极,制备出类滑动式摩擦电纳米发电机(Kwak,2016)。其将 CVD 法制备的石墨烯转移到 PTFE 表面,PTFE 与水滴之间的摩擦起电作用使水滴带正电荷而 PTFE 表面产生负电荷。由于摩擦电势的存在,石墨烯上下两表面发生正负电荷的积聚,水滴发生移动时,石墨烯上表面的负电荷会被水滴驱动发生移动,在水滴表面和附近发生充放电,最终实现电流的输出(图 6-5)。另外,王中林研究组以氧化石墨烯作为电极材料,制备了单电极的摩擦电纳米发电机基传感器(Guo,2017)。该装置不仅能以 3.13 W·m^{-2} 的高功率密度收集环境中微小的机械能,同时也对外部压强有着 388 μA·MPa^{-1} 的灵敏响应。

图 6-5 滑动式摩擦电纳米发电机产电机理(Kwak,2016)

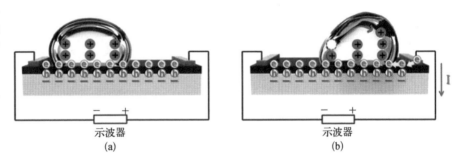

（a）静止状态下,水滴和石墨烯/PTFE 表面电荷分布状态;（b）水滴移动时,石墨烯/PTFE 表面电荷重新分布

4. 热释电纳米发电机

热释电纳米发电机可利用环境中海洋昼夜温差、工业锅炉温差等温度变化,通过纳米级热释电材料将收集的热能转化为电能。2012 年,王中林研究组利用 ZnO 纳米线的热电性质和半导体性质制备出第一个热释电纳米发电机,装置示意图如图 6-6 所示[170]。当环境中的温度随时间发生变化,ZnO 纳米线上将产生极化电场,电荷从纳米线上分离,利用导线输出外电路得到电流。当 ZnO 纳米线平均直径为 200 nm 时,该热释电纳米发电机产生的热电电流、电压系数分别为 1.2～1.5 nC·cm^{-2}·K^{-1} 和 2.5×10^{4}～4.0×10^{4} V·m^{-1}·K^{-1},能量转换特征系数为 0.05～0.08 V·m^{2}·W^{-1}。

ZnO 柔韧性和延展性较差,为拓展摩擦电纳米发电机在柔性器件中的发展,柔性高效的热电新材料成为相关研究热点。2014 年, Kim 研究组制备出一种具有优异柔韧性的纳米发电机(Lee, 2014)。他们首先在具有微型线模板的硅片上沉积 PDMS 和 CNT 层, 随后将该层状复合材料揭下, 并在其上电纺层状 P(VDF – TrFE), 最后, 将石墨烯沉积到 P

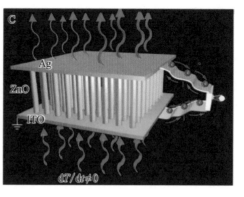

图 6-6 热释电纳米发电机结构及原理示意图[170]

(VDF – TrFE)–CNT/PDMS 层表面, 得到纳米发电机。由于具有优异电学和热学性能的石墨烯电极的存在, 这种发电机可同时将机械能和热能转换为电能。同时, 该发电机具有非常优异的可弯曲性能, 适用于人体的不同部位, 在机器人学、可穿戴设备或生物化学装置等方面应用前景广阔。石墨烯层既可收集由于温度差别引发的热电输出信号, 又可收集因拉伸/释放而产生的压电信号。在压电信号收集过程中, 该纳米发电机表现出非常优异的稳定性, 拉伸形变可达到30%, 进一步表明其在可穿戴设备及人工皮肤方面具有突出应用潜能。

5. 水流/湿气发电机

（1）水流发电机

早在 19 世纪早期, 已有研究发现在压力梯度下驱动离子液体通过设计的通道或孔洞时会有电压产生。近期也有报道称当把碳纳米管浸入到流动的液体中时可以产生电压, 但这些装置的电压产生机理都不明确, 若无压力梯度要产生电能也比较困难。

2014 年, 南京航空航天大学郭万林教授研究组发现, 在单层石墨烯片层上驱动 0.6 mol/L(浓度近似于海水)的单滴 NaCl 液滴时会有毫伏级电压产生(Yin, 2014), 实验装置图如图 6-7 所示。该装置产生的电压大小与液滴运动方向无关, 只受液滴运动速率、阳离子种类及浓度影响。液滴静止时, 无电压产生, 液滴速率增大, 得到的电压也随之增大, 速度约为 2.25 cm · s^{-1} 时, 最终可得到 0.15 mV 的输出电压。

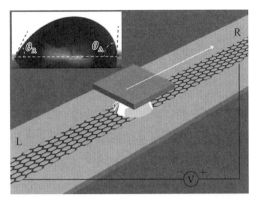

图 6-7 水流发电
实验装置原理图

液滴置于石墨烯与二氧化硅/硅片之间，形成三明治结构，以一定的速度利用二氧化硅/硅片驱动液滴移动。 插图：0.6 mol/L 的 NaCl 液滴置于石墨烯表面，前后形成的夹角分别为 91.9° 和 60.2°（Yin, 2014）

　　为进一步研究电压产生的机理，该研究组随后利用密度泛函理论对体系进行计算。结果显示，当 NaCl 液滴置于石墨烯层上，Na$^+$ 可通过路易斯酸碱相互作用吸附在石墨烯表面。根据路易斯酸碱理论，石墨烯存在大的离域 π 电子体系，在溶液中可看作路易斯碱，从而吸附 Na$^+$ 等路易斯酸。当驱动液滴前进时，Na$^+$ 带着吸附的电子沿着共轭石墨烯片层移动，对应赝电容充电；而当液滴后退，Na$^+$ 与离域电子间发生解吸附过程，电子回到石墨烯层，对应于赝电容放电过程。简而言之，电压的产生来源于石墨烯与 NaCl 液滴界面上离域 π 电子与 Na$^+$ 间产生的双层赝电容。这一理论可用于浮动电极的设计制备，充分利用水资源获取电能。

　　随后的研究中，郭万林等进一步报道了一种新型海水产电装置，将单层石墨烯电极在海水中快速插入和抽出，会有电压产生（Yin, 2014）。当插入或抽出速率为 3.1 cm·s^{-1} 时，得到的电压为 3.3 mV，而当速率被提高到 65 cm·s^{-1} 后，最终产生的电压超过 20 mV。该电压大大高于水滴产生的电压，实用性显著提高。

　　为拓宽可产电液体的选择范围，2014 年，国家纳米科学中心孙连峰等报道了一种利用流动的纯水通过三维石墨烯泡沫来产生电能的装置（Huang, 2014）。当水流速率为 10 cm·s^{-1} 时，体系可产生 10 mA 的电流。而当水流速率提高到 60 cm·s^{-1} 后，电流会发生非线性提高。通过密度泛函理论和分子动力学分析，作者认为电流的产生可归因于水的偶极子链和三维石墨烯的自由载流子间的耦合作用。具体来说,当极性流体流过石墨烯泡沫时,固液界面的极性溶剂分子将与石墨烯的自由载流子间发生耦合,自由载流子被流体沿着流动的方向拖拽,从而产生电流。当流体流速增大时,自由载流子的迁移速率随之增大,因此产生的电流也增大。随后,该研究组又深入研究了溶剂的极性与输出电流间的关系(Yan,2014),实验结果表明,通过调整乙醇与水的比例,当溶剂极性从 10.2 降低到 8.73 时,得到的电流从 10 mA 降低到了 8 mA。

（2）湿气发电机

除利用水流产电外,湿气在三维石墨烯泡沫中的梯度分布也可以产生电能[171]。2014 年,北京理工大学曲良体研究组首次进行了湿气产电的尝试,研究表明利用湿气在三维石墨烯泡沫中的梯度分布可以产生电信号(Zhao,2016),材料制备与装置图如图 6-8 所示。在该领域,前期工作主要集中于利用金或银与氧化石墨烯膜复合进行产电,但氧化石墨烯膜层与层间堆叠紧密,吸附水量

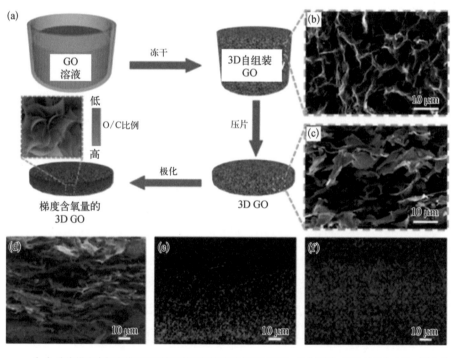

图 6-8　含有梯度含氧官能团的三维石墨烯泡沫制备及表征图（Zhao,2016）

（a）含有梯度含氧官能团的三维石墨烯泡沫制备过程示意图,包含冻干、压片及极化 3 步,其中极化可得到梯度分布的含氧官能团；（b）（c）多孔三维自组装氧化石墨烯及压缩后三维氧化石墨烯扫描电子显微镜图；（d）横截面扫描电子显微镜图；（e）（f）横截面氧元素及碳元素分布图

少,导致输出电量偏小。而该新型湿气产电装置主体为含有梯度含氧官能团的三维石墨烯泡沫,其中泡沫开放的骨架架构有利于水汽的扩散,当相对湿度变化为75%时,输出电压与电流密度分别为0.26 V的和3.2 mA·cm^{-2}。材料截面的碳、氧元素分布表征表明羧基呈梯度分布。当外界水分进入时,羧基水解产生氢离子和羧酸根离子,在浓度梯度作用下,氢离子发生定向移动,从而在外界电路中检测到电流和电压。

石墨烯基纳米发电机的出现为具有优异拉伸性能、高透光性能、柔性可弯曲及可穿戴能源装置的发展提供了可行的思路。但除石墨烯材料外,多数纳米发电机同时还要依靠传统压电材料,它们多具有不稳定性且易碎,另外纳米发电机制备过程也较复杂,难以达到工业化生产程度。因此,提高石墨烯基纳米发电机的制备技术仍然非常必要。另外,从实际应用角度考虑,纳米发电机的输出功率及电压需要进一步提高,长期的机械稳定性及电学稳定性也需改进。总之,对石墨烯基纳米发电机制备与应用的探索仍是任重而道远。

6.1.2 驱动器

1. 驱动器简介

驱动器可将各种不同的外部能量或刺激转换为机械能,从而实现移动和操纵等多种行为。目前,在医疗设备、开关、微型机器人、人工肌肉及性质记忆材料等领域皆有驱动器的参与。常用刺激响应材料通常包括具有形状记忆功能的合金、压电陶瓷等,但这些材料柔韧性及灵活性较差,且在长工作周期下稳定性有限,不利于其在柔性器件中的应用。

2. 石墨烯组装体在各种驱动器中的应用

近年来,许多研究组都致力于发展石墨烯基柔性驱动器,根据驱动方式不同通常分为电驱动、电化学驱动、光刺激驱动、湿气驱动及热驱动等。

（1）电驱动器

电驱动器又称为电机械驱动器,指利用电能驱动装置发生机械运动。

2013 年，美国杜克大学 Zhao 研究团队通过将石墨烯膜转移到预先拉伸 450% 的弹性膜上下两表面，再将拉伸释放到 300%，得到褶皱石墨烯层与弹性体复合材料（Zang，2013）。当在两石墨烯层施加 3 000 V 直流电，电场的产生将引起弹性体的麦克斯韦张量，弹性体发生形变，厚度降低，同时面积增大 100%。该形变发生速度快，随电压撤离石墨烯/弹性体复合膜将迅速恢复原状。与之对应，当石墨烯直接转移到未拉伸弹性体表面，首次及第二次的刺激-响应拉伸只有 20% 和 7.6%，性能明显降低。另外，在石墨烯刺激-响应的形变过程中，其透明度在 40%～60% 变化，有望制备透明度可控的人工肌肉驱动器。

（2）电化学驱动

2012 年，清华大学石高全研究组通过在磺化石墨烯（SG）/rGO 双层膜表面电沉积聚吡咯，制备出三层电化学驱动器（Liu，2012）。其中聚吡咯和 rGO 分别作为刺激响应层和导电惰性支撑层，SG 则用于增强上述两材料间的相互作用。当驱动电压为 1 V 时，该驱动器弯曲角度超过 360°，移动速率高达 150° s^{-1}。同时，石墨烯的引入增大了驱动器循环稳定性，经过 1 000 次弯曲，其对电化学刺激的响应几乎未发生改变。

为进一步提高驱动器电化学响应性能及循环稳定性，韩国科学技术学院 Oh 研究组将激光处理后的石墨烯纸作为电极材料，制备出离子液体聚合物/石墨烯复合驱动器（Kim，2014）。其中，石墨烯纸为单面激光处理，光滑外表面使驱动器疏水，可漂浮于液体表面，其粗糙内表面则可使石墨烯与聚合物间更好地接触。研究发现，经过 2 000 次半径为 10 mm 弯曲循环后，非对称石墨烯纸外表面仍保持光滑结构，未出现明显裂痕，且对刺激保持稳定的响应。如图 6-9 所示为传统电化学驱动器与该驱动器的原理图及稳定性对比图。

（3）光刺激驱动

与电驱动相比，光刺激诱导驱动具有可远程传输、电磁噪声小、装置简单及极端环境适应性强等优点。石墨烯优异的光学性能使其可用于制备光刺激驱动器。

中国科学技术大学谢毅研究组通过在聚乙烯膜表面涂覆石墨烯/壳聚糖溶

图 6-9 驱动器结构及机理示意图（Kim，2014）

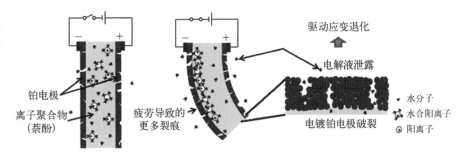

铂电极

离子聚合物（萘酚）

疲劳导致的更多裂痕

驱动应变退化

电解液泄露

水分子
水合阳离子
阳离子

电镀铂电极破裂

（a）传统离子型聚合物-金属复合物驱动器

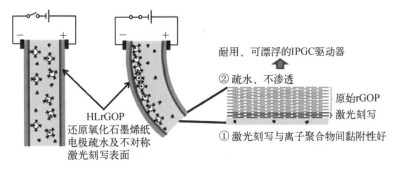

HLrGOP
还原氧化石墨烯纸
电极疏水及不对称
激光刻写表面

耐用、可漂浮的IPGC驱动器

② 疏水、不渗透

原始rGOP
激光刻写

① 激光刻写与离子聚合物间黏附性好

（b）新型离子型聚合物-石墨烯复合物驱动器（IPGC）

液,制备出一种接近透明的均匀棕色带状薄膜,其中,高透明度可以保证光子注入,而加入石墨烯则可有效吸收红外光并将其转换为热能(Wu,2011)。该驱动器中,驱动力来源于聚合物不同部位热膨胀率的不同,通过周期性开关红外灯,可改变该带状驱动器头部及边缘部位的运动状态,实现类似蠕虫爬行状运动轨迹。进一步研究发现,给予该驱动器持续的刺激,其可以保持良好的稳定性。在功率为 1 Hz、10 mW·cm^{-2}红外光交替刺激条件下,该驱动器可连续移动至少1 000 次,恢复速率仅衰退 15%。

除薄膜类驱动器,2013 年,加利福尼亚伯克利分校 Lee 等将类弹性蛋白的多肽与还原氧化石墨烯复合,得到水凝胶光驱动器。该驱动器可吸收近红外能量,通过改变光位置、强度及照射路径,驱动器展现出类似手指弯曲及爬行的快速可调刺激响应,在红外光撤去的 10 s 内,弯曲状态的驱动器即可恢复74%～84%。稳定性测试同时表明,连续弯曲-释放 100 次后,该石墨烯基水凝胶驱动器刺激响应状态几乎未发生改变。

（4）湿气驱动

与纯石墨烯不同,GO表面大量的含氧官能团赋予其优异的亲水性、化学活性与可加工性。

2010年,美国得克萨斯大学奥斯汀分校Ruoff研究团队通过连续抽滤MWCNT及GO悬浮液,制备出双层MWCNT-GO膜结构(Park,2010)。热重分析结果显示GO含水量为17%,而MWCNT含水量为0,表明该复合膜为含水量非对称结构。室温条件下,空气湿度仅为12%,此时双层膜向MWCNT面卷曲,随湿度提升,该双层膜逐渐伸展,并在湿度为55%～60%时恢复成平面状,随湿度进一步提升,双层膜开始向GO面反向卷曲,最终在85%的湿度条件下实现完全卷曲状态。

随后,曲良体等进一步对石墨烯及GO进行探究,最终通过激光束对新制备的GO纤维扫描实现部分还原,发展出一种非对称纤维状石墨烯基组装体(G/GO)(Cheng,2013)。材料制备及性能探索过程如图6-10所示,湿度为80%时,GO面吸水膨胀,纤维向G面快速弯曲,当湿度变为25%,纤维恢复原始直立状态,该过程发生迅速,速率达$8°s^{-1}$。通过对纤维进行定位定点还原,还可得到更多形变方式。另外,该研究组进一步制备出利用激光(Cheng,2016)及吡咯(Jiang,2016)等部分还原的GO膜,将其剪裁为带状,该纳米机器人在每个湿气循环中均可实现2 mm的移动,表现出良好的湿气响应性能。

（5）热驱动

与湿气驱动类似,利用梯度效应,新加坡南洋理工大学Zheng研究组通过溶剂蒸发法制备出一种自下而上密度依次减少的梯度GO膜(Sun,2014)。该膜上下两表面GO密度的差异引发层间结合水含量的不同,当温度改变,两表面响应不同,宏观表现为发生弯曲。100℃时,60 s内曲率可达到0.36 mm。另外,将该GO膜暴露于80℃环境中时应力达到1.4 MPa,机械性能优异。

随后,密歇根大学Kotov等利用抽滤法制备出一种可形变GO纸,它在温度从80℃到30℃变化时,能发生可逆收缩和膨胀。这种现象类似于石墨烯的负热膨胀性(Zhu,2012),该GO纸的负热膨胀性达到$-130.14×10^{-6}$ K^{-1}。这种负

图 6-10

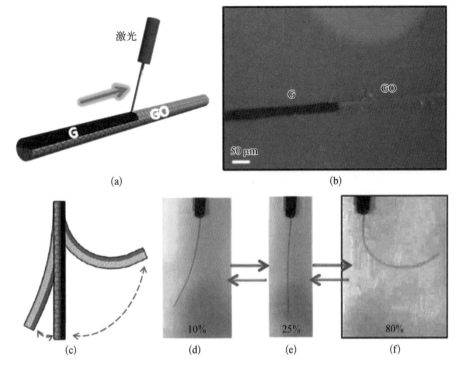

（a）激光单面还原 GO 纤维示意图，黑色部分代表沿激光方向还原后的 G;（b）制备的非对称 G/GO 纤维上表面显微照片;（c）G /GO 纤维暴露于不同的相对湿度条件下可能的弯曲方向;（d）~（f）G/GO纤维在不同相对湿度下的照片（Cheng，2013）

热膨胀性源于热水合效应，与 GO 膜中的相对湿度和水的存在状态密切相关。

　　此外，利用多种刺激方式组合，也可对石墨烯组装体进行多重驱动。石高全研究组通过将高热膨胀系数的 PVDF 层与低热膨胀系数的 GO 层结合，成功制备多重刺激-响应驱动器（GO/PVDF）（Xu，2017）。两层间热膨胀系数的差异赋予其不同的热形变能力，当温度改变，该驱动器弯曲灵敏性达 $1.5\ cm^{-1}\cdot℃^{-1}$。在 $60\ mW\cdot cm^{-2}$ 红外光照射条件下，GO /PVDF 会发生快速末端位移，速率为 $140\ mm\cdot s^{-1}$。同时，GO 层的存在使该驱动器对湿气刺激也有响应，当相对湿度从 11% 变化到 86% 时，其曲率从 $-22\ cm^{-1}$ 变为 $13\ cm^{-1}$。由于 GO/PVDF 的收缩或松弛应力是哺乳类动物的 18 倍，对光照和湿气响应速率快，响应时间仅为 1 s，并且其可举起自身重量 8 倍的重物，是一种应用范围非常广泛的纳米驱动器。

6.1.3 石墨烯组装体在燃料电池中的应用

燃料电池能够利用电池-电解液界面的化学反应直接将化学能转换为电能[173]。根据电解液的不同,其主要分为碱性燃料电池(Alkaline Fuel Cell,AFC)、质子交换膜燃料电池(Proton Exchange Membrane Fuel Cell,PEMFC,又称为固体聚合物电解质燃料电池)、直接甲醇燃料电池(Direct Methand Fuel Cells,DMFC)、磷酸燃料电池(Phosphoric Acid Fuel Cell,PAFC)、熔融碳酸盐燃料电池(Molten Carbonate Fuel Cell,MCFC)以及固体氧化物燃料电池(Solid Oxide Fuel Cell,SOFC)六种[174]。

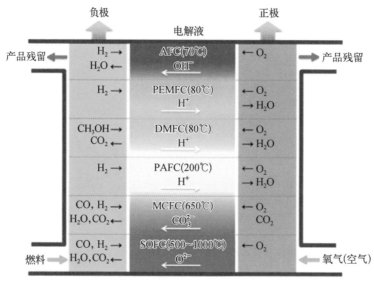

负极燃料氧化过程释放电子,电子由外电路迁出,产生电能;电子到达正极,发生氧气还原反应,生成水[174]

图6-11 不同种类燃料电池化学反应过程

燃料电池能量密度高、转换效率高、污染少,自发现以来一直受到科学家的广泛重视。其工作过程主要包括负极燃料(如氢气、甲醇、甲酸等)氧化反应和正极氧气还原反应(Oxygen Reduction Reaction,ORR)两部分,其中正极氧气多数来源于空气。

燃料电池还原反应是多电子过程,主要有反应中间体不同的两种反应路径。路径一是直接四电子路径,其中氧气被直接还原为水而不涉及过氧化氢,反应式为 $O_2 + 4H^+ + 4e^- \longrightarrow 2H_2O$。路径二是两电子路径,过氧化氢作为中间体出现,反应式为:$O_2 + 2H^+ + 2e^- \longrightarrow H_2O_2$;$H_2O_2 + 2H^+ + 2e^- \longrightarrow 2H_2O$。由于路径一具有更高的电压,因此反应过程中应尽量采用路径一而避免路径二。

自然条件下,燃料电池正负极反应非常缓慢,因此通常利用催化剂来加快反应进行以提高电池效率。

1. 金属/合金-石墨烯复合物燃料电池催化剂

目前最常用的燃料电池催化剂为贵金属铂,其他贵金属如金、钌、钯、镍以及它们的合金等对燃料电池进行催化也多见报道。但一方面贵金属储量有限,价格高昂,容易与燃料分子发生交叉效应及 CO 中毒;另一方面,铂作为催化剂时,需要铂颗粒均匀分布以增大催化剂比表面积,提高催化活性。因此目前催化剂常用铂颗粒支撑,分散基体包括较价廉的炭黑、活性炭、碳纳米管、石墨、石墨烯等碳材料。其中,石墨烯具有超高比表面积,将其作为基底既有利于担载更多催化剂,又有利于催化剂分散,从而增加催化活性位点,大大提高电极材料催化活性。同时,GO 衍生的石墨烯片层通常有大量空缺、孔洞、边缘或变形等缺陷及残留的含氧官能团,这些缺陷位或含氧官能团可以作为催化剂纳米颗粒的生长或锚定位点,从而增大复合材料的结构稳定性(Yang,2011)。此外,石墨烯导电性高,电化学稳定性好,有利于催化过程中电荷在催化剂、石墨烯及电极间的传输,最终提高燃料电极的能量转换效率。

石墨烯基纳米催化剂通常可以利用还原催化剂前驱体与 GO 间的原位或非原位法制备[175]。例如,南京大学刘建国研究团队利用硼氢化钠作为还原剂对氯铂酸和 GO 进行同步还原,得到在石墨烯表面均匀分布的铂纳米颗粒,粒径约为 5.1 nm(Xin,2011)。与炭黑基底相比,这种复合材料中铂纳米颗粒分布更为均匀,在甲醇氧化反应(Methanol Oxidation Reaction,MOR)及 ORR 中表现出更高的催化活性和更好的稳定性。不同于化学还原法,印度科学研究院 Ravishankar 研究组于 2011 年报道了一种超快微波辅助石墨烯基 Pt 催化剂制备方法(Kundu，2011)，利用微波对乙烯乙二醇溶剂中的 GO 和氯铂酸进行共还原，可以得到粒径为 2～3 nm 的超细微铂纳米颗粒，这些纳米颗粒均匀分散在石墨烯片层表面，对 MOR 表现出非常高的催化活性。除原位反应外，铂纳米颗粒也可以直接沉积到肼还原的石墨烯表面，该复合材料比表面积为 24.01 $m^2 \cdot g^{-1}$，明显高于炭黑基 Pt 复合材料，从而可暴露更多催化活性位点，对 CO 的耐受能力也更高(Yoo，2011)。

尽管石墨烯片层上的缺陷可以作为锚定位点与铂纳米粒子发生相互作用以形成稳定复合材料，但结构缺陷同时也会降低石墨烯导电性，影响材料的电荷传输能力。为解决这一问题，南洋理工大学 Chen 等利用 CVD 法制备了三维石墨烯作为沉积铂纳米颗粒的支撑材料(Maiyalagan，2012)。其中，三维石墨烯结构更有利于铂纳米颗粒分散，活性位点增加 58%。同时，CVD法制备的石墨烯导电性优异，可有效促进电极材料的电荷传输能力，最终提升甲醇氧化能力。

除铂以外，非铂金属如钯、铁、金、银、铜、钴、镍和双金属如铂-钌、铂-金、铂-锡、铂-铁、铂-镍、金-钯、银-钯、镍-钯、钌-钴、铱-钒以及三金属催化剂等都已与石墨烯复合以提高燃料电池中电极材料的催化性能，减少贵金属铂的使用量。另外，过渡金属氧化物因其储量丰富、成本低、毒性小等优点也被广泛使用。与商业化铂/C 催化剂相比，石墨烯与氧化钴、氧化锰、氧化铁、氧化铜及多金属氧化物复合后的催化剂用于燃料电池催化剂时都表现出了较好的 ORR 催化活性、长期催化稳定性及对甲醇交叉效应和 CO 中毒的高耐受能力。

另一方面，为进一步降低燃料电池中贵金属使用量，增加电极材料在苛刻条件下的耐腐蚀性能，非金属催化剂的相关研究逐渐成为热点。

2. 杂原子掺杂石墨烯燃料电池催化剂

本征石墨烯因缺乏活性位点而体现出催化惰性。杂原子掺杂可在石墨烯碳原子晶格中引入大量缺陷，有效改变整个片层结构电子特性，增加催化活性位点。

石墨烯化学与组装技术

2010年,曲良体等在氨气存在条件下,利用CVD法制备出N掺杂石墨烯(Gao,2010)。当以纯N掺杂石墨烯作为燃料电池电极材料时,碱性溶液中ORR过程电子转移数为3.6～4,其电流密度是商业化Pt/C电极的3倍。此外,该电极材料长期稳定性优异,可工作20万个循环,同时还可防止CO中毒,是一种较为理想的贵金属铂基燃料电极催化剂替代材料。

尽管CVD法制备的N掺杂石墨烯催化性能优异,但其产量非常有限。基于此,韩国Baek研究组利用简单溶液法制备出含N基团功能化的石墨烯或石墨烯与含氮化合物的复合材料,再辅以惰性气氛下高温退火,含氮基团作为N源在高温条件下与碳链焊接,得到N掺杂石墨烯(Jeon,2013)。该方法得到的N掺杂石墨烯的ORR催化活性与上述CVD法相比基本相似。材料表征发现,该研究中N含量约1.7%(原子分数),低于CVD法的4%(原子分数),因此,水热辅以高温退火得到的N掺杂石墨烯催化活性来源于其多褶皱结构提供的大比表面积(图6-12),而CVD法得到的N掺杂石墨烯活性来源于丰富的催化活性位点。

图6-12

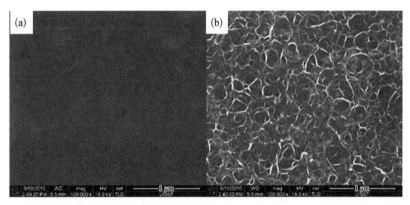

(a)N掺杂石墨烯分散于NMP溶剂滴涂在硅片表面的SEM图像;(b)氩气氛围下,900℃热处理后的N掺杂石墨烯SEM图像(Jeon,2013)

基于N掺杂石墨烯优异的ORR催化性能,它还可以作为金属或金属氧化物催化剂的支撑材料来制备复合材料,既能结合两种材料的催化性能,又可有效抑制催化剂纳米颗粒的团聚,最大限度提高材料催化性能。同时,由于石墨烯质子电导率高,水分子、氢气分子、甲醇分子等又都不能透过石墨烯膜,因此其也是一种理想的质子交换膜替代材料,可有效解决燃料扩散导致的电极中毒现象,应用前景广泛。

6.1.4 石墨烯组装体用于水分解

氢能储量丰富、无污染、热值高、可循环使用,是最有发展前景的可再生能源之一。目前工业常用氢气制备方法包括烃类裂解法、水煤气法、焦炉煤气冷冻法等[177],这些方法直接或间接地对化石燃料进行转化,既加速了非可再生能源的消耗,又带来许多环境问题,违背了探索新能源的初衷。而水是地球上含量非常丰富的资源之一,地球表面有71%的面积被水所覆盖,若能将水分子中的氢加以提取利用,将是非常丰富的能源。以水为反应物制氢主要依靠电解法和光催化法。完整的水分解反应包括析氢反应(Hydrogen Evolution Reaction,HER)和析氧反应(Oxygen Evolution Reaction,OER)两个半反应。析氢反应为重要制氢手段,而析氧半反应同时也是空气电池等装置的重要电极反应,因此研究水分解的两个半反应意义重大。

1. 电解水

水分解反应并不能自发进行,理想情况下,该反应的吉布斯自由能变为237.2 kJ·mol^{-1}。但在实际反应过程中,因反应动力学等原因,实际所需能量远远超过该数值,因此当通过施加外加电压来分解水时,实际所需电压将超过理想数值1.23 V,该外加电压与理论电压间的差值被称作超电势或过电势。为降低反应能耗,必须降低该反应势垒,提高水分解反应能量转换效率。研究发现,通过设计合适的催化剂可有效降低反应所需的过电势,减少反应能耗,缩短反应时间,同时增强水的分解效率和体系稳定性。

商业化水分解催化剂为用于 HER 的贵金属铂和用于 OER 的 RuO_2、IrO_2 等(Mccrory,2013),它们具有较优异的电催化性能,但贵金属储量有限,价格高昂且易被电解液腐蚀,严重限制其在实际过程中的大规模应用。因此,制备低成

石墨烯化学与组装技术

本、高催化性能的非贵金属和碳材料等非金属催化剂来代替贵金属的使用至关重要。

尽管石墨烯比表面积高、机械性能好、导电性优异，但本征石墨烯缺乏电催化位点，呈现电化学惰性，催化性能很差。为提高石墨烯催化性能，通常采取的方法是增加石墨烯的催化活性位点，提高活性位点的催化活性以及制备石墨烯基复合材料等。通过对石墨烯结构及性能进行调控，可以制备同时具有 HER 及 OER 催化性能的石墨烯基电极材料。

（1）HER

韩国汉阳大学 Lee 研究组通过对石墨烯进行杂原子掺杂，制备了镧系元素（La、Eu 及 Yb）掺杂的石墨烯（Shinde，2016）。电化学测试表明，镧系元素掺杂石墨烯具有优异的 HER 催化性能，起始电势、过电势及塔菲尔斜率分别只有 81 mV、160 mV 和 52 mV·dec^{-1}，另外，材料同时还表现出 7.55 × 10^{-6} A·cm^{-2} 的高电流密度和优异的长期稳定性，通过研究，可将该掺杂石墨烯优异的电催化性能归因于丰富的边缘和掺杂位点、高导电性以及大的活性表面积的协同作用。除金属元素掺杂外，非金属元素掺杂石墨烯同样也被用于探究 HER 的催化性能。近期，戴黎明研究组首次报道了一种碳基非金属 HER-ORR 双功能催化剂（Zhang，2016）。在 GO 存在条件下，三聚氰胺与植酸自组装形成超分子结构，然后高温热解，得到 N、P 共掺杂碳网络结构，制备示意图及电化学测试结果如图 6-13 所示。DFT 计算表明，N、P 共掺杂石墨烯优异的电催化性能主要源于 N、P 掺杂位点及石墨烯的边缘结构。

除杂原子掺杂，中国科学院化学研究所于贵研究组报道了一种新型三维石墨烯电极材料制备方法。通过对石墨烯形貌进行设计，可以调节碳骨架的电子结构，从而赋予其优异的质子还原能力（Yu，2018）。材料扫描电镜表征表明在这种材料中石墨烯呈现三维骨架结构，同时具有非常丰富的边缘位点。电化学测试结果表明，利用这种三维石墨烯催化 HER 时，其在 0.5 mol/L H$_2$SO$_4$ 电解液中反应起始电势仅为 18 mV，同时稳定性也较优异。理论计算结果表明，这种优异的产氢性能主要来源于石墨烯骨架上丰富边缘活性位点对质子的有效吸附和还原，促进了氢气的产生效率。

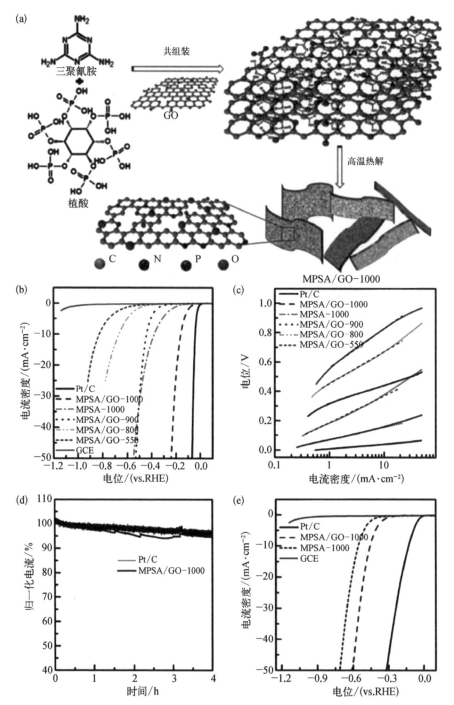

（a）N、P 共掺杂碳网络制备过程示意图；（b）（c）不同样品于 0.5 mol/L H₂SO₄中氢还原线性循环伏安曲线及 Tafel曲线；（d）高温热解 N、P 共掺杂石墨烯与 Pt/C 电极氢还原长期稳定性比较；（e）0.1 mol/L KOH 电解液中，不同样品的氢还原线性循环伏安曲线（Zhang，2016）

　　　　　　　　　　　　　　　　　　　　　石墨烯化学与组装技术

（2）OER

常用 OER 催化剂 RuO_2 和 IrO_2 同样面临价格高昂及稳定性差的问题。近期，华南理工大学廖世军研究团队制备出一种碳纳米微球嵌入的钴、氮共掺杂石墨烯复合材料，其中碳纳米微球作为一种间隔剂和石墨烯片层间的桥梁，既抑制了石墨烯片层的堆叠，增大比表面积，又使得石墨烯片层间存在桥联点，提高了材料的电荷传输能力（Qiao，2016）。电化学测试表明，这种材料不仅具有优异的 OER 催化性能，还对 ORR 反应具有较好的催化作用，是一种高效的双功能催化剂。此外，中国科学院固体物理研究所张海民研究组以金属有机骨架和 GO 为前驱体，制备出石墨烯包覆的 N 掺杂多孔碳材料（图 6 - 13），同样具有非常优异的 OER 和 ORR 性能（Liu，2016）。当制备温度为 900℃ 时，所得的材料具有 $1\,094.3\ m^2 \cdot g^{-1}$ 的高比表面积及高石墨化程度。多孔碳与石墨烯协同作用为材料提供了大量催化活性位点以及电子的快速传输路径，最终促进了 OER 的催化性能。

图 6 - 14 三明治结构 N 掺杂多孔碳包覆石墨烯制备过程及其用于 OER / ORR 反应的原理示意图（Liu，2016）

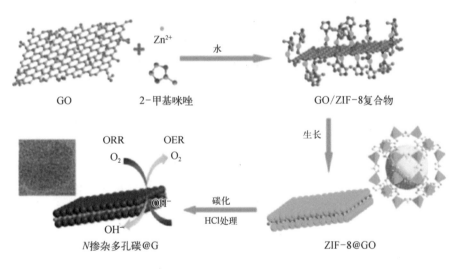

除 ORR 和 OER 双功能催化剂外，高活性石墨烯基多功能催化剂也有报道。2017 年，戴黎明研究组制备了一种二维 N、S 共掺杂石墨片层材料，该材料表面分布大量等级立体孔结构，使材料比表面积大大提高，暴露更多催化活性位点的同时也保留了优异的电子及电解质传输能力（Hu，2017）。几种优势协同作用赋

予这种材料在 HER、OER 和 ORR 中的三元催化作用和优异的稳定性,其催化性能远超无开放孔结构的石墨烯及其他碳材料。同时,因其成本低、制备过程简单,这种等级立体孔结构碳材料可作为贵金属催化剂的替代材料应用于燃料电池、金属空气电池及水分解等各种领域。

2. 光催化水分解

光催化水分解简称光解水,主要指在催化剂存在条件下,使水分解生成氢气和氧气的过程,这一过程中光能转换为化学能,而催化剂不发生改变[178]。

光解水催化剂材料主要包括 TiO_2、ZnO、CdS、$\alpha-Fe_2O_3$、ZnS、Cu_2O、WO_3、$SrTiO_3$ 等半导体。其中 TiO_2 由于光致空穴氧化性高、材料化学性质稳定、无毒、环境友好,是常用的光催化材料。但 TiO_2 禁带宽度较宽(锐钛矿晶型为 3.2 eV,金红石晶型为 3.0 eV),这使其对太阳光利用有限,另外,TiO_2 中光生电子和空穴易发生复合,降低其光量子效率,最终影响光解水的制氢效率。

相较而言,石墨烯的功函(4.42 eV)及理论电子迁移率(约为 200 000 $cm^2 \cdot V^{-1} \cdot s^{-1}$)高,已在光催化制氢中作为电子受体和传输材料使用。较高的功函使石墨烯在光催化过程中易于接受大多数半导体导带或染料最低未占据轨道上的光生电子,抑制光催化材料自身的光致电子-空穴复合过程,提高反应效率。而石墨烯的高电子迁移率使其接受的电子可以通过二维平面结构快速传输到反应活性位点来产生氢气(Xie,2013)。Zou 等将 $g-C_3N_4$ 与 N 掺杂的石墨烯量子点($N-GQD$)结合,制备了 $N-GQD/g-C_3N_4$ 复合材料催化剂,这种复合催化剂可有效抑制 $g-C_3N_4$ 自身高的光致电子与空穴的复合率,提高光催化性能(Zou,2013)。$N-GQD$ 光致激发的光波长为 600~800 nm,当其被该波长范围的光激发时,可以生成 400~600 nm 的短波光,表明 $N-GQD$ 具有好的上转换性能。这些发射的短波光可以与环境光源中的紫外光一起被 $g-C_3N_4$ 吸收,生成电子和空穴。这些电子可以传输到 $N-GQD$ 表面,同时空穴将被牺牲剂捕获,整个过程的示意图如图 6-15 所示。这种复合材料高效的电子空穴分离效率使其具有优异的光催化水解产氢性能,氢气生成速率为 2.18 $mmol \cdot h^{-1} \cdot g^{-1}$,在 420 nm 时,量子效率为 5.5%。

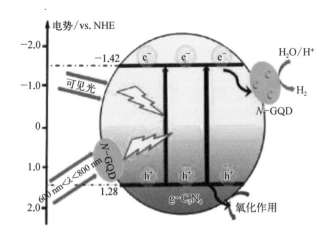

图6-15 可见光照
射下，N 掺杂石墨
烯量子点 /g-C₃N₄
光催化产氢原理图
（Zou，2013）

除作为电子受体和传输材料外，石墨烯作为共催化剂的研究也较多（Cao，2016）。西班牙瓦伦西亚理工大学 Garcia 等以 Cu^{2+}-壳聚糖为前驱体，通过 900℃的惰性氛围热解，在少层石墨烯的表面制备出优先以（200）面排列的 Cu_2O 纳米片（Mateo，2016）。这种材料用作光催化水解催化剂时，全解水的速率为 19.5 mmol · g_{Cu+G}^{-1} · h^{-1}，是纯 Cu_2O 纳米颗粒催化剂的三倍。研究表明，体系优异的光催化水解性能主要来源于石墨烯的共催化性能、Cu_2O 有序的优先（200）面的排列及电子在 Cu_2O 与石墨烯间的快速分离等几方面的协同作用。湖南大学黄维清研究组利用 DFT 对石墨烯与 g-C_3N_4 复合材料的光催化性能进行了研究（Xu，2015）。结果表明，在还原氧化石墨烯基材料中，氧原子的存在对催化起到了至关重要的作用。在更高的氧元素浓度条件下，还原氧化石墨烯中带负电的氧原子是催化的活性位点，具有优异的催化水分解生成氢气的活性。

除此之外，石墨烯组装体自身还可以作为光敏化剂。美国阿贡国家实验室 Rozhkova 研究团队将还原氧化石墨烯与菌视紫红质膜蛋白相结合，发现该复合体系可以在 Pt/TiO_2 体系中作为敏化剂吸收可见光（Wang，2014）。其中，还原氧化石墨烯的引入提高了纳米生物催化剂的性能，最终得到的氢气生成速率约为 11.24 mmol · （μmol 蛋白质）$^{-1}$ · h^{-1}。电子顺磁共振和瞬态吸收光谱表明，在可见光照射下，可发生从光激发石墨烯到半导体间的电荷转移。

尽管将石墨烯引入光催化水解体系可以提高反应的活性，但整体来说，石墨烯基纳米材料用于光催化水解产氢仍处于起始阶段，如何大规模制备石墨烯基催化剂以及石墨烯促进体系催化性能的机理层面的解释仍需进一步深入研究。

6.1.5　太阳能电池

1. 简介

太阳能电池可以将太阳能转换为电能。目前最常用的商业化太阳能电池是单晶硅基太阳能电池,一般被称作第一代太阳能电池,最高效率约已达 25%[179]。第二代太阳能电池为薄膜太阳能电池,其发展主要源于对低成本高转换效率太阳能电池的需求,但截至目前第二代太阳能电池的效率仍低于硅基太阳能电池[180]。第三代太阳能电池主要包括新兴的有机太阳能电池(Hoppe,2004)、染料敏化太阳能电池(Dye Sensitized Solar Cell,DSSC)、量子点敏化太阳能电池(Quantum Dot Sensitized Solar Cell,QDSC)(Radich,2011)和钙钛矿太阳能电池(Kojima,2009)等,这类太阳能电池成本低、形貌多样,且环境友好。但第三代太阳能电池同样存在效率低的问题,目前有机太阳能电池的效率约只有 14%(Mathew,2014)。另外,与第一、第二代太阳能电池相比,第三代太阳能电池的长期稳定性和机械强度也较差。

DSSC(O'Regan,1991)以及钙钛矿太阳能电池是目前发展较快的第三代太阳能电池。DSSC 制备工艺简单、环境友好,但其效率仍需提高,且对电极材料多为贵金属铂,价格高昂且易被腐蚀;钙钛矿太阳能电池以有机卤化物钙钛矿层状材料作为光敏化剂以及有机空穴传输材料,最高光电转换效率接近硅,但高效的钙钛矿电极材料中常含有铅,并不是理想的太阳能电池电极材料。

为进一步提高太阳能电池的光电转换效率、降低材料成本、保护环境,石墨烯基电极材料发展迅速。通常,石墨烯基材料在太阳能电池中可以作为透明导电层、光敏化剂、电荷传输通道及催化剂等存在。

2. 石墨烯用于染料敏化太阳能电池

1991 年,瑞士洛桑联邦理工大学 Grätzel 教授首次展示了高效的 DSSC[181],由于其具有较为可观的光电转换效率(最高约为 13%)、成本低、制备简单、环境友好,被认为是非常有前景的硅基太阳能电池替代材料。典型 DSSC 包括染料敏化的 TiO₂ 光阳极、电解液和对电极三部分,结构图如图 6-16 所示[182]。当太阳光照射到负载在光阳极的染料分子上时,染料分子中电子受激发从 HOMO 轨道跃迁到 LUMO 轨道。激发态电子迅速注入 TiO₂ 导带中,染料分子失去电子而变为氧化态。氧化态的染料分子从电解质的还原态分子得到电子,被还原至基态得以再生。注入 TiO₂ 导带中的电子经收集,传输到外电路,最终形成工作电流。电解质中的氧化态分子扩散到对电极后得到外电路电子被还原成还原态,完成整个光电转换工作循环。基于此,DSSC 需要具有相对大的过电势来驱动电子注入 TiO₂ 导带,以及使氧化态的染料再生。

图 6-16

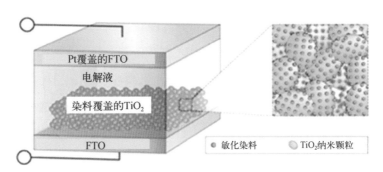

(a) 典型的染料敏化太阳能电池结构示意图

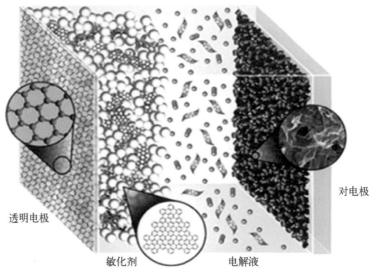

(b) 染料敏化太阳能电池各部分与石墨烯结合示意图[182]

石墨烯由于比表面积大、导电导热性好、机械强度高、透明性好以及具有独特的结构依赖特性,已经应用于 DSSC 的各个部分中,表现出了多种功能。

(1)对电极

DSSC 中的对电极材料需要具有高的导电性和催化活性,以保证电解质中氧化还原电对的快速再生,加快整个电池的反应速度。常用对电极材料为铂电极,但铂作为贵金属储量有限,价格高昂且极易被电解液腐蚀,作为替代材料,还原氧化石墨烯[184]、三维石墨烯泡沫[186]以及石墨烯基复合材料[187]等石墨烯基对电极在近几年研究较为广泛。

2008 年,石高全研究组首次利用水合肼在 FTO 表面制备出还原氧化石墨烯膜。该膜导电性为 200 S·m^{-1},作为对电极材料,DSSC 光电转换效率为 2.2%,远远高于纯 FTO 玻璃的 0.048%。但与铂对电极 DSSC(3.98%)相比,该光电转换效率仍然偏低。随后,Jeon 等发现,利用电沉积法在基底上沉积 GO 薄膜,然后在 200~600℃条件下退火还原,随着退火温度升高,以其做成对电极的 DSSC 光电转换效率也相应增大(Ju,2014)。该结果主要源于随着退火温度的升高,GO 还原程度增加,导电性增加,从而电解液与电极间的电荷传输电阻降低,效率升高。退火温度为 600℃时,DSSC 得到了 5.69% 的最高光电转换效率及最低电荷传输电阻 38 Ω。

而华东师范大学黄素梅研究组进一步研究发现,GO 膜在 400℃ 退火后做成对电极的 DSSC 具有最高的光电转换效率 6.81%(Zhang,2011)。通常 GO 在高温退火条件下可移除表面的含氧官能团,恢复 π 电子共轭结构,使石墨烯的导电性增加(Mattevi,2009),剩余的含氧官能团和适当的缺陷结构则将作为催化活性位点,提高材料的催化活性。导电性与催化活性的同时提高也使得 DSSC 获得了高转换效率。然而,还原氧化石墨烯片层上的大量缺陷会使得其导电性受限,而纯石墨烯缺少必要的催化活性位点,都不是最理想的 DSSC 对电极材料。

通过对石墨烯的微结构和构架进行调控,可有效提高其作为对电极的性能。美国得克萨斯理工大学 Fan 等以甲烷和氮气作为气源,利用等离子体增强 CVD 法制备出垂直生长的石墨烯阵列膜(Pan,2014)。从图 6-17 中可以看出,垂直生长的石墨烯阵列提供了快速的电子传输动力学,同时由于其催化活性位点完全暴露,因此对电解质中 I^-/I_3^- 具有很高的电催化活性。作为 DSSC 对电极时,器件的光电转换效率达到 7.63%,只略低于铂对电极的 8.48%。密歇根理工大学 Huang 研究组在 550℃ 条件下,利用 Li_2O 和 CO 的热反应自下而上得到三维的蜂窝状石墨烯材料(Wang,2013)。550℃ 反应 12 h 时,得到最低的串联电阻和电荷传输电阻,同时电催化性能也达到最佳,光电转换效率达到 7.8%。与普通石墨烯及膜材料相比,三维石墨烯作的三维导电网络提供了较大的比表面积,同时电解液的扩散及其与电极间的接触有效增强,性能更加优异(Ahn,2014)。

图 6-17

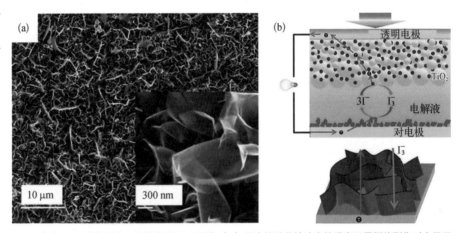

(a) CVD 制备垂直石墨烯阵列 SEM 图像;(b) 具有快速传输速率的垂直石墨烯阵列作对电极示意图(Pan,2014)

另外,石墨烯作为基体材料与其他导电或催化材料相结合制备复合材料同样可以提高材料作为对电极的 DSSC 光电转换性能。可与石墨烯复合制备复合对电极的材料包括金属(铂、金)、金属化合物(氧化镍、氧化锌、硫化钴、二硫化钴、二硫化钼、硫化镍)、碳材料(碳纳米管、炭黑、介孔碳、活性炭)及导电聚合物(聚吡咯、聚苯胺、聚乙撑二氧噻吩)等。上述工作主要集中于制备高催化活性、低电荷传输电阻及大比表面积、价格低廉的铂电极替代材料。

(2)光阳极

DSSC 光阳极主要由覆盖在 FTO 表面的 TiO_2 层及其上吸附的染料分子组成。光阳极材料主要为宽型的半导体材料,其中 TiO_2 由于储量丰富、价格低廉、环境友好且性质稳定,是最常用的光阳极材料。而为提高光阳极的性能,在其中引入导电导热性能优异、透明度高的石墨烯是目前众多研究的关注点。

德国马普所 Müllen 研究组利用热还原法制备了还原氧化石墨烯膜,在没有 FTO 导电基底存在的条件下,吸附染料后直接用作光阳极,首次制备出固态染料敏化太阳能电池。但遗憾的是,由于体系串联电阻大,光阳极吸光性能有限,这种 DSSC 仅获得了 0.26% 的光电转换效率。除这项工作外,石墨烯基材料在 DSSC 光阳极中的应用主要是作为支架或散射层存在,其主要作用是增加染料分子的吸附量(Chang,2013),增强对光的散射和吸收(Tang,2012),促进光生电子的传输(He,2013),抑制电荷复合(Cheng,2013)和暗反应(Kim,2009)。综合上述效应,石墨烯的加入可以使 DSSC 的光电流密度增加,电荷收集效率增大,最终提升 DSSC 的光电转换效率。

北京航空航天大学翟锦研究团队将石墨烯引入纳米结构的 TiO_2 体系内,制备出 DSSC 光阳极复合材料(Yang,2017)。其中,石墨烯作为二维的光生电子快速转移的桥梁,可有效抑制电子的重新复合并增强对光的散射。最终在开路电压不变的情况下,该 DSSC 短路电流提高了 45%,光电转换效率达到 6.97%,比纯 TiO_2 及添加了 CNT 的 CNT/TiO_2 复合光阳极 DSSC 分别高出约 39% 及 0.58%。台湾清华大学 Ma 研究组将石墨烯和 CNT 同时引入 TiO_2,得到三元杂化的石墨烯/CNT/TiO_2 复合光阳极(Duan,2013)。与纯 TiO_2 光阳极 DSSC 相比,该复合光阳极 DSSC 的光电转换效率提高了 31%,达到了 6.11%。上海交通大学胡国新团队同时将石墨烯引入到了光阳极的传输、支撑和散射层,最终得到了 9.24% 的高光电转换效率,而仅使用 TiO_2 作光阳极的 DSSC 光电转换效率为 6.25%(Chang,2015)。

上述研究表明,在 TiO_2 中石墨烯的添加可使 DSSC 性能得到有效增强。进一步研究发现,石墨烯添加量的不同对最终 DSSC 的性能可以产生很大影响。不同的研究对最优的石墨烯添加量的定义不同,但总体来说,随石墨烯添加量的增加,DSSC 的光电转换效率通常是先增加后减小。例如,翟锦团队对 0.1%～1.2%(质量分数)石墨烯添加量的 TiO_2 光阳极性能进行了探究,结果表明,当石墨烯含量为 0.75%(质量分数)时,可以得到最优的光电转换效率(5.77%)

（Yang，2017）。而南京大学周勇教授则是在石墨烯添加量为 2%（质量分数）时，得到 DSSC 最优光电转换效率 7.1%，高于纯 TiO_2（5.3%）和添加量 5.0%（质量分数）的石墨烯（4.6%）（Chen，2013）。

石墨烯掺杂光阳极的优势在于：首先，一定量石墨烯的加入可使染料分子激发的电子由 TiO_2 快速转移到石墨烯，然后转移到集流体传输到外电路，从而降低暗反应和电子的重新复合；其次，二维石墨烯的引入可以提供大的比表面积，使得染料分子吸附量大大增加，从而可以吸收更多光，产生更多光生电子，最终提高光电转换效率。但如果石墨烯过量，则会降低 TiO_2 晶体的含量，抑制电子的扩散和传输，导致产生高的界面电阻和大量的电荷复合。且过量的石墨烯自身会发生团聚，严重抑制染料分子对光的吸收，减少光生电子的数量。因此，在光阳极中添加合适量的石墨烯对提升 DSSC 的光电转换效率至关重要。

（3）固态电解质

DSSC 中，电解质对电荷载流子的传输、染料的再生意义重大。为提高 DSSC 的性能，理想电解液必须具有快速的电荷传输能力（氧化还原电对小，扩散系数高，与两电极间的界面接触好），较弱的可见光的吸收能力以及优异的电化学、热力学界面稳定性（Wu，2008）。常用电解质为液体电解质，溶剂通常采用低毒、高介电常数以及具有快速离子反应动力学的乙腈、戊腈等。目前报道的具有较高光电转换效率的 DSSC 采用的也多是这种含氧化还原电对的液体电解质（Yella，2011），但液体电解质易渗漏、易挥发，整个 DSSC 高温稳定性差，封装困难，不易制备柔性装置。为解决上述问题，目前采用的策略之一便是制备基于离子液体电解质、有机-无机电解质、聚合物电解质的准固态电解质[222]。为提高固态电解质基 DSSC 的光电转换效率，石墨烯被引入固体电解液中，来提高电池的性能[188]。

爱尔兰都柏林三一学院 Gun'ko 研究团队将少量 [0.125%～3%（质量分数）] 石墨烯引入含 I^-/I_3^- 氧化还原电对的离子液体甲基咪唑碘盐中，得到一种新型的杂化固态电解质（Brennan，2013）。与纯甲基咪唑碘盐电解质相比，在石墨烯添加量为 1.0%（质量分数）时，以其为电解质的 DSSC 光电转换效率增大了 25 倍，为 2.6%。其中，石墨烯的加入可有效降低体系的界面传输电阻，有利于电极与电解质间快速的电荷传输。除离子液体电解液外,石墨烯还可与聚合物复合,制备石墨烯/聚合物复合固态电解质。韩国全北大学 Yang 等通过研究提出,石墨烯片可以均匀分散于聚环氧乙烷(PEO)中,得到石墨烯/PEO复合凝胶(Akhtar,2013)。当石墨烯添加量为 0.5%(质量分数)时,电解液的离子电导率由纯 PEO的 1.21 mS·cm^{-1}提高到 3.22 mS·cm^{-1},电解质中氧化还原电对的再生速率提高,离子间相互作用加快,最终制备的 DSSC 光电转换效率为 5.2%,远高于基于纯 PEO 电解质的光电转换效率(1.9%)。

3. 石墨烯用于钙钛矿太阳能电池

钙钛矿太阳能电池自 2009 年被首次提出以来,不到十年的短短时间内光电转换效率已由最初的 3.8%(Kojima,2009)提升到 10.9%(Lee,2012)、16.2%(Jeon,2014)、19.3%(Neo,2013),并最终达到了现在的超过 22%(Yang,2017)。在钙钛矿太阳能电池中,有机金属卤化物钙钛矿(通常以 $CH_3NH_3MX_3$ 形式存在,其中 M = Pb 或者 Sn,X = Cl、Br 或 I)作为吸光材料,其吸收系数大、载流子迁移率高、存在直接带隙、具有低温可加工性,且价格低廉、稳定性好[189],在整个电池中起到非常重要的作用。与普通液态有机太阳能电池相比,钙钛矿太阳能电池的电子及空穴扩散长度较大,例如,$CH_3NH_3PbI_3$ 型钙钛矿太阳能电池的电子空穴扩散长度为 100 nm(Xing,2013),$CH_3NH_3PbI_{3-x}Cl_x$ 型钙钛矿太阳能电池的电子空穴扩散长度大于 1 μm(Stranks,2013),而聚合物太阳能电池的电子空穴扩散长度约只有 10 nm(Shaw,2008)。因此钙钛矿太阳能电池的载流子收集效率通常较高,性能也更优异(Grätzel,2014)。

但在钙钛矿太阳能电池中,电子和空穴的收集时间通常为 0.4 ns[①] 和 0.66 ns,这个数值远远大于热载流子的冷却时间(0.4 ps[②])。因此,部分光子的能量由于热化和载流子俘获而损失掉。理论上为解决该问题,需要得到比载流子俘获或热化时间更短的超快电子注入过程,从而提高热载流子的利用率,进而提

---

① 1 ns=10^{-9} s。
② 1 ps=10^{-12} s。

升电池的光电转换效率(Peng, 2014)。

从该角度出发,北京师范大学范楼珍研究团队通过在钙钛矿层和 TiO_2 层间引入电化学法制备的石墨烯量子点,制备出一种新型的钙钛矿太阳能电池。原理及形貌如图 6-18 所示。石墨烯量子点层的引入可起到电子转移的桥梁作用,使电子可以快速从钙钛矿层注入 TiO_2 层。瞬态吸收测试结果表明,在石墨烯量子点存在的条件下,电子注入时间由之前的 260~307 ps 减小到了 90~106 ps,该时间尺度与载流子的捕获时间接近,与没有量子点存在的钙钛矿太阳能电池相比,改良后装置的短路电流密度明显提升,最终得到电池的效率由 8.81% 提升到 10.15%。该工作表明,石墨烯量子点可以作为钙钛矿太阳能电池中超快的电子传输通道来提高电池的性能。

图 6-18

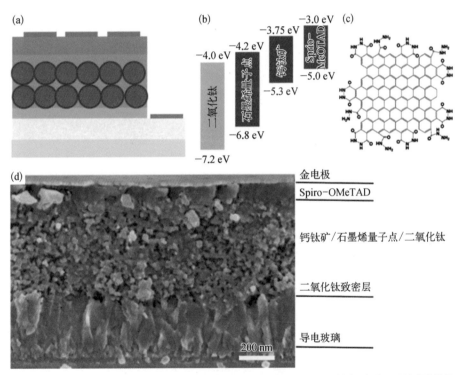

（a）钙钛矿太阳能电池结构,其中石墨烯量子点选择性与介孔 TiO_2 层结合;（b）不同空间的能级分布;（c）边缘修饰的石墨烯量子点结构;（d）完整钙钛矿太阳能电池的横截面 SEM 图像

除利用石墨烯作为电子传输通道之外,氧化石墨烯由于具有合适的功函数、

可接受的电阻率以及表面掺杂等因素，也可以作为高效的空穴传输层应用于钙钛矿太阳能电池[190]。苏州大学孙保全等尝试利用 GO 作为空穴导体，将其引入平面异质结构的钙钛矿太阳能电池中（Wu，2014）。其首先在 ITO 玻璃表面旋涂一层 GO 膜，GO 膜的存在可使 $CH_3NH_3PbI_{3-x}Cl_x$ 钙钛矿层更均匀地分布在其表面，同时，其结晶度也升高，更倾向于生成（001）面的面内取向。钙钛矿层和 GO 层界面上的光致发光淬灭率为 52.8%，这与 TiO_2 的 47% 相当，表明钙钛矿层与 GO 层中间存在电荷的有效转移（Docampo，2013）。当 GO 层厚度为 2 nm 时，该电池光电转换效率达到 12.4%，比无 GO 存在的钙钛矿太阳能电池效率高 2.64%，证明 GO 是一种有效的空穴传输层。

除上述应用，石墨烯还可用于降低钙钛矿太阳能电池电子传输层 TiO_2 的退火温度。英国牛津大学 Snaith 研究组将石墨烯引入 TiO_2 层中，使得 TiO_2 在相对较低的温度下处理，当石墨烯含量为 0.6%（质量分数）时，使用这种低温处理的石墨烯 /TiO_2 制备的器件有着与高温处理相媲美的光电转换效率（15.6%），同时因制备过程避免了高温退火，电池制备成本降低，有利于其在柔性基底和叠层器件中的广泛应用（Wang，2014）。

综上，在太阳能电池领域，石墨烯既可以作为光敏化剂、又可以作电荷传输通道和催化剂。与普通太阳能电池相比，石墨烯的加入可以从多方面提升电池的性能，最终实现太阳能电池的广泛应用。

6.1.6　电热膜

电热膜是一种通电后即可以发热的薄膜。电热系统主要由电源、温控器、绝缘层、连接件、电热膜及装饰面层等构成，电源经导线与电热膜连通，电能将转化为热能。产生的热能主要以红外辐射和对流的形式对外传递，由于电热膜为纯电阻电路，转换效率高，最高电能到热能的转换率可达 98% 以上。

石墨烯作为一种最薄的二维层状材料，具有非常优异的导电导热性能和高透光性，将其制成电热膜后，可应用于多种应用环境。同时，石墨烯性质稳定，耐酸碱、防水、耐腐蚀性能好，适用于各种电热器件或人体的直接使用[191]。

根据制备方法的不同,电热膜用石墨烯薄膜的制备方法包括涂覆法、电化学法及CVD法等。

2011年,南开大学陈永胜研究组利用GO溶液简单旋涂辅助HI还原的方法,制备出一种石墨烯基柔性透明电热膜,高温退火后,该电热膜可表现出高透明度和优异的加热性能(Sui,2011)。退火温度为800℃时,电热膜对550 nm波长光的透射比为80%,在60 V电压条件下,其可以在2 min内升温至稳定的42℃。而退火温度升高到900℃及1 000℃时,该电热膜则可以在60 V的条件下,最快以7℃·s⁻¹的速率升温至稳定的150~206℃。进一步将该石墨烯膜与聚酰亚胺结合,则可以制备柔性电热器件,相同电压条件下其可以以16℃·s⁻¹的最大升温速率在10 s内达到72℃。低工作电压、高升温速率结合石墨烯材料的化学稳定性及机械柔韧性,使该石墨烯基电热膜具有较好的实际应用前景。

近期,清华大学任天令、杨轶团队利用同属涂覆法的滴涂法并辅以激光还原制备了柔性可剪裁的石墨烯加热器,其中电热膜的电热性能可通过激光的能量密度进行调节(Zhang,2017)。在最优优化条件下,18 V的工作电压可使该电热膜在20 s内迅速升温至247.3℃。进一步研究发现,将电热膜对折100次,其输出温度仍可由输入电压精确控制,且其温度分布是均匀的。另外,该柔性电热膜可被裁剪成任意的形状,该特点使其可以方便地应用于多种特定装置和场景。

尽管上述研究已取得不错进展,但还原氧化石墨烯较多的缺陷通常会使制备的电热膜性能受限。为解决该问题,中国科学院上海微系统所丁古巧研究组首次利用草酸和过氧化氢作电解液电化学剥离石墨片,制备出尺寸均匀(2~6 μm,78.1%)、含氧量低[2.41%(原子数百分含量)]、缺陷少、导电性高(26 692 S·m⁻¹)的高质量石墨烯(Tian,2017)。将剥离得到的石墨烯制备成墨水刮涂在A4纸或聚对苯二甲酸乙二醇酯(PET)表面,即制得电热膜。在10 V的低电压条件下,该电热膜可以在30 s内迅速升温至75.2℃,电热性能优异。

涂覆法可简单便捷地制备大规模的石墨烯薄膜,但这种方法得到的石墨烯膜质量通常偏低,电热性能受限,为提高石墨烯质量,可利用CVD法直接制备完整的石墨烯薄膜而无须添加任何其他添加剂,且制备的电热膜也更加平整,温度易控制,电热转换效率大大增加。

韩国成均馆大学 Choi 研究团队首先利用 CVD 法在铜箔上生长单层石墨烯,然后浸泡三氯化金-硝基甲烷($AuCl_3$-CH_3NO_2)、硝酸(HNO_3)溶液并辅以卷对卷组装,制备得到多层堆叠且层间掺杂的石墨烯电热膜(Kang,2011),制备过程如图 6-19 所示。CVD 法制备的高质量石墨烯使得电热膜具有高达 89% 的透明度,而 $AuCl_3$-CH_3NO_2 和 HNO_3 的掺杂则可有效降低层间方阻约至 43 $\Omega \cdot \square^{-1}$,使电热器可以在较低工作电压下实现较高的电热转换效率。实验表明,在 12 V 的工作电压下,共掺杂的石墨烯电热膜可升温至 100℃,优于仅以 HNO_3 掺杂的石墨烯制备的电热膜(65℃)。

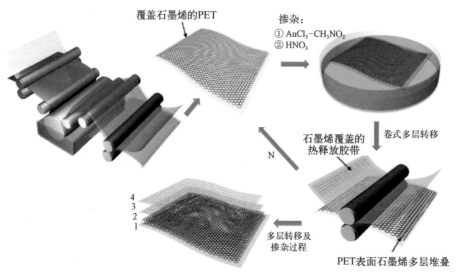

覆盖石墨烯的PET

掺杂:
① $AuCl_3$-CH_3NO_2
② HNO_3

石墨烯覆盖的热释放胶带

卷式多层转移

N

多层转移及掺杂过程

PET表面石墨烯多层堆叠

4
3
2
1

图6-19 多层堆叠且层间掺杂的石墨烯电热膜制备示意图(Kang, 2011)

北京理工大学曲良体课题组进一步优化制备工艺,以常见的生活塑料垃圾作为原料,利用 CVD 法制备出了一种高质量可自支撑的石墨烯箔,该材料各项性能都优于常规方法制备的石墨烯膜,同时还可以规模制备,不仅实现了变废为宝,还提供了一种塑料处理的新方法(Qu,2017)。随后,该研究组进一步将得到的石墨烯箔用于太阳能水蒸发装置,通过将二维石墨烯膜和三维石墨烯骨架一体化,并引入太阳能电池板,成功地结合了一种光电热效应(Cui,2018)。太阳能水蒸发的速率远高于仅利用光热效应的水蒸发速率,光热转化效率可以达到 91.7%。

石墨烯化学与组装技术

总体来说,石墨烯电热膜安全、电-热转换效率高、环境友好、稳定性好,是新一代电热膜的理想之选。

6.2　石墨烯组装体在能量存储器件中的应用

能量存储器件可以将不同能量转换成的电能储存起来,以满足在不同时间、不同地域的电能使用。为适应各种不同的应用对象及环境,存储电能的器件应具有容量大、功率密度高及环境稳定性好等优点。目前常用的能量存储器件有超级电容器、二次电池等,下面将从这两方面对石墨烯组装体在能量存储中的应用进行介绍。

6.2.1　超级电容器

超级电容器是一种新型储能装置,其能量密度和功率密度介于传统电容器与电池之间,其特点是功率密度高、倍率性能优异、充电时间短、循环寿命长、温度特性好、节约能源、绿色环保、战略意义显著,近年来在世界范围内引起了极大关注,具有广泛的应用前景。

根据储能机理的不同,超级电容器通常可以分为双电层、赝电容和杂化超级电容器三类,具体如下。

（1）双电层超级电容器主要利用具有高比表面积的电极材料与电解液界面电荷分离所产生的双电层来存储电荷。在电容器的充放电过程中,只涉及物理过程而不涉及电化学反应,因此双电层超级电容器通常具有超高的功率密度和优异的循环寿命。

（2）赝电容超级电容器可通过电解液和活性电极材料在电极表面或近表面快速可逆的氧化还原反应进行能量的存储。相较于双电层超级电容器,赝电容超级电容器能量密度通常更高,但其电荷存储过程中涉及电化学反应的发生,因此功率密度和循环寿命通常受到一定制约。

（3）杂化超级电容器又称为非对称型超级电容器,其一极利用双电层储存能量,另一极通过电化学反应储存能量,是一种兼具双电层和赝电容储能机制的新型超级电容器,既有双电层电容器的高功率特性,又有赝电容电容器的高密度特性,优越性巨大。

前两种超级电容器的电荷存储机理如图6-20所示[193]。

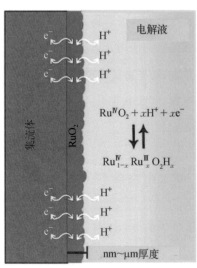

图6-20 两种超级电容器的电荷存储机理示意图

（a）双电层超级电容器   （b）赝电容超级电容器（以RuO_2为例）[193]

1. 石墨烯在双电层超级电容器中的发展现状及前景

双电层超级电容器利用电极材料/电解液界面形成的厚度只有数纳米的双电层来存储电荷。为提高双电层电容量,极化电极应该有尽可能大的比表面积,且为保证充放电过程中快速的电子传输,电极材料必须具有好的导电能力,因此,兼具高比表面积、高导电性的多孔碳素材料被广泛利用。

传统的碳材料如活性炭、炭黑、纳米碳纤维、碳纳米管、玻璃炭、碳气凝胶、网络结构活性炭以及某些有机物的炭化产物等通常具有优良的导电性和电化学稳定性,被广泛用作双电层电容器的电极材料。而新型碳材料石墨烯的发现,更是以其优异的物理化学性质迅速引起了超级电容器研究人员的强烈兴趣。

（1）粉末石墨烯用作超级电容器电极材料

① 纯石墨烯电极材料

作为一种单原子层的二维材料，石墨烯的理论比表面积可达 $2630\ m^2 \cdot g^{-1}$，在微观层面其整个表面均可以形成双电层；同时，石墨烯常温下电子迁移率高达 $2 \times 10^5\ cm^2 \cdot V^{-1} \cdot s^{-1}$，导电性优异，因此非常适合直接用作双电层超级电容器的电极材料。此外，石墨烯片层所特有的褶皱以及片层间的搭建可以形成众多的纳米孔道以及纳米空穴，这些孔道和空穴的存在有利于电解液的扩散，使得到的石墨烯基超级电容器具有良好的功率特性。

2008 年，得克萨斯大学奥斯汀分校 Ruoff 团队首次将水热法还原 GO 得到的石墨烯用作超级电容器电极材料（图 6-21）（Stoller，2008）。当分别采用 KOH 水系和 TEABF$_4$/AN 有机系电解液时，电容器获得了 $135\ F \cdot g^{-1}$ 和 $99\ F \cdot g^{-1}$ 的电容性能。同时，得益于石墨烯优异的导电性，电容器工作的电压范围较宽，证实了石墨烯在能量存储领域的巨大潜力。

图 6-21

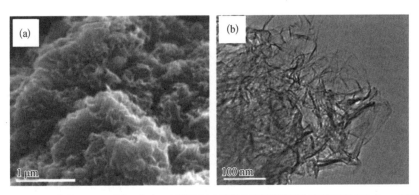

（a）石墨烯颗粒表面 SEM 图像；（b）石墨烯颗粒表面单个石墨烯片层的 TEM 图像（Stoller，2008）

同年，印度科学与工业研究理事会 Rao 研究组同时采用在 1 050℃高温条件下还原 GO，1 650℃高温加热纳米金刚石和在纳米镍上分解樟脑的方法制备石墨烯（Vivekchand，2008）。实验发现，当以 H$_2$SO$_4$ 作为电解质时，利用高温热还原法得到的石墨烯基超级电容器容量为 $117\ F \cdot g^{-1}$。该方法可以快速制备具有大比表面积的还原氧化石墨烯，但从上述实验可以看出，电容器的电容相对较低，可能是由于其部分孔隙未暴露，有效比表面积降低。为进一步提高石墨烯电极材料的性能,2010 年,南京航空航天大学曹洁明团队利用低温剥离法,将干燥的 GO 在空气氛围下 300℃加热 5 min,还原得到石墨烯。这种石墨烯具有较高的比表面积,在水系 KOH 电解液中,其作为电极材料的超级电容器的比电容高达 230 F·g^{-1}(Du, 2010)。除此之外,为提高温度诱发剥离的效率,高真空(Lv, 2009)和微波(Chu, 2010)作为辅助技术以及将 GO 暴露于肼蒸气(Wang, 2009)也是得到高比表面积多孔石墨烯的有效途径。

② 杂原子掺杂石墨烯电极材料

除纯石墨烯外,通过在石墨烯骨架中掺入杂原子,改变其电子结构,可使石墨烯热力学性能、电学性能及费米能级发生一系列改变。其中,氮掺杂石墨烯作为超级电容器电极材料更是表现出优于纯石墨烯的性能。

韩国科学技术学院 Kang 研究组利用简单的氮气等离子体刻蚀处理石墨烯得到了 N 掺杂石墨烯(Jeong, 2011)。在有机电解液体系中,电容器比电容为 282 F·g^{-1},约为纯石墨烯电极的 4 倍。稳定性测试表明,10 万次循环后,电容保持率高达 99.8%。使用 1 mol/L 的 TEABF$_4$ 电解质时,N 掺杂石墨烯超级电容器的功率密度和能量密度分别达到 800 kW·kg^{-1} 和 48 Wh·kg^{-1}。而香港科技大学杨世和研究组通过肼还原法制备石墨烯并在氨气中高温退火同样可得到 N 掺杂石墨烯,其在有机电解液体系中电流密度为 0.5 A·g^{-1} 时,最大电容量为 144.9 F·g^{-1}(Qiu, 2011)。

③ 石墨烯/碳复合物电极材料

石墨烯在超级电容器中的出色表现主要源于其开放的表面、高的比表面积和良好的导电性。但在材料制备形成宏观聚集体的过程中,石墨烯片层之间易发生相互叠加。通常,化学法制备的石墨烯比表面积为 200～1 200 m^2·g^{-1},远低于其理论值,这就影响了石墨烯材料在电解质中的分散及其与电解液的接触,从而使形成的有效双电层面积减少,严重制约了超级电容器有效比电容值的提高。因此,避免石墨烯片层间的堆叠,尽可能多地释放其表面,是制备高能量密度和高功率密度石墨烯基超级电容器的研究重点,常用的方法是在其片层间引入碳纳米管、多孔碳球、活性炭、炭黑等炭材料作为间隔剂[194]。

戴黎明研究组利用自组装法将 MWCNT 与聚乙烯亚胺修饰的石墨烯结合到

石墨烯化学与组装技术

一起,制备出具有明显孔结构的纳米复合碳膜。作为电容器电极材料时,CV 曲线呈现矩形,1 V·s^{-1}扫速下的质量比电容为 120 F·g^{-1}。除此之外,炭黑也可以作为间隔剂组装进石墨烯片层中[194]。但当炭黑作为间隔剂时,单层石墨烯作用电极材料的质量比电容比少层石墨烯的质量比电容低,这可能是由于炭黑可以有效阻止少层石墨烯纳米片层的团聚,却不能有效抑制单层石墨烯团聚而导致的。另外,还可以利用原位生长及层层自组装法制备石墨烯与碳纳米管的复合材料用于超级电容器。研究发现,采用原位生长法制备的石墨烯/碳纳米管复合材料的质量比电容要远高于层层自组装法制得的材料。这主要是因为利用原位生长法得到的复合物,碳纳米管竖直生长在石墨烯表面,与石墨烯形成三明治结构,可有效阻止石墨烯片层的堆叠;而利用层层自组装法得到的石墨烯/碳纳米管复合材料,碳纳米管平铺在石墨烯表面,局部石墨烯仍旧发生堆叠,性能受限。

(2) 石墨烯纤维电极

随着科技的进步与发展,人类对柔性电子器件如可弯曲屏幕、可穿戴装置等的需求越来越多,因此柔性储能装置越来越引起人们的关注。传统的超级电容器通常体积大,质量大,不适合柔性器件的使用。所以对柔性超级电容器的发展除要求保持普通超级电容器的优异性能外,将电极变得更小、更薄、更轻、更柔软,可弯折、可扭曲同样是关注重点。

基于此,纤维超级电容器由于灵活可弯曲且具有优异的拉伸稳定性,是理想的柔性电子器件供能装置。石墨烯纤维在保持每一个石墨烯片层优异的导电性及机械强度的同时,又表现出了优异可编织等宏观性能,将其自身直接作为超级电容器电极,省去了集流体部分,组装简便,同时这种电极具有非常好的柔韧性以及可纺织特性,非常适应目前电子器件的发展方向[195]。

澳大利亚卧龙岗大学 Aboutalebi 研究组利用自组装机制,以丙酮作为固化剂,直接湿法纺织并还原制备出高孔隙率的石墨烯纤维,截面结构如图 6-22 所示(Aboutalebi, 2014)。该纤维杨氏模量超过 29 GPa,导电性高[2 508 ± 632)S·m^{-1}],同时具有超高的比表面积(还原前为 2 605 m^2·g^{-1},还原后为 2 210 m^2·g^{-1})。将其作为电容器电极材料,在 1 A·g^{-1}的电流密度下比电容高达 409 F·g^{-1},同时其倍率性能优异,使用中可保持其自身高柔性不受影响。

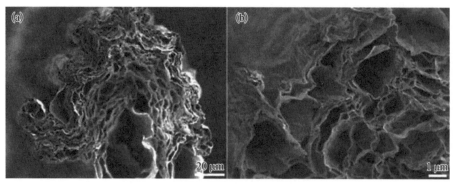

图6-22 不同放大倍数下，石墨烯纤维截面 SEM 图像

　　石墨烯纤维还可以用来制备单纤维超级电容器（Hu，2014），其制备过程示意图及材料表征如图6-23所示。曲良体课题组首先利用湿法纺织得到单根石墨烯纤维，再用激光对其上下两面进行部分还原，可得到 rGO-GO-rGO 三明治结构。其中石墨烯层作为电极，GO 层作为隔膜，得到一体化的单纤维的超级电容器。该电容器具有高度的机械灵活性以及优异的电化学性能，可以编入织物中为可穿戴电子设备进行供电。

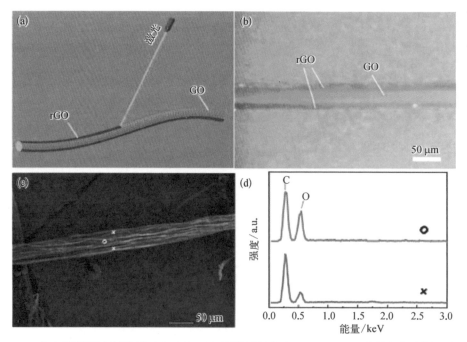

图6-23

（a）激光还原 GO 管制备 rGO-GO-rGO 纤维原理图；（b）rGO-GO-rGO 纤维光学显微镜照片；（c）rGO-GO-rGO 纤维 SEM 图像；（d）rGO-GO-rGO 纤维不同位置对应的 EDS 结果（Hu，2014）

除激光部分还原外,该研究组进而利用微流体喷丝法,通过对喷头进行设计,一步纺织出连续的 GO - CNT/海藻酸钙-聚乙烯醇(ACa - PVA)/GO - CNT 三明治结构纤维(Xu, 2016)。该纤维中 GO - CNT 作为电极而 ACa - PVA 作为隔膜与电解液,本身即是电容器,电容量为 35 mF·cm^{-2}。同时,这种纤维具有好的电化学稳定性与机械弯曲性能,弯折次数可大于 1 000 次。

上述两种单纤维电容器的设计大大简化了器件组装过程,排除了传统纤维电容器易短路及双纤维电容器在纺织上工艺复杂的问题,为大规模制备可穿戴电子设备的供电装置提供了全新的思路。

(3) 石墨烯膜电极

由于石墨烯片层间强的 π - π 相互作用,制备膜电极时片层极易发生堆叠,导致其有效比表面积降低,电容性能降低。因此,近年来已有众多研究者致力于制备高比表面积的石墨烯膜电极。

陈永胜研究组利用气态肼来还原 GO,得到一种具有高比电容(205 F·g^{-1})、高功率密度(10 kW·kg^{-1})、高能量密度(28.5 Wh·kg^{-1})以及优异的循环稳定性的石墨烯膜电极材料(Wang, 2009)。该器件在 KOH 电解液中经过 1 200 次循环后,电容保持率仍高达 90%。清华大学李景虹团队利用低温还原法(Feng, 2013),以 Na - NH$_3$ 作为还原剂,在干冰/丙酮浴中制备出还原程度较高的石墨烯。最终得到的石墨烯膜比表面积为 648 m^2·g^{-1},作为双电层电容器的电极材料可得到 263 F·g^{-1} 的高比电容。而为简化石墨烯制备过程,美国加州大学 Kaner 等研究发现,通过在一种商业化的 CD/DVD 光驱上激光还原 GO,即可得到具有高导电性(1 738 S·m^{-1})和高比表面积(1 520 m^2·g^{-1})的石墨烯膜(El-Kady, 2012)。将其作为超级电容器电极,在有机和离子液体电解质体系中分别可得到 265 F·g^{-1} 以及 275 F·g^{-1} 的比电容,同时兼具高功率密度(20 W·cm^{-3})和较高的能量密度(1.36 mWh·cm^{-3})。

另外,Ruoff 研究组报道了一种利用 KOH 活化的还原氧化石墨烯纸(Zhang, 2012)。这种石墨烯纸导电性高,自支撑且柔性多孔,具有超高的比表面积(2 400 m^2·g^{-1})以及面内导电性(5 880 S·m^{-1})。当用作双电层电容器的电极材料时,可在保持高比电容(120 F·g^{-1})和高能量密度(26 Wh·kg^{-1})的同时实现接近 0.1 Ω 的低等效串联电阻和高功率输出（500 kW · kg⁻¹）。

（4）三维石墨烯电极

三维石墨烯材料通常包括石墨烯水凝胶、气凝胶、石墨烯泡沫及石墨烯海绵等。与一维、二维石墨烯材料相比,三维材料通常具有连续且相互联系的孔结构。这类材料通过片层间相互搭建,堆叠面积小,可保留每一个石墨烯片层的原始结构与性能及三维框架结构高的比表面积和高导电网络。因此,这类材料作为电极时,电解液可在材料中更为自由地传输,与材料接触更为充分,可有效提高超级电容器的存储能力、循环能力及倍率性能。

2010 年,清华大学石高全研究组首次利用一步水热还原法,自组装制备得到三维网络结构的石墨烯水凝胶。该水凝胶的网络结构具有非常薄的石墨烯壁及 π-π 堆叠导致的部分连接点,其机械性能高、导电性好、比表面积高,在用作超级电容器电极材料时,在 20 mV · s⁻¹ 扫速下,比电容可达到 152 F · g⁻¹,远高于同样测试条件下石墨烯颗粒做电极材料的性能。

为进一步提高材料比表面积,2013 年,南开大学陈永胜团队报道了一种简单环保高效的方法来制备三维多孔石墨烯块状材料(Zhang, 2013)。首先,GO 与不同的碳源混合,水热碳化,然后利用 KOH 对其活化,即可得到三维多孔石墨烯。这种材料具有 3 523 m² · g⁻¹ 的超高比表面积及 303 S · m⁻¹ 的优异导电性。作者推断材料主要由纳米尺度的多缺陷、多褶皱石墨烯片层组成,片层与片层间存在共价键。这种三维多孔石墨烯超级电容器具有优异的电容性能,其比电容和能量密度分别高达 231 F · g⁻¹ 和 98 Wh · kg⁻¹,在离子液体电解质中循环5 000 次后,电容保持率仍有 90% 以上,是时下报道的块状碳材料中性能最好的材料。

除了直接利用石墨烯片层构建三维体系外,还可以利用现有的三维多孔导电网络结构如镍泡沫等作为基底,通过在其上沉积 GO 片层,进一步还原为石墨烯,得到可直接使用的高性能三维石墨烯电极材料。从这方面考虑,基底的选择决定了电极材料的存在形式。因此,当选用柔性导电材料作为基底时,可以制备得到柔性超级电容器。加州大学洛杉矶分校段镶峰研究团队以喷金的聚亚酰胺作为基底,在其上覆盖三维多孔石墨烯层作为电极材料,以 H₂SO₄/PVA 凝胶作为电解质,制备出对称的柔性超级电容器(Xu, 2013)。该电容器不仅在正常状态下具有优异的电容性能（石墨烯层厚度为 120 μm 时，电容性能高达 186 F·g^{-1}），更是可以以各种角度弯折，且性能基本保持不变。

2. 石墨烯在赝电容超级电容器中的发展现状及前景

赝电容超级电容器主要通过电化学物质在电极表面或近表面发生的快速可逆的氧化还原反应进行能量存储，与双电层电容器相比，其具有更高的能量密度。但由于氧化还原反应的发生，在反复充放电过程中，电极材料的结构易受到破坏，进而影响其功率密度和循环性能。理论上讲，任何可以进行快速氧化还原反应的材料都可以用来做赝电容超级电容器的电极材料。但从应用角度考虑，选用的材料必须成本低廉，又能在电解液中稳定存在。目前最常用的赝电容电极材料有导电聚合物及过渡金属氧化物两种，这些电极材料均具有非常高的理论比电容，可以进行快速可逆的氧化还原反应。但纯的导电聚合物或金属氧化物自身的导电性通常有限，因此，在大的充放电速率下，反应只发生在外层材料的外表面，电荷不能快速有效地传输到所有电极材料表面及材料内部，导致大量的材料实际是无效的，未贡献任何活性。

将石墨烯与导电聚合物、金属氧化物结合制备复合材料可在提高赝电容材料的导电性能的同时又有效抑制材料的堆积团聚，最大限度暴露材料的活性位点，在赝电容超级电容器中应用潜力巨大。

（1）石墨烯与导电高分子复合材料

导电高分子是一种比容量高、内阻小的超级电容器电极材料。电容器充放电过程中，聚合物膜中的 n 型、p 型元素可以发生快速可逆的掺杂和去掺杂氧化还原反应，储存大量电荷，产生法拉第电容。常见的导电聚合物有聚苯胺、聚吡咯及聚乙撑二氧噻吩等。其中，聚苯胺由于具有理论容量高（2 000 F·g^{-1}）、电化学活性好、价廉、易于制备等特点，是使用最多的赝电容材料。但在重复的充放电过程中，聚苯胺很容易因为体积发生改变而发生降解。将聚苯胺与石墨烯复合，石墨烯灵活、坚韧的片层结构可以将聚苯胺支撑，有效缓解其反应过程中的体积变化，同时石墨烯的存在也可以有效提高复合物的导电性。

石墨烯/聚苯胺复合材料的制备通常可以采用原位聚合、物理混合、层层自组装、电沉积、电纺及化学接枝等方法,其中原位聚合法最简便,使用也最广泛。当苯胺单体与 GO 同时溶于水中时,苯胺在静电作用和 π-π 相互作用下,选择性吸附在 GO 片层表面,原位聚合并经过还原形成聚苯胺/石墨烯复合材料。

南京理工大学郝青丽研究组利用苯胺单体的聚合作用,在 GO 表面原位聚合生长了聚苯胺的纳米线(Wang,2009)。由于聚苯胺和石墨烯材料的共同作用,这种复合材料的电容性能达到 531 F·g^{-1}。但原位聚合通常需要在强酸条件下进行,而酸性越强,GO 或石墨烯的片层越容易堆叠,使得原位聚合法很难制备单层的石墨烯/聚苯胺复合材料。

为解决该问题,中国科技大学俞书宏等通过在自支撑的石墨烯纸上电聚合聚苯胺纳米棒阵列,制备了柔性的石墨烯/聚苯胺复合物纸(Cong,2013),如图 6-24 所示。与纯石墨烯纸电容器(180 F·g^{-1})及纯聚苯胺膜电容器(520 F·g^{-1})相比,

图 6-24

（a）石墨烯纸光学照片；（b）电沉积 10 min 后,石墨烯/聚苯胺纸光学照片；（c）（d）不同放大倍数的石墨烯/聚苯胺纸表面 SEM 图像；（e）（f）不同放大倍数的石墨烯/聚苯胺纸截面图；（g）不同聚合时间的石墨烯/聚苯胺纸光学照片（Cong,2013）

石墨烯化学与组装技术

复合电极电容器表现出了更高的电容性能,在 1 A·g^{-1} 条件下,比电容高达 763 F·g^{-1}。经过 1 000 次循环后,电容保持率为 82%,远高于纯聚苯胺膜的 51.9%。除此之外,还可以利用聚苯胺本身的正电性及 GO 片层的负电性特征,通过控制实验条件,可在水溶液中利用静电相互作用直接对两种材料进行自组装,得到排列规整的石墨烯与聚苯胺复合材料(Wu,2010)。

除聚苯胺外,聚吡咯也是较常用的赝电容导电聚合物材料。通常可利用电聚合、化学聚合、电沉积和物理混合等方法制备石墨烯与聚吡咯的复合材料[196]。印度纳米科学与技术中心 Mini 团队在钛基底上电泳沉积 GO 与聚吡咯的复合材料,作为电容器电极材料时,在水系电解液中 10 mV·s^{-1} 扫速下比电容值高达 1 510 F·g^{-1}。同时,由于石墨烯与聚吡咯的共同作用,电容器表现出了较好的循环稳定性(Mini,2011)。截至目前,文献报道的聚吡咯与石墨烯复合材料的性能均优于单纯的石墨烯或聚吡咯电极。此外,聚乙撑二氧噻吩则由于价格高昂,目前关于它的研究相对较少。

(2) 石墨烯与金属氧化物复合材料

金属氧化物制备过程简便、比电容高,是非常好的赝电容超级电容器电极材料。但纯金属氧化物的导电性通常比较差,价格也比较高,当用作电极材料时,电容器的循环性能和倍率性能有限,严重制约了金属氧化物赝电容器的实际应用前景。而石墨烯导电性好、比表面积大、机械性能好,通过控制制备过程,使得金属氧化物均匀附着在石墨烯表面,可制备石墨烯/金属氧化物复合物,能够有效抑制金属氧化物自身的团聚,大大提高电极材料的导电性,使金属氧化物优异的电容特性得到充分发挥。常用的金属氧化物有二氧化钌(RuO$_2$)、二氧化锰(MnO$_2$)、四氧化三钴(Co$_3$O$_4$)、五氧化二钒(V$_2$O$_5$)、氧化锌(ZnO)、氧化镍(NiO)、四氧化三铁(Fe$_3$O$_4$)、二氧化铈(CeO$_2$)、二氧化锡(SnO$_2$)及三氧化二铋(Bi$_2$O$_3$)等。其中,RuO$_2$、MnO$_2$ 由于理论容量高,导电性相对较好,是目前最常用的金属氧化物赝电容材料。

RuO$_2$ 的理论电容量为 1 358 F·g^{-1},导电性为 300 S·cm^{-1}。同时,RuO$_2$ 电极电容器在酸性电解质中的电压窗口较宽(1.2 V),赋予了电容器较高的能量密度。但 RuO$_2$ 很容易堆叠形成大的团簇从而导致不完全的氧化还原反应,影响电容器的电化学性能。通过溶胶-凝胶过程,中国科学院大连化物所吴忠帅研究组将不同比例的 RuO_2 纳米颗粒均匀固定到石墨烯表面(Wu,2010)。当 RuO_2 负载量为 38.3%(质量分数)时,石墨烯 / RuO_2 作为电极材料的赝电容器电容量达到 570 F·g^{-1}。其能量密度在 0.1 A·g^{-1} 时高达 20.1 Wh·kg^{-1},几乎接近纯的 RuO_2 电极赝电容器。而经过 1 000 次的循环后,电容保持率为 97.9%,表现出了非常优异的稳定性。

尽管 RuO_2 赝电容性能优异,但其昂贵的价格及自身的毒性极大地限制了其在实际应用中的使用。基于此,MnO_2 颗粒表面可以发生快速的氧化还原反应,且价格低廉、稳定性好、环境友好,是目前应用最广泛的赝电容材料。

南京理工大学朱俊武团队利用简单的溶液过程制备出 GO / MnO_2 复合材料(Chen,2010)。GO 表面的含氧官能团可作为附着位点,低温状态下在其上均匀生长针状的 MnO_2 晶体。不同反应时间的复合材料形貌如图 6-25 所示。GO 和 MnO_2 的协同作用使电容器在 1 mol /L 的 Na_2SO_4 电解质溶液中得到了 197.2 F·g^{-1} 的电容量,1 000 次循环后,电容保持率为 84%。尽管 MnO_2 在 GO 表面生长得非常均匀,但其电容性能并不算理想,这主要是由于 GO 导电性较差,当与 MnO_2 复合后,材料整体较低的导电性导致电荷传输速率在大的电流密度下受限,部分电极材料未得到有效的利用。

与此相对比的是,哈尔滨工程大学范壮军研究组利用微波辐射,在石墨烯表面简单快速地沉积了纳米尺度的 MnO_2 层,制备出石墨烯 / MnO_2 复合材料(Yan,2010)。当 MnO_2 含量为 78%(质量分数)时,电极材料在 2 mV·s^{-1} 的扫速下比电容为 310 F·g^{-1},即使在 500 mV·s^{-1} 的大扫速下,其比电容仍有 228 F·g^{-1},优异的电容性能主要取决于石墨烯的高导电性及 MnO_2 的高电容性能。

除 RuO_2 和 MnO_2 外,石墨烯与其他氧化物如 ZnO、NiO、SnO_2、CeO_2、Mn_3O_4、Fe_3O_4、Co_3O_4、V_2O_5 以及部分氢氧化物如 $Co(OH)_2$ 和 $Ni(OH)_2$ 制备复合材料作为超级电容器电极材料的研究也都有报道,基于这些复合材料的超级电容器均表现出了优于单一材料的电化学性能。

综上,在赝电容超级电容器复合电极材料中,导电聚合物和金属氧化物由于

图 6 - 25 不同反
应时间得到的 GO /
MnO₂ 复合材料
SEM 图像（Chen,
2010）

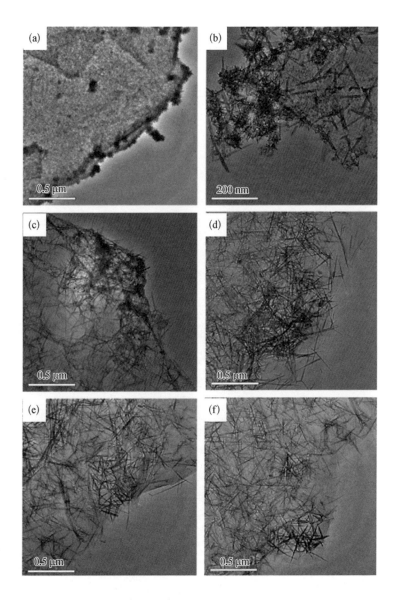

快速的表面及近表面的电化学反应,可以贡献大的赝电容,一方面,石墨烯可以
通过对电解质的吸附与解吸附,贡献一定的双电层电容;另一方面,石墨烯片层
可以作为骨架结构,提高整个电极材料的导电性,同时,它作为负载基底,抑制电
极材料的团聚,提高分散性,最大限度地发挥电极材料的电化学活性。

杂化超级电容器作为双电层超级电容器和赝电容超级电容器的结合体,
其电极材料需保证双电层电极及赝电容电极同时表现出最优的电化学活性,

因此具有大比表面积和高导电性的石墨烯电极材料依然是电极材料的第一选择。

6.2.2 锂离子电池

锂离子电池是一种二次电池,Sony 公司于 1991 年首次推出商业化产品。锂离子电池具有能量密度高、工作电压高、循环寿命长、自放电率小、无记忆效应,以及工作温度范围宽、环境污染小等优点,是目前应用最为广泛的一种二次电池。近年来随着便携设备的发展及对清洁能源需求的增加,研发具有高能量密度、高功率密度、循环性能好的锂离子电池已成为能源领域的研究热点。

锂离子电池主要由负极(阳极)、正极(阴极)、多孔隔膜(锂离子传输路径)和电解质(充放电过程中传导锂离子)几部分组成,工作原理如图 6-26 所示[197],主要通过锂离子在正负极间的移动来实现电能与化学能的转换。充电过程中,锂离子从正极材料脱嵌,经过电解质嵌入负极,负极材料处于富锂状态;放电过程中,锂离子则从负极材料脱嵌,经过电解质回到正极。由于整个电池工作过程通过锂离子的移动进行,不涉及锂单质,因此称为锂离子电池。

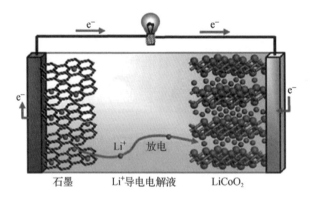

石墨　　　Li⁺导电电解液　　LiCoO₂

图 6-26 锂离子电池工作原理图[197]

以 LiCoO₂ 为正极材料,石墨为负极材料为例,锂离子电池工作的电极反应式如下所示。

$$\text{正极反应} \qquad \text{LiCoO}_2 \underset{\text{放电}}{\overset{\text{充电}}{\rightleftharpoons}} \text{Li}_{1-x}\text{CoO}_2 + x\text{Li}^+ + x\text{e}^-$$

石墨烯化学与组装技术

负极反应 $6C + xLi^+ + xe^- \underset{\text{放电}}{\overset{\text{充电}}{\rightleftharpoons}} Li_xC_6$

电池总反应 $6C + LiCoO_2 \underset{\text{放电}}{\overset{\text{充电}}{\rightleftharpoons}} Li_{1-x}CoO_2 + Li_xC_6$

尽管锂离子电池能量密度高、工作电压高、循环寿命长、自放电率小,但其功率密度相对较小,同时充放电时间较长,严重制约了其在实际应用中的推广。从上述的电池反应式中可以看出,锂离子电池的工作主要依赖于锂离子在正负极材料间的嵌入与脱嵌,因此电极材料决定电池容量、充放电效率以及循环稳定性等关键性能。

石墨烯作为 sp^2 杂化的单原子层二维平面材料,具有高比表面积和高导电性,是储存锂离子的理想平台。同时,石墨烯及其衍生物如 GO 等表面含大量的含氧官能团,这些官能团可以作为成核位点,在石墨烯表面进一步生长各种金属或金属氧化物纳米颗粒作为电极材料。在此过程中,石墨烯一方面作为复合材料的基底与支撑,提高了材料整体的导电性;另一方面,石墨烯平面的存在可有效降低金属或金属氧化物纳米颗粒的堆积、提高材料的有效比表面积。因此,石墨烯是一种良好的锂离子电池电极材料。

1. 石墨烯基负极材料

（1）石墨烯及其衍生物负极材料

石墨是目前最常用的锂离子电池负极材料,充电时,六个碳原子会与一个 Li^+ 形成 LiC_6 化合物,对应的理论容量仅为 372 mAh·g^{-1}。尽管石墨负极具有良好的锂离子存储可逆性和长循环寿命,但其理论容量相对较低,亟须设计制备新的材料代替石墨负极来提高锂离子电池的容量。

理论计算结果表明,石墨烯的两表面均可以吸附锂离子并形成 Li_2C_6,这使得石墨烯作为锂离子电池的负极材料时,具有 744 mAh·g^{-1} 的理论容量,是石墨以及其他碳材料如碳纳米管容量的两倍[198]。另外,日本本田研发有限公司 Sato 等提出,无序碳因其边缘位点和缺陷位点的增加,可以突破上述锂离子存储容量的限制,达到最大的理论容量为 1 116 mAh·g^{-1}[199]。

除此之外，另有理论计算结果显示，直径为 0.7 nm 的石墨烯小片在形成 Li_4C_6 时的理论容量高达 1 488 mAh·g^{-1}[200]。加州大学伯克利分校 Kostecki 团队研究表明，少层的石墨烯类似于块状的石墨，而其性质跟单层的石墨烯是不同的(Pollak，2010)。中央密歇根大学 Barone 等通过密度泛函理论计算了石墨烯边缘效应对 Li^+ 扩散的影响，结果表明，石墨烯纳米片的尺寸越小，其放电性能越好，他们推测石墨烯尺寸的减小导致了能量势垒和扩散距离的降低(Uthaisar，2010)。吉林大学樊晓峰团队利用第一原理方法，分析了 Li^+ 在石墨烯表面的吸附情况。研究发现，尽管在合适的条件下，Li^+ 可以吸附在石墨烯表面的缺陷位，但这个连接力比石墨更弱，浓度也没有比石墨更多。当锂离子浓度较低时，由于库仑排斥，锂离子分散在石墨烯表面；当浓度升高时，则会形成小的 Li 的团簇。尽管团簇的形成提高了 Li^+ 的吸附量，但其容易成为锂枝晶的成核位点，导致电池隔膜被刺穿而短路失效(Fan，2013)。

基于上述各种理论结果，石墨烯是一种优异的石墨负极替代材料，具有明显高于石墨电极的理论容量，但其储锂机理尚待进一步的研究，锂离子在石墨烯材料中的吸脱附过程需进一步证实。同时，石墨烯负极的倍率性能仍比较低，循环性能也较差，可逆容量仅与纳米结构材料金属氧化物等相当，而远低于硅基负极材料。

实验上，石墨烯于 2008 年首次用于锂离子电池的负极材料。通过化学还原氧化石墨烯方法制得的 10～20 层厚的石墨烯用于锂离子电池负极时，其比容量为 540 mAh·g^{-1}，远高于石墨电极材料(Yoo，2008)。而利用肼作还原剂，澳大利亚卧龙岗大学 Wang 研究组还原 GO 得到褶皱的花瓣状的 2～3 层厚的石墨烯材料(图 6-27)，由于其堆叠聚集减少，电池的初始放电容量为 945 mAh·g^{-1}，经过 100 次长循环后，单位容量仍剩余 460 mAh·g^{-1}，保持率为 70.8%(Wang，2009)。

与化学还原法制备得到的石墨烯相比，热剥离法制备的石墨烯具有更高的比容量。北京化工大学宋怀河研究组将氧化、快速膨胀并超声得到的石墨烯作为锂离子电池电极材料时，得到 1 233 mAh·g^{-1} 的初始单位容量，可逆容量为 672 mAh·g^{-1}(Guo，2009)。而华南理工大学王海辉团队在氮气氛围下，快速热膨胀 GO，制得的约 4 层厚的石墨烯比表面积为 492.5 m^2·g^{-1}，这种材料作为负极材

图6-27 不同放大
倍数的花瓣状石墨
烯纳米片 SEM 图像
(Wang，2009)

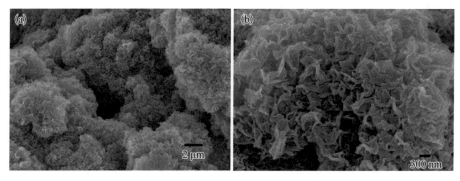

料时，可以提供更多的边缘位和纳米孔作为 Li 的插入位点（Lian，2010）。在 $100\ mA \cdot g^{-1}$ 电流密度下，电池的首次放电容量高达 $2\ 035\ mAh \cdot g^{-1}$，可逆容量 $1\ 264\ mAh \cdot g^{-1}$。即使在 $500\ mA \cdot g^{-1}$ 大电流密度下，可逆容量仍有 $718\ mAh \cdot g^{-1}$。

（2）石墨烯基复合物负极材料

① 石墨烯/碳基复合材料

石墨烯与碳材料的复合主要是为了增大石墨烯层间距，抑制电极制备及循环过程中石墨烯自身的团聚，从而能在锂离子扩散和存储过程中充分利用石墨烯的高比表面积。碳的同素异构体如 C_{60}、CNT、碳纳米纤维以及多孔碳等都可以与石墨烯很好地结合，因此它们常用作间隔剂与石墨烯制备复合材料。

日本先进工业与技术研究所 Honma 研究组利用 CNT 和 C_{60} 作插层剂，制备出石墨烯纳米片、石墨烯纳米片/CNT 及石墨烯纳米片/C_{60} 复合材料，层间距分别为 0.365 nm、0.40 nm 及 0.42 nm。该层间距的扩大主要得益于 CNT 和 C_{60} 的插层作用。在 $0.05\ A \cdot g^{-1}$ 的电流密度下，这三种材料作电极的可逆容量分别为 $540\ mAh \cdot g^{-1}$、$730\ mAh \cdot g^{-1}$ 以及 $784\ mAh \cdot g^{-1}$，表明层间距的扩大增加了 Li^{+} 的吸附活性位点，使电池的电化学性能大幅度提升（Yoo，2008）。

上海大学王勇研究组利用 CVD 法使碳纳米管生长在石墨烯片层上，制备了石墨烯/CNT 复合材料作为锂离子电池负极。其中，碳纳米管的长度对材料性能的影响非常大。当碳纳米管的长度为 200～500 nm 时，在 $74\ mA \cdot g^{-1}$ 的低电流密度下，电池初始容量为 $573\ mAh \cdot g^{-1}$；而当碳纳米管较长时（300 nm～1.5 μm 以及 400 nm～3 μm），电池的容量分别是 $492\ mAh \cdot g^{-1}$ 和

454 mAh·g^{-1}。实验结果表明碳纳米管的长度较短时,锂离子和电子在材料中的扩散路径相对也较短,复合材料的电化学性能也较高(Chen,2011)。

除上述复合材料外,采用多孔碳作间隔剂制备的石墨烯/间隔剂/石墨烯三明治膜状复合材料以及三维石墨烯复合材料也能减少石墨烯片层堆叠,增大石墨烯层间距[201]。同时,由于石墨烯高的导电性,复合材料中的石墨烯层可以作为电流的集流体,加速了充放电过程中电子的传输。

② 金属基/石墨烯复合物

在室温条件下,金属、类金属、金属氧化物、氮化物、硫化物等无机材料通常都可以与Li$^+$形成合金,这些合金材料作为锂离子电池负极时,有着较高的储锂容量。但在锂离子的嵌入和脱嵌过程中,这些锂合金通常会发生很大的体积变化,导致电极材料的结构发生断裂和塌陷,最终降低材料的导电性和锂离子容量。为解决合金材料体积变化问题,通常可以引入碳材料作为骨架,使其代替上述合金来承受充放电过程中材料的体积变化,提高电极材料的稳定性。而石墨烯导电性好、机械性能强、比表面积大、热力学稳定性和化学稳定性好,因此通常可以作为基体碳与上述无机材料制备复合物。

(3) 石墨烯与类金属、金属复合材料

与石墨烯复合制备复合材料的类金属、金属通常包括硅(Si)、锡(Sn)、锗(Ge)、锑(Sb)等。

Si是目前最引人注目的电极材料之一,其具有最高的理论能量密度,且在自然界中含量丰富,价格低廉。但在充放电过程中,Li-Si合金体积膨胀过大。以Li$_{15}$Si$_4$为例,其理论容量高达3 579 mAh·g^{-1},但在电池循环过程中体积将增大300%,电极材料结构发生破坏,容量大大降低。利用石墨烯作为基底担载Si纳米颗粒,则可以在保证高导电性的同时,有效抑制循环过程中的体积膨胀[202]。

中国科学院化学研究所郭玉国团队通过在硅纳米颗粒表面功能化使其带正电荷,然后利用静电自组装及热还原技术直接制备出石墨烯/硅复合材料,其中硅纳米颗粒均匀分散在石墨烯片层表面(Zhou,2012)。在100 mA·g^{-1}的电流密度下,石墨烯/硅纳米颗粒复合材料表现出了稳定的循环性能,经过150次循环后,其容量仍有1 205 mAh·g^{-1}。而电流密度提升到400 mA·g^{-1}、800 mA·g^{-1}

以及 1 600 mA · g^{-1} 后,电池仍旧表现出了非常稳定的可逆容量,分别为 1 452 mAh · g^{-1}、1 320 mAh · g^{-1} 和 990 mAh · g^{-1}。

另外,也可以利用原位生长技术,使硅纳米结构直接在石墨烯阵列表面生长,得到石墨烯/硅复合材料(Evanoff,2011)。美国佐治亚理工学院 Yushin 研究组通过蒸汽热分解技术,首先在石墨烯表面沉积一层硅膜,得到硅和石墨烯的复合材料。然后在此材料两面分别沉积碳层以缓解硅表面的氧化,提高电极材料的稳定性。在电流密度为 140 mA · g^{-1} 时,该碳包覆硅/石墨烯复合材料稳定性优异,比容量高达 2 000 mAh · g^{-1}。

石墨烯/硅纳米颗粒复合材料优异的电化学性能一方面得益于石墨烯提高了复合材料的导电性,降低了 Li-Si 合金化和去合金化过程中的形变力,保证了充放电过程中电极材料结构完整性。另一方面,石墨烯片层和 Si 纳米颗粒间的孔隙可以促进 Li$^+$ 向内部硅纳米颗粒扩散,减小硅纳米颗粒的体积膨胀,同时较小的体积变化也有利于稳定 SEI 膜的形成。

与 Si 类似,Ge 也是高固有容量的锂离子电池电极材料,但其同样面临充放电过程中严重体积变化的制约,电池的循环性能降低。为解决该问题,通常可采用双保护策略(Xue,2012)。郭玉国研究组首先通过热解油胺包覆锗纳米颗粒,形成碳包覆的锗复合物,避免了锗直接暴露于电解液中。然后将该复合物与石墨烯在乙醇中混合,在 50℃ 干燥,从而得到了含有均匀分布的碳包覆锗纳米颗粒的石墨烯三维网络结构。用于锂离子电池负极时,该材料在电流密度为 50 mA · g^{-1} 的条件下,循环 50 圈后的可逆容量为 940 mAh · g^{-1},而相同条件下碳包覆锗纳米颗粒的容量只有 490 mAh · g^{-1}。碳包覆层的存在可以有效减小充放电过程中锗的体积变化,同时,作为锗和电解液的直接接触物,其表面可以形成稳定的 SEI 层。而石墨烯的存在则有利于锗纳米颗粒的均匀分布同时提高电极材料的导电性。

与硅相比,锡的质量比容量较低,但其具有非常可观的体积比容量,约为 2 000 mAh · cm^{-3},因此是一种很有潜力的锂离子电池负极材料。制备锡/石墨烯复合材料的方法通常包括在石墨烯表面热蒸发金属锡,热还原负载在石墨烯表面的 SnO$_2$ 等[204]。国家纳米科学中心智林杰团队首先将负载了 SnO$_2$ 纳米颗粒的 GO 复合物和葡萄糖混合进行水热反应,然后在 500℃ 高温分解,制备出碳包裹的石墨烯/SnO_2复合物。然后将该复合物在 1 000 ℃ 热处理,最终得到了石墨烯/锡/石墨烯的三明治状复合材料(Luo,2012)。该材料在前 10 圈的比容量超过 800 mAh · g^{-1},60 次循环后,在 1 600 mA · g^{-1} 电流密度下,其容量仍有 265 mAh · g^{-1}。石墨烯的添加一方面与锡发生协同作用,弹性的石墨烯对锡纳米片的包裹有效地抑制了充放电过程中材料的体积变化;另一方面,提高了材料的导电性,同时复合材料中含有大量的孔,促进了锂离子的快速传输及电极材料与电解液的有效接触,进而提高了锂离子电池的性能。

(4)石墨烯与金属氧化物复合材料

除金属、类金属外,过渡金属氧化物如 Co_3O_4、Fe_2O_3、TiO_2 及 SnO_2 等也是锂离子电池常用的负极材料。石墨烯同样可以与上述材料复合,以提高这些材料的电化学性能。

各种过渡金属氧化物中,SnO_2 因其高理论容量(790 mAh · g^{-1}),是最引人注目的锂离子电池负极材料。早期工作中,SnO_2 纳米颗粒一般直接与石墨烯复合制备石墨烯/SnO_2复合材料[205]。随后,在石墨烯或 GO 表面原位生长 SnO_2 的纳米结构成为制备石墨烯/SnO_2复合材料的主流方法。原位生长技术通常是先在 GO 或功能化的石墨烯表面利用静电相互作用锚定 $SnCl_2$ 或 $SnCl_4$ 等锡盐,然后高温热解锡盐并利用化学或高温还原,最终得到均匀负载 SnO_2 纳米颗粒的石墨烯复合材料。新加坡南阳理工大学 Chen 研究组将该方法制备 SnO_2 纳米片/石墨烯复合材料用于锂离子电池,50 圈循环后,在 400 mA · g^{-1} 电流密度下,其可逆容量为 518 mAh · g^{-1}。与之对比,纯 SnO_2 纳米片在相同条件下的可逆容量仅为 300~350 mAh · g^{-1}(Ding,2011)。

Co_3O_4 理论容量为 890 mAh · g^{-1},与石墨烯/SnO_2复合材料类似,在石墨烯存在的条件下使 Co_3O_4 原位生长也是制备石墨烯/Co_3O_4复合材料的主要方法之一[206]。另外,利用石墨烯对 Co_3O_4 纳米颗粒进行包裹,同样可提高其电化学性能(Yang,2010)。例如,德国马普高分子研究所冯新亮等对 Co_3O_4 纳米颗粒进行表面修饰使其带正电荷,并与 GO 进行自组装制备了 GO 与 Co_3O_4 纳米颗粒的核壳结构复合材料。进一步使用 $NaBH_4$ 对其进行化学还原,可得到石墨烯包裹

的 Co_3O_4 纳米颗粒复合材料。该材料在 74 mA·g^{-1} 的电流密度下，最初 10 圈的可逆容量达 1 100 mAh·g^{-1}，经过 130 圈循环后，其容量仍有 1 000 mAh·g^{-1}。上述结果表明，石墨烯壳的引入不仅可以保证整个电极材料的导电性，还可以大幅度提高循环过程中 Co_3O_4 纳米颗粒的电化学活性（Yang，2010）。

除 SnO_2 和 Co_3O_4 外，上述策略也同样适合 Fe_2O_3、MnO、Mn_3O_4、NiO、MoO_2、CuO 以及 TiO_2 等过渡金属氧化物[207,208]。其中，TiO_2 的充放电电压高达 1.7 V，可以有效促进 SEI 膜的形成。但 TiO_2 的理论容量仅有 167.5 mAh·g^{-1}，远低于其他的金属氧化物。美国普林斯顿大学 Aksay 研究组以 GO 基介孔硅作为模板，氟钛酸铵作为前驱体，利用溶胶-凝胶过程制备得到石墨烯基介孔 TiO_2。这种石墨烯/介孔 TiO_2 结构比表面积较高，在 33.5 mA·g^{-1} 的电流密度下，电池的首次放电容量为 269 mAh·g^{-1}，同时在循环测试中，其容量损失率远低于纯的 TiO_2 纳米片材料。

2. 石墨烯基正极材料

商业化锂离子电池正极材料通常局限于钴酸锂（$LiCoO_2$）、镍酸锂（$LiNiO_2$）、锰酸锂（$LiMn_2O_4$）等锂的过渡金属氧化物和磷酸铁锂（$LiFePO_4$）等洋葱状的聚阴离子材料。但这类材料在实际应用中会受到一系列的限制：锂离子扩散较慢，电池倍率性能受限；在连续的充放电过程中，电极结构会发生一定程度的损坏。上述材料与石墨烯基形成复合材料后可以提高导电性，缓和充放电过程中电极材料的受力，抑制电极材料的降解。

以 $LiFePO_4$ 为例，其价格低廉、环境兼容性好、循环稳定性好且理论比容量较高（170 mAh·g^{-1}），是目前广泛应用的锂离子电池正极材料[209]。但 $LiFePO_4$ 导电性较差，使得正极材料中的电子传输速率大大降低。利用石墨烯对 $LiFePO_4$ 进行修饰制备复合材料，可有效解决导电性问题。湘潭大学丁燕怀研究组利用共沉淀法，以石墨烯作为框架材料，制备出 $LiFePO_4$ 与石墨烯的复合材料，其中石墨烯的添加量仅需 1.5%（质量分数）（Ding，2010）。将复合材料用于锂离子电池正极，在 0.2 C 倍率下，其首次放电容量为 160 mAh·g^{-1}，10 C 大倍率下,容量仍有 110 mAh·g^{-1}。浙江工业大学张诚团队首先利用原位溶剂热法制备了 LiFePO$_4$ 与石墨烯的复合材料,然后在其上负载碳,得到了 LiFePO$_4$/石墨烯/碳复合材料(Su, 2012)。在 0.1 C 和 1~5 C 倍率下,其首次放电容量分别为 163.7 mAh·g^{-1} 和 110 mAh·g^{-1}。

虽然上述材料能部分解决锂离子电池充放电倍率和稳定性方面的问题,但仍无法显著降低电池成本或提升整个电池的能量密度。基于此,成本低廉的钠离子电池及具有高理论容量的锂硫电池和锂空气电池成为石墨烯材料应用的新领域。

6.2.3 钠离子电池

地球上金属锂储量有限,亟需储量丰富且价廉的材料来代替金属锂,由此钠离子电池应运而生。

钠离子电池的工作原理与锂离子电池类似,主要是通过钠离子在正负极间的移动进行工作,充电过程中,钠离子从正极材料脱嵌,经过电解质嵌入负极,负极材料处于富钠状态;放电过程中,钠离子则从负极材料脱嵌,经过电解质回到正极,其原理图如图 6-28 所示[210]。其中,钠离子的传输动力学主要取决于其在基质材料中的插嵌或合金生成反应,与基底材料本身的性质密切相关。

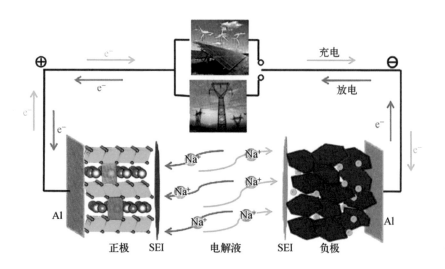

图 6-28 钠离子电池摇椅形工作原理示意图[210]

钠离子电池正极是钠离子的来源,一般为层状结构氧化物(如镍酸钠、锰酸钠及钴酸钠等)、磷酸盐或氟磷酸盐(如 $NaFePO_4$、$NaMnPO_4$ 及 Na_2FePO_4 等),以及混杂的嵌钠材料[$NaFeF_3$ 和 $Na_4Fe(CN)_6$]等。负极材料则主要是碳材料、钛基化合物(钛氧化合物、钛酸盐、钛磷酸盐等)和钠合金等。

1. 石墨烯用于负极材料

(1) 石墨烯及其衍生物负极材料

负极是钠离子电池的重要组成部分,决定着电池的安全性和循环寿命,设计合适的负极材料至关重要。由于钠离子直径比锂离子大,锂离子电池常用的石墨负极因其层间距较小,不再适合用作钠离子电池负极材料。而石墨烯由于比表面积大、导电性优异以及结构可调控性等,是一种理想的储钠负极材料。

卧龙岗大学 Chou 团队报道了还原氧化石墨烯对钠离子的储存性能的影响。研究发现,由于石墨烯导电性高、层间距大且结构无序,因而可以储存更多的钠离子。它用作负极材料时,在 0.2 C 倍率下,可逆容量为 174.3 mAh·g^{-1},即使经过 1 000 次循环后,可逆容量仍有 141 mAh·g^{-1}(Wang, 2013)。

石墨烯本身具有较高的理论容量,但纯石墨烯缺陷少,这导致其对钠离子的吸附性能相对较差。近期研究发现,当石墨烯表面存在缺陷时,可以有效提升钠离子电池的电化学性能。美国宾夕法尼亚大学 Shenoy 研究组比较了缺陷石墨烯与纯石墨烯对电池性能的影响,发现含缺陷的石墨烯可以吸附更多的钠离子,当双空穴缺陷密度达到极限时,其容量可达 1 450 mAh·g^{-1}(Datta, 2014)。

多孔石墨烯同样是近年来研究较多的一类钠离子电池负极材料。由于多孔结构的存在,钠离子扩散速度加快,充电过程中可迅速嵌入到负极材料中,同时由于片层间堆叠减少,暴露的活性位点增加,也可以使更多的钠离子吸附到石墨烯的网络结构中,最终提升电池的比容量和倍率性能。加拿大阿尔伯塔大学 Li 等设计了一种具有整齐排列的大孔三维碳纳米片结构(图 6-29),得到了较宽的石墨烯层间距(0.388 nm),这使得钠离子在碳层间的插层量大大增加,电池表现出了优异的倍率性能和循环性能(Ding, 2013)。循环

210 次后,其容量为255 mAh·g^{-1},而在 500 mA·g^{-1} 的大电流密度下,其可逆容量仍有203 mAh·g^{-1}。另外,在泡沫铜或泡沫镍等基底上利用 CVD 法生长 GO 片层,然后辅以还原及碳化过程,可以制备具有多级不同大小孔结构的石墨烯电极材料。这种材料作为钠离子电池负极时可以促进电子的快速传输,同时多孔结构可以加快钠离子的扩散,电池得到更好的比容量及稳定性[211]。

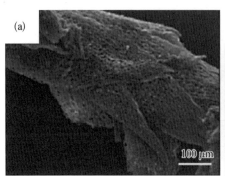

图 6-29 三维多孔碳纳米片低倍及高倍 SEM 图像（Xiang, 2016）

另外,使用 B、N、P 及 S 等杂原子对石墨烯进行掺杂可有效增加石墨烯片层的缺陷和反应活性位点,同时保证钠离子嵌入-脱嵌过程中石墨烯的结构完整性,最终得到高性能的钠离子电池负极材料。卧龙岗大学 Dou 等制备了 N 掺杂三维石墨烯材料用于钠离子负极,在 1 C 的倍率下,其初始容量高达852.6 mAh·g^{-1},而经过 150 次循环后,容量保持率为 70%。其中,材料的高度多孔结构、高比表面积及缺陷的引入形成协同作用,共同促进了充放电过程中钠离子的快速扩散、大量存储及小的体积变化,电池性能提升(Xu, 2015)。

(2) 石墨烯基复合物负极材料

过渡金属氧化物(如 SnO_2、Co_3O_4、Fe_2O_3、Fe_3O_4、NiO、GeO_2、TiO_2 及尖晶石型氧化物等)、过渡金属硫化物(如 SnS_2、SnS、MoS_2、NiS_2 等)、金属或合金以及 NASICON-型 $NaTi_2(PO_4)_3$ 等均是目前广泛使用的钠离子电池负极材料。而将石墨烯作为基底与上述材料制备复合材料,既可以提高电极材料的导电性、抑制石墨烯片层间的堆叠,又可使上述材料得以均匀分散,暴露更多活性位点,增加钠离子存储空间,最终提高电池性能。

① 石墨烯/过渡金属氧化物复合材料

悉尼科技大学 Wang 研究组利用原位水热法制备了 SnO_2/石墨烯复合钠离子电池负极材料,在 $20\ mA \cdot g^{-1}$ 电流密度条件下,100 圈循环后电池可保持 $700\ mAh \cdot g^{-1}$ 的较高容量(Su,2013)。

湘潭大学王先友等制备了一种钻石状 Fe_3O_4 纳米颗粒与石墨烯的复合材料用于钠离子电池,在 $100\ mA \cdot g^{-1}$ 电流密度下,首次放电容量达到 $855\ mAh \cdot g^{-1}$,经过 40 圈循环,该数值稳定在 $210\ mAh \cdot g^{-1}$ 左右,并一直到 250 次循环后仍保持稳定(Fu,2016)。优异的电池性能源于石墨烯引入后电极材料导电性及比表面积的改善。

为进一步研究石墨烯对金属氧化物做复合电极材料的性能的影响,悉尼科技大学 Xie 团队利用原位水热法制备了 N 原子掺杂 G/SnO_2(NG/SnO_2)复合材料(Xie,2015)。对其进行电池性能测试发现,纯 SnO_2 在 $20\ mA \cdot g^{-1}$ 条件下首次可逆容量仅有 $153\ mAh \cdot g^{-1}$。而将其与石墨烯复合,该数值提升到 $225\ mAh \cdot g^{-1}$。石墨烯进行氮掺杂后,首次可逆容量进一步提升,达到 $339\ mAh \cdot g^{-1}$。经过 100 次循环,NG/SnO_2 电极电池容量为 $283\ mAh \cdot g^{-1}$,远高于 G/SnO_2 的 $188\ mAh \cdot g^{-1}$。研究表明,N 掺杂不仅可以增加石墨烯网络中 Na^+ 的存储位点,同时可以提高电极的电子传输效率,最终提升 NG/SnO_2 复合材料的电极反应活性。

② 石墨烯/过渡金属硫化物复合材料

南开大学焦丽芳研究组通过热解锂化 SnS_2 得到剥离的超小尺寸(20～50 nm)SnS_2 片,然后辅以简单的水热反应,制备了 SnS_2/G 复合材料(Liu,2015)。作为钠离子电池负极材料,在 $200\ mA \cdot g^{-1}$ 电流密度下,可逆容量为 $650\ mAh \cdot g^{-1}$,循环 100 圈后,容量保持率高达 95.2%。而与此对应,剥离的 SnS_2 负极在钠离子电池中仅表现出 $400\ mAh \cdot g^{-1}$ 的初始稳定容量。除此之外,SnS_2/G 作电池电极材料同样表现出优异的倍率性能。当电流密度分别提高到 $500\ mA \cdot g^{-1}$、$1\,000\ mA \cdot g^{-1}$、$2\,000\ mA \cdot g^{-1}$ 和 $4\,000\ mA \cdot g^{-1}$ 后,对应可逆容量分别为 $532\ mAh \cdot g^{-1}$、$461\ mAh \cdot g^{-1}$、$381\ mAh \cdot g^{-1}$ 以及 $326\ mAh \cdot g^{-1}$,而

电流密度回调至 200 mA · g^{-1} 时，其容量可在几圈循环内上升到约 610 mAh · g^{-1}，并可保持 300 圈不衰减。这项工作中小尺寸 SnS$_2$ 与高导电石墨烯的协同作用是电池性能提升的主要原因。

湖南大学王太宏团队利用水热法制备出层状 SnS$_2$ 与石墨烯复合材料，作为钠离子电池负极时同样具有高比容量、优异的倍率性能和长循环稳定性(Qu，2014)。除 SnS$_2$ 外，印度理工学院 Mitra 等利用剥离的 MoS$_2$ 片与石墨烯复合用作钠离子电池负极，在 100 mA · g^{-1} 的电流密度下，其可逆容量为 575 mAh · g^{-1}。经过 50 圈循环后，可逆容量仍有 557 mAh · g^{-1}，库仑效率高达 97%，而纯 MoS$_2$ 在相同条件下的容量分别为 528 mAh · g^{-1} 和 373 mAh · g^{-1}(Sahu，2015)。

③ 石墨烯/金属、金属合金复合材料

法国昂热大学 Lebegue 研究组制备出一种金属锑与多层石墨烯复合材料，当其作为钠离子电池负极材料时，在 100 mA · g^{-1} 电流密度下的可逆容量为 452 mAh · g^{-1}，经过 200 圈循环后，其容量可保持 90%(Lebègue，2015)。

与此类似，中国科技大学余彦研究组利用原位生长法，在石墨烯与三维镍基底间生成了 NiSb/Sb 杂化纳米结构，得到三元复合材料(Ding，2015)。作为钠离子电池负极材料，在 50 mA · g^{-1} 及 1 000 mA · g^{-1} 的电流密度下，可逆容量分别为 517 mAh · g^{-1} 及 315 mAh · g^{-1}，并且在 300 mAh · g^{-1} 电流密度下，100 圈循环后容量可保持在 305 mAh · g^{-1}。

④ 石墨烯/钠超离子导体-型 NaTi$_2$(PO$_4$)$_3$ 复合材料

钠超离子导体(NASICON)-型 NaTi$_2$(PO$_4$)$_3$(NTP)理论容量高(133 mAh · g^{-1})，Na$^+$ 传导性好，热稳定性好等特点，近期常被用作钠离子电池电极材料。由于其电压范围适中，因此既可作正极材料，又可作负极材料。但 NASICON -型 NTP 材料导电性较差，作为钠离子电池电极材料时，充放电曲线间的电压差很大、容量释放少且循环稳定性差。将其与导电性高的石墨烯结合制备复合材料可有效解决上述问题[213]。

南京航空航天大学张校刚团队利用溶剂热法制备出二维石墨烯/NTP 杂化纳米结构(Pang，2015)。这种材料作为钠离子电池负极时，在 2 C、5 C 和 10 C

倍率下,比容量分别为 110 mAh·g^{-1}、85 mAh·g^{-1} 和 65 mAh·g^{-1}。同时,在 2 C 倍率下,经过 100 圈循环后,其容量可保持初始容量的 90%。

余彦研究组则通过将提前制备的 NTP 纳米颗粒与 GO 溶液水热反应,制备了三维多孔石墨烯包裹多孔 NTP 纳米颗粒的复合结构(Wu,2015)。用作钠离子电池负极时,在 0.5 C、1 C、5 C、10 C 和 20 C 的倍率下的可逆容量分别为 117 mAh·g^{-1}、112 mAh·g^{-1}、105 mAh·g^{-1}、96 mAh·g^{-1} 和 85 mAh·g^{-1}。值得注意的是,即使在 50 C 的超大倍率下,其可逆容量仍可达 67 mAh·g^{-1}。同时,电池的稳定性也较优异,在 10 C 倍率下经过 1 000 次循环后,容量保持率高达 80%。

2. 石墨烯作为正极材料

常用的钠离子电池正极材料包括 Na‐Mn‐O、NaMnO$_2$、P$_2$‐Na$_x$VO$_2$、Na$_2$Fe$_2$(SO$_4$)$_3$、P$_2$‐Na$_x$CoO$_2$、Na[Fe,Mn]PO$_4$、Na$_{5/8}$MnO$_2$ 等。石墨烯的加入可以有效抑制上述电极材料的堆积并提升电极材料的导电性和稳定性。

2013 年,天津工业大学阮艳莉团队合成了一种石墨烯修饰的 NaVPO$_4$F(NaVPO$_4$F/G)作为钠离子电池正极材料(Ruan,2015)。与纯 NaVPO$_4$F 的 103.2 mAh·g^{-1} 相比,在 0.05 C 倍率下,NaVPO$_4$F/G 具有 120 mAh·g^{-1} 的比容量,经过 50 次循环后,其容量保持率仍高达 97.7%。随后,得克萨斯大学奥斯汀分校 Goodenough 研究组通过一步溶剂热法,制备出三明治结构的 Na$_3$V$_2$O$_2$(PO$_4$)$_2$F/rGO 复合材料,并将其直接用作钠离子电池的正极材料(Xu,2013)。电化学测试表明,这种材料具有较高的可逆容量、优异的倍率性能及循环稳定性。在 C/20 的倍率下,其可逆容量为 120 mAh·g^{-1},倍率增大到 1 C 时,可逆容量仍有 100.4 mAh·g^{-1}。充放电 200 次后,其容量保持率高达 91.4%。其优异的电化学性能主要来源于材料的三明治结构及石墨烯的高导电性。

近期,德国马普所 Yu 等利用冻干组装法,制备了一种包覆于多孔石墨烯中的碳包覆 Na$_3$V$_2$O$_2$(PO$_4$)$_2$(NVP)复合材料 NVP@C@rGO(Rui,2016)。这种材料用作钠离子电池正极材料时具有非常优异的循环稳定性。在 100 C 的大倍率下,NVP@C@rGO 电极可循环超过 10 000 次,放电容量保持率高达 64%。

综上,石墨烯基纳米复合电极材料的制备可有效提升钠离子电池的比容量、倍率性能及长期稳定性。但在降低材料制备成本、生产大规模材料以适应实际应用、提升电池的安全性及首次库仑效率等方面仍面临一系列问题,未来还需要一系列研究工作去探索和改进。

6.2.4 锂硫电池

锂硫电池的研究始于20世纪40年代,它主要利用锂负极和硫正极间的氧化还原反应进行能量存储,充放电过程中,电池反应如下所示[214]。

负极反应 $\qquad\qquad Li \longrightarrow Li^+ + e^-$ $\qquad\qquad$ (i)

正极反应 $\qquad\qquad S + 2e^- \longrightarrow S^{2-}$ $\qquad\qquad$ (ii)

电池反应 $\qquad\qquad 2Li + S \longrightarrow Li_2S$ $\qquad\qquad$ (iii)

其中,硫元素通常以稳定的 S_8 环的形式存在,所以(iii)电池反应式可以表示为 $16Li + S_8 \longrightarrow 8Li_2S$。锂硫电池的工作原理图如图 6-30 所示[215]。锂硫电池的理论质量能量密度及体积能量密度高达 $2\,600\ Wh \cdot kg^{-1}$ 和 $2\,800\ Wh \cdot L^{-1}$,是应用前景非常广泛的一类储能器件。

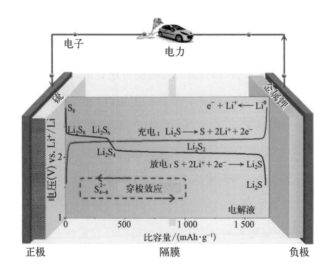

图 6-30 典型的锂硫电池示意图以及电极/电解液间理想的充放电电压分布[215]

石墨烯化学与组装技术

尽管锂硫电池相关研究已取得了很大的进展,但其实际应用仍然面临三个关键性挑战[216]。首先,硫元素和它的多种锂化产物对电子和离子的传导性能很差,这使得电池的界面电阻大大增加,电极材料的有效利用率降低。其次,从硫到 Li_2S 的体积变化高达 80%,这将使得在反复的充放电过程中,电极材料的机械完整性将受到破坏,最终导致电池容量的快速下降。再次,充放电过程中生成的各种多硫化物在有机电解液中会发生溶解,这些溶解的多硫化物会穿过隔膜从正极移动到负极,在负极生成难溶的 Li_2S_2/Li_2S 或者低溶解性的多硫化物。当低溶解性的多硫化物在负极达到一定的浓度后,会扩散回到正极,在反复的充放电循环中再次被氧化回到原始的长链多硫化物,从而产生所谓的穿梭效应。穿梭效应的产生使硫电极材料产生损失,并随着充放电过程的进行,损失进一步加重,最终导致活性电极材料不能得到充分的利用,电池容量迅速衰减。

基于上述原因,目前已有大量工作集中于制备硫与多孔碳材料或导电聚合物的复合材料,以提高电极的导电性,吸附溶解于有机电解液中的多硫化物中间产物,并有效地降低电池充放电过程中硫的体积变化[217]。研究表明,纳米结构碳如 CNT、石墨烯及纳米结构碳复合材料在锂硫电池中的使用使电池性能有了很大提升。其中,石墨烯被广泛用于硫基正极材料、隔膜、集流器甚至锂负极材料。通过制备石墨烯/硫复合材料,使纳米硫均匀分散于导电网络中,可有效解决正极材料导电性问题。同时,石墨烯可以作为缓冲层,大大降低电极材料在充放电过程中的体积变化。

1. 石墨烯用于正极材料

(1) 石墨烯/硫

石墨烯可以有效地捕获硫,抑制聚硫化物的分解以及调控硫体积的变化,因此已被较广泛用于锂硫电池中。

美国太平洋西北国家实验室 Liu 研究组合成了一种多层石墨烯/硫的三维三明治结构复合材料,其中硫均匀负载在石墨烯表面(Cao,2011)。在 1 C $(1\ 680\ mA \cdot g^{-1})$ 的倍率下,这种材料的可逆容量高达 505 mAh $\cdot$ g^{-1}。为了降低多硫化物的溶解和迁移,进一步在合成的石墨烯/硫复合材料表面覆盖了薄层

阳离子交换膜,得到的材料在 0.1 C 的倍率下循环 50 次后,其容量保持率有
79.4%。倍率提高到 1 C 后,仍可以循环 100 圈以上,表现出了优异的循环稳
定性。

　　与此类似的,斯坦福大学崔毅团队先在硫颗粒表面覆盖聚乙二醇,然后利用
修饰了炭黑的石墨烯将其包裹,制备出复合材料(Wang,2011),如图 6-31 所
示。其中,石墨烯和聚乙二醇均可以有效地调控充放电过程中硫的体积变化,提
高电极材料的导电性,抑制多硫化物的溶解并捕获溶解在电极材料中的硫。这
种石墨烯包裹的硫颗粒作为锂硫电池正极时的比容量为 750 mAh·g^{-1},同时具
有较好的循环稳定性,可循环 140 圈。

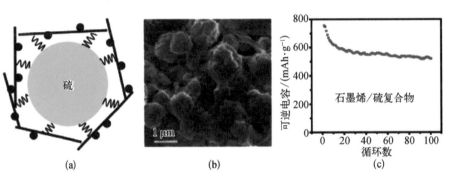

图 6-31　石墨烯/
硫复合物的(a)原
理结构、(b)SEM
图及(c)循环稳定
性能

(a)　　　　　(b)　　　　　(c)

　　另外,还可以通过多相晶体生长、湿法化学氧化以及浸渍等方法制备硫浸润
的石墨烯/硫复合材料。而通过对硫纳米颗粒的尺寸和形貌进行优化,也可以进
一步提升材料的性能。基于以上观点,厦门大学孙世刚研究组制备了均一的石墨
烯/硫复合正极材料,经过 80 周循环后,其可逆容量为 800 mAh·g^{-1}。石墨烯可
以有效地促进锂离子和电子的传输,而其表面硫的高分散性则大大提高了其自身
的利用率,从而使材料具有优异的电化学性能(Sun,2012)。韩国电子产品研究院
Kim 团队研究发现,利用 HF 对石墨烯进行处理,可以在石墨烯表面得到纳米孔结
构,而这些孔结构的出现可以对液相溶液中硫颗粒的成核过程进行调控(Park,
2012)。长春应化所张新波等利用油水体系,制备了球囊状的石墨烯/硫纳米复合
材料。这种新奇的合成策略成功地合成了尺寸可控的硫纳米颗粒,最终使得到的
石墨烯/硫纳米复合材料表现出了优异的电化学性能(Zhang,2012)。

在石墨烯/硫复合材料中,材料结构的设计对性能具有很大的影响。对于高性能电极材料来说,石墨烯应该不仅可以作为包裹硫的电子流通的渠道,而且还应有足够的空间来进行连续的电化学反应。这种结构可以使氧化还原反应更加充分地进行,使硫得到充分的利用。基于此,通过对石墨烯进行修饰,可以制备片层上具有孔结构的石墨烯材料,将硫包裹在不同形式的多孔石墨烯中,可以有效地提高锂硫电池的电化学性能。

南京航空航天大学丁兵研究组利用化学活化石墨烯凝胶,在其结构中得到了纳米孔结构,将硫元素限制在其纳米孔结构中,从而制备石墨烯/硫的纳米复合材料。大的孔体积、可控的孔径及分布赋予了复合材料高的容量,在 0.2 C 的倍率下,其可逆容量为 1 379 mAh·g^{-1},可循环 50 圈以上。清华大学张强团队制备了具有等级孔结构的石墨烯/硫纳米复合材料,其中石墨烯表面修饰了环氧基及羟基等官能团,增强了对硫的捕获能力(Huang,2013)。而且在这个纳米结构中,石墨烯同时还可以作为一个迷你腔室,提供化学反应所需的反应空间。这种新奇的纳米结构电极材料在 0.5 C 和 10 C 的倍率下分别具有 1 068 mAh·g^{-1}以及 543 mAh·g^{-1}的高放电容量。中国科学院化学研究所郭玉国团队研究发现,多级微孔/介孔结构的石墨烯(图 6-32)具有高比表面积(3 000 m^2·g^{-1})和大的孔体积(2.14 cm^3·g^{-1}),可以作为优异的硫负载基底,提高锂硫电池的电化学性能(You,2015)。与此类似,余彦研究组用具有等级孔结构的石墨烯包裹硫,制备出的胶囊状的石墨烯/硫复合材料表现出了优异的倍率性能和循环性能,在 0.2 C、0.5 C 和 1 C 的倍率下,其可逆容量分别为 1 017 mAh·g^{-1}、865 mAh·g^{-1}以及 726 mAh·g^{-1},循环次数超过 300 次。同时,这种电极材料也表现出了优异的柔韧性,在弯折状态下仍能保持优异的锂存储能力(Wu,2015)。

图 6-32 多孔石墨烯/S复合材料制备过程示意图(You,2015)

KOH活化　硫渗透

石墨烯　●K$^+$

尽管在石墨烯片层上引入孔结构可以提高锂硫电池的电化学性能,但并不能有效解决石墨烯团聚问题,且过多孔洞的引入使石墨烯片层上缺陷过多,也会降低石墨烯导电性。因此,可以通过不同的修饰或制备方法来改善,如在石墨烯片层上引入褶皱,或制备三维纳米结构的石墨烯电极材料。褶皱的存在可以在一定程度上抑制石墨烯的团聚,而三维结构的石墨烯材料利用自身片层的相互搭建,既抑制了片层间的堆叠,又使得导电性得到了有效的保持,电子传输电阻降低,最终使得锂硫电池的电化学性能得到进一步的提升。

北京航空航天大学高秋明通过研究表明,将制备出的相互连接的三维等级多孔石墨烯与硫的复合材料作为正极,锂硫电池表现出了非常优异的性能。其首次放电容量高达 914 mAh·g^{-1},而在 1 C 的倍率下循环 500 次以后,其比容量仍有 486 mAh·g^{-1}。另外,在 10 C 的高倍率下,其首次放电容量和 500 次循环后的可逆容量分别为 467 mAh·g^{-1} 以及 162 mAh·g^{-1},库仑效率超过 90% (Qian,2016)。

(2) 杂原子掺杂石墨烯/硫

纯石墨烯固有的物理化学特性使其并不是一种最理想的限制硫体积变化及多硫化物溶解的有效材料,因此纯石墨烯通常不会被直接用作锂硫电池的正极材料。为提高石墨烯/硫复合物的性能,通常可制备 O、N、B、P 等杂原子掺杂石墨烯/硫复合材料,多孔石墨烯/硫纳米复合材料以及三维石墨烯基纳米复合材料[218]。

研究表明,N 掺杂的碳材料对聚硫化物和 Li$_2$S 表现出了强烈的化学吸附,碳原子阵列中的氮原子呈电负性,其可以通过孤对电子与 Li$_x$S 间的 Li$^+$ 产生强相互作用,从而实现对聚硫化物的有效捕获。而硼原子作为一种缺电子的氮原子的替代物,在 C 骨架中呈现正电性,从而可以对聚硫化物中的阴离子产生化学吸附。最近有报道证实,B 掺杂的碳材料可以有效地提高复合物正极材料的性能。除了 N 和 B,利用 P 和 S 掺杂碳材料制备的碳/硫复合材料作为锂硫电池正极材料同样表现出了优异的电化学性能[219,220]。

华中科技大学黄云辉研究组利用多孔的三维氮掺杂石墨烯与硫复合制备了锂硫电池的正极材料,得到了 800 mAh·g^{-1} 的首次放电容量,在 145 次循环后,其容量保持为 75%。其中,氮掺杂石墨烯在有效增加电极材料的导电性的同时,可以捕获多硫化物,而多孔的三维网络结构则使电解液更好地渗入,调控电极反应过程中的体积变化,上述多种因素共同促进了电池性能的提升(Wang,2014)。而 B 掺杂三维石墨烯凝胶/硫复合材料同样表现出了高的能量密度和倍率性能,100 圈循环后,在 0.2C 倍率下的容量为 994 mAh·g^{-1}(Xie,2015)。除了进行单原子掺杂外,利用两种原子间的协同效应,对石墨烯进行共掺杂也是提升其性能的有效途径。澳大利亚格里菲斯大学 Zhang 等报道了一种 N、P 共掺杂石墨烯/硫层状复合材料。这种材料作为锂硫电池正极时,在 1 C 的倍率下,其首次放电容量高达 1 158 mAh·g^{-1},同时,其倍率性能和循环稳定性也均优于 N 或 P 单掺杂的石墨烯/硫复合材料(Gu,2015)。得克萨斯大学奥斯汀分校 Manthiram 团队利用三维的 N、S 共掺杂石墨烯海绵作为电极材料,制备了具有高能量密度和长循环寿命的锂硫电池,如图 6-33 所示。这种 N、S 共掺杂的石墨烯海绵为 S 的负载提供了足够的空间,并有效地提高了电极的电子传导能力。理论计算结果显示,杂原子掺杂位点表现出了很强的结合能,使其可以有效地吸附多硫化物。因

图 6-33

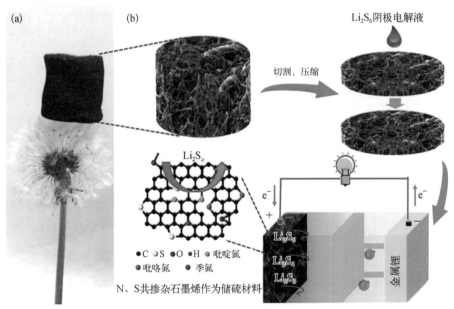

(a)蒲公英支撑的超轻石墨烯海绵;(b)N、S 双掺杂石墨烯电极及锂-聚硫化物制备原理示意图(Zhou,2015)

此,在 0.2 C 以及 2 C 的倍率下,这种材料的比容量分别高达 1 200 mAh·g^{-1} 和 430 mAh·g^{-1}。同时,这种材料兼具良好的循环稳定性,经过 500 次循环后,每个循环的容量损失仅为 0.078%(Zhou,2015)。

上述结果有力地证实了杂原子的掺杂不仅可以改变石墨烯表面的电子分布,同时在其表面创建了新的官能团,这些改变极大地增强了石墨烯对多硫化物的吸附。除此之外,杂原子掺杂石墨烯可以有效地提升电极材料的导电性。导电性的提高及对多硫化物的吸附性能的增强产生双重作用,从而极大地提升锂硫电池的电化学性能。

(3) 石墨烯/金属化合物/硫

金属氧化物、氮化物、碳化物等金属化合物能有效地固定聚硫化物,提升锂硫电池的电化学性能。而石墨烯材料的加入则可以有效地抑制上述金属化合物的团聚,使材料的活性位点得以充分暴露,电池容量增加。

佐治亚理工学院 Wu 研究组利用溶剂法制备了纳米结构的 Li$_2$S/石墨烯复合材料,其中 Li$_2$S 纳米颗粒均匀地沉积在石墨烯表面。研究发现,该复合材料作为锂硫电池正极,可有效降低多硫化物的溶解,同时利于 SEI 层的形成,经过 200 圈循环,Li$_2$S/石墨烯复合材料一直表现出稳定的性能(Wu,2014)。

除此之外,北京大学陈继涛团队报道了一种利用简单的滴涂法制备的 Li$_2$S/rGO 正极纸(Wang,2015)。自支撑的 Li$_2$S/rGO 纸可直接作为锂硫电池的正极,无需任何黏结剂及金属基底。在 0.1 C 的倍率下,经过 150 圈循环后,Li$_2$S/rGO 正极的可逆放电容量为 816.1 mAh·g^{-1},而在 5 C 的高倍率下,200 圈循环后,其容量仍有 462.2 mAh·g^{-1}。

2. 石墨烯用于隔膜

尽管通过上述对正极材料进行改性的策略,多硫化物可以部分地被固定在正极材料上,从而减少了穿梭效应的发生,但这种固定作用的效率是有限的,电池循环过程中,仍会有部分未被正极材料捕获的多硫化物向 Li 负极发生迁移。传统锂硫电池通常利用聚丙烯材料作为隔膜,这种隔膜材料的孔径通常比较大,因此,利用物理作用对多硫化物进行拦截的作用微乎其微。当多硫化物经过隔

　　　　　　　　　　　　　　　　　　　　　　石墨烯化学与组装技术

膜到达负极后,将与 Li 发生反应,生成难溶的 Li_2S_2/Li_2S 等化合物,造成 Li 负极材料的损失。为解决该问题,可在硫正极和传统隔膜间加一层石墨烯膜,通过对石墨烯膜的孔径进行调控及表面修饰和改性来控制离子的传输过程,从物理和化学双层面同时对聚硫化物的穿透进行抑制。

石墨烯可被组装于硫正极与隔膜之间,组成三明治结构。石墨烯的存在可以对多硫化物产生强烈吸附作用,从而抑制穿梭效应的发生,提高电极材料的利用率。中国科学院物理研究所王兆翔研究组利用这种结构组装的锂硫电池,其首次放电容量高达 1 260 mAh·g^{-1},即使经过 100 次循环后,容量保持率仍有 71.4%(Wang,2013)。中国科学院金属研究所李峰团队利用石墨烯设计了三明治结构的锂硫电池,其中,一部分石墨烯膜被用作了集流器,硫作为活性材料,直接覆盖在石墨烯膜上;另一部分石墨烯膜则覆盖在商业化的隔膜表面(图 6-34)(Zhou,2014)。由于硫的两面皆是柔性的导电石墨烯层,从而使得反应过程中的电子传输效率大大提升,并抑制了硫在锂化过程中的大的体积变化。另外,石墨烯层还可以作为硫的储藏室,对多硫化物进行固定和存贮,从而缓解了反复充放电过程中的穿梭效应。基于这种设计,锂硫电池在 0.3 A·g^{-1} 的电流密度下,表现出了 1 200 mAh·g^{-1} 的高比容量。

3. 石墨烯用于锂负极

目前,锂硫电池多采用纯的金属锂作为负极材料,金属锂具有非常高的比容量,但同时其也存在很多缺点,金属锂在许多电解液中都有很高的反应活性,在反复充放电过程中,很容易在其表面形成锂的覆盖物和锂枝晶,一方面增加了界面电阻、降低了库仑效率,另一方面锂枝晶的产生可能刺破隔膜,导致电池的短路。而且,在循环过程中形成的粉末状的游离的金属锂一旦暴露到空气中,很容易发生爆炸。这些问题的产生会使得电池的能量密度及库仑效率降低,并产生严重的安全问题,严重制约它的发展。

为解决上述问题,需进一步对电池的电极材料结构和组成进行设计,提高其功能水平。除了选用 Li_2S 作为正极材料,使负极变成无锂材料外,另外一个方法便是直接利用石墨烯基材料来对 Li 负极进行保护。有研究报道显示,利用石墨

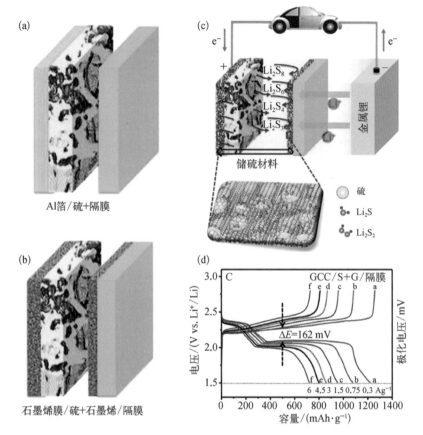

（a）Al网／硫作负极、商业化隔膜的电极构建原理图；（b）石墨烯膜／硫作负极、石墨烯／商业化隔膜作新隔膜的电极构建原理图；（c）电极组装的锂硫电池示意图；（d）电极在不同电流密度下的恒流充放电曲线（Zhou，2014）

烯作为基底，制备石墨烯／Li 的复合负极材料，石墨烯大的比表面积可以有效地降低负极的电流密度，从而延长锂枝晶开始的时间，抑制锂枝晶的生长[221]。伦斯勒理工学院 Mukherjee 团队报道了一种在石墨烯的多孔网络内部缺陷诱导电镀金属锂的方法来制备负极材料（Mukherjee，2014）。这种网络结构类似于笼子，可以有效地将锂金属禁锢住，抑制锂枝晶的生长。随后，清华大学张强等通过 Li 的沉积，在石墨烯骨架上原位覆盖固体电解质界面（Solid Electrdyte Interface，SEI）层，制备了高效、高稳定性的金属锂负极锂硫电池[221]。其中，石墨烯骨架不仅可以抑制锂枝晶的生长，同时，还可以保证锂离子的快速扩散。最

石墨烯化学与组装技术

终,电池的循环库仑效率达到了 97%,在 1 C 的倍率下循环 100 次后,几乎没有锂枝晶的生成。

从上述讨论可以看出,石墨烯的引入可以有效地抑制锂枝晶的生成,同时,它还可以加快电极材料的离子和电子的传输效率,是一种非常优异的改善锂负极材料性质的策略。

6.2.5 金属/空气电池

金属/空气电池是介于燃料电池与原电池之间的一种"半燃料"电池,其负极活性物质主要是轻质金属,正极活性物质则是空气中的氧气。金属/空气电池电解质多为中性或碱性,电池放电时,氧气在正极发生还原反应,反应方程式为

$$O_2 + 2H_2O + 4e^- \longrightarrow 4\ OH^- \qquad E = 0.401\ V$$

负极则发生金属的还原反应,反应式可以写为

$$M \longrightarrow M^{n+} + ne^-$$

式中,M 为负极所用的金属;n 的大小取决于负极金属被氧化的价态。

由于正极材料空气几乎零成本、用之不尽且无须提前贮存,因此金属/空气电池具有比能量高、容量大、成本低、污染小、结构简单、放电稳定等优点。按负极金属种类的不同,金属/空气电池主要包括锌/空气电池、锂/空气电池、铝/空气电池、镁/空气电池等,下面将以发展较成熟的锌/空气电池为例,对石墨烯组装体在其中的应用进行介绍(Li, 2014; Lee, 2014)。

锌/空气电池是负极金属为锌的一类空气电池,其反应原理如图 6-35 所示[222]。锌/空气电池的理论能量密度约为 1 086 Wh·kg^{-1},该数值是锂离子电池的 5 倍左右,除此之外,锌/空气电池被认为是比锂离子电池更安全、更轻便、成本更低、耐用性也更久的一类电池[223]。锌/空气电池的可充电性能主要取决于充电过程的氧气还原反应(ORR)和恢复初始产物的放电析氧反应(OER)。但目前锌/空气电池通常存在电池电压低、空气极易形成碳酸盐以及 ORR、OER 过程动力学缓慢等缺点[224]。因此许多研究正致力于探索高效的新型双功能催化剂以同时加快 ORR 及 OER 过程。

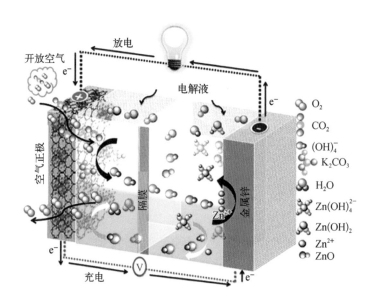

图 6-35 锌/空气
电池工作原理示
意图[222]

　　石墨烯具有大的比表面积,既可以有效负载和生长催化剂纳米材料,同时其
本身也有一定催化活性,被认为是潜力巨大的 ORR、OER 催化剂活性材料,可有
效降低锌/空气电池的过电势,增加其实际充放电过程中的循环稳定性。

　　2011 年,韩国蔚山科技大学 Lee 等利用溶液生长技术,在离子液体修饰的石
墨烯表面负载了 Mn_3O_4 纳米颗粒,并将其应用于锌/空气电池中作为高效的
ORR 反应催化剂(Lee,2011)。研究表明,体系的 ORR 催化过程与 Mn_3O_4 的负
载量密切相关,低负载量时发生一步准四电子过程,而高负载时则发生经典的两
步两电子过程。通过调控催化剂材料组成,锌/空气电池的最大峰功率密度达到
$120\ mW \cdot cm^{-2}$,该数值高于商业化的正极材料催化剂。

　　进一步研究表明,杂原子(N、P、B 及 S 等)掺杂石墨烯由于具有独特的电子
结构,可直接作为 ORR 非金属催化剂应用于锌/空气电池(Liang,2015)。加拿
大滑铁卢大学 Higgins 研究组通过在氨气氛围中高温处理 KOH 活化过的剥离
石墨烯,制备了一种高比表面积和高 ORR 催化活性的 N 掺杂石墨烯(Higgins,
2013)。电化学测试表明,与纯炭黑正极材料相比,该氮掺杂石墨烯作为锌空电
池电极材料的放电电流电压和容量分别提升了 60% 和 42%。另一项研究中,韩
国大邱庆北科学技术院 Shanmugam 研究组利用水热法制备了一种负载

CoMn$_2$O$_4$ 纳米颗粒的 N 掺杂石墨烯复合材料（NG/CoMn$_2$O$_4$）（Prabu，2014）。电化学测试表明，NG/CoMn$_2$O$_4$ 电极在循环 100 圈后的充放电电压降为 0.86 V，远低于 G/CoMn$_2$O$_4$ 电极的 1.01 V。在纯 O$_2$ 氛围中，NG/CoMn$_2$O$_4$ 电极可在几个循环后保持容量几乎不变，这种优异的电化学性能主要源于共价耦合的 N 掺杂石墨烯与 CoMn$_2$O$_4$ 纳米颗粒催化性能的协同作用。该结果随后被 Shanmugam 等进一步确认，在大气环境中，NG/CoMn$_2$O$_4$ 电极在充放电 200 次后仍保持优异的充放电性能和循环稳定性（Prabu，2014）。

除此之外，其他石墨烯基纳米复合材料如 N 掺杂石墨烯/Co$_3$O$_4$ 纳米颗粒（Singh，2015）、N、S 共掺杂石墨烯/CoS$_2$ 微米线（Ganesan，2015）、N、S 共掺杂石墨烯微米线（Chen，2015）及石墨烯/LaMn$_{1-x}$Co$_x$O$_3$（Hu，2015）等作为锌/空气电池空气电极中的催化剂时，都表现出了较好的电化学性能。

与锌/空气电池类似，制备高效 ORR 和 OER 电催化材料同样是其他金属/空气电池目前急需解决的问题，相信通过高比表面积和高导电性的石墨烯材料的加入，能进一步提高金属/空气电池的电化学性能，为其实际应用打下更坚实的基础。

6.3　环境应用

随着全球人口的不断增长、工农业活动的增多，环境污染和全球气候变化等问题成为人类关注的焦点，开发新技术来解决相关环境问题是大势所趋。

本节将围绕石墨烯基材料在污染物吸附、光催化剂降解污染物、水脱盐、油水分离、杀菌抗菌、环境监测和防腐涂层七个领域的应用进行讨论。

6.3.1　污染物吸附

环境中污染物的存在状态具有多样性，如何有效地从空气和水体中去除污染物一直是人们努力解决的问题。其中，吸附是一种简单、廉价且高效地去除污染物的方法,通常使用高比表面积的吸附剂通过物理化学作用捕获污染物。一直以来,活性炭等多孔碳材料因其对众多污染物具有良好的吸附性能而被广泛用作吸附剂,但其高生产成本和低重复利用率一定程度上限制了活性炭的大规模使用。目前,新型石墨烯基吸附剂因其大的比表面积、高的化学稳定性、丰富的含氧官能团以及可规模化生产等优点,正在发展成为常规吸附材料的替代品[226,227]。本小节将主要介绍石墨烯基吸附剂在去除金属离子、有机化合物和气体污染物中的应用研究,并探讨在此过程中涉及的吸附机理、影响因素等问题。

1. 金属离子吸附

金属离子作为一种常见的污染物,主要通过矿业开采、工业废水排放、管道腐蚀/焊接等途径进入水体环境。由于其对生态环境、人类健康存在着巨大危害,因此发展高效环保的吸附剂解决金属离子污染成为研究的热点。

石墨烯基吸附剂多由氧化石墨烯制备而得,其对金属离子的吸附性能受到多种因素的影响,如含氧官能团的数量/类型、离子强度、pH、片层尺寸等(Liu,2018)。与还原氧化石墨烯相比,氧化石墨烯含有丰富的含氧官能团,有利于与金属离子相互作用。曾有研究比较了石墨烯的含氧官能团的含量对铅离子(Pb^{2+})的吸附性能的影响,结果表明含有较多含氧官能团的石墨烯对 Pb^{2+} 具有更高的吸附容量(Wei,2018)。

除了表面官能团,离子强度对石墨烯基吸附剂的吸附性能也有影响,因为水体中的其他物质(如 NaCl、KCl 和 NaClO$_4$ 等)和金属离子在氧化石墨烯表面存在着吸附竞争过程。例如在氧化石墨烯溶液中加入了 NaNO$_3$、NaCl 和 KCl 后,其对锌离子(Zn^{2+})的吸附能力有所降低(Wang,2013)。同时,电解质的引入可能会影响到水合离子的双电层,进而影响到金属离子与氧化石墨烯的结合方式。但在不同的体系条件下,离子强度对吸附性能的影响程度不同。例如氧化石墨烯对镉离子(Cd^{2+})和钴离子(Co^{2+})的吸附性能并没有随着加入 NaClO$_4$ 发生明显改变,甚其对 Pb^{2+} 的吸附不受离子强度变化的影响(Zhao,2011)。

此外,氧化石墨烯对金属离子的吸附容量也受到溶液 pH 的影响,表现出在低 pH 条件下吸附性能降低的趋势(He,2018)。氧化石墨烯在水溶液中的行为

受其 pH_{pzc}(pzc：零点电荷电势)控制。当溶液中的 pH 高于 pH_{pzc} 时，氧化石墨烯表面带负电，此时，氧化石墨烯与金属离子之间的静电作用主要是吸附驱动力。相反，当溶液中的 pH 低于 pH_{pzc} 时，氧化石墨烯表面带正电，与金属离子之间存在排斥作用，使其吸附能力降低。溶液 pH 不仅对吸附剂氧化石墨烯有影响，也会对被吸附的金属离子产生影响。在不同的 pH 下，水合二价金属离子的存在形式会有 $Me(OH)^+$、$Me(OH)_2$ 和 $Me(OH)_3^-$ 等类型。氧化石墨烯对不同形式的水合金属离子会有不同的吸附效果：$Me(OH)^+$ 与相应的 M^{2+} 相比，其所带电荷量减少，使其与氧化石墨烯之间的静电作用力降低；当溶液中 pH 较高时，$Me(OH)_2$ 会沉淀，$Me(OH)_3^-$ 会与表面带负电的氧化石墨烯产生静电斥力，从而抑制金属离子在石墨烯表面的吸附。在实际应用中，理想的状态是保持在一个确定的 pH 下，氧化石墨烯表面带负电的同时，金属离子以 Me^{2+} 的形式存在。因此，对于具体应用环境，我们需要根据不同的石墨烯基吸附剂和要去除的金属离子找到合适的 pH。

相比于单一吸附材料，复合材料可以集成多种材料的优点，在性能上产生协同效应，从而具有更好的吸附性能(Sreeprasad, 2011)。例如铁、氧化铁等纳米颗粒具有高的吸附性能和特殊的磁性，但由于尺寸小且化学活性高，其在连续流体系统中的应用具有一定困难。通过与石墨烯进行复合，石墨烯作为支撑材料来承载和固定磁性纳米颗粒，有助于纳米颗粒的稳定和再利用。磁性纳米颗粒作为客体材料负载在石墨烯上，一定程度上也缓解了石墨烯团聚，从而增加了材料的比表面积。另外，复合材料吸附位点增多，金属离子既可以吸附在石墨烯上也可以配合在纳米颗粒上，进一步提高吸附性能。此外，在外加磁场的作用下，可以从溶液中对复合材料进行快速高效的分离回收，提高循环利用率[228]。

除此之外，将有机分子和聚合物等通过共价键的方式嫁接到氧化石墨烯或还原氧化石墨烯表面可以提高石墨烯吸附位点的数量进而提高吸附性能。例如，通过乙二胺四乙酸-硅烷和氧化石墨烯表面的羟基反应可引入螯合基团，修饰后的石墨烯材料整体比表面积增加，同时乙二胺四乙酸本身对 Pb^{2+} 具有强的络合作用，使其对 Pb^{2+} 的吸附容量显著提高(Madadrang, 2012)。类似地，将聚丙烯酰胺和还原氧化石墨烯表面上的羧基进行键合，使还原氧化石墨烯的分散性显著提高,对 Pb^{2+} 的吸附容量也由 500 mg·g^{-1} 增加到 1 000 mg·g^{-1}(Wang,2014)。除了提高吸附能力外,特殊有机分子修饰的石墨烯材料还可以提高吸附剂的重复利用率。例如,石墨烯和聚(N-异丙基丙烯酰胺)通过非共价结合的方式形成复合材料,该材料将具有石墨烯本身不具备的热敏性能(Yang,2013)。聚(N-异丙基丙烯酰胺)的低临界溶解温度(32℃)使得该复合材料在温度高于36℃时能进行快速聚合和沉淀。这种聚合是可逆的,当温度低于34℃时,纳米复合材料重新分散在溶液中。与磁性石墨基复合材料相比,热敏材料可以在不需要强磁场的情况下便可以实现材料的回收利用。

需要说明的是,磁性石墨烯复合材料在制备过程中往往会使氧化石墨烯受到不同程度的还原,导致含氧官能团减少,影响了吸附性能的提高。而有机分子、聚合物等修饰的石墨烯基吸附剂依然面临难以回收和重复利用的问题。为了解决这些问题,制备集磁性与高吸附性能于一身的石墨烯基三元复合吸附剂正在成为新的研究热点。目前,二亚乙基三胺/Fe_3O_4/氧化石墨烯、$CoFe_2O_4$/三乙烯四胺/氧化石墨烯、四乙基五胺/氧化石墨烯/$MnFe_2O_4$、四乙基硅酸盐和乙烯基甲氧基硅烷改性的 Fe_3O_4/还原氧化石墨烯等三元复合吸附剂相继被开发出来用于金属离子的吸附。

总之,石墨烯基吸附材料在重金属离子吸附方面已经取得一些重要进展,表6-1总结了不同的石墨烯基吸附剂的吸附机理及其优缺点,图6-36对三类石墨烯基吸附剂具体吸附机理加以说明。

石墨烯基材料	吸附机理	优点	缺点
氧化石墨烯	静电作用 离子交换	在水中有良好的分散性,良好的胶体稳定性,丰富的含氧官能团	有限的吸附位点
还原氧化石墨烯本征石墨烯	静电作用 路易斯酸碱理论	sp^2 区域的复原,更好的电子传输性能	低的胶体稳定性,有限的含氧官能团
磁性石墨烯复合材料	静电作用 与纳米颗粒表面的相互作用 磁性	大的比表面积,丰富的结合位点,易于回收	低的稳定性
有机分子修饰的石墨烯材料	静电作用 络合作用	大的比表面积,高的胶体稳定性,丰富的官能团(—NH_2、—OH 等)	有机分子和石墨烯之间的作用力不稳定

表6-1 石墨烯基吸附剂吸附水体中金属离子的机理及其优缺点

石墨烯化学与组装技术

图 6-36 三类石墨烯基吸附剂吸附去除金属离子的机理[227]

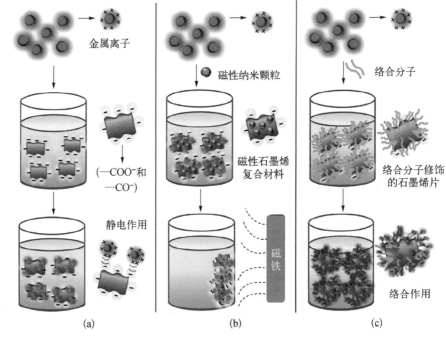

(a)氧化石墨烯、本征石墨烯、还原氧化石墨烯作为吸附剂，吸附机理主要是石墨烯片和金属离子之间的静电作用；（b）磁性纳米颗粒/石墨烯复合材料作为吸附剂时吸附性能提高，并且吸附剂和吸附质可以通过外加磁场从水体中转移出来，提高重复利用率；（c）有机分子修饰的石墨烯作为吸附剂时，络合和静电的协同作用使吸附性能提高

表 6-2 总结了不同石墨烯基材料对不同金属离子的吸附性能，其中最大吸附容量（mg·g^{-1}）由 Langmuir 等温方程计算而得。

表 6-2 石墨烯基吸附剂对不同金属离子的吸附性能

材　料	材　料　制　备	金属离子	最大吸附容量/(mg·g^{-1})	温度/pH	参考文献
石墨烯	真空辅助的低温剥离	Pb^{2+}	22.42	303 K/4.0	Huang, 2011
石墨烯	500℃热处理	Pb^{2+}	35.21	303 K/4.0	Huang, 2011
石墨烯	700℃热处理	Pb^{2+}	35.46	303 K/4.0	Huang, 2011
磺化的氧化石墨烯	改进的 Hummers 方法制得氧化石墨烯，用硼氢化钠进行预还原，再与重氮盐溶液反应	Pb^{2+}	415	室温/7.0	Wei, 2018
氧化石墨烯	改进的 Hummers 方法（石墨通过 H$_2$SO$_4$ 和 KMnO$_4$ 氧化）	Zn^{2+}	246	293 K/7.0	Wang, 2013
少层氧化石墨烯	改进的 Hummers 方法（H$_2$SO$_4$ 和 KMnO$_4$）	Co^{2+} 和 Cd^{2+}	68.2/106.3	303 K/6.0	Zhao, 2011

材　料	材　料　制　备	金属离子	最大吸附容量/$(mg \cdot g^{-1})$	温度/pH	参考文献
少层氧化石墨烯	改进的 Hummers 方法(石墨片通过 $NaNO_3$ 和 H_2SO_4 氧化)	Pb^{2+}	842	298 K /6.0	Zhao, 2011
氧化石墨烯	改进的 Hummers 方法(石墨片通过 $NaNO_3$、H_2SO_4 和 $K_2Cr_2O_7$ 氧化)	Zn^{2+} 和 Pb^{2+}	345 /1 119	298 K /5.0	Sitko, 2013
氧化石墨烯	改进的 Hummers 方法(石墨片先用 H_2SO_4、$K_2S_2O_8$ 和 P_2O_5 预氧化,再用 H_2SO_4 和 $KMnO_4$ 氧化)	Cu^{2+}	117.5	— /5.3	Wu, 2013
氧化石墨烯	改进的 Hummers 方法(石墨片通过 $NaNO_3$、H_2SO_4 和 $KMnO_4$ 氧化)	U^{4+}	299	室温 /4.0	Li, 2012
氧化石墨烯气凝胶	改进的 Hummers 方法制得氧化石墨烯,气凝胶由冷冻干燥制得	Cu^{2+}	19.65	298 K /6.3	Mi, 2012
N 掺杂的超轻氧化石墨烯气凝胶	氧化石墨烯、吡咯单体、四乙烯四胺的混合液在 120℃下水热自组装成水凝胶,将水凝胶冷冻干燥制得气凝胶	Cr^{6+}	408.48	298 K /2.0	Liang, 2018
还原氧化石墨烯水凝胶	改进的 Hummers 方法制得氧化石墨烯,氧化石墨烯和抗坏血酸水热组装成水凝胶	U^{6+}	134.23	298 K /4.0	He, 2018
还原氧化石墨烯/Fe 纳米颗粒	微波处理氧化石墨烯和二茂铁	Pb^{2+}	6.0	室温 /6.5	Gollavelli, 2013
氧化石墨烯 / Fe_3O_4	氧化石墨烯由改进的 Hummers 方法制备,Fe_3O_4 纳米颗粒通过 Fe^{3+} 和 Fe^{2+} 与氨反应	Cu^{2+}	18.26	293 K /5.3	Li, 2012
还原氧化石墨烯/Fe_3O_4	氧化石墨烯在 90℃下用水合肼还原,Fe_3O_4 纳米颗粒通过 $FeCl_3$ 和 $FeCl_2$ 与氨水反应制得	As^{3+} 和 As^{5+}	13.10 /5.273	293 K /7.0	[228]
氧化石墨烯 / Fe_3O_4	改进的 Hummers 方法 $NaNO_3$、H_2SO_4 和 $KMnO_4$ 氧化石墨制备氧化石墨烯,磁性 Fe_3O_4 纳米颗粒通过 $FeCl_3$ 和 $FeCl_2$ 暴露在氨气中反应制得	Co^{2+}	12.98	303 K /6.8	Liu, 2011
还原氧化石墨烯/Fe 纳米颗粒	90℃ 下,氧化石墨烯和 $FeCl_3$ 在硼水溶液中反应	Cr^{6+}	162	293 K /4.25	Jabeen, 2011
氧化石墨烯/乙二胺四乙酸	氧化石墨烯由改进的 Hummers 方法制备,氧化石墨烯-乙二胺四乙酸通过在乙醇溶液中氧化石墨烯和乙二胺四乙酸-硅烷由硅烷化反应制备	Pb^{2+}	525	298 K /6.8	Madadrang, 2012
还原氧化石墨烯/聚丙烯酰胺	氧化石墨烯由 Staudenmaier 方法制备,通过热还原得到还原氧化石墨烯,聚丙烯酰胺通过自由基聚合负载在还原氧化石墨烯片上	Pb^{2+}	1 000	298 K /6.0	Yang, 2013

尽管石墨烯基吸附剂在吸附金属离子方面已经取得了一些进展,但是在实际应用过程中仍然面临很多问题,如石墨烯基吸附剂的高效分离回收问题以及在复杂多组分体系中金属离子的高效吸附去除问题等。因此,未来的研究依然要将理论和实践结合,研制出高效廉价环保的石墨烯基吸附剂。

2. 有机物吸附

　　除了金属离子,石墨烯基纳米材料也可用于吸附染料、抗生素和杀虫剂等有机物。石墨烯基纳米材料吸附有机物的机理主要涉及静电作用、π 电子作用、氢键、疏水效应、共价键和范德瓦尔斯力。对于不同的体系,这些相互作用可以协同起来,共同促进有机物的吸附。石墨烯基纳米材料吸附有机物的性能会受到吸附剂/质物化性质和背景溶液性质(pH、离子强度和温度等)的综合影响[229]。

　　当吸附剂和吸附质表面带有相反电性的电荷时,静电作用是吸附的主要动力。例如,在 pH 在 6～10 时,氧化石墨烯通过静电相互作用会对亚甲基蓝和甲基紫等阳离子染料具有良好的吸附性,而对罗丹明 B、橙色 G 和甲基橙等阴离子染料就无法实现很好的吸附(Han,2014)。相反,还原氧化石墨烯因表面带有较少的负电荷而对阴离子染料的吸附性增强(Minitha,2017)。

　　除了静电作用,π 电子相互作用(特别是 π–π、n–π、阳离子–π、阴离子–π 相互作用)也在石墨烯基吸附剂吸附有机分子的过程中扮演重要的角色。当有机物结构中有碳碳双键或苯环时,会与石墨烯的共轭面之间产生 π–π 相互作用。相应地,石墨烯纳米片上电子耗散位点会与具有孤对电子的含氧(例如 1–萘酚)或含氮(例如 1–萘胺)的有机物 n–电子给体发生 n–π 相互作用(Yang,2013)。当有机物(如四环素)中含有易质子化的氨基时,易与石墨烯的 π 电子产生阳离子–π 相互作用(Gao,2012)。当有机物中含有卤素阴离子(F^-、Cl^-、Br^-)时,便会与石墨烯电子受体产生阴离子–π 相互作用(Shi,2012)。在这四种作用力中,π–π 相互作用是石墨烯基吸附剂吸附有机物最重要的吸附机制。

　　当吸附物具有含 N 和 O 的功能基团(如氨基、羟基、羧基)时,氢键会在吸附过程中发挥重要的作用(Jing,2012)。据研究,极性碳氢化合物如蒽甲醇、萘酚和甲萘胺在石墨烯基吸附剂上的吸附过程都与氢键形成有关(Wang,2014)。

此外,疏水有机化合物在石墨烯上的吸附被认为与疏水效应有关。疏水有机化合物如萘、菲、苯二酚和多氯联苯等在石墨烯基吸附剂上的吸附特性已被研究报道(Beless,2014)。研究表明,相比于氧化石墨烯,本征石墨烯和还原氧化石墨烯疏水性更强,对该类非极性碳氢化合物具有更强的吸附性能。除了增强的 $\pi - \pi$ 相互作用外,这也与石墨烯表面形成的沟壑区域所产生的筛分效应有关(Wang,2014)。

在吸附过程中,尽管目前还未有实验报道证明共价键的存在,但理论分析称共价键可能发挥作用,主要体现在氧化石墨烯上的羟基和羧基与有机物的氨基之间的反应上(Zhao,2014)。其次,范德瓦尔斯力作为一种弱相互作用力,具有无方向性和饱和性的特点,也会存在于吸附剂、吸附质和其他分子之间(Zhou,2015)。

总之,石墨烯基纳米材料作为有机物吸附剂已经得到广泛的研究,表6-3总结了利用石墨烯基吸附剂吸附有机化合物的相关工作。虽然已证明石墨烯基纳米材料对有机化合物具有吸附性能,但仍需深入研究其性能是否比活性炭、碳纳米管等材料更为出色。此外,尽管石墨烯很容易通过化学剥离的方法制备,但是大量生产石墨烯材料所产生的成本问题依然不可忽视。

表6-3 石墨烯基吸附剂用于吸附有机化合物的性能比较

有机化合物	石墨烯基吸附剂	比表面积 /(m² · g⁻¹)	温度 (K) /pH	最大吸附容量			参考文献
				Polanyi-Manes 等温吸附 Q_m /(mg · g⁻¹)	Langmuir 等温吸附 Q_e /(mg · g⁻¹)	Freundlich 等温吸附 Q_m /[(mg · g⁻¹) (mg · L⁻¹)⁻ⁿ]	
土霉素	氧化石墨烯		298 / 3.6		212.31	46.498	Gao, 2012
萘	氧化石墨烯-FeO - Fe₂O₃	272.59	283 / 7.0		2.63	2.87	Yang, 2013
双酚 A	还原氧化石墨烯	327	302 / 6.0		181.82	54.7	Jing, 2012
菲	石墨烯	624	293			208.3	Apul, 2013
	氧化石墨烯	576	293			174.6	Apul, 2013

有机化合物	石墨烯基吸附剂	比表面积 /(m²·g⁻¹)	温度 (K)/pH	最大吸附容量			参考文献
				Polanyi-Manes 等温吸附 Q_m /(mg·g⁻¹)	Langmuir 等温吸附 Q_e /(mg·g⁻¹)	Freundlich 等温吸附 Q_m /[(mg·g⁻¹)(mg·L⁻¹)⁻ⁿ]	
联苯	石墨烯		293			102.6	Apul, 2013
	氧化石墨烯		293			59	Apul, 2013
亚甲基蓝	氧化石墨烯		298/6.0		714	469.6	Yang, 2011
	氧化石墨烯	32	298/6.0		243.9	114.86	Li, 2013
PCB-52 (2,20,5,50-四氯联苯)	石墨烯	181	293/中性	12±0.5	3.2±0.19	2.5±0.2	Beless, 2014
	氧化石墨烯	70.9	293/中性	0.79±0.56	0.87±0.83	0.81±0.41	Beless, 2014

3. 气体吸附

气体分子吸附所面临的最大问题是成本昂贵、能源消耗巨大，而石墨烯基材料由于其高比表面积、独特的层状结构和可调的官能团对气体污染物具有很强的吸附捕捉能力，被认为是最有希望解决这些问题的新材料[230]。

在常见的气体分子中，二氧化碳因其产生温室效应造成全球变暖而受到人们的广泛关注。理论上可以利用密度泛函理论等数学模型对石墨烯基材料吸附气体分子的过程进行研究，并通过获得的吸附等温线来分析影响气体分子在石墨烯上吸附/解吸能力的因素。例如，印度理工大学 Rao 研究团队利用广义梯度近似法研究 CO_2 与石墨烯片之间的相互作用，假设 CO_2 分子在石墨烯层上平行排布，单层石墨烯的最大 CO_2 吸收量是37.93%（质量分数）[231]。除此之外，与无缺陷的石墨烯相比，有缺陷的石墨烯对 CO_2 的吸附容量显著提高，这与 CO_2 可以和空位上的活化碳原子发生反应形成 C—O 键有关（Liu，2011）。对于含有 CO_2 的混合气体（如 CO_2 和 CH_4、CO_2 和 N_2、CO_2 和 H_2O 等），其在多孔碳材料表面的吸附过程深受表面含氧官能团的影响。巨正则系综蒙特卡洛模拟显示，与 CH_4 和 N_2 相比，CO_2 更易于吸附在碳材料表面的含氧官能团上，这种强的吸附作用是由于 CO_2 的强四极矩产生的诱导偶极造成的。而对于 CO_2 和 H_2O 的混合气体，H_2O 更易于吸附在含氧官能团上（Liu，2013）。因此，通过调控石墨烯表面的化学性质可以实现气体的选择性吸附。不仅如此，石墨烯片通过修饰上氨基、层状双氢氧化物和金属离子等还可以提高吸附容量。例如，基于 CO_2 和氨基之间的化学反应，用聚苯胺修饰的石墨烯片具有更高的 CO_2 吸附容量。氨基化的石墨烯会增加表面碱度，使酸性 CO_2 通过形成氨基甲酸盐（$R-NHCOO^-$）更易于吸附在石墨烯表面（Zhao，2012）。此外，相比于纯的层状双氢氧化物，其与氧化石墨烯复合的材料对 CO_2 吸附能力增加了 62%（Garciagallastegui，2012）。

甲烷尽管也是一种温室气体，但其优质气体燃料的身份更引人注目，因此如何对 CH_4 实现高效吸附也得到广泛的研究。就 CH_4 和石墨烯之间的相互作用而言，德国帕德伯恩大学的 C. Thierfelder 研究组曾报道称 CH_4 分子以氢原子三脚架结构为导向被吸附在石墨烯片约 0.33 nm 的上方，吸附能为 0.17 eV[232]。Rad 等的研究发现 CH_4 在石墨烯上的吸附为物理吸附，平衡时距离为 0.31 nm，对应的吸附能为 -11.5 kJ·mol^{-1}；而当石墨烯修饰上 Pt 时，CH_4 在石墨烯上的吸附转变为化学吸附，两者平衡时的距离为 0.206 nm，对应的吸附能变为 -46.8 kJ·mol^{-1}（Rad，2016）。对于改性石墨烯，掺杂原子的电负性也会对该物理吸附过程产生影响。例如，硼掺杂的石墨烯会降低 CH_4 的吸附能，而氮掺杂则会增加吸附能（Liu，2013）。当然，对于改性石墨烯需要更多的实验研究来探究其中的规律，以便更好地了解其对甲烷的吸附特性。

此外，石墨烯基吸附剂对其他温室气体（SO_2、NO_2、CO、H_2S 等）的吸附性能等也被广泛研究。例如，$Zr(OH)_4$/石墨烯复合材料被用作 SO_2 的吸附剂。$Zr(OH)_4$ 和氧化石墨烯表面的酸性含氧官能团之间的相互作用产生了碱性吸附位点，增加了孔隙率，有利于增加该复合材料对 SO_2 的吸附容量[233]。此外，利用 DTF 模拟研究石墨烯基吸附剂对氮氧化合物（NO_x）的吸附作用，结果表明与石墨烯相比，氧化石墨烯由于含有丰富的含氧官能团，对 NO_x 具有更强的吸附能力。其中,NO$_2$在氧化石墨烯上的吸附可以归功于氢键和弱共价键(如 C—N 和 C—O)的形成(Tang,2011)。一些理论研究和实验结果也证明了石墨烯基吸附剂在氨气吸附(NH$_3$)方面也有很大的潜力。纽约市立学院的 Teresa J. Bandosz 教授的研究发现在石墨氧化物表面上吸附水可以提高对 NH$_3$ 的吸附容量,但在气相水蒸气中,由于 NH$_3$ 和 H$_2$O 在活性位点上会产生竞争,使得吸附剂对 NH$_3$ 的吸附量降低。一般来说,NH$_3$ 在石墨氧化物上的吸附是通过 NH$_3$ 与羟基和羧基的反应、氢键作用和物理吸附使 NH$_3$ 进入层间空间或孔隙来完成的(Petit, 2010)。在随后的研究中也报道了相似的结果,即当层层堆积的石墨氧化物间存在水时,由于溶解作用可以增加对 NH$_3$ 的吸附量。但是,过量的水存在会在含氧官能团上形成一层膜,阻碍与 NH$_3$ 接触,降低对 NH$_3$ 的吸附性能(Seredych,2011)。除此之外,石墨烯的表面官能团对 NH$_3$ 的吸附也有影响。通过理论模拟计算,发现氧化石墨烯比石墨烯具有更高的吸附容量,这是由于氧化石墨烯含有大量的缺陷和含氧官能团,可通过氢键和 NH$_3$ 与羟基、羧基之间的反应强有力地吸附 NH$_3$。因此当石墨烯表面含氧官能团增多时,其 NH$_3$ 吸附容量也会随之增加。石墨烯基材料还可以与金属有机框架(Metal-Organic Frameworks,MOFs)等材料进行复合以提高对气体的吸附容量(Petit, 2011),该类复合材料通常通过氧化石墨烯上的含氧官能团与 MOFs 上的金属(铜、铁等)配位制备而得。特别是铜基 MOFs/石墨烯复合材料,与纯的氧化石墨烯和 MOFs 相比,NH$_3$ 吸附容量得到大幅提升,这主要是与孔隙度和吸附活性位点的增加有关。

6.3.2 光催化剂降解污染物

尽管吸附技术可以实现从水中去除污染物,但污染物并没有得到降解,依然需要进一步的处理。而光催化技术可以实现污染物的完全矿化或降解,并且该技术成本低效率高,是处理污水的有效策略。本小节将针对石墨烯基光催化剂的制备方法及其在有机、生物污染物的降解过程中所起的作用进行总结。

1. 石墨烯基光催化剂的制备

石墨烯基光催化剂一般通过石墨烯上负载光活性纳米材料来制备。对光催化剂来说,石墨烯的超高电子迁移率有助于抑制电子空穴对的快速复合,进而增强光催化活性[234]、[235]。下面将对四种主要的制备方法进行简单介绍(图6-37)。

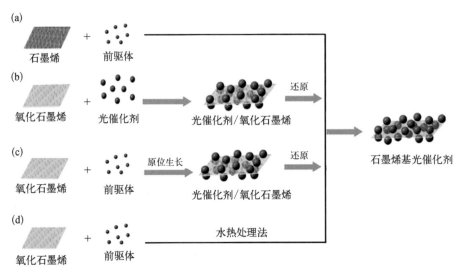

图6-37　石墨烯基光催化剂的四种制备方法[235]

(a) 石墨烯 ＋ 前驱体
(b) 氧化石墨烯 ＋ 光催化剂 → 光催化剂/氧化石墨烯 → 还原 → 石墨烯基光催化剂
(c) 氧化石墨烯 ＋ 前驱体 → 原位生长 → 光催化剂/氧化石墨烯 → 还原
(d) 氧化石墨烯 ＋ 前驱体 → 水热处理法

第一种方法是光催化活性材料在石墨烯上原位生长[图6-37(a)]。由于石墨烯在大多数溶剂中分散性都比较差,因此光催化活性材料在石墨烯上进行原位生长比较困难。但近年来,该技术得到突破,在无溶剂的微波条件下,金属氧化物纳米颗粒负载的石墨烯可瞬间形成(Lin,2011)。此外,石墨烯表面改性也是提高其相容性和表面活性位点的有效途径,例如通过对石墨烯进行电子束预处理,在石墨烯表面会产生含氧官能团,这将增加石墨烯对Ti^{4+}的吸引力,从而为TiO_2原位生长提供更多的位点(Zhang,2011)。

第二种方法是物理混合法[图6-37(b)],将预先合成的光活性纳米颗粒(光催化剂)和氧化石墨烯进行物理混合,在这个过程中往往通过超声或搅拌来促进两者的接触。当光活性纳米颗粒均匀负载在氧化石墨烯上后,可通过水热反应、热辐射、化学还原等方法对氧化石墨烯进行还原,从而得到石墨烯基光催化剂。例如,TiO_2/石墨烯纳米复合材料可以通过先将TiO_2纳米颗粒与氧化石墨烯在乙醇中混合,再用紫外光照射来制备(Williams,2008)。此外,通过静电相互作用,例如将带正电荷的 $BiVO_4$ 和带负电荷的氧化石墨烯复合在一起,后续通过水热处理来最终实现氧化石墨烯的还原和纳米颗粒的结晶(Wang,2014)。

第三种方法是利用氧化石墨烯上的含氧官能团作为纳米颗粒生长的成核位点,实现纳米颗粒在氧化石墨烯表面的原位生长[图6-37(c)]。例如,在60℃下通过 TiF_4 在氧化石墨烯水溶液中水解 24 h 形成 TiO_2/氧化石墨烯复合材料(Lambert,2009)。类似地,当温度为80℃时,在 H_2SO_4 的存在下,$Ti(BuO)_4$ 在氧化石墨烯乙醇-水的混合液中缓慢水解,最终也能够实现 TiO_2 纳米颗粒负载在氧化石墨烯上(Liang,2010)。在氧化石墨烯上原位生长纳米颗粒最大的优势在于在石墨烯片和半导体之间产生紧密的化学相互作用(Liu,2011)。此外,一些原位生长过程也同步实现氧化石墨烯还原,增强电荷传输能力。例如,在氧化石墨烯和 $Zn(AcO) \cdot 3H_2O$ 的混合溶液中加入 NaOH 后得到固体粉末,再将其与 $NaBH_4$ 的水溶液在120℃下发生水热反应,最终得到 ZnO 和石墨烯的复合材料(Li,2011)。除此之外,复合材料还可以通过一步氧化还原法制备而得,其中金属氧化物前驱体作为还原剂在自身氧化的同时将氧化石墨烯还原成还原氧化石墨烯(Zhang,2011)。

第四种方法也是最常用的方法:水热处理法[图6-37(d)][236]。水热合成被广泛应用于高温高压下晶体的生长。金属前驱体的水热法结晶过程受很多因素的影响,比如金属的来源、温度、pH、溶剂和时间等,一个成熟的实验条件通常要经过多次条件优化才能确定,但即便如此,水热法依然是一个比较简便的方法,所有的反应物放在一个高压反应釜中,在一定的条件下即可以生长出各种纳米结构的材料。水热处理的另一个优势在于在该过程中氧化石墨烯可以部分或完全地转化成还原氧化石墨烯。例如,TiO_2/石墨烯复合材料可以通过一步水热法制备而得,在该水热反应中,氧化石墨烯的还原和商业 TiO_2(P25)在石墨烯表面上的沉积可以同时进行。

除此之外,一些新方法还在不断地被开发出来。总之,每种制备方法各有其优缺点,采用何种方式取决于所期望的材料结构特点、可用的仪器设备和所应用的特定环境。

2. 石墨烯基光催化剂用于有机物降解、重金属还原和杀菌消毒

在众多半导体材料中,TiO_2由于其低成本和强氧化活性,常用于合成石墨烯基光催化剂来降解有机物。以石墨烯/TiO_2复合材料降解普鲁士蓝为例(图6-38),第一步是染料分子在石墨烯表面发生吸附,染料分子可以通过$\pi-\pi$相互作用吸附在石墨烯表面[237],因此石墨烯/TiO_2复合材料对有机染料的吸附容量远大于纯的TiO_2材料;第二步是光吸收产生电子空穴对,当光催化剂附着在石墨烯上时,光吸收的波长范围会改变,例如,与纯TiO_2颗粒相比,石墨烯-TiO_2纳米复合材料的吸波范围红移了30~40 nm,这说明复合材料的表观带隙变小,实现光的更高效利用;第三步过程包括电荷载流子的分离和传输,在石墨烯的存在下,激发的电子很快就会通过石墨烯的sp^2杂化网络层传导,与O_2反应产生高活性的过氧化物,进而降解有机化合物。在这个过程中,石墨烯就可以作为电子受体,同时又为参加反应的电子提供一个快速传输的平台。

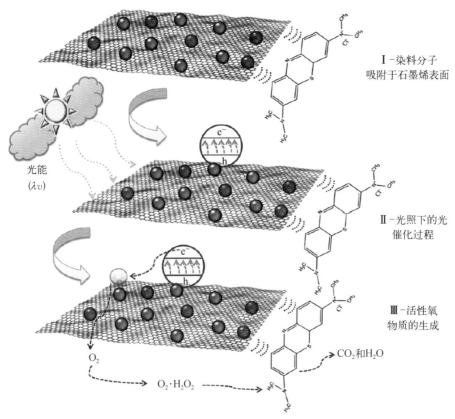

光能
(λv)

Ⅰ-染料分子吸附于石墨烯表面

Ⅱ-光照下的光催化过程

Ⅲ-活性氧物质的生成

O_2

$O_2 \cdot H_2O_2$

CO_2和H_2O

图6-38 石墨烯基光催化剂降解有机染料分子普鲁士蓝的过程[227]

相比于单独 TiO_2 纳米颗粒,石墨烯 $/TiO_2$ 光催化剂对有机染料分子具有更强的降解作用,这主要归因于以下几个方面:石墨烯的加入使其材料比表面积增加,对染料的吸附作用增强,吸附容量增大;石墨烯高的电子迁移率降低了电子空穴对的复合,提高了光催化效率[238]。除 TiO_2 外,半导体光催化剂如 Ag_3PO_4、$BiVO_4$、CdS 和 $Ag/AgX(X=Br、Cl)$ 纳米颗粒也用来与石墨烯材料复合制备复合光催化剂[239,240],这些复合光催化剂相比于未复合前的催化活性得到大幅提高。此外,光催化活性还跟石墨烯上负载光催化剂的浓度、结构和尺寸等有关[241]。

除了降解有机物外,石墨烯基光催化剂还可以还原重金属离子。已有实验报道,ZnO 纳米颗粒与石墨烯片复合后,对 Cr^{4+} 的光催化还原率从 58% 提高到 98%。这种光还原性能提高主要是由于石墨烯的存在增加了长波光的吸收,改变了复合材料的表观带隙[242]。

石墨烯基光催化剂也能够利用生成的活性氧与细菌细胞或细胞内的组分发生生化反应来灭活诸如病毒、线虫和细菌等病原体[243-246]。例如,石墨烯 $/WO_3$ 复合材料在可见光照射下对噬菌体病毒表现出很强的光灭活性,石墨烯 $/TiO_2$ 复合材料在阳光照射下对线虫和大肠杆菌具有很强的杀伤力。

总之,石墨烯独特的物理化学性质促进了石墨烯基光催化剂的研究,将石墨烯作为光催化剂的载体,不仅可以减少催化剂颗粒间的团聚,还能提高光生电子-空穴对的分离效率,从而有效增强光催化材料的活性。尽管如此,对于其增强机理,目前还有待进一步深入研究。此外,石墨烯基光催化剂还有两个缺陷需要进一步完善:(1)石墨烯材料能够吸收部分可见光,从而降低催化剂对可见光的利用率;(2)绝大多数石墨烯基光催化剂由还原氧化石墨烯制备而得,而还原氧化石墨烯有一定的缺陷,致使电子传输能力不理想。

6.3.3　水脱盐

由于淡水资源日益短缺、水污染日益严重,海水淡化技术的研究迫在眉睫。尽管目前已经发展了诸如多级闪蒸、多效蒸馏和电渗析等多种脱盐技术,但由于这些技术存在高耗能、高成本和二次污染等问题，使其在实际应用中面临很多困难。

　　石墨烯及其衍生物氧化石墨烯和还原氧化石墨烯通过共价键/非共价键修饰和微观/宏观结构调控等可以制备出不同组成、不同结构形貌的组装体[图6-39(a)～(c)]用于以下三种水脱盐技术中[图6-39(d)～(f)]：电容去离子技术、太阳能水蒸发技术和纳滤技术。

图 6-39

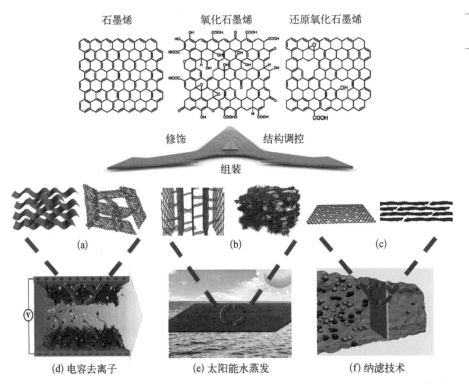

石墨烯、氧化石墨烯和还原氧化石墨烯通过功能化修饰或结构调控制备出不同组成和结构形貌的组装体，如（a）三维多级孔石墨烯和石墨烯/金属氧化物（或聚合物）复合材料，（b）垂直取向的石墨烯和多级结构的石墨烯，（c）纳米孔单层石墨烯和多层堆叠的氧化石墨烯膜，这些组装体对应的三种水脱盐技术分别为：（d）电容去离子技术，（e）太阳能水蒸发技术，（f）纳滤技术

1. 电容去离子

　　电容去离子是一种新兴的脱盐技术，其从水体中去除离子的原理是基于带电离子在电场的作用下会发生定向迁移。当在两个电极上施加一个电压，水体中的带正（负）电离子会向负（正）极移动，在电极材料上形成双电层。当施加相

反的电压或短接电路时,离子又会释放到水体中,实现电极材料的重复利用。相比于其他技术,该技术的显著优势是可在常压室温下进行,能耗少、环境友好并且不会产生二次污染[247]。

石墨烯可以通过调控实现多级孔结构分布和不同维度组装,也可以通过共价键或非共价键的方式调控石墨烯的表面化学性质。因此石墨烯基材料非常适合作为电容去离子的电极材料,并且近年来很多研究成果也证实了这一点。

(1) 石墨烯纳米片

2009 年,石墨烯首次应用于电容去离子领域中[248]。通过 Hummers 方法制备的氧化石墨烯经水合肼还原后得到还原氧化石墨烯,该电极材料在 2 V 下的电吸附容量为 1.85 $mg \cdot g^{-1}$。随后的实验发现,部分其他的方法制备的石墨烯用于电极材料时,他们的吸附性能并不是很理想,这主要归结于以下三方面的原因:首先,石墨烯片与片之间存在强的 $\pi - \pi$ 相互作用,导致其极易团聚,比表面积锐减;其次,石墨烯材料大多由氧化石墨烯还原制得,不彻底的还原以及自身的结构缺陷都会影响导电性;最后,还原氧化石墨烯的亲水性有限,这也会影响电容去离子的性能。但是这些问题都可以通过石墨烯修饰或结构调控得到一定程度的改善,因此,石墨烯作为电极材料依然具有巨大的潜力。

(2) 三维多级孔结构的石墨烯组装体

从上述的石墨烯纳米片实验中可以看出,如何有效地增加电极材料的比表面积是电容去离子的关键问题。利用模板法(软/硬模板法)或无模板法(如水热法、冰模板法等)得到三维多孔石墨烯组装体,可以减少石墨烯团聚,有效增加比表面积。同时,形成的相互连接的网络结构也可以增加导电性。例如,将聚苯乙烯微球作为牺牲模板和氧化石墨烯混合溶液抽滤,得到的材料经高温煅烧后可形成三维网络结构的石墨烯组装体(Wang, 2013)。另外,利用商业泡沫材料作为骨架或冷冻干燥加后续高温退火的方法也可以制备三维石墨烯网络结构,这些方法在一定程度上都增加了材料的比表面积,提高了电吸附容量(Yang, 2014)。

但是,上面提到的方法对于比表面积的提高还是有一定的局限性。近年来,通过化学刻蚀等方法在石墨烯纳米片上原位造孔增加纳米孔结构进而增加比表面积的方法被逐渐发展起来。2011 年，Ruoff 研究组提出 KOH 活化石墨烯可使其比表面积增加到 $3\,100\ \mathrm{m^2 \cdot g^{-1}}$。受该方法的启发，化学刻蚀的方法被广泛引入到高比表面积石墨烯电极材料的制备过程中，并应用于电容去离子技术中。利用相同的方法得到的石墨烯材料具有 $3\,513\ \mathrm{m^2 \cdot g^{-1}}$ 的比表面积和 $104\ \mathrm{S \cdot m^{-1}}$ 的导电性。在施加电压为 2 V 且 NaCl 初始浓度为 $74\ \mathrm{mg \cdot L^{-1}}$ 时，表现出 $11.86\ \mathrm{mg \cdot g^{-1}}$ 的电吸附容量（Li，2015）。之后，利用 H_2O_2 刻蚀制备的石墨烯电极材料也展现出不错的脱盐性能（Shi，2016）。

上述实验结果表明，在石墨烯片上造孔和组装三维石墨烯结构均有利于增加电吸附容量，因此，将两种方法合理结合起来制备三维多级孔结构的石墨烯组装体成为人们的选择。该结构既能保证高的比表面积，也能维持高的导电性。如图 6-40 所示，将化学刻蚀法与牺牲模板法、水热法、冷冻干燥退火法相结合，都可以制备三维多级孔结构的石墨烯组装体[249-251]。这些石墨烯材料都展现出优异的吸附容量，证明该类方法的有效性。

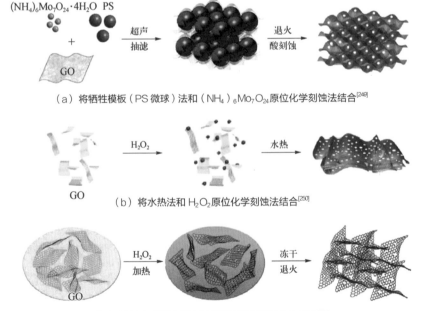

（a）将牺牲模板（PS 微球）法和（NH₄）₆Mo₇O₂₄原位化学刻蚀法结合[249]

（b）将水热法和 H_2O_2 原位化学刻蚀法结合[250]

（c）将 H_2O_2 原位化学刻蚀法和冷冻干燥退火法结合[251]

图 6-40 三维多级孔石墨烯组装体的制备方法

（3）化学掺杂和表面修饰的石墨烯

石墨烯的表面修饰可以有效地调控其浸润性、亲水性和表面电荷。例如可以通过 N 原子掺杂实现石墨烯的表面功能化，并且 N 掺杂的石墨烯可以有效增加亲水性和导电性。氧化石墨烯气凝胶在氨气氛围下退火得到的 N 掺杂三维石墨烯泡沫在 1.5 V 电压、500 mg·L^{-1} 的 NaCl 初始浓度下的电吸附容量为 21 mg·g^{-1}（Xu，2015）。此外，热处理胺氰和氧化石墨烯的混合溶液也能得到 N 掺杂石墨烯，并能实现多种离子（Pb^{2+}、Cd^{2+}、Cu^{2+}、Ni^{2+}、Zn^{2+}、Co^{2+} 及 Fe^{2+}）的吸附去除（Liu，2016）。

也可以通过将磺酸根引入到石墨烯片上实现石墨烯的表面调控。磺酸化的石墨烯片因为表面有带负电的- SO$_3^-$基团，使得片与片层之间静电排斥力增强，避免石墨烯片的堆叠团聚。此外，研究发现磺酸化的石墨烯比未处理的石墨烯具有更好的浸润性，因此更有利于电吸附容量的提高。如图 6 - 41（a）所示，将磺酸化的石墨烯涂覆到碳纳米纤维电极材料上作为负极，未处理的碳纳米纤维材料作为正极，组装成非对称的电容去离子装置，相比于对称结构的器件，这种组

图6-41 非对称的电容去离子装置中不同的电极对

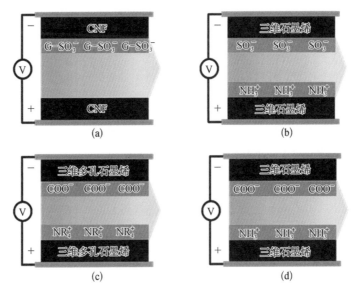

(a)　　　　　　(b)

(c)　　　　　　(d)

（a）涂覆有磺酸化石墨烯的碳纳米纤维电极和纯碳纳米纤维[252]；（b）胺基化和磺酸化的三维石墨烯[253]；（c）羧甲基纤维素和季铵盐纤维素修饰的三维多孔石墨烯[254]；（d）乙二胺三乙酸和 3-氨丙基三乙氧基硅烷修饰的三维石墨烯[255]

合具有更好的脱盐性能,这主要归功于磺酸化的石墨烯有利于同离子排斥效应的降低和离子传输效率的提高[252]。

除了将磺酸根键合到石墨烯上外,将其他离子选择性官能团修饰在石墨烯表面后也具有类似于交换膜的作用,他们的存在可以加速离子传输,降低同离子排斥效应,提高电荷传输效率和电吸附容量。上海大学的张登松等将磺化和胺基化的三维石墨烯分别作为电极材料的负极和正极[图6-41(b)],用于电容去离子中[253]。类似地,羧甲基纤维素和季铵盐纤维素[图6-41(c)]、乙二胺三乙酸和3-氨丙基三乙氧基硅烷[图6-41(d)]也被用于修饰三维石墨烯,并以此构筑非对称电容去离子器件,增强石墨烯的电容去离子效果[254,255]。

(4) 石墨烯基复合材料

为了解决石墨烯易于团聚这个问题,除了上面提到的自组装和表面修饰等方法,将其他客体材料引入到石墨烯体系中也是一个行之有效的解决方案。将其他碳材料(如活性炭、介孔碳、碳纳米管和碳纤维等)作为客体引入到石墨烯中,可以发挥他们在电容去离子中的作用。例如利用超声波喷雾辅助的静电纺丝法可以制备石墨烯和活性碳纤维的自支撑复合材料(Wang, 2016)。由于独特的"面-线"网络结构,该材料具有优异的导电性(42.6 S·m^{-1}),在1.2 V电压下,其电吸附容量为9.2 mg·g^{-1}。同时,研究发现通过控制两种材料的配比可以调节复合材料的导电性,导电性越高对电容去离子的性能提升越明显。

除了碳材料外,金属氧化物(如 ZrO_2、Fe_3O_4、SnO_2 及 MnO_2)和导电聚合物材料(如聚苯胺)也常被用来和石墨烯进行复合以提升石墨烯的性能。例如国家纳米科学中心唐志勇课题组报道了一种简单且普适的方法用于制备石墨烯/金属氧化物(TiO_2、CeO_2、Fe_2O_3 及 Mn_3O_4)纳米颗粒复合气凝胶(Yin, 2013),将金属离子的前驱体溶液和氧化石墨烯混合后通过水热和冻干处理,便可以得到具有多级结构的气凝胶,以石墨烯/TiO_2复合材料为例,在1.2 V下,其最大吸附容量可达25 mg·g^{-1}。

表6-4总结了石墨烯基材料在电容去离子领域的性能,这表明石墨烯基材料在电容去离子领域具有广阔的发展前景,但是,依然有一些问题值得我们关注。比如,表征样品和实际测试样品在结构形貌、比表面积等方面存在偏差,特

别是对于非自支撑材料来说,其在实际的电极测试过程中往往需要添加黏结剂等材料,这就导致一些微观结构遭到破坏,牺牲了很多结构带来的优势,因此发展自支撑的电极材料是一个研究趋势。其次,离子在电极材料上的吸附类似于电容器的充电过程,如何将电容去离子和能源存储等有机结合起来,提高能源利用率也是一个值得思考的问题。

表 6-4　石墨烯基材料作为电极材料的电容去离子效果

石墨烯基材料	比表面积 /(m²·g⁻¹)	施加电压 /V	初始 NaCl 浓度或电导率	吸附容量 /(mg·g⁻¹)	参考文献
石墨烯(改进的 Hummers 法和水合肼还原制备而得)	14.2	2	50 μS·cm⁻¹	1.85	[248]
三维多孔石墨烯(牺牲模板法)	339	2	105 μS·cm⁻¹	5.39	Wang, 2013
模板法制备的石墨烯海绵	305	1.5	106 μS·cm⁻¹	4.95	Yang, 2014
石墨烯海绵	365	1.2	500 mg·L⁻¹	14.9	Xu, 2015
KOH-活化的石墨烯	3 513	2	74 mg·L⁻¹	11.86	Li, 2015
刻蚀的三维石墨烯	1 060	1.6	500 mg·L⁻¹	17.1	Shi, 2016
富含介/微孔的三维石墨烯	824	1.2	500×10⁻⁶	14.7	[249]
多孔的石墨烯水凝胶	1 261.7	1.2	~5 000 mg·L⁻¹	26.8	[250]
多孔石墨烯	124	2	572 mg·L⁻¹	29.6	[251]
N 掺杂的石墨烯海绵	526.7	1.5	500 mg·L⁻¹	21	Xu, 2015
磺酸化的石墨烯	464	2	250 mg·L⁻¹	8.4	Jia, 2012
石墨烯包覆中空介孔碳微球	512.4	1.6	68.5 μS·cm⁻¹	2.3	Wang, 2014
超声喷雾辅助静电纺丝制备的碳纤维/石墨烯复合材料	649	1.2	300 mg·L⁻¹	9.2	Wang, 2016
石墨烯/碳纳米管复合物	479.5	2	57 μS·cm⁻¹	1.41	Zhang, 2012
碳纳米管/还原氧化石墨烯复合材料	438.6	1.2	1 000 μS·cm⁻¹	1.4	Li, 2013
还原氧化石墨烯/多壁碳纳米管复合材料	391	2	780 mg·L⁻¹ 1 540 μS·cm⁻¹	26.42	Wimalasiri, 2013
石墨烯/碳纳米管复合海绵	498.2	1.2	500 mg·L⁻¹	18.7	Xu, 2015
石墨烯/TiO₂复合材料	187.6	1.2	0.1 mol/L	25.0	Yin, 2013

2. 太阳能水蒸发

太阳能水蒸发技术是近几年来的一个研究热点,其原理是基于水蒸发产生的水蒸气冷凝后形成液态水,由于其盐含量特别低,完全达到饮用水标准,可用于海水淡化等多个领域。但是该技术存在着自然状态下水蒸发效率低等问题，严重阻碍了该技术的实际应用。如何有效地吸收太阳光并最大化地实现光热转化是面临的一个亟须解决的关键性问题。针对此，人们通过将吸光材料（如金属等离子体材料、有机材料和半导体材料等）置于水面来加速太阳光吸收和光热转化。碳基材料，特别是石墨烯基材料，在宽波长范围内对光都有吸收并且有高效的光热转化效率，因此也被广泛地用于太阳能水蒸发脱盐领域。如图 6-42 所示，一个常规的太阳能水蒸发系统通常包括三个重要的部分：吸光层（石墨烯基材料通常被用作吸光层），其作用是发生高效吸光和光热转化，特殊的孔结构有利于水蒸气及时逸出；绝热层，其主要作用是阻隔热量向水体散失和支撑吸光层漂浮于水面；水传输通道，其作用是将水源源不断地从水体输送至吸光层。太阳光被吸收层吸收转化为热能，使界面水升温。绝热层由低导热性的材料组成，有助于防止热量扩散。通常在绝热层和吸光层都会存在水传输通道，便于将水及时输送到吸光层以及水蒸气的快速逸出[256]。

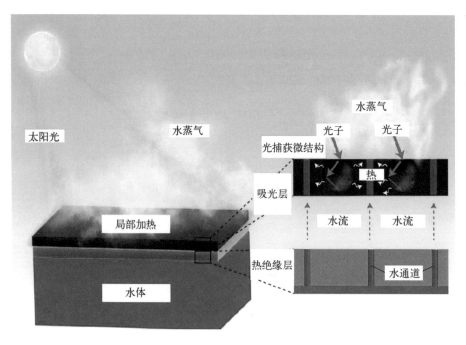

图 6-42 太阳能水蒸发系统的结构及运行工作示意图

自从石墨烯材料被发现可用于太阳能水蒸发以来，通过功能化修饰和结构

　　　　　　　　　　　　　　　石墨烯化学与组装技术

调控组装,各种各样的石墨烯基材料被设计和制备出来。其中,氧化石墨烯作为石墨烯衍生物,较早用于太阳能水蒸发系统中。氧化石墨烯涂敷在具有微通道的木材的上表面,放置于水面便可以实现高效水蒸发,在 12 kW·m^{-2} 的光照强度下,蒸发效率可达 82.8%(Liu,2017)。南京大学朱嘉课题组在该领域做出了一系列有意义的工作。首先,他们将氧化石墨烯通过抽滤法负载于多孔纤维素膜上,将纤维素滤膜作为水通道来实现吸光层和水体的间接接触,大大降低了器件向水体的热传导损耗(Li,2016)。其次,该课题组还致力于最大限度地解决在真实环境中太阳能入射角不断变化带来的光学损失和热学损失(热传导、热对流及热辐射)问题并取得了很好的进展。他们首次提出三维的空心锥形结构,很大程度上缓解了太阳能水蒸发体系在实际应用中对系统太阳光入射角的依赖性。同时,该结构降低了热对流和热辐射带来的热量损耗。在应用方面,该系统不仅能够实现水净化效果,还能够通过重金属离子在吸收体上富集从而实现重金属回收,尽管从系统稳定性角度考虑,吸收体本身的结盐并不利于长期使用。

尽管氧化石墨烯在太阳能水蒸发领域已有一定的应用,但显而易见,石墨烯具有更低的光反射率和光透射率,吸光时会表现出更大的优势,因此更倾向于将石墨烯应用于太阳能水蒸发体系中。将多孔结构还原氧化石墨烯膜置于聚苯乙烯海绵上组装成简易的太阳能水蒸发系统,其在一个太阳光下的蒸发转化效率为 83%(Shi,2016)。通过 CVD 方法制备的多孔石墨烯膜也可以用于水蒸发系统中,其水蒸发速率为 1.32 kg·m^{-2}·h^{-1},并且通过 N 掺杂的方式还可以将水蒸发速率进一步提高到 1.50 kg·m^{-2}·h^{-1}。相比于石墨烯,N 掺杂石墨烯具有更低的比热和热导率,因此更利于热量的聚集和高效利用(Ito,2015)。此外,通过光还原氧化石墨烯气凝胶得到的石墨烯气凝胶也可以进行太阳光吸收和转化,在一个和十个太阳光强下,其蒸发转化效率分别为(53.6 ± 2.5)% 和(82.7 ± 2.5)%(Fu,2017)。

石墨烯组装体微观结构的调控对太阳光的吸收利用率和水-汽转化效率有很大的影响。北京理工大学曲良体课题组利用冻干技术制备了具有高度有序垂直取向的微孔道结构的石墨烯泡沫[图 6-43(a)~(c)][257]。该结构除了能够增强光的吸收外,还能为水汽的逸出带来便利,进而提高了产水效率。以此石墨烯泡沫作为吸光层,及以聚苯乙烯作为隔热层、玻璃纤维作为输水通道来构建出太阳能水蒸发系统。在一个太阳和四个太阳模拟光强照射下,光热转化效率分别为86.5%和94.2%,水蒸发速率分别为$1.62 \, kg \cdot m^{-2} \cdot h^{-1}$和$6.25 \, kg \cdot m^{-2} \cdot h^{-1}$。即便用真实的海水进行测试,在4个太阳光强模拟照射下,其水蒸发速率依然可以保持$6.22 \, kg \cdot m^{-2} \cdot h^{-1}$,并且对离子的去除率可以达99.1%。此外,在极端条件下(如强酸和强碱条件下),该系统依然能够正常运行,并能够将水转化成中性。北京大学刘忠范研究组也从石墨烯微观结构调控的角度出发,制备出多级结构的石墨烯泡沫,该泡沫除了具有三维相互连接的骨架结构外,在骨架上还生长有垂直取向的石墨烯薄片[图6-43(d)~(f)][258]。这种结构极大地削弱了光的反射,显著提高光吸收率(约93.4%)和光热转化效率(90%)。对该石墨烯泡沫所收集的水进行检测,发现离子浓度低于饮用水,完全达到饮用水的标准。这些结果都表明石墨烯基太阳能水蒸发系统在水脱盐领域具有极大应用前景。

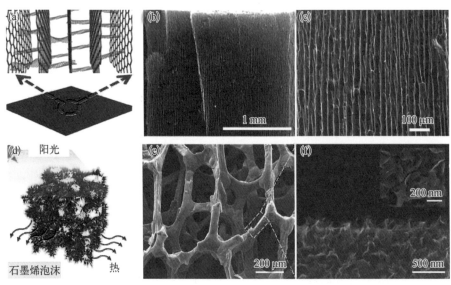

图6-43 多级结构石墨烯泡沫

(a)~(c)高度有序垂直取向的微孔道结构的石墨烯泡沫示意图及在不同放大倍数下的 SEM 图像[257];(d)~(f)三维相互连通的多级结构石墨烯泡沫结构的示意图及在不同放大倍数下的 SEM 图像[258]

石墨烯化学与组装技术

除此之外,石墨烯的亲疏水性对光产水也有一定的影响。Yang 等将利用化学法得到的还原氧化石墨烯和用稀硝酸处理过的功能化还原氧化石墨烯作为吸光层进行对比,发现功能化还原氧化石墨烯由于含有更多的羟基和羧基,具有更好的亲水性(Yang,2017)。两种材料在吸光率和光热转化率方面性能相差不大,但水蒸发效率相差较大,在相同的光照强度下($1 \text{ kW} \cdot \text{m}^{-2}$),水蒸发效率分别为48%和38%。理论模拟证明亲疏水性将影响由于石墨烯片层间毛细作用产生的水-汽界面和水弯液面,致其表面具有更薄的水层,水表面的温度更高,更有利于蒸发。除了氧化石墨烯和石墨烯材料,石墨烯基复合材料也被广泛用于太阳能水蒸发。复合材料一方面改善了机械性能差等问题,另一方面通过引入贵金属/半导体纳米颗粒、其他碳材料、聚合物等材料,显著提升了水蒸发效率。

华盛顿大学 Singamaneni 研究组制备了双层复合生物膜用于高效水蒸发,其双层结构分别由上层的石墨烯/纳米纤维素膜和下层的纳米纤维素膜组成(Jiang,2016)。上层作为吸光层,吸收太阳光产生热量用于蒸发;下层作为隔热层,最大限度地减少热量向下部散发。并且整个双层膜富含多孔结构,下面可以像海绵一样吸水,顺利输送到吸光层,吸光层将水转化为水汽也可以及时逸出。在 $10 \text{ kW} \cdot \text{m}^{-2}$ 的光强下,其水蒸发转化效率为 $11.8 \text{ kg} \cdot \text{m}^{-2} \cdot \text{h}^{-1}$,光-汽转化效率为83%。南京大学朱嘉课题组还将氧化石墨烯、海藻酸钠、多壁碳纳米管混合液进行冷冻干燥和后续的真空热处理得到复合气凝胶,其中,氧化石墨烯形成多孔结构,海藻酸钠改善材料的亲水性,碳纳米管增强材料光吸收,该材料最终达到83%的光热转化效率。此外,聚乙酰亚胺、聚氨酯等通过共价键和石墨烯材料形成复合材料,用于光热水蒸发。

借助于新兴的 3D 打印技术,马里兰大学的胡良兵课题组制备出新颖的一体化太阳能水蒸发系统(Li,2017)。当碳纳米管/氧化石墨烯墨水作为构筑吸光层的材料时,其高效的吸光率(>97%)可以实现高效光吸收和光热转换,其超高孔隙率(97.3%)有助于促进水蒸气逸散和热量聚集。氧化石墨烯/纳米细菌纤维素墨水用于构筑吸水层和隔热层,中间层具有多孔筛状结构,强大的毛细作用能够实现从水体高效吸水,形成自下而上的水输送通道。同时最下层的支撑壁结构能从下边吸水,其中空结构能够有效避免热量向下面的水体进行热扩散,这种一体化的太阳能蒸发器在一个太阳光强下蒸发效率达到85.6%。

石墨烯基材料用于太阳能水蒸发的性能见表6-5。

太阳能水蒸发系统			蒸发性能					参考文献
吸 光 层	吸光率	绝热层	热导率/(W·m⁻¹·K⁻¹)	水传输通道	蒸发速率/(kg·m⁻²·h⁻¹)	蒸发效率	功率密度/(W·m⁻²)	
氧化石墨烯	/	木头	0.120(干) 0.525(湿)	/	14.02	82.8%	12	Liu, 2017
氧化石墨烯膜	>94%	聚苯乙烯泡沫	约0.04	纤维素膜	1.45	80%	1	Li, 2016
锥形氧化石墨烯膜	>95%	/	/	吸水棉棒	0.47	85%	1	Li, 2018
石墨烯气凝胶	/	/	0.186 8	/	约0.7 约11.5	53.6± 2.5% 82.7± 2.5%	1 10	Fu, 2017
多孔石墨烯(800℃)			94±5.2		1.04	46%		
多孔石墨烯(900℃)			349±11		1.14	67%		
多孔氮掺杂的石墨烯(800℃)	/		9±1.2		1.32	54%	1	Ito, 2015
多孔氮掺杂的石墨烯(900℃)			52±6.0		1.50	80%		
化学法还原的氧化石墨烯					0.37	38%		
亲水基团修饰-化学法还原的氧化石墨烯	/	/	/	/	0.47	48%	1	Yang, 2017
垂直取向的石墨烯膜	/	聚苯乙烯泡沫	0.003 8	玻璃纤维	1.62 6.25	86.5% 94.2%	1 4	[257]
多级孔结构的石墨烯泡沫	/	/	/	/	1.4	91.4%	1	[258]
三维交联的蜂窝状石墨烯泡沫	约97%	/	0.016(干) 0.45(湿)	/	2.6	约87%	1	Yang, 2018
聚乙烯亚胺修饰的还原氧化石墨烯	95%	混合纤维素酯膜	4.466	/	0.838 3.6	约60% 71.8± 3%	1 4	Wang, 2017
还原氧化石墨烯/聚氨酯	91%	/	1.098 4 (湿)	/	0.9 11.24	65% 81%	1 10	Wang, 2017
还原氧化石墨烯/聚苯乙烯双层膜	/	聚苯乙烯泡沫	0.033	/	1.31	83%	1	Shi, 2016

表6-5 石墨烯基材料用于太阳能水蒸发的性能比较

太阳能水蒸发系统			蒸发性能					参考文献
吸光层	吸光率	绝热层	热导率 /(W· m⁻¹·K⁻¹)	水传输通道	蒸发速率 /(kg· m⁻²·h⁻¹)	蒸发效率	功率密度 /(W· m⁻²)	
纤维纸还原氧化石墨稀膜	/	聚苯乙烯	/	吸水棒	1.14	89.2%	1	Guo, 2017
还原氧化石墨烯海藻酸钠-碳纳米管气凝胶	约92%	/	< 0.466	/	1.622	83%	1	Hu, 2017
还原氧化石墨烯/细菌纳米纤维素	96%	细菌纳米纤维素	0.466	/	11.8	83%	10	Jiang, 2016
炭黑/氧化石墨烯复合材料	99.0%	聚苯乙烯	0.05(干) 0.08(湿)	氧化石墨烯柱	1.27	87.5%	1	Li, 2017
碳纳米管/氧化石墨烯	约97.2%	氧化石墨烯/纳米纤维素墙	0.06(干) 0.13(湿)	氧化石墨烯/纳米纤维素墙和氧化石墨烯/纳米纤维素网	1.25	85.6%	1	Li, 2017

总之,石墨烯基材料由于其优异的光热性质和独特的结构在太阳光水蒸发脱盐方面取得了一些的成果。在今后的研究中,还可以从以下几个方面进行深入探讨。从材料角度来说,通过共价键或非共价键对石墨烯进行修饰或掺杂来提高材料的吸光效率、光热转化效率极具研究价值和意义,此外,一些具有特殊性质的材料也可以引入到石墨烯体系中,实现多种材料对水处理的协同作用。从装置结构上来说,基于目前已有的研究结果来设计更加合理的石墨烯组装体从而提高产水和脱盐效率依然是值得探索的问题,因为不管是宏观形状还是微观结构的差别,都会对水蒸发效率产生一定的影响。除此之外,简易且易于大规模生产的制备方法依然是产业化所面临的难题。一体化的水蒸发装置是人们的追求目标,结合先进的激光直写技术、3D 打印技术等可以在一定程度上解决这个问题。在这些基础之上,太阳能水蒸发脱盐还可以与其他应用(如浓差产电、废热利用等)进行结合,最终实现产水、脱盐与产电同步进行,实现能源的高效利用。

3. 纳滤技术

纳滤膜是具有确定纳米孔尺寸和特殊表面修饰的一类膜材料,在水处理领域具有非常重要的作用。商业的聚合物纳滤膜有着高的分离效率,并且具有易于制备和成本低的优势,但同时也存在着化学/热稳定性差、膜污染和物理老化等问题。石墨烯及其衍生物氧化石墨烯由于其高的机械性能,良好的化学稳定性等被广泛地应用于膜材料领域[259]。

应用于纳滤技术的石墨烯基材料主要分为两大类:纳米孔石墨烯膜和层层堆积的氧化石墨烯膜[260]。如图6-44(a)所示,基于纳米孔石墨烯膜的离子分离主要包括尺寸筛分和电荷排斥两种机制,其中尺寸筛分是决定性的。如图6-44(b)所示,对于层层堆积的氧化石墨烯膜而言,离子分离也主要基于尺寸筛分效应,辅以电荷排斥作用。氧化石墨烯片层边缘的羧基会发生水解,或者说是去质子化,因此在相当宽的pH范围内氧化石墨烯都是带负电的。

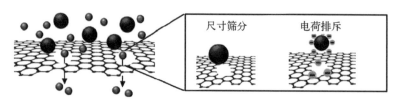

(a) 纳米孔石墨烯膜

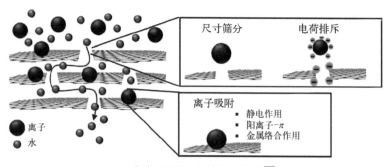

(b) 层层堆积的氧化石墨烯膜[227]

图6-44 两种石墨烯基纳滤膜的离子筛分原理示意图

(1) 纳米孔石墨烯膜

石墨烯是由单层碳原子以蜂窝状点阵组成的典型二维纳米材料,完美单层石墨烯对于任何分子均不能渗透,是迄今为止厚度最薄且能分离不同两相的隔

石墨烯化学与组装技术

膜材料(Sint,2008)。理论计算和模拟显示,纳米孔石墨烯在离子筛分领域具有很大的优势(Cohen-Tanugi,2012),因此,通过客观实验来验证该结论显得尤为重要。但该实验存在两个难点:大面积地制备完美单层石墨烯以及石墨烯中具有均匀的、尺寸可控的孔结构。制备和转移完美的单层石墨烯依然是一个极具挑战性的工作,因为在制备过程中石墨烯极易产生缺陷。麻省理工学院 Karnik 研究团队正是利用了这一点,将在铜箔上低压 CVD 法生长的石墨烯转移到聚碳酸酯径迹蚀刻膜上,利用其缺陷作为分离的孔来实现分子选择性透过(O'Hern,2012)。尽管这种将缺点转化成优点的思路值得学习,但该方法不能可控地改变缺陷的尺寸和分布,因此不能广泛地应用在实际生产中。

针对如何获得完美的单层石墨稀并在上面制造出纳米孔的问题,人们进行了多种尝试。其中,Bunch 等提出了利用紫外线诱导氧化刻蚀的方法来在原子层厚度的石墨烯上制备微米尺寸孔洞,并利用该膜研究了 H_2、CO_2、Ar、N_2、CH_4 和 SF_6 气体分子在孔间的传输特性(Koenig,2012)。Karnik 研究团队进一步提出了一种新的制备纳米孔石墨烯的方法。如图 6-45(a)所示,利用离子轰击的方式在低压 CVD 方法制的单层石墨烯晶格中引入缺陷,再用氧化刻蚀的方法扩大该缺陷而形成纳米孔洞[261]。经过分析表征,发现孔的尺寸分布在 (0.40 ± 0.24) nm,孔密度可以保持在 1 012 cm^{-2} 左右。但研究中也发现,该纳滤膜的性能并不是非常理想,主要因为在石墨烯制备和转移的过程中产生的大的缺陷和裂痕易导致分子泄露。为了解决这个问题,该团队提出先补缺陷和裂痕再造孔的方法制备纳滤膜[262]。如图 6-45(b)所示,利用原子层沉积技术修补石墨烯生长过程中产生的固有缺陷,再利用界面聚合法修补转移过程中产生的裂痕,最后再用离子轰击和氧化刻蚀的方法在石墨烯片上造孔,经测试,该纳滤膜的性能有所提高。此外,美国橡树岭国家实验室 Mahurin 团队等提出了利用 O_2 等离子体刻蚀的方法造孔,该方法通过调控处理时间可以控制孔的尺寸和数量[图 6-45(c)][263],得到的纳滤膜对盐的阻隔率接近 100%,在 40℃下的水通量为 10^6 g·m^{-2}·s^{-1},但在该研究中也发现了前面提到的问题:石墨烯制备和转移过程中产生的缺陷和裂痕会影响性能。Karnik 研究团队等借鉴了前面的解决策略,先修补缺陷和裂痕,再用 O_2 等离子体刻蚀的方法造孔[图 6-45(d)]。该方法得到的纳滤膜效果有所改善,证明这种策略的有效性[264]。

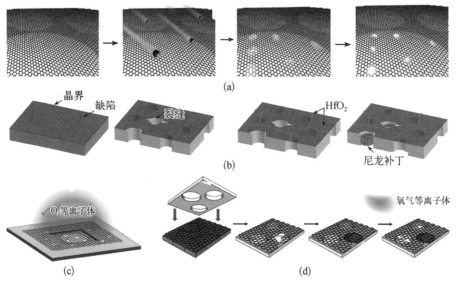

图 6-45

（a）利用离子轰击和氧化刻蚀的方式在低压 CVD 方法制备的单层石墨烯晶格中引入纳米孔[261]；（b）利用原子层沉积技术和界面聚合法修补石墨烯生长过程和转移过程中产生的缺陷和裂痕，再用离子轰击和氧化刻蚀的方法在石墨烯片上造孔[262]；（c）利用 O_2 等离子体刻蚀的方法在石墨烯上造孔[263]；（d）利用原子层沉积技术和界面聚合法修补石墨烯生长过程和转移过程中产生的缺陷和裂痕，再利用 O_2 等离子体刻蚀的方法在石墨烯上造孔[264]

　　尽管国际上已经发展了多种制备石墨烯纳米孔的方法，但是如何在大面积石墨烯上快速制备高密度纳米孔依然是实际应用中的难题。中国科学院近代物理所的科研人员利用重离子辐照技术快速制备出具有微孔支撑的大面积纳米孔石墨烯（Kidambi，2016），在一定程度上解决了该问题。其制备过程主要包括：高能重离子对石墨烯/PET 复合结构进行辐照，形成石墨烯纳米孔并在 PET 中形成潜径迹；再利用非对称蚀法在 PET 中制备出锥形孔并形成具有微孔支撑的石墨烯纳米孔。

　　除了上述提到的自上而下的制备方式，近期也发展了一种自下而上的制备纳米孔石墨烯的方法。通过分子前驱体的设计，可以实现孔隙尺寸、密度、形态和化学组成的精确调控（Moreno，2018）。

　　（2）氧化石墨烯膜

　　改进的 Hummers 方法可以大规模制得单原子层厚的氧化石墨烯，它除了具有 sp^2 C—C 键和 sp^3 C—O 键外，还有很多含氧官能团（羧基、羟基、羰基、醛基等)分布在基面和边缘。氧化石墨烯的水平尺寸介于纳米到微米之间,因为具有很大的纵横比,因此较容易组装成膜。氧化石墨烯膜中的纳米水通道使其具有大的水通量,因此在水处理领域展现出巨大的潜能[265]。但对于层层堆积的氧化石墨烯分离膜来说,氧化石墨烯片层之间的层间距在不同的环境条件下极易发生变化。因此,如何精确控制片层的层间距并保证在水溶液中层间距不变是一个具有挑战性的难题。

英国曼彻斯特大学 Nair 团队提出一种制备可控层间距的氧化石墨烯膜的新方法(Abraham,2017)。众所周知,氧化石墨烯具有亲水性,其片层间距在不同湿度下会发生变化。将不同湿度下具有不同层间距的氧化石墨烯膜进行物理限域——环氧树脂的封装,实现了不同层间距的调控,并保证在水溶液体系中保持层间距不变。之后,澳大利亚莫纳什大学李丹科研团队对这个问题继续研究,他们基于阳离子和石墨烯之间存在强的阳离子-π相互作用来调控层间距,实现了在埃数量级上的层间距的调控,并能保持好的稳定性(Chen,2017)。总之,采用该方法,利用不同阳离子可以得到不同层间距的氧化石墨烯膜,可以有效地阻挡较大体积的离子通过。其中,利用钾离子处理过的氧化石墨烯膜对盐的阻隔率达到99%。此外,利用压力也可以调控氧化石墨烯膜的层间距,实现离子的高效分离(Li,2018)。

经过不断的研究和探索,基于氧化石墨烯纳滤膜的膜分离机理得到巨大的发展,并展现出巨大的应用价值。但是,要想达到商业化,依然面临很多挑战。从制备方面,抽滤得到的膜存在尺寸限制。从机理方面,我们需要开展更多从分子水平上理解氧化石墨烯膜在不同水介质中转化的研究,这将有利于纳滤膜性能的进一步优化。

6.3.4　油水分离

随着工业发展,频繁的石油泄漏和工业有机溶剂的排放严重破坏了水生态系统和人类生存环境。在现有清理溢油的技术中,吸油材料是一个普遍的选择。然而传统的吸油材料具有吸附容量低和选择性差等问题,迫切需要研发一类新颖、高效、可循环、无污染的功能材料来移除水中的原油、有机溶剂和有毒染料等污染物。石墨烯本身具备疏水亲油的特点,将其组装成三维石墨烯泡沫或海绵,将会增加孔隙率,使其成为一个具有巨大应用潜力的吸油材料。

1. 石墨烯材料用于油水分离

三维石墨烯组装体在油水分离领域具有很大的应用潜力。利用冷冻干燥氧化石墨烯和热退火的方法可得到石墨烯海绵,该海绵具有相互交联的孔结构,密度较低,但在油吸附测试中存在吸附水的问题。为了解决这一问题,将石墨烯海绵在火焰上进行加热退火,进一步提高其疏水性。退火后的海绵不仅解决了吸附水的问题,而且对各种烷烃类、油脂和有机溶剂都有强的吸附性能,特别是三氯甲烷,其吸附量高达自身重量的 616 倍[266]。

除材料的亲疏水性能外,材料的结构对其油吸附性能也有一定的影响。通过用单向冷冻干燥、无定向冷冻干燥和空气冷冻干燥三种冷冻干燥方式来制备不同的氧化石墨烯气凝胶,再经热还原法处理后得到与之对应的还原氧化石墨烯气凝胶。实验结果表明,低密度、高孔隙率和高疏水性能够保证气凝胶漂浮在水面上,对油进行快速吸附。油吸附测试表明,单向冷冻干燥和无定向冷冻干燥制备的气凝胶的吸油能力更强($100 \ g \cdot g^{-1}$),而用空气冷冻干燥得到的泡沫吸油能力只有 $60 \ g \cdot g^{-1}$(He,2013)。

除了冷冻干燥的方法,水热法也是制备三维石墨烯组装体的常规方法。利用水热法制备的石墨烯海绵对油和有机溶剂的吸附能力达到自身重量的 86 倍,对吸收物的释放量高达 99%,而且对有毒染料也有较好的吸附能力(Bi,2012)。

总之,利用水热法或冷冻干燥法制得的三维石墨烯泡沫,对油类物质具有一定的吸附性能。但纯的石墨烯泡沫通常机械性能较差,往往需要复合材料来加强机械性能,并通过改性来提高亲油性,进一步增加吸油容量。

2. 石墨烯基复合材料用于水油分离

(1)通过加入交联剂来制备石墨烯基吸油材料

在氧化石墨烯溶液中加入交联剂来制备宏观三维石墨烯材料是目前最普遍

石墨烯化学与组装技术

的方法。常用的交联剂有水溶性聚合物、小分子季铵盐类化合物、金属离子、DNA和蛋白质等,这些物质都可以调节氧化石墨烯为基础的胶体体系中静电斥力、疏水作用和氢键的平衡,从而制备出氧化石墨烯或石墨烯凝胶。

以聚偏二氟乙烯为交联剂,氧化石墨烯可通过水热和冷冻干燥组装成多孔的气凝胶。该石墨烯气凝胶具有大的比表面积和超疏水性能(接触角153°),对各种油和有机溶剂的吸附能力高达$20\sim70$ g·g^{-1}(Li, 2014)。利用乙二胺作为交联剂制备得到的石墨烯气凝胶具有许多优良的性质,如超轻、超强和耐火性等,该气凝胶对多种有机液体具有快速吸附能力,其吸附能力不仅高达自身重量的250倍,吸收的有机液体还可以通过蒸馏除去,进而提高循环使用性。此外,利用Cu^{+}作为交联剂和还原剂可以制备出兼具催化性能和吸附性能的三维石墨烯气凝胶,该气凝胶不仅对4-对硝基苯酚催化还原和甲基橙的光催化降解具有很好的催化作用,并且对水中的油类、有机溶剂和染料具有不错的吸附能力,实验结果表明,由于该气凝胶拥有疏水性和高孔隙率,对不同油类的摄取能力为自身重量的$28\sim40$倍,又因为石墨烯气凝胶和有机染料之间π-π键的相互作用,对染料的吸附能力为$150\sim650$ mg·g^{-1}($0.40\sim0.81$ mmol·g^{-1})[267]。

综上所述,交联剂在氧化石墨烯分散液中常常作为还原剂使用,将氧化石墨烯还原成石墨烯并通过π-π相互作用自组装成三维宏观结构,或通过交联剂和氧化石墨烯官能团之间的相互作用而形成三维宏观结构。进一步提升石墨烯泡沫的机械性能是该研究方向需解决的问题。

(2)掺杂碳纳米管的混合石墨烯基吸油材料

碳纳米管是一种具有特殊结构的一维纳米材料,由于其优良的电学和力学性能,被认为是复合材料的理想添加物,在纳米复合材料领域有着巨大的应用潜力。通常,石墨烯/碳纳米管气凝胶具有突出的可重复压缩性、超轻的密度、高比表面积以及疏水亲油性,这对高效吸附有机溶剂起着至关重要的作用。适量的多壁碳纳米管可抑制石墨烯的堆积,提高表面粗糙度和疏水性,赋予气凝胶优异的结构稳定性和额外的比表面积,从而进一步提高油污/有机溶剂的吸附量。Dong等通过两步化学气相沉积法合成了密度为6.92 mg·cm^{-3}的三维石墨烯/

碳纳米管复合泡沫[268]。由于碳纳米管具有多孔结构、表面纳米粗糙度、纳米级空洞和疏水性等特点，使复合气凝胶具有超疏水和超亲油的性能，对油和有机溶剂的吸收为 $80\sim130\ g\cdot g^{-1}$。此外，Hu 等合成了超疏水超亲油和可压缩的碳纳米管/石墨烯混合气凝胶[269]。该气凝胶被压缩 90% 之后，仍能恢复本征状态，具有较好的循环使用性。而且，这种气凝胶具有快速吸油能力，在 1 s 内能吸收和其自身体积相同的柴油，对其他各种油和有机溶剂的吸附能力最高达 $100\ g\cdot g^{-1}$。浙江大学高超研究团队等将碳纳米管和氧化石墨烯的水溶液冷冻干燥和后续肼蒸汽还原制备超轻石墨烯气凝胶[270]，该气凝胶孔隙率高达 99%。具有可循环压缩性，其油摄取能力能达到自身重量的 $215\sim913$ 倍。

此外，复合材料的微观结构也对有机溶剂的分离性能产生影响。实验证实卷心菜状、具有分级多孔结构石墨烯/碳纳管复合气凝胶可用于有机溶剂的高效吸附[271]。这种材料在保证优异的机械强度的前提下，改善了气凝胶孔道内的毛细管作用，进而提高了吸附速率，其对有机溶剂三氯甲烷的吸附量高达自身质量的 501 倍，远远高于大多数报道的吸附材料。

从以上研究可以看出，碳纳米管具有大的纵横比、化学惰性和疏水性等特性。碳纳米管的加入能在石墨烯的表面增加表面粗糙度以及使碳纳米管和石墨烯混合物的韧性和弹性增强，所以这类石墨烯基吸油材料除了具有较高的吸油能力外，还同时拥有超疏水性和可压缩性。

（3）以聚氨酯、三聚氰胺海绵等为载体的石墨烯基吸油材料

近年来，把氧化石墨烯嫁接到载体或采取直接浸沾的方式对载体进行改性的方式已被人们广泛采用。例如氧化石墨烯和 1，12-十二烷胺反应后接枝共聚在聚氨酯泡沫上形成复合泡沫结构，该复合泡沫具有超疏水性（接触角为 $159.1°\pm2.3°$）和较高的吸油能力，对甲苯、汽油、柴油的吸附能力分别为 $41\ g\cdot g^{-1}$、$27\ g\cdot g^{-1}$ 和 $26\ g\cdot g^{-1}$（Liu，2014）。此外，采用简单廉价的浸渍涂覆方式可以制备出石墨烯/聚氨酯或三聚氰胺复合结构，其吸油能力能达到自身重量的 $80\sim160$ 倍（Nguyen，2012；Liu，2014）。

尽管石墨烯基吸附材料展现出不错的吸附容量，但在吸附过程中由于原油的黏度较大导致吸油速率较低。针对如何提高吸油速率这个问题，中国科技大

学俞书宏课题组采用焦耳热降低原油黏度的办法来加快吸附速率。如图6-46所示,在石墨烯基海绵上施加电压,将会在海绵上产生焦耳热,原位产生的焦耳热能够有效降低原油黏度,增强油在海绵中的扩散系数,进而加速吸油速率[272]。该创新性的工作为石墨烯基材料在吸附泄露原油方面提供了新的解决途径,具有重要的意义。

图6-46 焦耳热辅助的石墨烯基海绵用于吸附高黏度原油示意图[272]

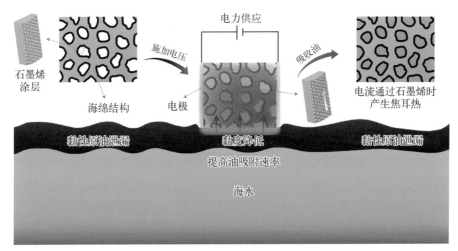

综上所述,石墨烯基吸油材料的制备多种多样,但其设计思路主要包括以下3点:① 通过增加表面粗糙度和降低表面能来提高疏水性;② 通过提高孔隙率从而增加吸附能力;③ 通过加强机械性能来提高可循环使用性。因此利用载体本身具有的韧性、弹性、多孔结构及疏水性等特性,石墨烯基吸油材料除了具有较高的疏水和亲油能力外,还需要具有对吸附物具有显著的释放能力及可循环使用的能力。但围绕以上设计思路制备的石墨烯基材料也存在一些不足:① 氧化石墨烯和交联剂的反应机理尚不明确;② 材料的表面粗糙度、表面能及孔结构尚不能精准控制;③ 在高温、低温等苛刻条件下,对材料的吸附性能测试较少。

随着水资源的日益匮乏和人类环保意识的增强,近年来石墨烯基吸油材料的制备和应用已取得长足的进步,未来必能克服更多困难,解决更多问题,使其在油水分离领域大展身手。

6.3.5 杀菌抗菌

在大多数条件下,物质表面长期暴露在富含微生物和营养物质的复杂介质中,在这种情况下控制细菌生长显得尤为困难。传统的抗生物活性涂料通常通过金属离子或抗生素的释放来控制细菌的生长,然而,这些物质的释放可能会损害环境,因此有必要设计高效、持久和环保的抗菌涂料。

1. 石墨烯基纳米材料的杀菌抗菌活性

如图6-47所示,石墨烯基纳米材料的抗菌活性主要包括以下四个机制:① 物理穿刺或者叫做"纳米刀"切割机制;② 氧化应激引发的细菌/膜物质破坏;③ 包覆导致的跨膜运输阻滞和(或)细菌生长阻遏;④ 通过插入和破坏细胞膜物质造成细胞膜不稳定。依据实验条件的不同,上述机制协同作用导致细胞膜的完全破坏(杀菌作用)和阻遏细菌生长(抑菌作用)。石墨烯基纳米材料的化学性质(表面官能团)对这些机制有很大影响,特别是影响氧化应激的产生和与微生物表面分子间相互作用。

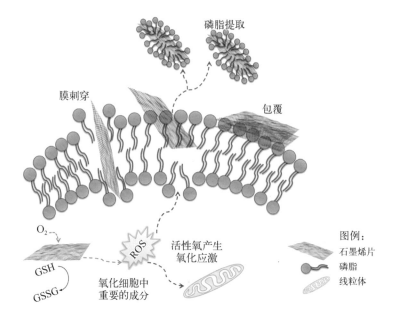

图6-47 石墨烯基纳米材料杀菌抗菌机理图[227]

石墨烯化学与组装技术

在石墨烯基纳米材料的抗菌机理中,膜破裂是一个主要的原因。细菌细胞RNA的泄漏已证实石墨烯对细胞的完整性具有破坏性,跨膜电位的降低和细胞液的泄漏也证明了氧化石墨烯对细菌真菌病原体细胞膜具有干扰破坏作用。与氧化石墨烯相比,还原氧化石墨烯由于具有更强的机械性能,可能对细胞膜的损伤有更大的威力(Perreault,2014)。除了上述的石墨烯基纳米材料对细胞膜损坏的物理作用,石墨烯和细胞膜还有一些其他相互作用。

分子动力学模拟揭示了石墨烯和磷脂双分子层之间两种可能的相互作用。根据石墨烯的尺寸和氧化程度,石墨烯片可以吸附在细胞膜表面、穿过或插入到细胞膜中或者形成囊泡结构(Mao,2014)。研究发现,大尺寸、高氧化程度的石墨烯更容易插入到磷脂双分子层中,因为此时的能量状态较低。在另一项分子动力学模拟研究中发现,石墨烯在磷脂双分子层中的渗透是可以通过石墨烯薄片边缘调节的。因为石墨烯尖锐粗糙的边缘易将膜轻微刺穿,而该过程会大大降低石墨烯继续穿透的能量势垒(Li,2013)。分子动力学模拟进一步显示,在石墨烯与疏水脂质尾巴之间的范德瓦尔斯力的作用下,石墨烯薄片可以从磷脂双分子层中提取分离磷脂。一旦从膜中提取脂质,疏水性的相互作用就会促进石墨烯平面的脱湿,磷脂在薄片上扩散,使接触最大化(Tu,2013)。

尽管分子动力学模拟是一种研究石墨烯与细胞膜相互作用以及改变细胞膜完整性分子机制的有效手段,并且已有一些实验证据支持这些理论研究,但这些机制依然需要用真实的细菌细胞来验证。比如,氧化石墨烯可以吸附分离人造磷脂双分子层的磷脂(Lei,2014),然而,细菌细胞具有完全不同的细胞结构,而且细菌外层的复杂性可能会改变分子动力学模拟所提出两者之间的相互作用。

越来越多的证据表明,石墨烯纳米材料的抗菌活性与氧化应激有关。利用二氯荧光素和硝基蓝四唑烷,分别证明了细菌在氧化石墨烯和还原氧化石墨烯中自由基和超氧化物阴离子的氧化应激行为。与还原氧化石墨烯相比,暴露在氧化石墨烯中的细胞的氧化应激行为更强。这种效应可能是由于氧化石墨烯的胶态稳定性造成的,因为团聚会显著影响碳纳米材料的毒性。不仅如此,活性氧的生成可以通过调节氧气在石墨烯结构上的缺陷位点和边缘上的吸附来调节,因此氧化石墨烯高密度缺陷也直接诱导氧化应激的发生(Liu，2011；Pasquini，2012)。

在生物条件下，氧化应激可由多种途径诱发产生。线粒体是活性氧的主要来源，任何影响其能量平衡的细胞代谢行为都可能导致氧化反应(MolS，2011)。对于暴露于石墨烯纳米材料的细胞而言，指认具体是何种原因导致活性氧的形成极具挑战性，因为在这样一个复杂的环境下，往往是多种因素共同导致的。但石墨烯引起的氧化应激无疑是石墨烯诱导细菌失活的一个重要原因。

悬浮分析实验中发现，石墨烯对细胞膜的包覆也提高了石墨烯纳米材料的抗菌效果。利用原子力显微镜，可以观察到暴露在氧化石墨烯中的细菌细胞可以完全被氧化石墨烯片包覆(Liu，2012)。氧化石墨烯的包覆可以将细胞与培养基分离，阻止其吸收营养，或者阻断细胞表面的活性位点，从而限制细菌的生长。基于此，石墨烯片的尺寸也对抗菌活性有影响，因为尺寸越大的石墨烯片越容易包覆细胞。但是，该机制并不是导致细菌失活的主要因素，因为石墨烯片很难做到完全包覆细胞，并且在被石墨烯包裹的情况下，细菌仍可至少存活 24 h (Kaner，2011)。

2. 石墨烯基杀菌抗菌复合材料

石墨烯除了自身具备抗菌性能外，也常与其他材料进行复合来进一步提高抗菌性能。石墨烯的高比表面积使它成为负载不同类型的纳米颗粒或大分子的理想支架材料。如图 6-48 所示，各种化合物如季铵盐、酶和金属纳米颗粒都可以附着在石墨烯上来增加其抗菌性能。其中，银具有优良的抗菌性能，被广泛地用于制备石墨烯基抗菌纳米复合材料[273]。

通过不同方法可以制备出不同尺寸、形状和银负载量的石墨烯-银纳米复合材料。银纳米颗粒可以由银离子利用各种还原剂(如 NaBH₄、氢醌、超临界 CO₂ 等)直接在氧化石墨烯的官能团上成核形成。另外，银纳米颗粒的合成还可以通过加入聚电解质如聚乙烯胺、聚丙烯酸、聚(乙烯基-2-吡咯烷)、聚(二烯二甲基氯化铵)或天然生物聚合物来调节。聚电解质的使用能够在完全将氧化石墨烯还原成还原氧化石墨烯时依然能保持纳米复合材料的水稳定性。

图6-48 不同类型的石墨烯基抗菌复合材料及其优势特点[227]

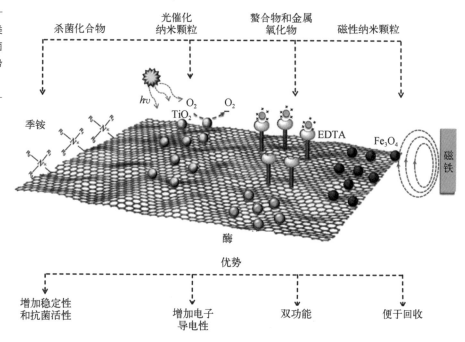

与纯的银纳米颗粒相比,石墨烯/银纳米复合材料的抗菌活性更强,这是由于石墨烯对细胞膜的破坏促进了银离子从纳米颗粒中渗透到细胞中(Ocsoy,2013)。这一机制最初是为了解释石墨烯和银的协同效应,该协同机制后来也通过蛋白质组分析实验得以验证。

对于石墨烯/银复合材料,通过精确调控材料性质可以优化抗菌活性。例如尺寸小的银纳米颗粒的抗菌活性优于尺寸大的银纳米颗粒,原因是银纳米颗粒尺寸降低可以提高银离子的释放率(Liu,2010)。此外,通过调控氧化石墨烯和银纳米颗粒的配比也可以调节抗菌性能,一般来说,抗菌活性随着银纳米颗粒负载量的增加而增强。

除此之外,石墨烯材料通常通过复合其他特殊材料将抗菌活性和其他功能结合起来。如图6-48所示,在石墨烯上负载光催化剂材料如 TiO_2 纳米颗粒和量子点可以实现污染物降解和杀菌抗菌效果。量子点和氧化石墨烯的复合提高了其过氧化物酶活性,可以将 H_2O_2 转化为更多的羟基自由基来提高其抗菌活性。在石墨烯材料上负载金属氧化物纳米颗粒或螯合物可以提高污染物吸附容量和抗菌活性。通常情况下,这些双功能复合材料的性能均有所提高。

石墨烯基复合材料的研究也促进了石墨烯作为一种抗菌表面涂层的发展。通过在导电聚合物聚(N-乙烯基咔唑)中加入 3% 的氧化石墨烯就可以实现高的抗菌活性(Carpio,2012),而聚(N-乙烯基咔唑)的导电性能够保证抗菌涂层通过简单的电沉积就可以实现。实验结果表明,聚(N-乙烯基咔唑)-石墨烯复合表面涂层能抑制细菌的生长,减少生物膜生长。这种方法可以显著减少石墨烯材料用量和降低生产成本,因而具有良好的应用前景。

6.3.6　环境监测

近年来,环境污染日益严重,环境监测变得愈发基础和重要,其中石墨烯基传感器被广泛应用于环境检测中,其对气体、重金属离子和生物分子(核酸、激素、微生物毒素等)等环境污染物都具有良好的检测效果[274]。

1. 石墨烯基气体传感器

由于本征石墨烯具有高载流子迁移率、高电荷浓度和光学透射率,其带隙几乎为零,电子运输特性受温度影响很小,这些特点使得石墨烯材料在环境传感应用中极具前景。曼彻斯特大学 Novoselov 团队首次研究了本征石墨烯作为气体传感器的性能[275],他们利用机械剥离石墨的方法获得本征石墨烯,并在硅晶片上用光刻技术制备了石墨烯传感器。该传感器对 NO_2 分子的检测表现出极高的灵敏度,本次研究也为进一步研究石墨烯材料的电化学传感能力提供了重要的参考。除本征石墨烯外,还原氧化石墨烯在气体传感器领域也有广泛的应用。其中,利用肼(蒸汽或溶液)化学还原氧化石墨烯得到的还原氧化石墨烯在气体监测领域有巨大的应用潜力。例如,用肼溶液还原得到的还原氧化石墨烯传感器可用于 NH_3 和 NO_2 检测。同时该传感器也可以用于 2,4-二硝基甲苯的高灵敏度检测,其检出限可达 28×10^{-9}(Fowler,2009)。

石墨烯对气体具有传感效应的机理是石墨烯的电学性质(如导电性)易受气体分子吸附的影响,因此,通过检测石墨烯传感器在不同气体分子吸附过程中的电阻,可以评估其灵敏度和检测限(Lu,2009)。一般情况下,传感器电阻的变化主要取决于吸附气体分子(供体或受体)的性质。例如，NO_2是一种电子受体，它在石墨烯表面的吸附会导致石墨烯掺杂度的上升从而增加了其导电性；而NH_3常作为电子供体，它的吸附会减少载流子的浓度，导致石墨烯电导率的下降(Gautam，2011)。总之，传感响应是基于石墨烯和吸附气体分子之间的电荷转移，气体分子在石墨烯表面的吸附和解吸与石墨烯导电性有很大的关系。因此，石墨烯传感器选择性和检测限会受到诸如石墨烯的物理化学特性、气体分子的化学性质和实验条件等的影响。例如，硅基底上生长的石墨烯膜和石墨烯带用于检测CO、O_2和NO_2时，石墨烯膜显示出比石墨烯带更好的传感能力(Joshi，2010)。由CVD制备的石墨烯薄膜转移到SiO_2/Si基底上制得的传感器表现出对NH_3、CH_4和H_2极高的检测灵敏度。在CH_4的含量远高于NH_3的情况下，石墨烯传感器依然能够灵敏地检测NH_3和CH_4混合气体中的NH_3，这说明NH_3与CH_4更易于改变石墨烯的电导率。除了气相组成的影响，石墨烯传感器的灵敏度也受到诸如温度和气体浓度等其他条件的影响。

此外，Robinson等对含氧功能团对石墨烯基传感器的传感性能的影响进行了研究，他们以在肼蒸气中暴露不同时间得到的还原程度不同的还原氧化石墨烯为材料制备传感器，并对丙酮蒸气进行检测。结果表明，高还原程度的还原氧化石墨烯展现出低频噪声降低和导电性增加的趋势。该传感器在检测丙酮蒸气时，其响应曲线由两部分组成：快速响应阶段和缓慢响应阶段，分别对应丙酮分子在低能量位点(石墨烯的sp^2层)和在高能量位点(比如结构缺陷和依然保留在还原氧化石墨烯上的环氧官能团)的吸附(Rumyantsev，2012)。此外，通过不同温度高温退火制备的还原氧化石墨烯的气体传感器也表现出类似的实验结果。用300℃退火制备的还原氧化石墨烯传感器比200℃退火制备的传感器在NO_2的检测中表现出更高的灵敏度和更快的响应时间。这种快速响应主要归因于sp^2网络结构的增加，提供了更多低能量的结合位点，加快了NO_2分子的吸附。这些研究结果说明高还原程度的还原氧化石墨烯制备的传感器在气体分子检测方面具有更快的响应速度，含氧官能团的存在并不利于气体分子的快速检测。有趣的是，以$NaBH_4$还原得到的还原氧化石墨烯制备的传感器在检测NH_3时，低还原程度的还原氧化石墨烯传感器表现出更高的响应，这主要是由于NH_3在含氧官能团上的化学吸附会增强传感效果,而其在高还原程度的还原氧化石墨烯表面主要是物理吸附,相互作用力差致使传感效果比较差。综上所述,对于具体的实验,要确保还原氧化石墨烯处于一个合适的氧化水平,能够兼顾灵敏度、响应时间和恢复时间等性能。

通过功能化修饰和元素掺杂的方法可以调节本征石墨烯传感器的选择性和灵敏度。理论计算发现,当石墨烯中掺杂硼和氮元素后,石墨烯传感器对 CO、NO、NO_2 和 NH_3 气体的检测灵敏度显著提高。类似于本征石墨烯,还原氧化石墨烯也可以通过纳米粒子(SnO_2 纳米晶、钯纳米颗粒)和有机化合物(聚苯胺)使其功能化从而提高传感性能。例如,在还原氧化石墨烯上修饰聚苯胺纳米颗粒,在检测 NH_3 时会产生协同效应,相对于两种单一的材料,该复合材料的性能提高了很多倍(Huang,2012)。这除了与比表面积的增加有关外,也与聚苯胺固有的酸碱掺杂能力有关。此外,由于聚苯胺和还原氧化石墨烯之间存在 π-π 相互作用,便于电子在材料之间转移。通过 SnO_2 对还原氧化石墨烯的修饰可以提高对 NO_2 和 H_2 的检测性能(Mao)。该复合材料检测灵敏度提高的机理目前还不明了,人们推测可能的原因是 n 型的 SnO_2 与 p 型的还原氧化石墨烯之间的界面形成了 pn 结,加速电子从还原氧化石墨烯到 NO_2 分子上的转移过程,从而提高了传感器的灵敏度。

2. 石墨烯基的化学/生物传感器

石墨烯材料还可以用于 H_2O_2、重金属离子、危险的碳氢化合物和一些药物污染物等化学污染物的检测。由石墨烯纳米片和金纳米粒子自组装得到的电化学传感器对 H_2O_2 显示出良好的灵敏度,检测限能够达到 0.44 μmol/L(Fang,2010)。Liu 等通过在阳离子聚合电解质存在的情况下用肼还原氧化石墨烯,进而用银纳米颗粒修饰制备了新的纳米复合材料,该材料表现出 H_2O_2 还原的高电催化活性,因此可将其用于 H_2O_2 传感器,检测极限约为 28 μmol/L(Liu,2010)。除此之外,石墨烯-酶电极也可以用来检测 H_2O_2。利用十二烷基苯磺酸盐功能化的石墨烯片和辣根过氧化物(Horseradish Peroxidase,HRP)酶自组装成的纳米复合材料可以快速灵敏地检测 H_2O_2(Zhou,2010)。与纯石墨烯修饰的玻碳电极相比,石墨烯复合材料表现出更高的传感性能,这与 H_2O_2 在石墨烯复合材料间快速地扩散和石墨烯与 HRP 酶的协同作用有关。

石墨烯传感器还可以用于汞(Hg)和铅(Pb)等有毒金属离子的快速灵敏检测。比如,基于巯基乙酸功能化金纳米粒子修饰的还原氧化石墨烯制备的传感器可以与水溶液中的 Hg^{2+} 快速响应,其对 Hg^{2+} 的检测限为 25 nmol/L(Chen,2012),而由纯还原氧化石墨烯、还原氧化石墨烯/金纳米粒子复合材料(无硫代酸)和还原氧化石墨烯/硫代酸复合材料(无金纳米粒子复合材料)的对照样品均对 Hg^{2+} 没有任何响应。这表明在传感过程中,巯基乙酸功能化的金纳米粒子发挥了重要的作用。Hg^{2+} 与金纳米粒子表面巯基乙酸上的羧基相互作用,以及由此导致的还原氧化石墨烯层上的电荷载流子浓度的变化是这种传感器具有高灵敏度和快速响应的主要原因。在另一项研究中,基于金纳米颗粒-DNA 酶功能化的石墨烯片制备的晶体管可用于检测 Pb^{2+}(Wen,2013),其对 Pb^{2+} 的检测限可达 20 pmol/L,这种高灵敏度主要归功于 DNAzyme 酶部分所提供的裂解反应。DNAzyme 是一种类酶分子,一旦与 Pb^{2+} 接触,它就会发生自我分裂,进而导致金纳米粒子和石墨烯之间的电子耦合发生变化,产生传感信号。

对于持久性碳氢化合物、杀虫剂、激素干扰物和制药污染物等物质,石墨烯基传感器也能发挥作用。用碳量子点修饰的石墨烯电致化学发光传感器在检测含氯苯酚时,检测限可低至 1 pmol/L(Yang,2013)。此外,氮掺杂石墨烯能够高选择性地检测双酚 A,其检测限为 5 nmol/L(Wu,2012)。除此之外,石墨烯基传感器还可以检测微生物细胞和生物分子。荧光共轭寡聚物修饰氧化石墨烯可以实现对大肠杆菌和凝集素伴刀豆球蛋白 A(Con A)的高选择性高灵敏度检测(Wang,2011)。氧化石墨烯能猝灭共轭寡聚物的荧光,在探针与 Con A 的相互作用下可以产生特异性的荧光增强,对 Con A 的检测限大约为 0.5 nmol/L。在石墨烯上固定特定的抗大肠杆菌抗体可以构建用于检测大肠杆菌传感器,这种传感器展现出极高的灵敏度,能够检测出 10 CFU·mL^{-1} 浓度的大肠杆菌(Huang,2011)。多层石墨烯也可以用来构建电化学传感器用以检测尿素,其检测限为 39 mg·L^{-1}(Srivastava,2012)。此外,还原氧化石墨烯修饰的玻碳电极在 DNA 的碱基检测方面展现出高的电化学传感活性。石墨烯修饰的电极还可以检测重要的神经递质,如多巴胺和血清素(Alwarappan。2009)。石墨烯基材料与 DNA 和特定毒素的核苷适配体的结合,也为高灵敏度地检测微囊藻素(由蓝藻细菌产生的一种毒素)和赭曲霉毒素 A(由青霉菌产生)提供了可能(Sheng,2011)。

石墨烯基传感器见表 6-6。

表6-6 石墨烯基传感器

材　　　　料	材 料 制 备	目标检测物	检测限	参考文献
本征石墨烯	机械剥离石墨	NO_2	NO_2单分子	[275]
石墨烯膜和石墨烯带	CVD	CO、O_2、NO_2		Joshi, 2010
还原氧化石墨烯	热还原(100~300℃)氧化石墨烯	NO_2		Lu, 2009
还原氧化石墨烯- SnO_2 纳米复合材料	盐酸羟胺还原氧化石墨烯	NH_3、NO_2	NO_2: 10^{-6}	Mao, 2012
还原氧化石墨烯-聚苯胺	热还原氧化石墨烯;还原氧化石墨烯- MnO_2 作为苯胺聚合的模板和氧化剂	NH_3		Huang, 2012
还原氧化石墨烯	水合肼还原氧化石墨烯	NO_2、NH_3、DNT	DNT: $28×10^{-9}$	Fowler, 2009
还原氧化石墨烯-金纳米颗粒	400℃热还原氧化石墨烯	Pb^{2+}	10 nmol/L	Zhou, 2014
石墨烯-酶	水合肼还原氧化石墨烯	H_2O_2	10^{-7} mol/L	Zeng, 2010
尿素和谷氨酸脱氢酶修饰的多层石墨烯	多壁碳纳米管作为前驱体	尿素	3.9 mg·dL^{-1}	Srivastava, 2012
大肠杆菌 O、K 抗体修饰的石墨烯	CVD 法制备石墨烯膜	大肠杆菌	10 CFU·mL^{-1}	Huang, 2011

综上所述,石墨烯及其复合材料在气体、有机化合物和生物污染物检测方面具有巨大的潜在应用(图 6-49),为发展高灵敏度和高选择性的电化学传感器提供了更多可能性。但在该应用中,依然有一些问题需要解决。从原料制备角度来说,大批量地制备具有优异电学性能的单层石墨烯依然是一个难题。另外,传感器的回收率(重复利用率)也是一个问题,以还原氧化石墨烯基传感器为例,尽管在一定程度上可以通过高温和紫外光照射实现重复利用,但这就会面临着结构损坏的风险,还会因为额外热、光源的加入造成成本的增加。除此之外,如何调控他们固有的结构和物化性质,比如纯度、纳米片的尺寸、纳米片的层数、团聚

倾向等都是亟待解决的难题。这些问题也说明,石墨烯在构建电化学传感器方面依然有很大的提升空间,如果能够发展出有效的制备方法用以控制石墨烯的层数、氧化程度等,石墨烯基传感器将会展现出更优越的性能。

图6-49 石墨烯基传感器的设计方案

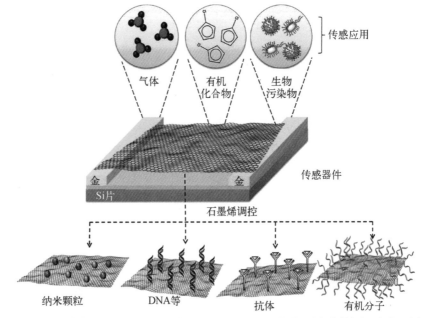

通过石墨烯本身及石墨烯基复合材料(金属纳米粒子、DNA、抗体和有机物等)实现气体、有机化合物、微生物细胞和生物分子的检测[227]

6.3.7 防腐涂层

腐蚀在钢铁、冶金、建筑、交通运输等领域一直是一个棘手的问题,每年因腐蚀都会导致巨大的经济损失。其中,防腐涂层作为一种行之有效的手段被很多领域所采用,但是传统的防腐涂层如锌和铬基涂层等因环境污染等问题逐渐被人们冷落,因此发展绿色环保、有效的防腐涂层具有十分重要的意义。

完美石墨烯对所有的分子都是不可渗透的,能够在金属和腐蚀介质间形成物理阻隔层,阻止介质扩散和化学反应发生。这种优异的屏障性能和它的化学稳定性,激发了人们对使用石墨烯作为金属材料防腐涂层的兴趣。

单层或少层的石墨烯膜曾被认为是理想的防腐阻隔层,将铜或镍表面生长或转移至石墨烯可以有效阻止金属氧化,降低腐蚀速率(Prasai,2012)。但加州大学伯克利分校的 Alex 等的研究发现,采用 CVD 的方法制备得到的石墨烯膜只能对铜表面起到短暂的防腐效果。长时间(如 6 个月)后,其高导电性加剧铜表面电化学腐蚀速率,致使腐蚀更为严重[图 6-50(a)][276]。之后,台湾中正大学的 Hsieh 等反驳了该观点,认为 CVD 法制备石墨烯上的纳米结构缺陷是导致腐蚀的主要原因。利用原子层沉积方法制备石墨烯可以有效减少结构缺陷,从而实现 99%以上的防腐[图 6-50(b)][277]。针对这些争议,美国西北大学黄嘉兴肯定了石墨烯具有优异阻隔性能,同时他从电化学角度分析得出,如果在腐蚀过程中石墨烯作为正极会加速金属的腐蚀。因此,只要涂层出现轻微裂痕或划痕,都会加速局部电化学腐蚀,加快腐蚀速率(Cui,2017)。

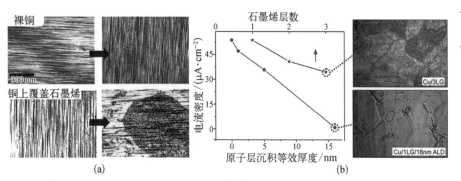

（a）裸铜和石墨烯涂层包覆的铜的腐蚀对比图[276];（b）利用原子层沉积制备石墨烯涂层的抗腐蚀效果[277]

图 6-50

但是不管如何,单层或少层石墨烯的大规模制备并应用于特定的防腐体系里还是有一定难度,相比而言,石墨烯改性防腐涂层在实际应用中更具潜力,其主要的防腐机理包括延长腐蚀介质的扩散路径和改变基体材料的微观组装结构,进而提高结构有序度,减少结构缺陷,提升防渗透性(Chang,2014,Ramezanzadeh,2016)。例如,在环氧树脂涂层中加入 0.1%(质量分数)的氨基化的氧化石墨烯便可大大提高涂层的耐蚀性。还原氧化石墨烯和聚乙烯醇的纳米复合涂层沉积在支化聚乙烯亚胺涂覆的 2024-T3 铝合金上表现出良好的抗腐蚀特点[278]。对于该复合涂层,还原氧化石墨烯片作为"砖"结构单元,聚乙烯醇作为单元之间的"砂浆",形成了一种特殊的氧气阻隔层。另外,还原氧化石墨烯片层可以提供一个电子通路来防止电子到达阴极,从而避免了金属的腐蚀循环。对不同成分配比的涂层其防腐性能也不尽相同,其中聚乙烯醇和还原氧化石墨稀的比例为 40∶60 和 30∶70 时的抗腐蚀性能最好。

上述研究证明了石墨烯基防腐涂层具有非常大的发展潜力,进一步的研究工作应着眼解决下列问题。首先,石墨烯/聚合物复合涂层中仍有一些问题尚未清楚,如石墨烯在涂料中的分散问题、与涂层树脂间的界面问题、与其他填料的复配问题以及石墨烯/涂层界面在长周期腐蚀环境下的失效演化机制等。其次,应研究在石墨烯中添加负极材料(如锌等),可以在涂层破损的情况下仍能起到保护作用。最后,如果能使石墨烯涂层具有自愈合的功能,局部腐蚀就可以被抑制,从而实现长久高效的抗腐蚀。

6.4　电子材料

6.4.1　透明电极

在过去的几十年里,氧化铟锡(Indium tin Oxide,ITO)因其高透光性和低的面电阻而成为透明导电电极的主要材料,但由于铟原料稀缺、材料成本昂贵、制备过程复杂,化学稳定性差等原因在实际应用中有一定局限性。因此,金属纳米线、金属纳米颗粒浆料、金属氧化物膜、碳纳米管和石墨烯等新材料成为代替ITO 的热门材料。其中,二维石墨烯因其具有全光谱透明性(单层石墨烯薄膜从紫外、可见到红外波段的透光率均高达 97.7%)、极高的载流子迁移率、优异的力学性能、稳定的化学性质和环境友好性等特点,特别适合应用于透明电极领域[279]。

高电导性和高透射率是衡量石墨烯透明电极的两个关键因素。目前,石墨烯基透明电极材料主要包括三大类:石墨烯、石墨烯复合材料和氧化石墨烯。其中,石墨烯又主要包括 CVD 法制备的石墨烯和还原氧化石墨烯。CVD 法有利于制备出高质量的石墨烯,但石墨烯向其他基体的高效转移技术和高质量石墨烯膜怎样形成低成本的流程仍是有待解决的问题。与 CVD 法相比,基于还原氧化石墨烯制备透明电极的方法对于大面积的工业化生产似乎更有前景,目前制备还原氧化石墨烯膜主要有两种途径:还原预沉积氧化石墨烯膜或沉积还原氧化石墨烯分散体。相对第二种途径,第一种途径研究得更为广泛。一般来说,还原预沉积氧化石墨烯膜有三个步骤:制备氧化石墨烯;利用真空过滤、旋涂、滴涂和 LB 膜技术制备氧化石墨烯膜;利用热退火、电化学还原、化学还原等方式还原氧化石墨烯膜。但该方法依然面临还原氧化石墨烯膜导电性还需要进一步提高的问题。

为此,需要进一步研究石墨烯与其他材料的复合,既要抓住两种材料的优点,又要弥补这两种材料的缺点,从而提高两者的综合性能。众所周知,同时提供优良导电性和透射率的材料体系是制备透明导电电极的关键。除了单层石墨烯,还有部分碳材料、导电聚合物、纳米金属等材料等也具备高导电性和透射率的特点,因此,为了获得更好的性能,人们发展了将石墨烯与其他材料结合成单一功能膜的方法。对于石墨烯复合材料,主要包含石墨烯/其他碳材料(He,2013;Ning,2014;Wan,2017)、石墨烯/聚合物(Jung,2015;Lu,2016)、石墨烯/金属(Qiu,2015;Gao,2017;Zhang,2017;Choi,2017)和掺杂石墨烯(Kasry,2010;Wan,2015;Kim,2018)等。在其他碳材料中,纳米碳膜和碳纳米管经常与石墨烯复合制备具有增强性能的透明导电电极。导电聚合物中 PEDOT:PSS 促进了辊对辊大规模生产和柔性器件的发展,因此,被广泛应用于与石墨烯混合以增强石墨烯的性能,尽管它们的导电性能低于 ITO,但依然被认为是透明电极制备中极具前途的材料。除了 PEDOT:PSS,PMMA、PS、3-氨基丙基三乙氧基硅烷、PET 和聚离子液体等其他聚合物,因其在可见区域高度透明,也常被用于与石墨烯复合制备透明电极。银、铜等金属是高导电性材料,在正常状态下不透明。但是可以通过材料尺寸调节来控制电导率和透射率。通过将金属纳米材料形成纳米线或网络格栅后再与石墨烯进行复合,将一定程度上集成两者的优点,但该复合膜具有表面粗糙等缺点,还需要进一步改进。化学掺杂是提高载流子浓度进而降低薄膜电阻的有效途径之一。利用 HNO_3、$SOCl_2$、$Fe(NO_3)_3$、$AuCl_3$、$FeCl_3$、Na^+、吡啶丁酰琥珀酰酯和双(三氟甲烷磺酰)酰胺等掺杂剂可实现石墨烯的 p 型掺杂或 n 型掺杂,进而提高石墨烯电导率。

氧化石墨烯导电性极差,因此不能直接作为透明导电电极使用。但因氧化石墨烯具有含氧基团高、杨氏模量大、柔韧性强、溶液加工性好等特点,可被用于辅助其他导电透明材料形成透明导电电极[280]。例如,氧化石墨烯可作为银纳米线接头和网络的焊接材料,对接头进行包裹和焊接,从而减少了接触电阻,不仅如此,氧化石墨烯的加入在一定程度上也能提升整个透明电极的柔韧性(Liang,2014)。

尽管在这一领域已取得了巨大的科学进展,但石墨烯基透明导电电极的实际应用还处于早期阶段。如表 6-7 所示,每种石墨烯基透明导电膜都有其优缺点,需要进一步优化和发展生产高质量石墨烯透明导电膜更有效的合成方法。此外,还需要进一步优化器件的制备工艺和石墨烯薄膜的大规模生产策略,因为在器件的制备过程中,经常会出现缺陷、褶皱和区域边界等问题,这将大大降低石墨烯的性能。另外,为了满足光电器件日益增长的需求,开发具有柔性可拉伸和自愈合等性能的透明导电电极成为新的研究课题。

表6-7 不同石墨烯基透明导电膜的比较

材　　　料	制备方式	优　　点	缺　　点	有待提高
CVD 法制备的石墨烯	CVD 法和转移过程	质量高	转移过程影响性能	优化转移过程
还原氧化石墨烯	还原氧化石墨烯膜	成本低、免转移、易大规模制备	导电性差	优化氧化石墨烯的还原过程
	涂覆还原氧化石墨烯分散液			
石墨烯/碳纳米管复合材料	真空过滤-转移	高导电性、高柔性	高表面粗糙度	优化复合结构
	旋涂			
	LB膜技术			
石墨烯/金属纳米线/网	喷涂	高导电性、高柔性和可拉伸性、易于大规模制备	高表面粗糙度、复杂的制备过程、稳定性差	优化复合结构、优化制备方法
	滴涂			
石墨烯/聚合物	喷涂	高柔性、易于大规模制备	稳定性差	优化分子结构和复合结构
	滴涂			
	旋涂			

材　　料	制备方式	优　点	缺　点	有待提高
掺杂石墨烯	静电掺杂	高导电性、简单且有效的制备方法	稳定性差、改变石墨烯的本征特性	优化更有效和稳定的掺杂技术
	化学掺杂			
	离子注入			
氧化石墨烯复合材料	真空过滤-转移	进一步提高活性材料性能	性能主要依靠于活性材料,氧化石墨烯只是辅助材料	优化复合结构
	滴涂			
	旋涂			

　　虽然还存在诸多挑战,但基于石墨烯的透明导电电极已经引起了人们的极大关注。毫无疑问,这必将大力推动触摸屏、场效应晶体管、有机发光二极管、太阳能电池和电致变色器件等各种光电器件的发展,特别是推动柔性、便携、智能器件的发展。

6.4.2　电子器件

1. 场效应晶体管

　　随着信息时代的到来,对集成电路特别是晶体管的尺寸要求越来越高,传统的硅基集成电路已经显现出无法满足要求的状况。而石墨烯因其具有独特的电学性能而引起电子设备界的广泛关注,已成为后硅时代电子器件的候选材料之一[281]。

　　石墨烯 MOS 场效应晶体管(即以金属层的栅极隔着氧化层利用电场的效应来控制半导体的场效应晶体管,Metal-Oxide Semiconductor,MOS)早在 2004 年就已问世,该器件正是由曼彻斯特大学 Geim 诺奖团队所制备(Novoselov,2004)。这种结构在概念验证方面非常有用,但存在较大的寄生电容,且不易与其他组件集成。因此,实用的石墨烯晶体管需要一个顶栅。2007 年报道了第一个带有顶栅的石墨烯 MOS 场效应晶体管,该工作具有里程碑式的意义[282]。从那时起,石墨烯晶体管的发展非常迅速。目前,石墨烯 MOS 场效应晶体管主要有以下三种结构(图 6-51):底栅型结构、顶栅型结构和双栅型结构。与底栅型结构相比，顶栅型结构和双栅型结构寄生电容较小，易集成，更利于性能的提高。

图6-51 石墨烯MOS场效应晶体管的三种结构示意图[281]

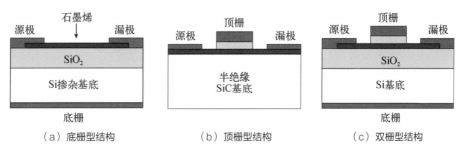

（a）底栅型结构   （b）顶栅型结构   （c）双栅型结构

在实际应用中，由于石墨烯是零带隙材料，石墨烯基晶体管开/关比极大，这对石墨烯晶体管的发展非常不利。因此大量的工作是针对调节石墨烯禁带宽度的研究，目前已经取得了一些成果。现在已经发展出化学掺杂与修饰、微结构调控、外加电压和施加应力等调节石墨烯带隙的方法。研究发现在石墨烯中掺杂如P、N、B、S、Al、Si等原子时，石墨烯的费米能级发生变化，从而能带被打开，并且通过控制掺杂量也能实现带隙的调控[283]。此外，通过化学修饰，氟化石墨烯和氢化石墨烯也具有带隙，可以用于电子器件中（Jeon，2011；Matis，2012）。对于该类方法，准确控制掺杂和修饰石墨烯依然具有一定的难度。此外，通过精确调控石墨烯的微结构，制备出特定宽度和边缘构型的石墨烯纳米带，也可以使石墨烯具有一定的带隙（Cai，2010）。不仅如此，当对双层石墨烯和三层石墨烯（堆叠方式为ABC）施加电压时，石墨烯的带隙也能够在一定范围内进行调控（Zhang，2009；Lui，2011；Bao，2017）。该方法能够在保证石墨烯固有性质的条件下调节石墨烯带隙，但只适应于特定层数和结构的石墨烯，并且一旦电压撤去，带隙随之消失。除了施加外压外，施加外力也可以打开石墨烯的带隙。理论研究和实验都已证明当给石墨烯施加非轴向应变时，石墨烯的晶格对称性被破坏，进而影响石墨烯的能带结构（Yankowitz，2018）。

石墨烯场效应晶体管在多个领域都展现出应用价值。对于石墨烯晶体管在传感领域的应用已在6.3.6节中略有介绍，在此不再多加赘述。石墨烯基的电子器件在射频通信方面也有潜在的应用潜力。利用SiC外延取向生长石墨烯技术制备

的 2 in 晶圆级别的顶栅结构石墨烯晶体管的响应开关频率高达 100 GHz(Lin，
2010)。此外，石墨烯晶体管还在存储器、集成电路等方面发挥作用(Lin，2011)。
这些晶体管不仅在尺寸上越做越小，也在柔性方面越做越好(Georgiou，2013)。

2. 光电探测器

光电探测器是一种基本的光电器件，它将吸收的光信号转换成可测量的电
信号。2009 年，第一个石墨烯/金属结构光电探测器制备出来后，石墨烯探测器
引起了科研工作者广泛的关注与研究[284]。石墨烯光电探测器件结构主要有：金
属接触型、等离子体共振型、双栅极型、微腔型、石墨烯/锗异质结型以及量子点
石墨烯混合型等。

基于石墨烯零带隙、高的光透过率、室温下工作以及超高载流子迁移率等优
点，石墨烯在宽光谱、高光电响应度以及非制冷光电探测器件具有非常重要的研
究价值[285]，[286]。如西班牙 Konstantatos 等设计出杂化石墨烯/量子点(PbS)光电
晶体管结构，其光电响应度可以达到 108 A·W^{-1}(Konstantatos，2012)；清华大
学研制的自组装异质结石墨烯 SiO$_2$ 纳米线阵列探测器件能够在室温下对 VIS
(532 nm)、NIR(1064 nm)、MIR(10.6 μm)和 2.52 THz(118.8 μm)辐照具有光敏
性[287]；美国密歇根大学制备的超宽波段和高响应率双层石墨烯异质结探测器件
能够在室温下的工作波段宽达可见光到中红外范围，其在中红外的响应为
1 A·W^{-1}(在 3.2 μm 处为 1.1 A·W^{-1})，在近红外的响应为 1.3 μm 处达到
4 A·W^{-1}，在 2.1 μm 处为 1.9 A·W^{-1}(Liu，2014)。

目前，大面积、高质量石墨烯薄膜的制备还存在一定问题，这就导致石墨烯
的商业应用受阻。使用 CVD 法制备大面积石墨烯薄膜以及使用 PMMA 保护层
转移石墨烯将是未来的前景所在。此外，器件性能的提升也非常重要，可通过对
石墨烯掺杂来实现。CVD 法制备石墨烯的优化以及微纳尺寸器件的制备是光
电探测器件研究的另一个方向。

3. 电光调制器

光学调制器常被用来调节入射电磁波的性质(如强度和相)。石墨烯因具

有可调的介电常数,因此可以用于制备光学调制器[288]。光吸收可以从0.5%(从跨带过渡)调节到2.3%(持续的吸收跨带过渡)。由于光和石墨烯的相互作用限制在原子层厚度,所以石墨烯对入射电磁波的调控是有限的。为了增加石墨烯和光相互作用的深度,石墨烯可以和波导管集成到一起[图6-52(a)]。另一种方法是使用例如等离子体结构(Kim,2012)和光学共振腔(Majumdar,2013)等光学共振结构实现光的捕获,因此光与石墨烯的相互作用时间将延长。

在中/远红外区域,光子能量超越了带间跃迁,石墨烯中的电子运动与金属中的电子相似。因此在红外区域内,石墨烯纳米粒子吸收效率可以在3%~30%内进行调制。另一方面,如图6-52(b)所示,基于混合等离子体也可以设计调制器,此时石墨烯作为一种介电常数高度可调的介质引入金属等离子体结构中。经证明,利用超表面(一种等离子体结构)可制备实现调制深度达100%的石墨烯混合等离子体装置(Dabidian,2015;Yao,2014)。

在太赫兹区域,石墨烯的光学特性被介电常数的虚部所控制,因为这个区域的频率接近石墨烯的阻尼频率(τ^{-1})。阻尼将消耗入射光的能量,这种能量损耗取决于石墨烯的载流子浓度。如图6-52(c)所示,在器件中引入包括内部全反射(Solgaard,1992)、法珀腔(Zeng,2014)、超材料(Lee,2012)和等离子体激元(Sensale-Rodriguez,2012)等光学结构可提高石墨烯和太赫兹波之间的相互作用。

图6-52 石墨烯基电光调制器[288]

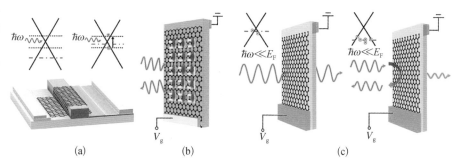

(a)石墨烯基波导集成的光调制器;(b)基于金属等离子体激元和石墨烯的中红外调制器;(c)石墨烯基太赫兹调制器

6.4.3 电磁屏蔽/吸波材料

1. 石墨烯基材料电磁屏蔽/吸波简介

科学技术的发展将人类社会带入了电子信息时代,身边的电子设备越来越多。电子设备在带给人们便利的同时也显现出很多难以解决的问题。其中,电磁波辐射带来的危害已经引起人们关注:① 电磁干扰,不断增多的电子设备使电磁环境越来越复杂,电子设备上所发出的电磁波极易对其他正常运行的电子仪器产生影响,引起功能异常等现象;② 电磁环境污染,电磁辐射对生物体也会有潜在的危害,有研究证明,电磁波会影响人体的循环、生殖等系统,将会直接或间接影响人的身体健康;③ 电磁信息泄露,当今社会,信息的传输大多依靠数字电路,在传输过程中的电磁辐射很容易被窃听或破译,致使信息泄露,对当代经济活动和军事活动产生巨大威胁。

除了制定电磁辐射剂量标准外,解决上述问题的途径在于发展电磁屏蔽/吸波材料。根据其应用目的,电磁屏蔽材料需要最大限度地阻止电磁波通过,因此可以通过反射损耗、吸收损耗及多重反射损耗实现对电磁波的屏蔽和损耗;吸波材料需要最大限度地吸收和衰减投射到介质表面的电磁波能量,使电磁波通过介电损耗、磁损耗和导电损耗三种主要方式转换成其他形式的能量耗散掉。

研究发现,由于金属材料、磁性材料、导电聚合物、碳基材料等具有良好的电损耗和磁损耗特性,他们拥有一定的电磁屏蔽和吸波性能。但是,金属材料和磁性材料密度大、易腐蚀,导电聚合物的电导率相对较低,这些缺点使他们难以满足现代电子器件在轻质和柔性方面的要求。综合考虑,碳基材料由于来源广、成本低、高导电性、密度小、耐腐蚀和易加工等特点,在电磁屏蔽和吸波领域具有更大的应用潜力。

石墨、炭黑、碳纤维、碳纳米管等碳基材料的电磁屏蔽和吸波性能已被研究证实,而石墨烯作为新型的二维碳材料更是受到研究人员的广泛关注。根据电磁屏蔽和吸波原理,充分利用石墨烯基材料优异的导电性能、超高的电子迁移率、高的介电常数和高比表面积等特点实现高效的电磁屏蔽和吸收。此外,石墨烯宏观/微观结构易于调控的特点有利于满足器件轻质化和柔性化等要求。

2. 石墨烯基电磁屏蔽/吸波材料

(1) 石墨烯纳米材料

2012年,韩国科学与技术研究所Cho研究团队首次通过实验验证了单层或少层石墨烯的电磁屏蔽性能[289]。他们发现CVD生长的单层石墨烯的平均电磁屏蔽效能为2.27 dB,大约屏蔽了40%的入射电磁波。其电磁屏蔽的机理主要是吸收电磁波而不是反射电磁波。同时,随着石墨烯的层数的增加,电磁屏蔽效果增加[图6-53(a)]。此外,石墨烯的质量也对电磁屏蔽效果有很大的影响,缺陷较多的石墨烯没有电磁屏蔽的作用[图6-53(b)、(c)]。这项研究表明单层或少层石墨烯在制备超薄、透明和柔性电磁屏蔽材料方面具有可行性,但必须保证石墨烯的高质量,这也对石墨烯制备工艺提出了更高的要求。

图6-53

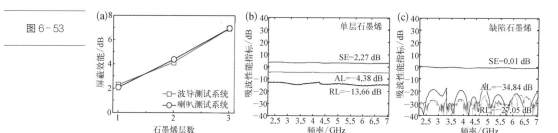

(a) 石墨烯层数与电磁屏蔽之间的关系;(b) 单层石墨烯和(c) 有缺陷的石墨烯的屏蔽效能(SE)、吸光损耗(AL)、反射损耗(RL)[289]

电磁辐射对人体某些特殊器官(如眼睛)的危害非常值得人们关注。韩国国立大学的Hee研究组设计了一种新颖的石墨烯基智能隐形眼镜,利用CVD的方法制备单层石墨烯,并将其转移贴附在镜片上(Lee,2017)。负载在镜片上的石墨烯的导电性极好,方阻低至593 Ω·□$^{-1}$(±9.3%)。该镜片电磁波屏蔽功能测试结果表明,电磁波的能量被石墨烯吸收,并以热辐射的形式消散,从而使其对眼球内蛋白质的损害降低到最小。此外,石墨烯对气体的阻隔能力提升了镜片的保湿效果。因此,与传统隐形镜片相比,该镜片不仅能够有效减低电磁波带来的影响,还能起到保持水分的作用。

除了单层或少层的石墨烯外,层层堆积的二维石墨烯膜和三维的石墨烯泡沫这类以石墨烯片为组装单元构建的具有有序结构的石墨烯基宏观材料可用于电磁屏蔽。通过高温石墨化处理氧化石墨烯薄膜可制备出具有紧密层堆积结构的石墨烯膜,高温处理消除氧化石墨烯片层含氧官能团并对其结构缺陷进行修复,使该薄膜(厚度约 8 μm)具有高热导率(约 1 100 W·m^{-1}·K^{-1})和电导率(约 1 000 S·cm^{-1}),在 X 波段(8~12 GHz)电磁屏蔽效能约达到 20 dB(Shen,2014)。为进一步提高电磁屏蔽性能,在氧化石墨烯膜还原过程利用肼发泡的方法调控出具有微蜂窝状结构的三维石墨烯泡沫,其屏蔽效能接近 26.3 dB 左右,说明适当的微孔结构可以增强电磁波在微孔内部的多重反射损耗(图 6-54)[290]。石墨烯膜还可以通过化学掺杂来提高导电性,进而通过提高介电损耗的方式来有效提高电磁屏蔽性能。浙江大学高超研究组利用后掺杂的方法大规模制备钾掺杂的石墨烯膜,该膜的载流子密度得到提升,电导率接近准金属

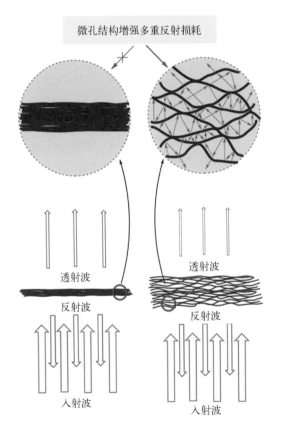

图 6-54 微孔结构可以增强电磁波在微孔内部的多重反射损耗机理示意图[290]

石墨烯化学与组装技术

$(1.49×10^7 \text{ S·m}^{-1})$。相比于未掺杂的石墨烯膜,掺杂的石墨烯膜的电磁屏蔽效能高达 130 dB(Zhou,2017)。

除了电磁屏蔽作用,石墨烯也具有突出的吸波性能。例如,还原氧化石墨烯由于结构中存在众多缺陷和残留含氧官能团,会产生缺陷极化弛豫和官能团电子偶极极化弛豫,改善了石墨烯的阻抗匹配性,显著增强石墨烯的吸波性能。还原氧化石墨烯的最大吸收峰在 7 GHz 左右,其吸波性能远高于石墨[291]。但其反射损耗均大于 −7 dB,离实际应用还有一段距离。

南开大学的黄毅等通过水热和后续热还原的方法得到超轻、可压缩的三维石墨烯泡沫,该泡沫在 2～18 GHz、26.5～40 GHz 和 75～110 GHz 宽波段(总频带宽度为 64.5 GHz)内都表现出优异的吸波性能[292]。通过改变泡沫压缩程度可以调节其微观结构,从而实现在不同波段对吸波性能的调控。特别是压缩 90% 的泡沫,反射损耗小于 −10 dB 的频带宽度可宽达 60.5 GHz,优于大多数吸波材料。其优异的吸波性能主要得益于三维相互连接的导电网络结构,充分说明结构调控对吸波性能的重要作用。其他微结构化的石墨烯同样具有吸波性能。三维微米花结构的石墨烯材料,其有效吸收波段达到 5.59 GHz,最低反射损耗为 −42.9 dB(Chen,2018)。大多数吸波材料只能在 GHz 频段吸收电磁波,无法有效吸收太赫兹波段电磁波。石墨烯泡沫在这方面具有独到优势,太赫兹时域光谱系统测试表明,高温热退火处理的三维多孔石墨烯泡沫在 0.1～1.2 THz 频段的反射损耗值达 19 dB,其合格带宽(反射损耗值超过 10 dB)覆盖了整个测量带宽的 95%。超高孔隙率(超过 99.9%)的石墨烯泡沫结构降低了材料的有效介电常数,使得太赫兹波在材料表面的反射率大大降低,能够轻松进入材料的内部,然后在孔隙内经历多次散射、折射,并由石墨烯的三维导电网络将电磁波损耗掉(Huang,2018)。这些结果充分证明了石墨烯功能材料在军事隐身方面的重要应用前景,但也反映了一些问题,比如单一材料结构调控受限、作用机制单一等限制了性能的进一步提高。因此,合理地引入其他电磁屏蔽和吸波材料来提高综合效果是不错的选择。

(2) 石墨烯/金属(非金属)氧化物复合材料

金属氧化物如铁氧体类磁性材料由于其独特的磁损耗能力而具有吸波性

能,而石墨烯类材料因不具备磁性而缺乏磁损耗能力。因此,将磁性材料与石墨烯进行复合,便可以增强吸波性能。例如,通过将磁性 Fe_3O_4 键合在石墨烯表面制备出层状石墨烯/Fe_3O_4磁性复合材料,增加了磁损耗能力还改善了石墨烯的阻抗匹配,使吸波性能得以提高,在 $10.4 \sim 13.2$ GHz 波段内的反射损耗为 -10 dB(Wen,2014)。此外,将 $NiFe_2O_4$ 纳米棒(Sun,2012)、$CoFe_2O_4$ 空心球(Fu,2013)和 $\gamma - Fe_2O_3$ 胶体纳米簇(Fu,2013)等负载在石墨烯表面得到复合材料,其吸波性能相比于纯石墨烯均有所提高。

以石墨烯为支撑载体,将客体材料负载在表面是常见的一种复合结构,但该结构通常会面临客体材料分散不均匀的问题。因此,合理设计复合材料的结构也尤为重要。其中,石墨烯包覆客体材料的核壳结构也是被广泛应用的一种新型结构。采用水热反应和表面改性结合的两步法制备出石墨烯包覆 ZnO 空心球复合结构,该结构成功地将还原氧化石墨烯片黏附在由纳米粒子组成的 ZnO 空心球表面(Kong,2013)。这种结构在保证石墨烯与纳米粒子充分接触的情况下有效地降低了材料的密度。将不同配比的石墨烯和空心球混合在石蜡基质中(50%)进行了 X 波段吸波性能测试。实验结果发现,当氧化石墨烯和 ZnO 的质量比为 $12:88$ 时,2.2 mm 厚的该复合材料在 9.7 GHz 处具有最大的电磁吸收 -45.05 dB。其性能的提高主要归结于在石墨烯/ZnO 界面、ZnO 纳米粒子的缺陷以及还原氧化石墨烯表面残留的含氧官能团上的极化效应。

除了金属氧化物外,非金属氧化物也可以与石墨烯进行复合,达到一些特殊的效果。例如,石墨化的还原氧化石墨烯/SiO_2复合材料在 $323 \sim 473$ K 温度内电磁屏蔽效能超过 37 dB(Liang,2009)。偶极极化和跳跃传导的协同作用是导致电磁屏蔽性能优异的原因。此外,当两种材料配比不同时,复合材料表现出与温度相关的介电常数和电磁屏蔽效能。该材料在高温环境下优异的电磁屏蔽比性能使其在航空航天领域具有潜在的应用价值。

3. 聚合物基石墨烯复合材料

聚合物材料具有重量轻、耐腐蚀、机械性能好、易于加工等优点,将石墨烯作为调节剂融合到聚合物体系中,通过原位聚合、溶液共混、熔融共混等方法制备聚合物基石墨烯复合材料,能够显著提高电磁屏蔽/吸波性能。这类材料也是常见的一类用于电磁屏蔽和吸波的材料。

南开大学的陈永胜研究组首次将环氧树脂/石墨烯复合物应用到电磁屏蔽领域。当还原氧化石墨烯的质量百分比为15%时,该复合材料在X波段的屏蔽效能达21 dB[293]。为了进一步提高电磁屏蔽效果,将石墨烯在环氧树脂中的形态进行调控,使石墨烯片高度有序地排列在环氧树脂中。由于石墨烯片整齐地分散,复合材料在电学和机械性能上具有很好的各向异性,纵横比大于30 000,也因此实现了非常低的渗透阈值(0.12%)。在1 kHz下,石墨烯的质量分数为3%的复合材料的介电常数超过14 000。环氧树脂/高度取向的石墨烯[2%(质量分数)]复合材料的电磁屏蔽效率高达38 dB,高于当时报道的所有碳基/聚合物类复合材料(Yousefi,2014)。

此外,聚甲基丙烯酸甲酯/石墨烯复合材料(Zhang,2011)、聚苯乙烯/石墨烯复合材料(Yan,2012)和聚醚酰亚胺/石墨烯复合材料(Ling,2013)也相继被发展用于电磁屏蔽。通过调控制备工艺,使这些复合材料的微观结构呈现出三维类蜂窝状的微孔结构,增强多重反射损耗。测试结果表明,在X波段范围内,聚甲基丙烯酸甲酯/石墨烯[1.8%(体积分数)]复合材料、聚苯乙烯/石墨烯[30%(质量分数),5.6%(体积分数)]复合材料和聚醚酰亚胺/石墨烯[10%(体积分数)]复合材料电磁屏蔽效能分别为13~19 dB、29 dB和20 dB。

利用模板法制备三维的石墨烯基泡沫也是比较常用的手段。例如,利用镍泡沫作为牺牲模板CVD生长石墨烯,再包裹上聚二甲基硅氧烷,去除模板后便得到了超轻的高导电性的石墨烯/聚二甲基硅氧烷泡沫,其密度为0.06 g·cm⁻³ 左右。石墨烯的负载量<0.8%(质量分数)时复合泡沫的电磁屏蔽效率高达30 dB,这主要得益于三维相互连接的网络结构。该泡沫具有良好的柔韧性,在多次弯曲后电磁屏蔽效果不会衰减(Chen,2013)。此外,以商业化的聚氨酯海绵为骨架结构,通过在其内部骨架表面蘸涂石墨烯,制备了具有优异压缩性能的石墨烯/聚氨酯复合泡沫。该复合泡沫具有优异的综合电磁屏蔽性能,在压缩过程中可以改变泡沫内部孔结构的比表面积,进而改变电磁波在孔内部的多重反射衰减情况,实现在一定范围内对石墨烯/聚氨酯复合泡沫的电磁屏蔽性能进行

有效的调控(Shen，2016)。

4. 石墨烯基全碳复合物材料

从上面的结果中可以发现，三维石墨烯泡沫具有孔隙度高密度小的特点，同时由于其相互连接的网络结构也兼顾了导电性优异的特点，因此在电磁屏蔽和吸波领域被寄予厚望。但是，纯粹的三维石墨烯泡沫由于其片层之间较弱的相互作用力，机械性能不高，在一定程度上限制了其应用。尽管聚合物的加入能够在一定程度上解决机械性能差的问题，但在导电性方面，碳材料具有更大的优势。因此，在石墨烯体系中合理地引入其他碳材料，并调控出有利于电磁屏蔽和吸波的微观结构也是一个增强性能的策略。

基于此，氧化石墨烯溶液在碳化蜂窝状泡沫中冷冻干燥并用水合肼蒸气进行后续还原得到具有独特多孔结构的三维泡沫(Yuan，2017)。碳化蜂窝状泡沫作为相互连接的支撑框架，起到增强机械性能(压缩应力达 2.02 MPa，是常规石墨烯泡沫的 6 760 倍)和保持高导电性的作用。除此之外，该结构还诱导氧化石墨烯在冷冻干燥过程中在蜂窝状腔室中形成多孔的垂直于腔室壁的叠层结构。经测试，该复合泡沫在 X 波段的电磁屏蔽性能为 $36 \sim 43$ dB，比屏蔽效率为 688.5 dB $\cdot$ cm^3 $\cdot$ g^{-1}，这主要是由于上述特殊的微观结构可以实现电磁波在内部进行多重反射，有效增强电磁反射/吸收效果。此外，这种泡沫还显示出良好的热绝缘性(0.057 W $\cdot$ m^{-1} $\cdot$ K^{-1})和阻燃性能，因此，在航空航天领域具有潜在的应用价值。类似地，采用冷冻干燥和碳化的方法得到了超轻、高弹性的且结构具有取向性的还原氧化石墨烯/碳化木质素复合气凝胶(Qiang，2017)。气凝胶由微米尺寸的气孔和孔壁组成，碳化木质素的加入增强了界面的极化效应，同时孔壁的高导电性，极大地提高了孔壁的吸波能力。与纯的石墨烯气凝胶相比，复合气凝胶具有更多更完整的孔壁结构，这进一步提高了高度排列有序的孔壁的多重反射能力。这些结构保证了复合气凝胶在低密度下($2.0 \sim 8.0$ mg $\cdot$ cm^{-3})依然具有高的电磁干扰屏蔽效率($21.3 \sim 49.2$ dB)。

除了上述提到的冷冻干燥的方法外，利用 CVD 的方法也可以引入具有优异导电性能和电磁屏蔽性能的碳纳米管。以 SiO$_2$纳米线为模板，利用 CVD 和等离子体增强 CVD 依次生长了碳纳米管和石墨烯,除去模板后,得到了石墨烯片包裹的碳纳米管核壳结构,以此为结构单元组装的泡沫具有质轻、高导电性和柔性的特点(Zeng,2018),1.6 mm 厚、密度分别是 0.005 8 g·cm⁻³ 和 0.008 9 g·cm⁻³ 的泡沫在 X 波段的电磁屏蔽效能分别达到 38.4 dB 和 47.5 dB,远超于之前报道的其他碳基复合材料。其优异的电磁屏蔽性能得益于石墨烯和碳纳米管的协同作用,值得一提的是,与纯的碳纳米管泡沫相比,该泡沫具有明显的优势,说明了生长在碳纳米管上的石墨烯起到了重要的作用。石墨烯可以显著提高电磁波在泡沫中的穿透损失,从而大大提高电磁屏蔽性能。

总之,石墨烯基材料利用自身的超高比表面积、纵横比和电导率等特点,正在发展成为轻质和高效的电磁屏蔽材料。这类材料当前仍需解决以下问题:第一,石墨烯基电磁屏蔽和吸波材料的制备以及微结构(如阵列取向性结构、多层次多尺度微观结构)的调控依然需要优化;第二,如何进一步利用石墨烯基电磁屏蔽和吸波材料质轻、高效、透明以及耐热等特点,开发有别于传统电磁屏蔽吸波材料的新型材料;第三,电磁屏蔽的机理仍需深入研究,从而进一步优化石墨烯基材料的电磁屏蔽和吸波性能。

展望与畅想

　　回首历史长河,从茹毛饮血的石器时代、文明兴起的青铜时代、农业爆发的铁器时代再到奠定近现代文明的钢铁时代,人类的发展往往伴随着材料科技的进步。特别是以硅为代表的半导体材料开创了信息时代,创造了当代五彩缤纷的生活。那么塑造未来的革命性材料又会是什么呢?

　　随着石墨烯的发现,越来越多的人将目光投向碳这种早已熟识的元素。因为厚度最薄,强度最大,并且导电、导热综合性能最好,石墨烯无愧于"材料之王"的美誉。有科学家预测,碳纳米管和石墨烯这类的碳基纳米材料将来有望取代硅基半导体来制备集成电路,从而步入"碳基"时代。未来生活的一天可能是这样的:早晨,石墨烯芯片会准时安排闹钟提醒您起床,调亮室内的石墨烯发光二极管唤醒您,石墨烯电热器早已将房间调成适宜的温度,并为您提供洗漱的热水。您不必担心这会额外增加家庭的能源消耗,因为这些电能都来自屋顶的太阳能电池板和石墨烯超级电容器储能组件。当您吃过早餐,您的燃料电池汽车早已在楼下等候,它使用掺杂石墨烯催化剂分解水制得的氢气作为燃料,热值高且绿色环保。

　　石墨烯基光催化剂可以吸附和分解空气中的挥发性有机物,为您提供更舒适的工作环境。在公司里,您只需要刷一下您的员工卡,卡中石墨烯涂料制备的RFID电子标签就会将您的信息反馈给终端,让电梯载您到办公的楼层并将您今天的工作计划载入您的电脑。电脑与墙上石墨烯透明导电层制备的超薄显示屏上连接,您可以很方便地查看您的安排。您办公室安装的是石墨烯变色玻璃,它会自动改变颜色,使室内的光更加柔和。可以想象,石墨烯将不再是束之高阁的高新材料,它将会融入您的日常生活,成为千家万户的好帮手。朋友们,让我们期待这一天的来临吧!

　　　　　　　　　　　　　　　　　　　　　　　　石墨烯化学与组装技术

参考文献

[1] Neto A C, Guinea F, Peres N M. Drawing conclusions from graphene[J]. Physics World, 2006, 19(11): 33-37.

[2] Kauling A P, Seefeldt A T, Pisoni D P, et al. The worldwide graphene flake production[J]. Advanced Materials, 2018, 30(44): 1803784.

[3] Avouris P. Graphene: electronic and photonic properties and devices[J]. Nano letters, 2010, 10(11): 4285-4294.

[4] Li Z Q, Henriksen E A, Jiang Z, et al. Dirac charge dynamics in graphene by infrared spectroscopy[J]. Nature Physics, 2008, 4(7): 532-535.

[5] Wang Y, Huang Y, Song Y, et al. Room-temperature ferromagnetism of graphene[J]. Nano letters, 2009, 9(1): 220-224.

[6] Bekyarova E, Sarkar S, Wang F, et al. Effect of covalent chemistry on the electronic structure and properties of carbon nanotubes and graphene[J]. Accounts of chemical research, 2013, 46(1): 65-76.

[7] Chua C K, Pumera M. Covalent chemistry on graphene[J]. Chemical Society Reviews, 2013, 42(8): 3222-3233.

[8] Wang X, Shi G. An introduction to the chemistry of graphene[J]. Physical Chemistry Chemical Physics, 2015, 17(43): 28484-28504.

[9] Yu D, Liu F. Synthesis of carbon nanotubes by rolling up patterned graphene nanoribbons using selective atomic adsorption[J]. Nano letters, 2007, 7(10): 3046-3050.

[10] Samarakoon D K, Chen Z, Nicolas C, et al. Structural and electronic properties of fluorographene[J]. Small, 2011, 7(7): 965-969.

[11] Dai L. Functionalization of graphene for efficient energy conversion and storage [J]. Accounts of Chemical Research, 2013, 46(1): 31-42.

[12] Kuila T, Bose S, Mishra A K, et al. Chemical functionalization of graphene and its applications[J]. Progress in Materials Science, 2012, 57(7): 1061-1105.

[13] Hirsch A, Englert J M, Hauke F. Wet chemical functionalization of graphene[J]. Accounts of Chemical Research, 2013, 46(1): 87-96.

[14] Cheng H, Huang Y, Shi G, et al. Graphene-based functional architectures: Sheets

regulation and macrostructure construction toward actuators and power generators [J]. Accounts of Chemical Research, 2017, 50(7): 1663 – 1671.

[15] Kim W Y, Choi Y C, Kim K S. Understanding structures and electronic/ spintronic properties of single molecules, nanowires, nanotubes, and nanoribbons towards the design of nanodevices[J]. Journal of Materials Chemistry, 2008, 18 (38): 4510 – 4521.

[16] Kim W Y, Kim K S. Carbon nanotube, graphene, nanowire, and molecule-based electron and spin transport phenomena using the nonequilibrium Green's function method at the level of first principles theory [J]. Journal of Computational Chemistry, 2008, 29(7): 1073 – 1083.

[17] Bai J, Zhong X, Jiang S, et al. Graphene nanomesh[J]. Nature Nanotechnology, 2010, 5(3): 190 – 194.

[18] Guo Y, Guo W. Electronic and field emission properties of wrinkled graphene[J]. Journal of Physical Chemistry C, 2013, 117(1): 692 – 696.

[19] Xu Z, Gao C. Graphene in macroscopic order: liquid crystals and wet-spun fibers [J]. Accounts of Chemical Research, 2014, 47(4): 1267 – 1276.

[20] Li J, Huang X, Cui L, et al. Preparation and supercapacitor performance of assembled graphene fiber and foam[J]. Progress in Natural Science: Materials International, 2016, 26(3): 212 – 220.

[21] Liu G, Jin W, Xu N. Graphene-based membranes[J]. Chemical Society Reviews, 2015, 44(15): 5016 – 5030.

[22] Wang Y, Chen S, Qiu L, et al. Graphene-directed supramolecular assembly of multifunctional polymer hydrogel membranes[J]. Advanced Functional Materials, 2015, 25(1): 126 – 133.

[23] Oh J Y, Rondeau-Gagné S, Chiu Y C, et al. Intrinsically stretchable and healable semiconducting polymer for organic transistors[J]. Nature, 2016, 539 (7629): 411 – 415.

[24] Tao L Q, Tian H, Liu Y, et al. An intelligent artificial throat with sound-sensing ability based on laser induced graphene[J]. Nature Communications, 2017, 8(1): 1 – 8.

[25] Zhao Y, Liu J, Hu Y, et al. Highly compression-tolerant supercapacitor based on polypyrrole-mediated graphene foam electrodes[J]. Advanced Materials, 2013, 25 (4): 591 – 595.

[26] Huang K, Liu G, Lou Y, et al. A graphene oxide membrane with highly selective molecular separation of aqueous organic solution [J]. Angewandte Chemie International Edition, 2014, 53(27): 6929 – 6932.

[27] Cohen-Tanugi D, Grossman J C. Water desalination across nanoporous graphene [J]. Nano Letters, 2012, 12(7): 3602 – 3608.

[28] Rollings R C, Kuan A T, Golovchenko J A. Ion selectivity of graphene nanopores [J]. Nature Communications, 2016, 7: 11408.

[29] Yang K, Feng L, Shi X, et al. Nano-graphene in biomedicine: theranostic applications[J]. Chemical Society Reviews, 2013, 42(2): 530 - 547.

[30] Hu S, Chen Y, Hung W, et al. Quantum-dot-tagged reduced graphene oxide nanocomposites for Bright Fluorescence Bioimaging and Photothermal Therapy Monitored In Situ[J]. Advanced Materials, 2012, 24(13): 1748 - 1754.

[31] Choi W, Lahiri I, Seelaboyina R, et al. Synthesis of graphene and its applications: A Review[J]. Critical Reviews in Solid State and Materials Sciences, 2010, 35(1): 52 - 71.

[32] Gao W, Alemany L B, Ci L, et al. New insights into the structure and reduction of graphite oxide[J]. Nature Chemistry, 2009, 1(5): 403 - 408.

[33] Reina A, Jia X, Ho J, et al. Large Area, Few-layer graphene films on arbitrary substrates by chemical vapor deposition[J]. Nano Letters, 2009, 9(1): 30 - 35.

[34] Liu N, Luo F, Wu H, et al. One-step ionic-liquid-assisted electrochemical synthesis of ionic-liquid-functionalized graphene sheets directly from graphite[J]. Advanced Functional Materials, 2008, 18(10): 1518 - 1525.

[35] Novoselov K S, Geim A K, Morozov S V, et al. Electric field effect in atomically thin carbon films[J]. Science, 2004, 306(5696): 666 - 669.

[36] Bai H, Li C, Shi G, et al. Functional composite materials based on chemically converted graphene[J]. Advanced Materials, 2011, 23(9): 1089 - 1115.

[37] Shen J, Hu Y, Shi M, et al. Fast and facile preparation of graphene oxide and reduced graphene oxide nanoplatelets[J]. Chemistry of Materials, 2009, 21(15): 3514 - 3520.

[38] Stankovich S, Dikin D A, Piner R D, et al. Synthesis of graphene-based nanosheets via chemical reduction of exfoliated graphite oxide[J]. Carbon, 2007, 45(7): 1558 - 1565.

[39] Dreyer D R, Park S, Bielawski C W, et al. The chemistry of graphene oxide[J]. Chemical Society Reviews, 2010, 39(1): 228 - 240.

[40] Zhang Y, Guo L, Wei S, et al. Direct imprinting of microcircuits on graphene oxides film by femtosecond laser reduction[J]. Nano Today, 2010, 5(1): 15 - 20.

[41] Li X, Zhang G, Bai X, et al. Highly conducting graphene sheets and Langmuir-Blodgett films[J]. Nature Nanotechnology, 2008, 3(9): 538 - 542.

[42] Qian W, Hao R, Hou Y, et al. Solvothermal-assisted exfoliation process to produce graphene with high yield and high quality[J]. Nano Research, 2009, 2 (9): 706 - 712.

[43] Bourlinos A B, Georgakilas V, Zboril R, et al. Liquid-phase exfoliation of graphite towards solubilized graphenes[J]. Small, 2009, 5(16): 1841 - 1845.

[44] Liu W, Wang J N. Direct exfoliation of graphene in organic solvents with addition of NaOH[J]. Chemical Communications, 2011, 47(24): 6888 - 6890.

[45] Guo H, Wang X, Qian Q, et al. A green approach to the synthesis of graphene nanosheets[J]. ACS Nano, 2009, 3(9): 2653 - 2659.

[46] Wu J, Gherghel L, Watson M D, et al. From branched polyphenylenes to graphite ribbons[J]. Macromolecules, 2003, 36(19): 7082 – 7089.

[47] Kim K S, Zhao Y, Jang H, et al. Large-scale pattern growth of graphene films for stretchable transparent electrodes[J]. Nature, 2009, 457(7230): 706 – 710.

[48] Li X, Cai W, Colombo L, et al. Evolution of graphene growth on Ni and Cu by carbon isotope labeling[J]. Nano Letters, 2009, 9(12): 4268 – 4272.

[49] Gao L, Ren W, Zhao J, et al. Efficient growth of high-quality graphene films on Cu foils by ambient pressure chemical vapor deposition[J]. Applied Physics Letters, 2010, 97(18): 183109.

[50] Qu L, Liu Y, Baek J, et al. Nitrogen-doped graphene as efficient metal-free electrocatalyst for oxygen reduction in fuel cells[J]. ACS Nano, 2010, 4(3): 1321 – 1326.

[51] Zhang J, Li J, Wang Z, et al. Low-temperature growth of large-area heteroatom-doped graphene film[J]. Chemistry of Materials, 2014, 26(7): 2460 – 2466.

[52] Dimitrakopoulos C [C]. Lawrence Symposium on Epitaxy. Scottsdale, AZ, USA, 2012.

[53] De Heer W A, Berger C, Wu X, et al. Epitaxial graphene[J]. Solid State Communications, 2007, 143(1 – 2): 92 – 100.

[54] Choucair M, Thordarson P, Stride J A, et al. Gram-scale production of graphene based on solvothermal synthesis and sonication[J]. Nature Nanotechnology, 2009, 4(1): 30 – 33.

[55] Worsley K, Ramesh P, Mandal S K, et al. Soluble graphene derived from graphite fluoride[J]. Chemical Physics Letters, 2007, 445(1): 51 – 56.

[56] Lin J, Peng Z, Liu Y, et al. Laser-induced porous graphene films from commercial polymers[J]. Nature Communications, 2014, 5(1): 5714 – 5714.

[57] Bao H, Pan Y, Ping Y, et al. Chitosan-functionalized graphene oxide as a nanocarrier for drug and gene delivery[J]. Small, 2011, 7(11): 1569 – 1578.

[58] Dreyer D R, Todd A D, Bielawski C W, et al. Harnessing the chemistry of graphene oxide[J]. Chemical Society Reviews, 2014, 43(15): 5288 – 5301.

[59] Liu Z, Xu Y, Zhang X, et al. Porphyrin and fullerene covalently functionalized graphene hybrid materials with large nonlinear optical properties[J]. Journal of Physical Chemistry B, 2009, 113(29): 9681 – 9686.

[60] Choi J, Wagner P, Jalili R, et al. A porphyrin/graphene framework: A highly efficient and robust electrocatalyst for carbon dioxide reduction[J]. Advanced Energy Materials, 2018, 8(26): 1801280.1 – 1801280.13.

[61] Fang M, Wang K, Lu H, et al. Covalent polymer functionalization of graphene nanosheets and mechanical properties of composites[J]. Journal of Materials Chemistry, 2009, 19(38): 7098 – 7105.

[62] Ou J, Wang Y, Wang J, et al. Self-assembly of octadecyltrichlorosilane on graphene oxide and the tribological performances of the resultant film[J]. Journal

of Physical Chemistry C, 2011, 115(20): 10080 - 10086.

[63] Wang S, Chia P, Chua L, et al. Band-like transport in surface-functionalized highly solution-processable graphene nanosheets[J]. Advanced Materials, 2008, 20(18): 3440 - 3446.

[64] Berger C, Song Z, Li X, et al. Electronic confinement and coherence in patterned epitaxial graphene[J]. Science, 2006, 312(5777): 1191 - 1196.

[65] Geim A K, Novoselov K S. The rise of graphene[J]. Nature Materials, 2007, 6 (3): 183 - 191.

[66] Gierz I, Riedl C, Starke U, et al. Atomic hole doping of graphene[J]. Nano Letters, 2008, 8(12): 4603 - 4607.

[67] Ohta T, Bostwick A, Seyller T, et al. Controlling the electronic structure of bilayer graphene[J]. Science, 2006, 313(5789): 951 - 954.

[68] Wei D, Liu Y, Wang Y, et al. Synthesis of N-doped graphene by chemical vapor deposition and its electrical properties[J]. Nano Letters, 2009, 9(5): 1752 - 1758.

[69] Li X, Wang H, Robinson J T, et al. Simultaneous nitrogen doping and reduction of graphene oxide[J]. Journal of the American Chemical Society, 2009, 131(43): 15939 - 15944.

[70] Dai L. Functionalization of graphene for efficient energy conversion and storage [J]. Accounts of Chemical Research, 2013, 46(1): 31 - 42.

[71] Sahin H, Leenaerts O, Singh S K, et al. Graphane[J]. Wiley Interdisciplinary Reviews: Computational Molecular Science, 2015, 5(3): 255 - 272.

[72] Lerf A, He H, Forster M, et al. Structure of graphite oxide revisited[J]. Journal of Physical Chemistry B, 1998, 102(23): 4477 - 4482.

[73] Clayden J, Greeves N, Warren S, et al. Organic chemistry [M]. Organic Chemistry. New York: Oxford University Press, 2001.

[74] Chua C K, Ambrosi A, Pumera M, et al. Introducing dichlorocarbene in graphene [J]. Chemical Communications, 2012, 48(43): 5376 - 5378.

[75] Chua C K, Pumera M. Covalent chemistry on graphene[J]. Chemical Society Reviews, 2013, 42(8): 3222 - 3233.

[76] Strom T A, Dillon E P, Hamilton C E, et al. Nitrene addition to exfoliated graphene: a one-step route to highly functionalized graphene [J]. Chemical Communications, 2010, 46(23): 4097 - 4099.

[77] Zhong X, Jin J, Li S, et al. Aryne cycloaddition: Highly efficient chemical modification of graphene[J]. Chemical Communications, 2010, 46(39): 7340 - 7342.

[78] Georgakilas V, Bourlinos A B, Zboril R, et al. Organic functionalisation of graphenes[J]. Chemical Communications, 2010, 46(10): 1766 - 1768.

[79] Zhang X, Hou L, Cnossen A, et al. One-pot functionalization of graphene with porphyrin through cycloaddition reactions[J]. Chemistry: A European Journal, 2011, 17(32): 8957 - 8964.

[80] Sarkar S，Bekyarova E，Niyogi S，et al. Diels-Alder chemistry of graphite and graphene：graphene as diene and dienophile[J]. Journal of the American Chemical Society，2011，133(10)：3324 - 3327.

[81] Sarkar S，Bekyarova E，Haddon R C，et al. Chemistry at the dirac point：diels-alder reactivity of graphene[J]. Accounts of Chemical Research，2012，45(4)：673 - 682.

[82] Yuan C，Chen W，Yan L，et al. Amino-grafted graphene as a stable and metal-free solid basic catalyst[J]. Journal of Materials Chemistry，2012，22(15)：7456 - 7460.

[83] 黄国家，陈志刚，李茂东，等. 石墨烯和氧化石墨烯的表面功能化改性[J]. 化学学报，2016，74(10)：789 - 799.

[84] Hao R，Qian W，Zhang L，et al. Aqueous dispersions of TCNQ-anion-stabilized graphene sheets[J]. Chemical Communications，2008 (48)：6576 - 6578.

[85] Yang X，Zhang X，Liu Z，et al. High-efficiency loading and controlled release of doxorubicin hydrochloride on graphene oxide[J]. Journal of Physical Chemistry C，2008，112(45)：17554 - 17558.

[86] Georgakilas V，Otyepka M，Bourlinos A B，et al. Functionalization of graphene：covalent and non-covalent approaches，derivatives and applications[J]. Chemical Reviews，2012，112(11)：6156 - 6214.

[87] Zhang M，Huang L，Chen J，et al. Ultratough，ultrastrong，and highly conductive graphene films with arbitrary sizes[J]. Advanced Materials，2014，26(45)：7588 - 7592.

[88] Li R，Chen C，Li J，et al. A facile approach to superhydrophobic and superoleophilic graphene/polymer aerogels[J]. Journal of Materials Chemistry，2014，2(9)：3057 - 3064.

[89] Putz K W，Compton O C，Palmeri M J，et al. High-nanofiller-content graphene oxide-polymer nanocomposites via vacuum-assisted self-assembly [J]. Advanced Functional Materials，2010，20(19)：3322 - 3329.

[90] Stankovich S，Dikin D A，Dommett G，et al. Graphene-based composite materials [J]. Nature，2006，442(7100)：282 - 286.

[91] Shen B，Zhai W，Chen C，et al. Melt blending in situ enhances the interaction between polystyrene and graphene through $\pi - \pi$ stacking [J]. ACS Applied Materials & Interfaces，2011，3(8)：3103 - 3109.

[92] Xu Z，Gao C. In situ polymerization approach to graphene-reinforced nylon - 6 composites[J]. Macromolecules，2010，43(16)：6716 - 6723.

[93] Yousefi N，Lin X，Zheng Q，et al. Simultaneous in situ reduction，self-alignment and covalent bonding in graphene oxide/epoxy composites[J]. Carbon，2013：406 - 417.

[94] Zhang K，Zhang L，Zhao X S，et al. Graphene/polyaniline nanofiber composites as supercapacitor electrodes[J]. Chemistry of Materials，2010，22(4)：1392 - 1401.

[95] Liang B, Qin Z, Li T, et al. Poly(aniline-co-pyrrole) on the surface of reduced graphene oxide as high-performance electrode materials for supercapacitors[J]. Electrochimica Acta, 2015, 177: 335-342.

[96] Jiang X, Setodoi S, Fukumoto S, et al. An easy one-step electrosynthesis of graphene/polyaniline composites and electrochemical capacitor[J]. Carbon, 2014, 67(1): 662-672.

[97] Liu W, Fang Y, Xu P, et al. Two-step electrochemical synthesis of polypyrrole/reduced graphene oxide composites as efficient Pt-free counter electrode for plastic dye-sensitized solar cells[J]. ACS Applied Materials & Interfaces, 2014, 6 (18): 16249-16256.

[98] Liu S, Gordiichuk P, Wu Z, et al. Patterning two-dimensional free-standing surfaces with mesoporous conducting polymers[J]. Nature Communications, 2015, 6(1): 8817.

[99] Zhuang X, Mai Y, Wu D, et al. Two-dimensional soft nanomaterials: A fascinating world of materials[J]. Advanced Materials, 2015, 27(3): 403-427.

[100] Verdejo R, Bernal M M, Romasanta L J, et al. Graphene filled polymer nanocomposites[J]. Journal of Materials Chemistry, 2011, 21(10): 3301-3310.

[101] Chen Z, Ren W, Gao L, et al. Three-dimensional flexible and conductive interconnected graphene networks grown by chemical vapour deposition [J]. Nature Materials, 2011, 10(6): 424-428.

[102] Kim H, Miura Y, Macosko C W, et al. Graphene/polyurethane nanocomposites for improved gas barrier and electrical conductivity[J]. Chemistry of Materials, 2010, 22(11): 3441-3450.

[103] Liang J, Huang Y, Zhang L, et al. Molecular-level dispersion of graphene into poly (vinyl alcohol) and effective reinforcement of their nanocomposites[J]. Advanced Functional Materials, 2009, 19(14): 2297-2302.

[104] Ramanathan T, Abdala A A, Stankovich S, et al. Functionalized graphene sheets for polymer nanocomposites[J]. Nature Nanotechnology, 2008, 3(6): 327-331.

[105] Zhu C, Zhai J, Wen D, et al. Graphene oxide/polypyrrole nanocomposites: one-step electrochemical doping, coating and synergistic effect for energy storage[J]. Journal of Materials Chemistry, 2012, 22(13): 6300-6306.

[106] Choi K S, Liu F, Choi J S, et al. Fabrication of free-standing multilayered graphene and poly(3,4-ethylenedioxythiophene) composite films with enhanced conductive and mechanical properties[J]. Langmuir, 2010, 26(15): 12902-12908.

[107] De Leeuw D M, Kraakman P A, Bongaerts P F, et al. Electroplating of conductive polymers for the metallization of insulators[J]. Synthetic Metals, 1994, 66(3): 263-273.

[108] Yang P, Jin S, Xu Q, et al. Decorating PtCo bimetallic alloy nanoparticles on graphene as sensors for glucose detection by catalyzing luminol

chemiluminescence[J]. Small, 2013, 9(2): 199 – 204.

[109] Claussen J C, Kumar A, Jaroch D B, et al. Nanostructuring platinum nanoparticles on multilayered graphene petal nanosheets for electrochemical biosensing[J]. Advanced Functional Materials, 2012, 22(16): 3399 – 3405.

[110] Zhou H, Qiu C, Liu Z, et al. Thickness-dependent morphologies of gold on N-layer graphenes[J]. Journal of the American Chemical Society, 2010, 132(3): 944 – 946.

[111] Xu Z, Gao H, Hu G. Solution-based synthesis and characterization of a silver nanoparticles-graphene hybrid film[J]. Carbon, 2011, 49(14): 4731 – 4738.

[112] Williams G, Seger B, Kamat P V. TiO_2-Graphene nanocomposites. UV-assisted photocatalytic reduction of graphene oxide[J]. ACS Nano, 2008, 2(7): 1487 – 1491.

[113] Zhang Q, Dandeneau C S, Zhou X, et al. ZnO nanostructures for dye-sensitized solar cells[J]. Advanced Materials, 2009, 21(41): 4087 – 4108.

[114] Fang X, Zhai T, Gautam U K, et al. ZnS nanostructures: From synthesis to applications[J]. Progress in Materials Science, 2011, 56(2): 175 – 287.

[115] Li Y, Hu Y, Zhao Y, et al. An electrochemical avenue to greenluminescent graphene quantum dots as potential electron-acceptors for photovoltaics [J]. Advanced Materials, 2011, 23(6): 776 – 780.

[116] Ananthanarayanan A, Wang X, Routh P, et al. Facile synthesis of graphene quantum dots from 3D graphene and their application for Fe^{3+} sensing [J]. Advanced Functional Materials, 2014, 24(20): 3021 – 3026.

[117] Liu R, Wu D, Feng X, et al. Bottom-up fabrication of photoluminescent graphene quantum dots with uniform morphology.[J]. Journal of the American Chemical Society, 2011, 133(39): 15221 – 15223.

[118] Mohanty N, Moore D S, Xu Z P, et al. Nanotomy-based production of transferable and dispersible graphene nanostructures of controlled shape and size [J]. Nature Communications, 2012, 3(1): 844.

[119] Buzaglo M, Shtein M, Regev O, et al. Graphene quantum dots produced by microfluidization[J]. Chemistry of Materials, 2016, 28(1): 21 – 24.

[120] Tang L, Ji R, Cao X, et al. Deep ultraviolet photoluminescence of water-soluble self-passivated graphene quantum dots[J]. ACS Nano, 2012, 6(6): 5102 – 5110.

[121] Son D I, Kwon B W, Park D H, et al. Emissive ZnO-graphene quantum dots for white-light-emitting diodes [J]. Nature Nanotechnology, 2012, 7(7): 465 – 471.

[122] Bak S, Kim D, Lee H. Graphene quantum dots and their possible energy applications: A review[J]. Current Applied Physics, 2016, 16 (9): 1192 – 1201.

[123] Li Y, Zhao Y, Cheng H, et al. Nitrogen-doped graphene quantum dots with oxygen-rich functional groups[J]. Journal of the American Chemical Society, 2012, 134(1): 15 – 18.

[124] Xu K, Cao P, Heath J R, et al. Scanning tunneling microscopy characterization of the electrical properties of wrinkles in exfoliated graphene monolayers[J]. Nano Letters, 2009, 9(12): 4446 – 4451.

[125] Cranford S W, Buehler M J. Packing efficiency and accessible surface area of crumpled graphene[J]. Physical Review B, 2011, 84(20): 205451.

[126] Zang J, Ryu S, Pugno N, et al. Multifunctionality and control of the crumpling and unfolding of large-area graphene[J]. Nature Materials, 2013, 12(4): 321 – 325.

[127] Bao W, Miao F, Chen Z, et al. Controlled ripple texturing of suspended graphene and ultrathin graphite membranes[J]. Nature Nanotechnology, 2009, 4 (9): 562 – 566.

[128] Luo J, Jang H D, Sun T, et al. Compression and aggregation-resistant particles of crumpled soft sheets[J]. ACS Nano, 2011, 5(11): 8943 – 8949.

[129] Schniepp H C, Li J, Mcallister M J, et al. Functionalized single graphene sheets derived from splitting graphite oxide[J]. Journal of Physical Chemistry B, 2006, 110(17): 8535 – 8539.

[130] McAllister M J, Li J L, Adamson D H, et al. Single sheet functionalized graphene by oxidation and thermal expansion of graphite[J]. Chemistry of Materials, 2007, 19(18): 4396 – 4404.

[131] Wang Y, Yang R, Shi Z, et al. Super-elastic graphene ripples for flexible strain sensors[J]. ACS Nano, 2011, 5(5): 3645 – 3650.

[132] Boukhvalov D W, Katsnelson M I. Enhancement of chemical activity in corrugated graphene[J]. Journal of Physical Chemistry C, 2009, 113(32): 14176 – 14178.

[133] Bai J, Duan X, Huang Y, et al. Rational fabrication of graphene nanoribbons using a nanowire etch mask[J]. Nano Letters, 2009, 9(5): 2083 – 2087.

[134] Jiao L, Wang X, Diankov G, et al. Facile synthesis of high-quality graphene nanoribbons[J]. Nature Nanotechnology, 2010, 5(5): 321 – 325.

[135] Cai J, Ruffieux P, Jaafar R, et al. Atomically precise bottom-up fabrication of graphene nanoribbons[J]. Nature, 2010, 466(7305): 470 – 473.

[136] Kato T, Hatakeyama R. Site- and alignment-controlled growth of graphene nanoribbons from nickel nanobars[J]. Nature Nanotechnology, 2012, 7(10): 651 – 656.

[137] Zhang T, Wu S, Yang R, et al. Graphene: Nanostructure engineering and applications[J]. Frontiers of Physics in China, 2017, 12(1): 1 – 22.

[138] Son Y, Cohen M L, Louie S G, et al. Energy gaps in graphene nanoribbons[J]. Physical Review Letters, 2006, 97(21): 216803.

[139] Li Z, Qian H, Wu J, et al. Role of symmetry in the transport properties of graphene nanoribbons under bias[J]. Physical Review Letters, 2008, 100(20): 206802 – 206806.

[140] Zhao Y, Zhao F, Wang X, et al. Graphitic carbon nitride nanoribbons: graphene-assisted formation and synergic function for highly efficient hydrogen evolution[J]. Angewandte Chemie, 2014, 53(50): 13934 - 13939.

[141] Akbari E, Yousof R, Ahmadi M T, et al. The effect of concentration on gas sensor model based on graphene nanoribbon [J]. Neural Computing & Applications, 2014, 24(1): 143 - 146.

[142] Zeng Z, Huang X, Yin Z, et al. Fabrication of graphene nanomesh by using an anodic aluminum oxide membrane as a template[J]. Advanced Materials, 2012, 24(30): 4138 - 4142.

[143] Akhavan O. Graphene nanomesh by ZnO nanorod photocatalysts[J]. ACS Nano, 2010, 4(7): 4174 - 4180.

[144] Fischbein M D, Drndic M. Electron beam nanosculpting of suspended graphene sheets[J]. Applied Physics Letters, 2008, 93(11): 113107.

[145] Bieri M, Treier M, Cai J, et al. Porous graphenes: Two-dimensional polymer synthesis with atomic precision[J]. Chemical Communications, 2009(45): 6919 - 6921.

[146] Liang X, Jung Y S, Wu S, et al. Formation of bandgap and subbands in graphene nanomeshes with sub-10 nm ribbon width fabricated via nanoimprint lithography[J]. Nano Letters, 2010, 10(7): 2454 - 2460.

[147] Liu J, Cai H, Yu X, et al. Fabrication of graphene nanomesh and improved chemical enhancement for raman spectroscopy[J]. Journal of Physical Chemistry C, 2012, 116(29): 15741 - 15746.

[148] Zhao Y, Hu C, Song L, et al. Functional graphene nanomesh foam[J]. Energy & Environmental Science, 2014, 7(6): 1913 - 1918.

[149] Chen Z, Ren W, Gao L, et al. Three-dimensional flexible and conductive interconnected graphene networks grown by chemical vapour deposition [J]. Nature Materials, 2011, 10(6): 424 - 428.

[150] Beese A M, An Z, Sarkar S, et al. Defect-tolerant nanocomposites through bio-inspired stiffness modulation[J]. Advanced Functional Materials, 2014, 24(19): 2883 - 2891.

[151] Krueger M, Berg S, Stone D, et al. Drop-casted self-assembling graphene oxide membranes for scanning electron microscopy on wet and dense gaseous samples [J]. ACS Nano, 2011, 5(12): 10047 - 10054.

[152] Sheng L, Liang Y, Jiang L, et al. Bubble-decorated honeycomb-like graphene film as ultrahigh sensitivity pressure sensors[J]. Advanced Functional Materials, 2015, 25(41): 6545 - 6551.

[153] Jeon H, Huh Y, Yun S, et al. Improved homogeneity and surface coverage of graphene oxide layers fabricated by horizontal-dip-coating for solution-processable organic semiconducting devices[J]. Journal of Materials Chemistry C, 2014, 2(14): 2622 - 2634.

[154] Gilje S, Han S, Wang M, et al. A chemical route to graphene for device applications[J]. Nano Letters, 2007, 7(11): 3394 – 3398.

[155] Lv L, Zhang P, Cheng H, et al. Solution-processed ultraelastic and strong air-bubbled graphene foams[J]. Small, 2016, 12(24): 3229 – 3234.

[156] Lee S H, Kim H W, Hwang J O, et al. Three-dimensional self-assembly of graphene oxide platelets into mechanically flexible macroporous carbon films[J]. Angewandte Chemie, 2010, 49(52): 10084 – 10088.

[157] Carreterogonzalez J, Castillomartinez E, Diaslima M, et al. Oriented graphene nanoribbon yarn and sheet from aligned multi-walled carbon nanotube sheets[J]. Advanced Materials, 2012, 24(42): 5695 – 5701.

[158] Zhao X, Hayner C M, Kung M C, et al. Flexible holey graphene paper electrodes with enhanced rate capability for energy storage applications[J]. ACS Nano, 2011, 5(11): 8739 – 8749.

[159] Zhang C, Tjiu W W, Fan W, et al. Aqueous stabilization of graphene sheets using exfoliated montmorillonite nanoplatelets for multifunctional free-standing hybrid films via vacuum-assisted self-assembly [J]. Journal of Materials Chemistry, 2011, 21(44): 18011 – 18017.

[160] Dong Z, Jiang C, Cheng H, et al. Facile fabrication of light, flexible and multifunctional graphene fibers[J]. Advanced Materials, 2012, 24(14): 1856 – 1861.

[161] Zhao Y, Jiang C, Hu C, et al. Large-scale spinning assembly of neat, morphology-defined, graphene-based hollow fibers[J]. ACS Nano, 2013, 7(3): 2406 – 2412.

[162] Xu Z, Gao C. Graphene chiral liquid crystals and macroscopic assembled fibres [J]. Nature Communications, 2011, 2(1): 571.

[163] Xiang C, Young C C, Wang X, et al. Large flake graphene oxide fibers with unconventional 100% knot efficiency and highly aligned small flake graphene oxide fibers[J]. Advanced Materials, 2013, 25(33): 4592 – 4597.

[164] Hu C, ZhengG, ZhaoF, et al. A powerful approach to functional graphene hybrids for high performance energy-related applications [J]. Energy & Environmental Science, 2014, 7(11): 3699 – 3708.

[165] Wang X, Song J, Liu J, et al. Direct-current nanogenerator driven by ultrasonic waves[J]. Science, 2007, 316(5821): 102 – 105.

[166] Sodano H A, Park G, Inman D J, et al. An investigation into the performance of macro-fiber composites for sensing and structural vibration applications[J]. Mechanical Systems and Signal Processing, 2004, 18(3): 683 – 697.

[167] Liu L, Cheng Y, Zhu L, et al. The surface polarized graphene oxide quantum dot films for flexible nanogenerators[J]. Scientific Reports, 2016, 6 (1): 32943.

[168] Yang J, Chen J, Liu Y, et al. Triboelectrification-based organic film

nanogenerator for acoustic energy harvesting and self-powered active acoustic sensing[J]. ACS Nano, 2014, 8(3): 2649 - 2657.

[169] Zhu G, Pan C, Guo W, et al. Triboelectric-generator-driven pulse electrodeposition for micropatterning[J]. Nano Letters, 2012, 12(9): 4960 - 4965.

[170] Yang Y, Guo W, Pradel K C, et al. Pyroelectric nanogenerators for harvesting thermoelectric energy[J]. Nano Letters, 2012, 12(6): 2833 - 2838.

[171] Zhao F, Liang Y, Cheng H, et al. Highly efficient moisture-enabled electricity generation from graphene oxide frameworks [J]. Energy & Environmental Science, 2016, 9(3): 912 - 916.

[172] Heo Y J, Kan T, Iwase E, et al. Stretchable cell culture platforms using micropneumatic actuators[J]. Micro & Nano Letters, 2013, 8(12): 865 - 868.

[173] Winter M, Brodd R J. What are batteries, fuel cells, and supercapacitors[J]. Cheminform, 2004, 104(10): 42 - 45.

[174] Yang Y, Han C, Jiang B, et al. Graphene-based materials with tailored nanostructures for energy conversion and storage [J]. Materials Science & Engineering R, 2016, 102: 1 - 72.

[175] Song W, Chen Z, Yang C, et al. Carbon-coated, methanol-tolerant platinum/ graphene catalysts for oxygen reduction reaction with excellent long-term performance[J]. Journal of Materials Chemistry A, 2014, 3(3): 1049 - 1057.

[176] Xia Z, Wang S, Jiang L, et al. Rational design of a highly efficient Pt/graphene-Nafion composite fuel cell electrode architecture [J]. Journal of Materials Chemistry A, 2015, 3(4): 1641 - 1648.

[177] 俞英, 王崇智, 赵永丰, 等. 氧化-电解法从硫化氢获取廉价氢气方法的研究[J]. 太阳能学报, 1997(4): 400 - 408.

[178] Al-Shahry M, Ingler W B. Efficient photochemical water splitting by a chemically modified $n - TiO_2$[J]. Science, 2002, 297(5590): 2243 - 2245.

[179] Chapin D M, Fuller C S, Pearson G L. A new silicon p-n junction photocell for converting solar radiation into electrical power[J]. Journal of Applied Physics, 2004, 25(5): 676 - 677.

[180] Green M A, Emery K, King D L, et al. Solar cell efficiency tables (version 42) [J]. Progress in Photovoltaics Research & Applications, 2013, 21(5): 827 - 837.

[181] Zhang D, Choy W C H, Wang C C D, et al. Polymer solar cells with gold nanoclusters decorated multi-layer graphene as transparent electrode[J]. Applied Physics Letters, 2011, 99(22): 259.

[182] Liu D, Li Y, Zhao S, et al. Single-layer graphene sheets as counter electrodes for fiber-shaped polymer solar cells[J]. RSC Advances, 2013, 3(33): 13720 - 13727.

[183] Stylianakis M M, Spyropoulos G D, Stratakis E, et al. Solution-processable graphene linked to 3,5 - dinitrobenzoyl as an electron acceptor in organic bulk heterojunction photovoltaic devices[J]. Carbon, 2012, 50(15): 5554 - 5561.

[184] Ju M J, Jeon I Y, Kim J C, et al. Graphene nanoplatelets doped with N at its edges as metal-free cathodes for organic dye-sensitized solar cells[J]. Advanced Materials, 2014, 26(19): 3055 – 3062.

[185] Zhang D W, Li X D, Li H B, et al. Graphene-based counter electrode for dye-sensitized solar cells[J]. Carbon, 2011, 49(15): 5382 – 5388.

[186] Wang H, Sun K, Tao F, et al. 3D honeycomb-like structured graphene and its high efficiency as a counter-electrode catalyst for dye-sensitized solar cells[J]. Angewandte Chemie, 2013, 125(35): 9380 – 9384.

[187] Chen L, Guo C X, Zhang Q, et al. Graphene quantum-dot-doped polypyrrole counter electrode for high-performance dye-sensitized solar cells[J]. ACS Applied Materials & Interfaces, 2013, 5(6): 2047 – 2052.

[188] Bi S Q, Meng F L, Zheng Y Z, et al. High efficiency and stability of quasi-solid-state dye-sensitized ZnO solar cells using graphene incorporated soluble polystyrene gel electrolytes[J]. Journal of Power Sources, 2014, 272: 485 – 490.

[189] Jung H S, Park N G. Perovskite solar cells: From materials to devices[J]. Small, 2015, 11(1): 10 – 25.

[190] Liu J, Xue Y, Dai L. Sulfated graphene oxide as a hole-extraction layer in high-performance polymer solar cells[J]. Journal of Physical Chemistry Letters, 2012, 3(14): 1928 – 1933.

[191] Janas D, Koziol K K. A review of production methods of carbon nanotube and graphene thin films for electrothermal applications[J]. Nanoscale, 2014, 6(6): 3037 – 3045.

[192] Sui D, Huang Y, Huang L, et al. Flexible and transparent electrothermal film heaters based on graphene materials[J]. Small, 2011, 7(22): 3186 – 3192.

[193] Long J W, Bélanger D, Brousse T, et al. Asymmetric electrochemical capacitors-Stretching the limits of aqueous electrolytes[J]. Mrs Bulletin, 2011, 36(7): 513 – 522.

[194] Yan J, Wei T, Shao B, et al. Electrochemical properties of graphene nanosheet/carbon black composites as electrodes for supercapacitors[J]. Carbon, 2010, 48(6): 1731 – 1737.

[195] Wang K, Meng Q, Zhang Y, et al. High-performance two-ply yarn supercapacitors based on carbon nanotubes and polyaniline nanowire arrays[J]. Advanced Materials, 2013, 25(10): 1494 – 1498.

[196] Eeu Y C, Lim H N, Lim Y S, et al. Electrodeposition of polypyrrole/reduced graphene oxide/iron oxide nanocomposite as supercapacitor electrode material [J]. Journal of Nanomaterials, 2013,2013: 157.

[197] Bruce P G, Scrosati B, Tarascon J M. Nanomaterials for rechargeable lithium batteries[J]. Angewandte Chemie International Edition, 2008, 47(16): 2930 – 2946.

[198] Dahn J R, Zheng T, Liu Y, et al. Mechanisms for lithium insertion in

carbonaceous materials[J]. Science, 1995, 270(5236): 590 – 593.

[199] Sato K, Noguchi M, Demachi A, et al. A mechanism of lithium storage in disordered carbons[J]. Science, 1994, 264(5158): 556 – 558.

[200] Gerouki A, Goldner M A, Goldner R B, et al. Density of states calculations of small diameter single graphene sheets[J]. Journal of the Electrochemical Society, 1996, 143(11): 262 – 263.

[201] Yang S, Feng X, Wang L, et al. Graphene-based nanosheets with a sandwich structure[J]. Angewandte Chemie International Edition, 2010, 49(28): 4795 – 4799.

[202] Lee J K, Smith K B, Hayner C M, et al. Silicon nanoparticles-graphene paper composites for Li ion battery anodes[J]. Chemical Communications, 2010, 46 (12): 2025 – 2027.

[203] Zhou X, Yin Y X, Wan L J, et al. Self-assembled nanocomposite of silicon nanoparticles encapsulated in graphene through electrostatic attraction for lithium-ion batteries[J]. Advanced Energy Materials, 2012, 2(9): 1086 – 1090.

[204] Ji L, Tan Z, Kuykendall T, et al. Multilayer nanoassembly of Sn-nanopillar arrays sandwiched between graphene layers for high-capacity lithium storage[J]. Energy & Environmental Science, 2011, 4(9): 3611 – 3616.

[205] Wang Z, Zhang H, Li N, et al. Laterally confined graphene nanosheets and graphene/SnO_2, composites as high-rate anode materials for lithium-ion batteries [J]. Nano Research, 2010, 3(10): 748 – 756.

[206] Kim H, Seo D H, Kim S W, et al. Highly reversible Co_3O_4/graphene hybrid anode for lithium rechargeable batteries[J]. Carbon, 2011, 49(1): 326 – 332.

[207] Zhu X, Zhu Y, Murali S, et al. Nanostructured reduced graphene oxide/Fe_2O_3 composite as a high-performance anode material for lithium ion batteries[J]. ACS Nano, 2011, 5(4): 3333 – 3338.

[208] Mai Y J, Zhang D, Qiao Y Q, et al. MnO/reduced graphene oxide sheet hybrid as an anode for Li-ion batteries with enhanced lithium storage performance[J]. Journal of Power Sources, 2012, 216(11): 201 – 207.

[209] Park K S, Son J T, Chung H T, et al. Synthesis of $LiFePO_4$ by co-precipitation and microwave heating[J]. Electrochemistry Communications, 2003, 5(10): 839 – 842.

[210] Pan H, Hu Y S, Chen L. Room-temperature stationary sodium-ion batteries for large-scale electric energy storage[J]. Energy & Environmental Science, 2013, 6 (8): 2338 – 2360.

[211] Sun J, Lee H W, Pasta M, et al. A phosphorene-graphene hybrid material as a high-capacity anode for sodium-ion batteries[J]. Nature Nanotechnology, 2015, 10(11): 980 – 985.

[212] Yang G, Song H, Wu M, et al. Porous $NaTi_2(PO_4)_3$ nanocubes: A high-rate nonaqueous sodium anode material with more than 10 000 cycle life[J]. Journal of

Materials Chemistry A, 2015, 3(36): 18718 – 18726.

[213] Li Z, Young D, Xiang K, et al. Towards high power high energy aqueous sodium-ion batteries: The $NaTi_2(PO_4)_3/Na_{0.44}MnO_2$ system[J]. Advanced Energy Materials, 2013, 3(3): 290 – 294.

[214] Zhang S S. Liquid electrolyte lithium/sulfur battery: Fundamental chemistry, problems, and solutions[J]. Journal of Power Sources, 2013, 231(2): 153 – 162.

[215] Yang Y, Zheng G, Cui Y. Nanostructured sulfur cathodes[J]. Chemical Society Reviews, 2013, 42(7): 3018 – 3132.

[216] Ma L, Hendrickson K E, Wei S, et al. Nanomaterials: Science and applications in the lithium-sulfur battery[J]. Nano Today, 2015, 10(3): 315 – 338.

[217] Wang J, Lv C, Zhang Y, et al. Polyphenylene wrapped sulfur/multi-walled carbon nano-tubes via, spontaneous grafting of diazonium salt for improved electrochemical performance of lithium-sulfur battery[J]. Electrochimica Acta, 2015, 165(6): 136 – 141.

[218] Song J, Yu Z, Gordin M L, et al. Advanced sulfur cathode enabled by highly crumpled nitrogen-doped graphene sheets for high-energy-density lithium-sulfur batteries[J]. Nano Letters, 2016, 16(2): 864 – 870.

[219] Yuan S, Bao J L, Wang L, et al. Graphene-supported nitrogen and boron rich carbon layer for improved performance of lithium-sulfur batteries due to enhanced chemisorption of lithium polysulfides[J]. Advanced Energy Materials, 2016, 6(5): 1501733.

[220] Song J, Gordin M L, Xu T, et al. Strong lithium polysulfide chemisorption on electroactive sites of nitrogen-doped carbon composites for high-performance lithium-sulfur battery cathodes[J]. Angewandte Chemie International Edition, 2015, 54(14): 4325 – 4329.

[221] Cheng X B, Peng H J, Huang J Q, et al. Dual-phase lithium metal anode containing a polysulfide-induced solid electrolyte interphase and nanostructured graphene framework for lithium-sulfur batteries[J]. ACS Nano, 2015, 9(6): 6373 – 6382.

[222] Prabu M, Ramakrishnan P, Nara H, et al. Zinc-air battery: Understanding the structure and morphology changes of graphene-supported $CoMn_2O_4$ bifunctional catalysts under practical rechargeable conditions[J]. ACS Applied Materials & Interfaces, 2014, 6(19): 16545 – 16555.

[223] Li L, Manthiram A. Long-Life, High-voltage acidic Zn-air batteries [J]. Advanced Energy Materials, 2016, 6(5): 1502054.

[224] Xu Y, Zhang Y, Guo Z, et al. Flexible, stretchable, and rechargeable fiber-shaped zinc-air battery based on cross-stacked carbon nanotube sheets [J]. Angewandte Chemie International Edition, 2015, 54(51): 15390 – 15394.

[225] Zheng Y, Jiao Y, Jaroniec M, et al. Nanostructured metal-free electrochemical catalysts for highly efficient oxygen reduction [J]. Small, 2012, 8 (23):

3550 - 3566.

[226] Sitko R, Zawisza B, Malicka E. Graphene as a new sorbent in analytical chemistry[J]. Trends in Analytical Chemistry, 2013, 51(11): 33 - 43.

[227] Perreault F, De Faria A F, Elimelech M. Environmental applications of graphene-based nanomaterials[J]. Chemical Society Reviews, 2015, 44(16): 5861 - 5896.

[228] Chandra V, Park J, Chun Y, et al. Water-dispersible magnetite-reduced graphene oxide composites for arsenic removal[J]. ACS Nano, 2010, 4(7): 3979 - 3986.

[229] Ersan G, Apul O G, Perreault F, et al. Adsorption of organic contaminants by graphene nanosheets: A review[J]. Water Research, 2017, 126: 385 - 398.

[230] Szcześniak B, Choma J, Jaroniec M, et al. Gas adsorption properties of graphene-based materials[J]. Advances in Colloid and Interface Science, 2017, 243: 46 - 59.

[231] Ghosh A, Subrahmanyam K S, Krishna K S, et al. Uptake of H_2 and CO_2 by graphene[J]. Journal of Physical Chemistry C, 2008, 112(40): 15704 - 15707.

[232] Thierfelder C, Witte M, Blankenburg S, et al. Methane adsorption on graphene from first principles, including dispersion interaction[J]. Surface Science, 2011, 605(7): 746 - 749.

[233] Zhao J, Liu L, Li F. Graphene oxide: Physics and applications[M]. London, UK: Springer, 2015.

[234] Xiang Q, Yu J, Jaroniec M. Graphene-based semiconductor photocatalysts[J]. Chemical Society Reviews, 2012, 41(2): 782 - 796.

[235] An X, Yu J C. Graphene-based photocatalytic composites[J]. RSC Advances, 2011, 1(8): 1426 - 1434.

[236] Zhang Y, Tang Z R, Fu X, et al. TiO_2-graphene nanocomposites for gas-phase photocatalytic degradation of volatile aromatic pollutant: Is TiO_2-graphene truly different from other TiO_2-carbon composite materials? [J]. ACS Nano, 2010, 4(12): 7303 - 7314.

[237] Zhang H, Lv X, Li Y, et al. P25 - graphene composite as a high performance photocatalyst[J]. ACS Nano, 2009, 4(1): 380 - 386.

[238] Jiang G, Lin Z, Chen C, et al. TiO_2 nanoparticles assembled on graphene oxide nanosheets with high photocatalytic activity for removal of pollutants [J]. Carbon, 2011, 49(8): 2693 - 2701.

[239] Yang X, Cui H, Li Y, et al. Fabrication of Ag_3PO_4-graphene composites with highly efficient and stable visible light photocatalytic performance[J]. ACS Catalysis, 2013, 3(3): 363 - 369.

[240] Zhu M, Chen P, Liu M. Graphene oxide enwrapped Ag/AgX (X = Br, Cl) nanocomposite as a highly efficient visible-light plasmonic photocatalyst[J]. ACS Nano, 2011, 5(6): 4529 - 4536.

[241] Chen C, Cai W, Long M, et al. Synthesis of visible-light responsive graphene oxide/TiO$_2$ composites with p/n heterojunction[J]. ACS Nano, 2010, 4(11): 6425 - 6432.

[242] Ma H, Shen J, Shi M, et al. Significant enhanced performance for Rhodamine B, phenol and Cr(Ⅵ) removal by Bi$_2$WO$_6$ nancomposites via reduced graphene oxide modification[J]. Applied Catalysis B Environmental, 2012, 121 - 122(25): 198 - 205.

[243] Akhavan O, Choobtashani M, Ghaderi E. Protein degradation and RNA efflux of viruses photocatalyzed by graphene-tungsten oxide composite under visible light irradiation [J]. Journal of Physical Chemistry C, 2012, 116 (17): 9653 - 9659.

[244] Thakur S, Karak N. Tuning of sunlight-induced self-cleaning and self-healing attributes of an elastomeric nanocomposite by judicious compositional variation of the TiO$_2$ - reduced graphene oxide nanohybrid[J]. Journal of Materials Chemistry A, 2015, 3(23): 12334 - 12342.

[245] Akhavan O, Ghaderi E. Photocatalytic reduction of graphene oxide nanosheets on TiO$_2$ thin film for photoinactivation of bacteria in solar light irradiation[J]. Journal of Physical Chemistry C, 2009, 113(47): 20214 - 20220.

[246] Gao P, Liu J, Sun D D, et al. Graphene oxide-CdS composite with high photocatalytic degradation and disinfection activities under visible light irradiation[J]. Journal of Hazardous Materials, 2013, 250: 412 - 420.

[247] Liu P, Yan T, Shi L, et al. Graphene-based materials for capacitive deionization [J]. Journal of Materials Chemistry A, 2017, 5(27): 13907 - 13943.

[248] Li H, Lu T, Pan L, et al. Electrosorption behavior of graphene in NaCl solutions [J]. Journal of Materials Chemistry, 2009, 19(37): 6773 - 6779.

[249] Wang H, Yan T, Liu P, et al. In situ creating interconnected pores across 3D graphene architectures and their application as high performance electrodes for flow-through deionization capacitors [J]. Journal of Materials Chemistry A, 2016, 4(13): 4908 - 4919.

[250] Kong W, Duan X, Ge Y, et al. Holey graphene hydrogel with in-plane pores for high-performance capacitive desalination [J]. Nano Research, 2016, 9 (8): 2458 - 2466.

[251] Li J, Ji B, Jiang R, et al. Hierarchical hole-enhanced 3D graphene assembly for highly efficient capacitive deionization[J]. Carbon, 2018, 129: 95 - 103.

[252] Qian B, Wang G, Ling Z, et al. Sulfonated graphene as cation-selective coating: A new strategy for high-performance membrane capacitive deionization [J]. Advanced Materials Interfaces, 2016, 2(16): 1500372.

[253] Liu P, Wang H, Yan T, et al. Grafting sulfonic and amine functional groups on 3D graphene for improved capacitive deionization [J]. Journal of Materials Chemistry A, 2016, 4(14): 5303 - 5313.

[254] Eldeen A G, Boom R M, Kim H Y, et al. Flexible 3D nanoporous graphene for desalination and bio-decontamination of brackish water via asymmetric capacitive deionization [J]. ACS Applied Materials & Interfaces, 2016, 8 (38): 25313 - 25325.

[255] Liu P, Yan T, Zhang J, et al. Separation and recovery of heavy metal ions and salt ions from wastewater by 3D graphene-based asymmetric electrodes via capacitive deionization[J]. Journal of Materials Chemistry A, 2017, 5 (28): 14748 - 14757.

[256] Shang W, Deng T. Solar steam generation: Steam by thermal concentration[J]. Nature Energy, 2016, 1(9): 16133.

[257] Zhang P, Li J, Lv L, et al. Vertically aligned graphene sheets membrane for highly efficient solar thermal generation of clean water[J]. ACS Nano, 2017, 11 (5): 5087 - 5093.

[258] Ren H, Tang M, Guan B, et al. Hierarchical graphene foam for efficient omnidirectional solar-thermal energy conversion[J]. Advanced Materials, 2017, 29(38): 1702590.1 - 1702590.7.

[259] Mohammad A W, Teow Y H, Ang W L, et al. Nanofiltration membranes review: Recent advances and future prospects[J]. Desalination, 2015, 356: 226 - 254.

[260] Perreault F, Fonseca d F A, Elimelech M. Environmental applications of graphene-based nanomaterials[J]. Chemical Society Reviews, 2015, 44 (16): 5861 - 5896.

[261] O'Hern S C, Boutilier M S, Idrobo J C, et al. Selective ionic transport through tunable subnanometer pores in single-layer graphene membranes [J]. Nano Letters, 2014, 14(3): 1234 - 1241.

[262] O'Hern S C, Jang D, Bose S, et al. Nanofiltration across defect-sealed Nanoporous monolayer graphene[J]. Nano Letters, 2015, 15(5): 3254 - 3260.

[263] Surwade S P, Smirnov S, Vlassiouk I, et al. Water desalination using nanoporous single-layer graphene[J]. Nature Nanotechnology, 2015, 10(5): 459 - 464.

[264] Kidambi P R, Jang D, Idrobo J C, et al. Nanoporous atomically thin graphene membranes for desalting and dialysis applications[J]. Advanced Materials, 2017, 29(33): 1700277.

[265] Joshi R K, Carbone P, Wang F, et al. Precise and Ultrafast molecular sieving through graphene oxide membranes[J]. Science, 2014, 343(6172): 752 - 754.

[266] Bi H, Xie X, Yin K, et al. Highly enhanced performance of spongy graphene as an oil sorbent[J]. Journal of Materials Chemistry A, 2014, 2(6): 1652 - 1656.

[267] Wu T, Chen M, Zhang L, et al. Three-dimensional graphene-based aerogels prepared by a self-assembly process and its excellent catalytic and absorbing performance[J]. Journal of Materials Chemistry A, 2013, 1(26): 7612 - 7621.

[268] Dong X, Chen J, Ma Y, et al. Superhydrophobic and superoleophilic hybrid

foam of graphene and carbon nanotube for selective removal of oils or organic solvents from the surface of water[J]. Chemical Communications, 2012, 48(86): 10660 - 10662.

[269] Hu H, Zhao Z, Gogotsi Y, et al. Compressible carbon nanotube-graphene hybrid aerogels with superhydrophobicity and superoleophilicity for oil sorption[J]. Environmental Science and Technology Letters, 2014, 1(3): 214 - 220.

[270] Sun H, Xu Z, Gao C. Multifunctional, ultra-flyweight, synergistically assembled carbon aerogels[J]. Advanced Materials, 2013, 25(18): 2554 - 2560.

[271] Zhan W, Yu S, Gao L, et al. Bio-inspired assembly of carbon nanotube into graphene aerogel with "cabbage-like" hierarchical porous structure for highly efficient organic pollutants cleanup[J]. ACS Applied Materials & Interfaces, 2017, 10(1): 1093 - 1103.

[272] Ge J, Shi L, Wang Y, et al. Joule-heated graphene-wrapped sponge enables fast clean-up of viscous crude-oil spill[J]. Nature Nanotechnology, 2017, 12(5): 434 - 440.

[273] Lalley J, Dionysiou D D, Varma R S, et al. Silver-based antibacterial surfaces for drinking water disinfection — an overview[J]. Current Opinion in Chemical Engineering, 2014, 3: 25 - 29.

[274] Tung T T, Nine M J, Krebsz M, et al. Recent advances in sensing applications of graphene assemblies and their composites[J]. Advanced Functional Materials, 2017, 27(46): 1702891.1 - 1702891.57.

[275] Schedin F, Geim A K, Morozov S V, et al. Detection of individual gas molecules adsorbed on graphene[J]. Nature Materials, 2007, 6(9): 652 - 655.

[276] Schriver M, Regan W, Gannett W J, et al. Graphene as a long-term metal oxidation barrier: Worse than nothing[J]. ACS Nano, 2013, 7(7): 5763 - 5768.

[277] Hsieh Y P, Hofmann M, Chang K W, et al. Complete corrosion inhibition through graphene defect passivation[J]. ACS Nano, 2013, 8(1): 443 - 448.

[278] De S, Lutkenhaus J L. Corrosion behaviour of eco-friendly airbrushed reduced graphene oxide-poly(vinyl alcohol) coatings[J]. Green Chemistry, 2018, 20(2): 506 - 514.

[279] Ma Y, Zhi L. Graphene-based transparent conductive films: Material systems, preparation and applications[J]. Small Methods, 2018: 1800199.

[280] Da S X, Wang J, Geng H Z, et al. High adhesion transparent conducting films using graphene oxide hybrid carbon nanotubes[J]. Applied Surface Science, 2017, 392: 1117 - 1125.

[281] Schwierz F. Graphene transistors[J]. Nature Nanotechnology, 2010, 5(7): 487 - 496.

[282] Lemme M C, Echtermeyer T J, Bau S M, et al. A Graphene field-effect device [J]. IEEE Electron Device Letters, 2007, 28(4): 282 - 284.

[283] Denis P A. Band gap opening of monolayer and bilayer graphene doped with

aluminium, silicon, phosphorus, and sulfur[J]. Chemical Physics Letters, 2010, 492(4-6): 251-257.

[284] Koppens F H L, Mueller T, Avouris P, et al. Photodetectors based on graphene, other two-dimensional materials and hybrid systems[J]. Nature Nanotechnology, 2014, 9(10): 780-793.

[285] Konstantatos G, Badioli M, Gaudreau L, et al. Hybrid graphene-quantum dot phototransistors with ultrahigh gain[J]. Nature Nanotechnology, 2012, 7(6): 363-368.

[286] Liu M, Yin X, Ulin-Avila E, et al. A graphene-based broadband optical modulator[J]. Nature, 2011, 474(7349): 64-67.

[287] Cao Y, Zhu J, Xu J, et al. Ultra-broadband photodetector for the visible to terahertz range by self-assembling reduced graphene oxide-silicon nanowire array heterojunctions[J]. Small, 2014, 10(12): 2345-2351.

[288] Li X, Tao L, Chen Z, et al. Graphene and related two-dimensional materials: Structure-property relationships for electronics and optoelectronics[J]. Applied Physics Reviews, 2017, 4(2): 021306.

[289] Hong S K, Kim K Y, Kim T Y, et al. Electromagnetic interference shielding effectiveness of monolayer graphene [J]. Nanotechnology, 2012, 23 (45): 455704.

[290] Shen B, Li Y, Yi D, et al. Microcellular graphene foam for improved broadband electromagnetic interference shielding[J]. Carbon, 2016, 102: 154-160.

[291] Wang C, Han X, Xu P, et al. The electromagnetic property of chemically reduced graphene oxide and its application as microwave absorbing material[J]. Applied Physics Letters, 2011, 98(7): 072906.1-072906.3.

[292] Zhang Y, Huang Y, Zhang T, et al. Broadband and tunable high-performance microwave absorption of an ultralight and highly compressible graphene foam[J]. Advanced Materials, 2015, 27(12): 2049-2053.

[293] Han M, Yin X, Kong L, et al. Graphene-wrapped ZnO hollow spheres with enhanced electromagnetic wave absorption properties[J]. Journal of Materials Chemistry A, 2014, 2(39): 16403-16409.

索 引

K

L

M

模板辅助组装技术　207

MnO_2　138，139，287，288，303，334，358

密度泛函理论　19，94，187，249，292，323

摩擦起电　245，247

MOS 场效应晶体管　364，365

N

n 型掺杂剂　98

PMMA　71，72，99，116，118，119，123，128，171，172，174，179，182，184，192，193，209，211，224，362，366

n 型掺杂　75，92，95，96，132，363

纳米压印　197，198

纳米粒子局部催化加氢　198

纳滤膜　342，343，345

纳米孔石墨烯膜　342

O

O_2 等离子体刻蚀　343，344

P

喷涂法　211，215

Pd　108，109，131，133，136，189

Pt　63，87，131－133，135，136，164，172，174，237，257－259，263，265，324

p 型掺杂　92，94－96，98，198，363

pH_{pzc}　316，317

Q

起皱　20，170

取代掺杂　92，96，99

氢化反应　15，16，85，100－102

氢键作用　85，111，112，116，122，123，233，325

起始电势　261

R

柔性固态超级电容器　22

热膨胀　40，50，118，128，167，168，170，172，253，255，292

熔融共混法　116，118，120，128

溶液共混法　116－118，120，123，126，142，144

Ripple 型褶皱　166－168，173，174